"十二五"国家重点图书出版规划项目

中国土系志

Soil Series of China

总主编　张甘霖

江 苏 卷
Jiangsu

黄　标　潘剑君　著

科学出版社

北　京

内 容 简 介

《中国土系志·江苏卷》是中国土壤系统分类基层分类研究成果之一。以《中国土壤系统分类检索(第三版)》和《中国土壤系统分类土族和土系划分标准(试行稿)》作为高级单元和低级单元分类划分标准的土壤基层分类研究专著,涵盖全省 5 个土纲 37 个亚类 165 个土系。本书分上、下两篇,上篇论述了江苏省土壤的成土因素、成土过程与主要土层,并回顾了江苏省土壤分类的历史沿革。下篇系统描述了各土系的土族名称、分布与环境条件、土系特征与变幅、对比土系、利用性能、代表性单个土体等,并列出了发生分类的参比土种。篇末还以典型区为例,评价了土系分类的适用性和可靠性。

本书可供土壤、农业、林业、地理、环境、国土资源和生态等的科研人员、院校师生及生产部门的工作者参考。

图书在版编目(CIP)数据

中国土系志·江苏卷/黄标,潘剑君著. —北京:科学出版社,2017.4
ISBN 978-7-03-051335-9

Ⅰ. ①中⋯　Ⅱ. ①黄⋯　②潘⋯　Ⅲ. ①土壤地理—中国②土壤地理—江苏　Ⅳ. ①S159.2

中国版本图书馆 CIP 数据核字(2017)第 003995 号

责任编辑:胡　凯　周　丹　王　希/责任校对:何艳萍
责任印制:张　倩/封面设计:许　瑞

科 学 出 版 社 出版
北京东黄城根北街 16 号
邮政编码:100717
http://www.sciencep.com

中国科学院印刷厂 印刷

科学出版社发行　各地新华书店经销
*
2017 年 4 月第 一 版　开本:787×1092　1/16
2017 年 4 月第一次印刷　印张:27 1/4
字数:646 000

定价:198.00 元
(如有印装质量问题,我社负责调换)

《中国土系志》编委会

主　　编　张甘霖

副主编　王秋兵　李德成　张凤荣　吴克宁　章明奎

编　　委（以姓氏笔画为序）

王天巍	王秋兵	王登峰	孔祥斌	龙怀玉
卢　瑛	卢升高	白军平	刘梦云	刘黎明
杨金玲	李　玲	李德成	吴克宁	辛　刚
宋付朋	宋效东	张凤荣	张甘霖	张杨珠
张海涛	陈　杰	陈印军	武红旗	周　清
胡雪峰	赵　霞	赵玉国	袁大刚	黄　标
常庆瑞	章明奎	麻万诸	隋跃宇	韩春兰
董云中	慈　恩	蔡崇法	漆智平	翟瑞常
潘剑君				

《中国土系志·江苏卷》作者名单

主要作者　黄　标　潘剑君

参编人员　王培燕　王　虹　雷学成　杜国华

丛 书 序 一

土壤分类作为认识和管理土壤资源不可或缺的工具，是土壤学最为经典的学科分支。现代土壤学诞生后，近 150 年来不断发展，日渐加深人们对土壤的系统认识。土壤分类的发展一方面促进了土壤学整体进步，同时也为相邻学科提供了理解土壤和认知土壤过程的重要载体。土壤分类水平的提高也极大地提高了土壤资源管理的水平，为土地利用和生态环境建设提供了重要的科学支撑。在土壤分类体系中，高级单元主要体现土壤的发生过程和地理分布规律，为宏观布局提供科学依据；基层单元主要反映区域特征、层次组合以及物理、化学性状，是区域规划和农业技术推广的基础。

我国幅员辽阔，自然地理条件迥异，人为活动历史悠久，造就了我国丰富多样的土壤资源。自现代土壤学在中国发端以来，土壤学工作者对我国土壤的形成过程、类型、分布规律开展了卓有成效的研究。就土壤基层分类而言，自 20 世纪 30 年代开始，早期的土壤分类引进美国 C.F.Marbut 体系，区分了我国亚热带低山丘陵区的土壤类型及其续分单元，同时定名了一批土系，如孝陵卫系、萝岗系、徐闻系等，对后来的土壤分类研究产生了深远的影响。

与此同时，美国土壤系统分类（soil taxonomy）也在建立过程中，当时 Marbut 分类体系中的土系（soil series）没有严格的边界，一个土系的属性空间往往跨越不同的土纲。典型的例子是 Miami 系，在系统分类建立后按照属性边界被拆分成为不同土纲的多个土系。我国早期建立的土系也同样具有属性空间变异较大的情形。

20 世纪 50 年代，随着全面学习苏联土壤分类理论，以地带性为基础的发生学土壤分类迅速成为我国土壤分类的主体。1978 年，中国土壤学会召开土壤分类会议，制定了依据土壤地理发生的"中国土壤分类暂行草案"。该分类方案成为随后开展的全国第二次土壤普查中使用的主要依据。通过这次普查，于 20 世纪 90 年代出版了《中国土种志》，其中包含近 3000 个典型土种。这些土种成为各行业使用的重要土壤数据来源。限于当时的认识和技术水平，《中国土种志》所记录的典型土种依然存在"同名异土"和"同土异名"的问题，代表性的土壤剖面没有具体的经纬度位置，也未提供剖面照片，无法了解土种的直观形态特征。

随着"中国土壤系统分类"的建立和发展，在建立了从土纲到亚类的高级单元之后，建立以土系为核心的土壤基层分类体系是"中国土壤系统分类"发展的必然方向。建立我国的典型土系，不但可以从真正意义上使系统完整，全面体现土壤类型的多样性和丰富性，而且可以为土壤利用和管理提供最直接和完整的数据支持。

　　在科技部基础性工作专项项目"我国土系调查与《中国土系志》编制"的支持下，以中国科学院南京土壤研究所张甘霖研究员为首，联合全国二十多大学和相关科研机构的一批中青年土壤科学工作者，经过数年的努力，首次提出了中国土壤系统分类框架内较为完整的土族和土系划分原则与标准，并应用于土族和土系的建立。通过艰苦的野外工作，先后完成了我国东部地区和中西部地区的主要土系调查和鉴别工作。在比土、评土的基础上，总结和建立了具有区域代表性的土系，并编纂了以各省市为分册的《中国土系志》，这是继"中国土壤系统分类"之后我国土壤分类领域的又一重要成果。

　　作为一个长期从事土壤地理学研究的科技工作者，我见证了该项工作取得的进展和一批中青年土壤科学工作者的成长，深感完善这项成果对中国土壤系统分类具有重要的意义。同时，这支中青年土壤分类工作者队伍的成长也将为未来该领域的可持续发展奠定基础。

　　对这一基础性工作的进展和前景我深感欣慰。是为序。

中国科学院院士

2017 年 2 月于北京

丛 书 序 二

  土壤分类和分布研究既是土壤学也是自然地理学中的基础工作。认识和区分土壤类型是理解土壤多样性和开展土壤制图的基础，土壤分类的建立也是评估土壤功能，促进土壤技术转移和实现土壤资源可持续管理的工具。对土壤类型及其分布的勾画是土地资源评价、自然资源区划的重要依据，同时也是诸多地表过程研究所不可或缺的数据来源，因此，土壤分类研究具有显著的基础性，是地球表层系统研究的重要组成部分。

  我国土壤资源调查和土壤分类工作经历了几个重要的发展阶段。20 世纪 30 年代至70 年代，老一辈土壤学家在路线调查和区域综合考察的基础上，基本明确了我国土壤的类型特征和宏观分布格局；80 年代开始的全国土壤普查进一步摸清了我国的土壤资源状况，获得了大量的基础数据。当时由于历史条件的限制，我国土壤分类基本沿用了苏联的地理发生分类体系，强调生物气候带的影响，而对母质和时间因素重视不够。此后虽有局部的调查考察，但都没有形成系统的全国性数据集。

  以诊断层和诊断特性为依据的定量分类是当今国际土壤分类的主流和趋势。自 20 世纪 80 年代开始的"中国土壤系统分类"研究历经 20 多年的努力构建了具有国际先进水平的分类体系，成果获得了国家自然科学二等奖。"中国土壤系统分类"完成了亚类以上的高级单元，但对基层分类级别——土族和土系——仅仅开始了一些样区尺度的探索性研究。因此，无论是从土壤系统分类的完整性，还是土壤类型代表性单个土体的数据积累来看，仅仅高级单元与实际的需求还有很大距离，这也说明进行土系调查的必要性和紧迫性。

  在科技部基础性工作专项的支持下，自 2008 年开始，中国科学院南京土壤研究所联合国内 20 多所大学和科研机构，在张甘霖研究员的带领下，先后承担了"我国土系调查与《中国土系志》编制"（项目编号 2008FY110600）和"我国土系调查与《中国土系志（中西部卷）》编制"（项目编号 2014FY110200）两期研究项目。自项目开展以来，近百名项目参加人员，包括数以百计的研究生，以省区为单位，依据统一的布点原则和野外调查规范，开展了全面的典型土系调查和鉴定。经过 10 多年的努力，参加人员足迹遍布全国各地，克服了种种困难，不畏艰辛，调查了近 7000 个典型土壤单个土体，结合历史土壤数据，建立了近 5000 个我国典型土系；并以省区为单位，完成了我国第一部包含30 分册、基于定量标准和统一分类原则的土系志，朝着系统建立我国基于定量标准的基层分类体系迈进了重要的一步。这些基础性的数据，无疑是我国自第二次土壤普查以来重要的土壤信息来源，相关成果可望为各行业、部门和相关研究者，特别是土壤质量提升、土地资源评价、水文水资源模拟、生态系统服务评估等工作提供最新的、系统的数据支撑。

　　我欣喜于并祝贺《中国土系志》的出版，相信其对我国土壤分类研究的深入开展、对促进土壤分类在地球表层系统科学研究中的应用有重要的意义。欣然为序。

中国科学院院士

2017 年 3 月于北京

丛书前言

　　土壤分类的实质和理论基础，是区分地球表面三维土壤覆被这一连续体发生重要变化的边界，并试图将这种变化与土壤的功能相联系。区分土壤属性空间或地理空间变化的理论和实践过程在不断进步，这种演变构成土壤分类学的历史沿革。无论是古代朴素分类体系所使用的颜色或土壤质地，还是现代分类采用的多种物理、化学属性乃至光谱（颜色）和数字特征，都携带或者代表了土壤的某种潜在功能信息。土壤分类正是基于这种属性与功能的相互关系，构建特定的分类体系，为使用者提供土壤功能指标，这些功能可以是农林生产能力，也可以是固存土壤有机碳或者无机碳的潜力或者抵御侵蚀的能力，乃至是否适合作为建筑材料。分类体系也构筑了关于土壤的系统知识，在一定程度上厘清了土壤之间在属性和空间上的距离关系，成为传播土壤科学知识的重要工具。

　　毫无疑问，对土壤变化区分的精细程度决定了对土壤功能理解和合理利用的水平，所采用的属性指标也决定了其与功能的关联程度。在大陆或国家尺度上，土纲或亚纲级别的分布已经可以比较准确地表达大尺度的土壤空间变化规律。在农场或景观水平，土壤的变化通常从诊断层（发生层）的差异变为颗粒组成或层次厚度等属性的差异，表达这种差异正是土族或土系确立的前提。因此，建立一套与土壤综合功能密切相关的土壤基层单元分类标准，并据此构建亚类以下的土壤分类体系（土族和土系），是对土壤变异精细认识的体现。

　　基于现代分类体系的土系鉴定工作在我国基本处于空白状态。我国早期（1949 年以前）所建立的土系沿用了美国系统分类建立之前的 Marbut 分类原则，基本上都是区域的典型土壤类型，大致可以相当于现代系统分类中的亚类水平，涵盖范围较大。"中国土壤系统分类"研究在完成高级单元之后尝试开展了土系研究，进行了一些局部的探索，建立了一些典型土系，并以海南等地区为例建立了省级尺度的土系概要，但全国范围内的土系鉴定一直未能实现。缺乏土族和土系的分类体系是不完整的，也在一定程度上制约了分类在生产实际中特别是区域土壤资源评价和利用中的应用，因此，建立"中国土壤系统分类"体系下的土族和土系十分必要和紧迫。

　　所幸，这项工作得到了国家科技基础性工作专项的支持。自 2008 年开始，我们联合国内 20 多所大学和科研机构，先后组织了"我国土系调查与《中国土系志》编制"（项目编号 2008FY110600）和"我国土系调查与《中国土系志（中西部卷）》编制"（项目编号 2014FY110200）两期研究，朝着系统建立我国基于定量标准的基层分类体系迈近了重要的一步。自项目开展以来，近百名项目参加人员，包括数以百计的研究生，以省区为单位，依据统一的布点原则和野外调查规范，开展了全面的典型土系调查和鉴定。经过 10 多年的努力，参加人员足迹遍布全国各地，克服了种种困难，不畏艰辛，调查了近 7000 个典型土壤单个土体，结合历史土壤数据，建立了近 5000 个我国典型土系，并以省区为单位，完成了我国第一部基于定量标准和统一分类原则的土系志。这些基础性的数据，无疑是自我国第二次土壤普查以来重要的土壤信息来源，可望为各行业部门和相关研究者提供最新的、系统的数据支撑。

项目在执行过程中，得到了两届项目专家小组和项目主管部门、依托单位的长期指导和支持。孙鸿烈院士、赵其国院士、龚子同研究员和其他专家为项目的顺利开展提供了诸多重要的指导。中国科学院前沿科学与教育局、科技促进发展局、中国科学院南京土壤研究所以及土壤与农业可持续发展国家重点实验室都持续给予关心和帮助。

值得指出的是，作为研究项目，在有限的资助下只能着眼主要的和典型的土系，难以开展全覆盖式的调查，不可能穷尽亚类单元以下所有的土族和土系，也无法绘制土系分布图。但是，我们有理由相信，随着研究和调查工作的开展，更多的土系会被鉴定，而基于土系的应用将展现巨大的潜力。

由于有关土系的系统工作在国内尚属首次，在国际上可资借鉴的理论和方法也十分有限，因此我们对于土系划分相关理论的理解和土系划分标准的建立上肯定会存在诸多不足乃至错误；而且，由于本次土系调查工作在人员和经费方面的局限性以及项目执行期限的限制，文中错误也在所难免，希望得到各方的批评与指正！

张甘霖

2017 年 4 月于南京

序

　　万物土中生，有土斯有粮。这是土壤在农业生产中基础地位最传统和本质的认识。随着经济建设和农业现代化的发展，人们逐渐认识到，作为大气圈、生物圈、水圈和岩石圈相互作用的产物，土壤资源不仅是大农业发展的基础，而且还对人类生存生活环境变化产生重要影响，是人类赖以生存、永续利用的不可再生资源。由于受多因素影响，土壤是高度可变的，包括错综发展的物理、化学和生物变化过程。随着工业和城市化的发展，土壤又发生了许多新变化。因此，科学的土壤分类可为农业生产中因土种植、施肥、耕作提供重要科学依据，同时也可为合理利用和保护土壤资源、改善人居环境提供重要决策参考。

　　江苏省耕地面积 6894 万亩，人均占有耕地 0.87 亩。这片热土的农业生产条件得天独厚，成为著名的"鱼米之乡"。农作物、林木、畜禽种类繁多。粮食、棉花、油料等农作物几乎遍布全省。种植利用的林果、茶桑、花卉、蔬菜等品种繁多，不乏享誉国内外的名特优农产品。因此，江苏省的土壤分类历来受到土壤学家的重视，近代土壤分类的工作开始于 20 世纪 30 年代，来自美国和国内一批土壤学家对句容等地的山陵丘地土壤类型和江苏平原盐土等做了土壤概查，建立了江苏省 44 个土系。建国以后，又先后开展了徐淮、洪泽湖、里下河、沿海、沿江、仪征—六合—浦口和苏南地区 1∶20 万比例尺土壤调查，归纳了江苏土壤分类系统。江苏是全国最早开展土壤调查省份之一。

　　1959 年江苏省开展了第一次土壤普查，最后 1965 年由省土壤普查鉴定委员会编著出版了《江苏土壤志》，书中列出了江苏省耕种土壤的分类，将全省土壤划分为显域性和隐域性两个土壤大类，共 14 个土类、22 个土科、58 个土组，并确定了部分隐域性土壤土种分类划分标准，为全省土壤改良利用提供了科学依据。但第一次土壤普查中土壤分类及其命名研究，以农民群众识土用土经验为主，科学性、系统性欠缺。1979~1987年开展了第二次土壤普查，将全省土壤共分为 8 个土纲、15 个土类、35 个亚类、94 个土属、212 个土种，出版了《江苏土壤》和《江苏土种志》，这是江苏省土壤调查与分类研究的一个重要里程牌。

　　近年来，世界土壤分类与命名研究方兴未艾，尤其是以土壤诊断层和诊断特征为标志的土壤系统分类研究进展较快。以中国科学院南京土壤研究所为代表，开展的中国土壤系统分类研究，经过 12 年的努力，提出了《中国土壤系统分类》（修订方案），建立了土纲、亚纲、土类、亚类等高级分类检索系统。这一分类系统既可与国际接轨，又具有中国特色。系统弥补了第二次土壤普查土壤分类缺乏标准化、定量化、规范化等方面的不足，便于国际国内学术交流与区域大尺度生产应用。同时，也顺应了当前土壤资源管理中信息化的需求。近几年来，为完善中国土壤系统分类，在国家科技部科技基础性工作专项项目的资助下，基层分类研究工作又如火如荼的开展起来了。

　　江苏作为土壤资源大省，顺应世界和中国土壤分类潮流，开展土系研究，弥补以往土壤基层分类单元土种独立性不强，出现同名异土、同土异名现象的不足，具有积极的现实意义和深远的历史意义。《中国土系志·江苏卷》既有历史的传承，更有时代的创新。该书由中国科学院南京土壤研究所和南京农业大学协作，由黄标和潘剑君编著，投入了大量的野外和实验室工作，共挖掘、观察、记录、采样和描述剖面点 230 余个，剖面点布设在参考《江苏土种志》及各地市土壤志的基础上，既考虑土壤类型、分布面积和空间均匀性，又考虑在典型地区进行加密布点。代表性和典型性兼具，获得了大量的第一手基础资料。在成土因素、成土过程和生产性能等描述上，充分借鉴江苏省第二次土壤普查的成果，建立了土种与土系的参比，方便读者从土种到土系的对应；在土壤系统分类土族与土系划分标准上，突出标准化、定量化、规范化和国际化，建立了一套全新的诊断指标体系，便于应用和交流。可以说，《中国土系志·江苏卷》是江苏省土壤调查与分类研究的又一个里程牌。

　　当前，我国正处于传统农业向现代农业转变的关键时期，加快转变农业发展方式是"十三五"时期推进农业现代化的主要任务和基本路径。同时，十八大以后，全国也加快了生态文明建设的步伐。为了适应新形势的要求，江苏省政府十分重视土壤利用和保护工作，先后实施了测土配方施肥、沃土工程、高标准良田建设、土壤生态地球化学调查、土壤环境调查、农田重金属污染调查等项目，这些项目的实施以及项目成果的总结，无不需要一个科学合理的土壤分类作支撑。《中国土系志·江苏卷》的出版，有利于推动江苏土壤肥料、生态文明建设、土地资源管理、环境保护等方面的工作。

　　希望该书的出版能进一步加强江苏乃至全国土壤科学、农学、环境保护、资源管理等工作者的团结协作，进一步促进江苏省土壤科学的发展，切实用好本次土系调查研究成果，使之转化为生产力；也期待江苏土壤科学研究能够与时俱进，不断推陈出新！

江苏省农业委员会党组书记、主任

2016 年 7 月 15 日

前　言

　　江苏省位于我国大陆东部沿海，地处长江、淮河下游。气候上，江苏跨亚热带与暖温带两个气候区。全省地势平坦，除西部及北部有丘陵低山外，其余均系近代河流沉积而形成的平原。加之自古至今江苏一直是我国重要的农业区，农业发展一直处于全国前列，土壤利用强度大。这些特点形成了江苏省以耕作土壤为主的土壤资源特色。此外，由于江苏独特的区位优势，在这块土地上，工业和城市的发展也处在全国前列，给土壤资源的利用和生态功能的发挥带来很大的压力。鉴于此，如何做到既充分发挥江苏土壤的潜力，又能有效保证其可持续利用，是土壤科学工作者所面临的挑战。而要做到这一点，科学地掌握土壤资源的类型、数量和质量等基础资料是不可或缺的工作。

　　近代江苏省土壤的分类工作开始于 20 世纪 30 年代，自美国学者肖查理开始，一批中外土壤学家对江苏的各类土壤进行了概查。至 1950 年，江苏省共建立了 44 个土系。新中国成立后，历经全国第一和第二次土壤普查，确定了基于发生分类的《江苏省土壤分类系统》，出版了《江苏土壤》和《江苏土种志》等，基本确定了土类、亚类、土属、土种的分布面积，总结了江苏土壤的基本性状、肥力特性、利用和开发状况等，这些工作对江苏农业生产发展起到了重要的支撑作用。20 世纪 90 年代以来，随着信息技术的发展和中国土壤系统分类的推行，在高级单元建立和完善的基础上，开展土壤基层分类研究势在必行。正是在这样的形势下，我们开展了江苏省土系调查和土系志的编撰工作，使江苏土壤分类研究走上了历史的新阶段。

　　本书是在国家科技部科技基础性工作专项项目"我国土系调查与《中国土系志》编制（2008FY110600）"的资助下进行的。同时，还结合了中国科学院战略性先导科技专项"华东农田固碳潜力与速率研究（XDA0505050303）"、江苏省土壤污染状况调查及污染防治项目"江苏省土壤调查第二阶段背景值对比调查"等工作的研究成果。具有下列几方面的特点：1）典型剖面的代表性较强。典型土壤剖面点的确定，既考虑土壤类型和分布及空间均匀性，也选择了苏南、苏中、苏北和西部丘陵区具有代表性的典型地区进行了加密布点，全面反映了江苏省土壤基层单元类型。2）获得了较丰富的第一手数据资料。在采集 236 个土壤剖面的基础上，确定了 173 个土系代表性剖面，严格按照中国科学院南京土壤研究所编撰的《野外土壤描述与采样手册》的要求，进行了描述、采样和分析。3）土族和土系划分可靠性较强。土壤系统分类高级单元确定依据《中国土壤系统分类检索（第三版）》，土族和土系建立依据"中国土壤系统分类土族和土系划分标准"，经过充分讨论、反复推敲而建立。同时，还以典型区为例，评价了土系划分在反应典型区土壤生产性能和生态环境特征方面的可靠性。《中国土系志·江苏卷》的基础性工作，可为类似地区开展土系划分研究提供借鉴，也可为江苏合理利用土壤资源、发展生态农业、改善生态环境，提供重要基础支撑。

　　最后，需要指出的是，尽管作者们付出了很大的努力，也力图使土系划分准确合理，但限于经验和水平，书中难免有缺点和不完善之处，敬请读者批评指正。

黄　标　潘剑君

2017 年 4 月于南京

目　录

上篇　总　论

下篇　区域典型土系

上篇　总　　论

第 1 章 区域概况

1.1 地理概况

江苏省,简称苏,位于我国大陆东部沿海中心,长江、淮河下游,东濒黄海,东南与浙江和上海毗邻,西接安徽,北接山东,介于 116°18′E～121°57′E,30°45′N～35°20′N。江苏省陆地边界线 3383 km,海岸线近 1000 km;总面积 10.26 万 km²,占全国总面积的 1.06%。

江苏地处美丽富饶的长江三角洲和黄淮流域,境内地势平坦,平原辽阔,无崇山峻岭,而多名山巨泽,湖泊众多,水网密布,海陆相邻。省境除北部边缘、西南边缘为丘陵山地,地势较高外,其余则自北而南为黄淮平原、江淮平原、滨海平原、长江三角洲平原所共同组成的坦荡大平原。全省平原面积 7.06 万 km²,占总面积的 69%;水域面积 1.73 万 km²,占 16.9%;丘陵山地面积 1.47 万 km²,占 14.3%,位于连云港市郊云台山的玉女峰是全省最高峰,海拔 625 m。

江苏是水域面积比例最大的省份,境内河川交错,水网密布,长江横穿东西约 418 km,河流面积 3.9 万 km²,京杭大运河纵贯南北约 718 km。全省有大小河道 2900 多条,湖泊近 300 个,水库 1100 多座。全国五大淡水湖,江苏得其二,太湖和洪泽湖。平原地区河渠交叉,河湖相通,流域界线颇难划定,依地势和主要河流的分布状况,全省主要河流湖泊大致可分为沂沭泗水系、淮河下游水系、长江和太湖水系三大流域系统。沂沭泗水系诸河位于废黄河以北,皆发源于山东沂蒙山区,沿倾斜之地势进入省境;淮河下游水系指废黄河以南,长江北岸高沙土以北地区的河流;长江和太湖水系是指长江北岸高沙土以南地区的河流。

江苏省气候具有明显的季风特征,处于亚热带向暖温带过渡地带,大致以淮河—苏北灌溉总渠一线为界,以南属亚热带湿润季风气候,以北属暖温带湿润季风气候。全省气候温和,雨量适中,四季分明。

1.2 行 政 区 划

2014 年江苏省辖 13 个地级市,省会南京,55 个市辖区,23 个县级市,21 个县。见表 1-1、图 1-1。

表 1-1　江苏省行政区划

地级市	人口/万	面积/km²	区号	代码	行政区划
南京	800.47	6600	025	320100	玄武区 秦淮区 建邺区 鼓楼区 浦口区 栖霞区 雨花台区 江宁区 六合区 溧水区 高淳区
无锡	637.26	4787.61	0510	320200	崇安区 南长区 北塘区 锡山区 惠山区 滨湖区 江阴市 宜兴市

续表

地级市	人口/万	面积/km²	区号	代码	行政区划
徐州	858.05	11 257	0516	320300	鼓楼区 云龙区 贾汪区 泉山区 铜山区 丰县 沛县 睢宁县 新沂市 邳州市
常州	459.19	4374	0519	320400	天宁区 钟楼区 戚墅堰区 新北区 武进区 溧阳市 金坛市
苏州	1046.6	8488.42	0512	320500	姑苏区 虎丘区 吴中区 相城区 常熟市 张家港市 昆山市 吴江区 太仓市
南通	728.28	8544	0513	320600	崇川区 港闸区 通州区 海安县 如东县 启东市 如皋市 海门市
连云港	439.39	7444	0518	320700	连云区 新浦区 海州区 赣榆县 东海县 灌云县 灌南县
淮安	479.99	8962	0517	320800	清河区 淮安区 淮阴区 清浦区 涟水县 洪泽县 盱眙县 金湖县
盐城	726.62	14562	0515	320900	亭湖区 盐都区 响水县 滨海县 阜宁县 射阳县 建湖县 东台市 大丰市
扬州	445.98	6634	0514	321000	广陵区 邗江区 宝应县 仪征市 高邮市 江都区
镇江	311.34	3799	0511	321100	京口区 润州区 丹徒区 丹阳市 扬中市 句容市
泰州	461.86	5793	0523	321200	海陵区 高港区 兴化市 靖江市 泰兴市 姜堰区
宿迁	521.39	8341	0527	321323	宿城区 宿豫区 沭阳县 泗阳县 泗洪县

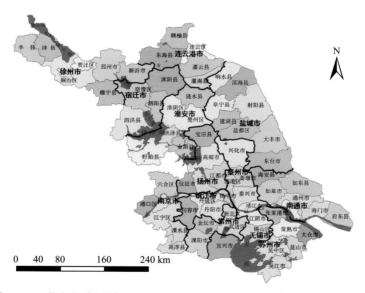

图 1-1　江苏省行政区划分布图（《江苏省地图集》编纂委员会,2004）。

1.3　人 口 状 况

　　根据 2015 年江苏省 1%人口抽样调查，全省常住人口达到 7973 万人，比 2010 年 11 月 1 日 0 时第六次全国人口普查结果 7866 万，增加约 107 万人。同比增长 1.36%，年平均增长率为 0.27%。全省常住人口中家庭户 24 393 386 户，家庭户人口为 71 680 093,

平均每个家庭户的人口为 2.94，比 2000 年第五次全国人口普查的 3.23 减少 0.29。

江苏人口以汉族为主，占全省的 99.64%。少数民族人口不多，共有 26 万，但 55 个少数民族齐全，其中回族人口最多，约占少数民族人口的 52%，少数民族中仅有回族人口超过 10 万，其中有半数聚居在南京。扬州高邮所属的菱塘回族乡是全省唯一的民族乡。其他万人以上的少数民族有苗族、蒙古族、满族、土家族。

1.4　土 地 资 源

全省 1072 万 hm^2 总土地面积中，耕地面积 459.6 万 hm^2（2013），人均耕地 0.06 hm^2。沿海滩涂 68.7 万 hm^2，占全国的 1/4，是重要的土地后备资源。不同的自然地理条件，形成了生态类型多样的土地资源，苏南、苏中和苏北土地资源存在明显的差异。

依照全国土地资源评价体系的统一规范，江苏省土地资源可归属 6 个土地资源类（表 1-2）。

表 1-2　江苏省土地资源类型

类型	面积比例/%	分布	限制因素
宜农土地	84.4	最主要的土地资源类型，分布遍及全省平原、岗地、丘陵	水源与土质，局部有障碍土层与土壤盐碱化
宜林土地	3.3	盱眙西南部山地、宁镇扬丘陵、茅山、宜溧山地、太湖周边丘陵以及云台山和徐州丘陵岗地	土层、土质与水分
宜农宜林土地	2.1	徐淮黄泛平原的黄河故道及两侧扇形地带，还包括部分低山丘陵的灌丛草地	—
宜农宜牧土地	2	苏北滨海平原的沿海地带	土壤盐碱化
宜林宜牧土地	1	低山丘陵地带与滨海低地	土层、坡度与盐碱、水分
宜农宜林宜牧土地	—	分布范围与低山丘陵区基本一致	利用方式以旱作栽培、经营林地与灌丛草地为主，限制因素较多，因地域而异
暂不宜农林牧土地	—	包括部分因长期积水而无法用于农垦、放牧以及植树造林的河湖滩地中的芦苇地、部分丘陵山地的裸岩、裸地以及零星分布的矿山用地等	—

1.4.1　土地利用构成与特点

全省土地利用的主要特征是自然属性好，土地综合产出效率高，建设用地比重大。全省土地垦殖系数、复种指数以及粮食单产均高于全国平均水平。据全国土地资源评价结果，宜农一等耕地面积占土地总面积的 35.7%，高于其他省份。

2008 年全省各类建设用地比例高达 16.12%。随着社会经济的高速发展，各项建设用地呈现快速增长的趋势。半个世纪以来，全省耕地数量呈明显递减趋势，尤其是最近 20 年来，在工业化、城镇化快速推进，促进区域经济快速发展的同时，土地利用的非农化速率增长较快，土地供需矛盾十分尖锐。图 1-2 为全省人均耕地的分布情况和耕地面积。

　　据《江苏省 2008 年国土资源综合统计分析报告》，2008 年年初，全省耕地 476.4 万 hm²，年内减少了 2.2 万 hm²（包括建设占用、农业结构调整如耕地变为园地、林地、苗圃、养殖用地等以及灾毁）。通过土地复垦整理和农业结构调整增加 2.2 万 hm²。

　　2008 年，全省农用地 671.6 万 hm²，建设用地 193.4 万 hm²，未利用地 202.4 万 hm²。其中耕地 476.4 万 hm²，园地 31.6 万 hm²，林地 32.3 万 hm²，牧草地 0.1 万 hm²，其他农用地 131.1 万 hm²，居民点及工矿用地 161.0 万 hm²，交通运输用地 13.7 万 hm²，水利设施用地 19.3 万 hm²。全省耕地占总土地面积的 44.6%，居民点及工矿用地占总面积的 14.8%。土地利用现状见图 1-2。

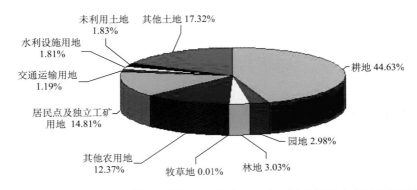

图 1-2　2008 年江苏省土地利用现状据《江苏省 2008 年国土资源综合统计分析报告》

　　1）农用地数量结构与空间布局

　　耕地：2008 年全省耕地面积 476.38 万 hm²（7145.69 万亩[①]），占农用地的 70.94%。主要分布在苏北、苏中平原和滨海地区。

　　园地：全省园地面积 31.62 万 hm²（474.31 万亩），占农用地的 4.71%。其中果园占园地面积的 38.31%，主要分布在苏北地区；桑园占 44.53%，主要分布在苏中地区；茶园占 7.02%，主要分布于宁镇丘陵和宜溧山地；其他园地占 10.14%，主要分布于苏南地区。

　　林地：全省林地面积 32.32 万 hm²（484.86 万亩），占农用地的 4.81%。主要分布在宁镇丘陵区（占林地的 51.30%）、沂沭丘陵地带（占林地的 24.70%）、盱眙丘陵地区、盐城沿海地区（占林地的 16.00%）、其余地区占 8.00%。

　　牧草地和其他农用地：全省牧草地 0.11 万 hm²（1.6 万亩），占农用地的 0.02%。其他农用地 131.13 万 hm²（1966.99 万亩），占农用地 19.53%。

　　2）建设用地数量结构与空间布局

　　城乡建设用地：全省城乡建设用地 193.41 万 hm²（2415.64 万亩），占建设用地面积的 83.26%，人均城乡用地 191 m²。其中城镇工矿用地 52.40 万 hm²（786.00 万亩），人均城镇工矿用地 131 m²。城乡用地中，城市用地仅 9.99 万 hm²（149.89 万亩），占城

---

① 1 亩 $=\frac{1}{15}$ hm²$=\frac{10000}{15}$ m²≈ 666.7 m²。

乡建设用地的 6.61%，而农村居民点面积 98.64 万 hm²（1479.55 万亩），比重达 65.31%。从空间布局上看，城乡建设用地分布差异十分显著，城镇工矿用地占辖区城乡用地总面积比重明显南高北低，农村居民点的空间分布则相反。

交通水利设施用地：全省交通水利设施用地 32.37 万 hm²（485.58 万亩），占建设用地的 16.74%。其中交通运输用地 13.07 万 hm²（190.64 万亩），以苏南地区分布最密集，占区域比重均在 1.50% 以上，而苏北的盐城和宿迁比重则均低于 0.60%。全省水利设施用地面积 19.30 万 hm²（289.54 万亩），其中水库水面用地占 27.69%，主要分布徐州、淮安、连云港北部山丘地区、宁镇丘陵地区和宜溧山地地区，占全省水库水面总面积的 87.60%。

其他建设用地：全省其他建设用地 9.38 万 hm²（140.68 万亩），占建设用地面积的 5.12%。其中特殊用地 3.67 万 hm²（55.00 万亩），南京市面积最大，其他各市分布较为均匀。盐田 5.71 万 hm²（85.69 万亩），主要分布于连云港、盐城和南通三市。

3）未利用地数量结构与空间布局

全省未利用地面积为 202.44 万 hm²（3036.58 万亩）。其中未利用土地 18.40 万 hm²（276.04 万亩），主要是荒草地、盐碱地。其他土地 184.04 万 hm²（2760.55 万亩），主要是河流水面、湖泊水面和滩涂。

1.4.2 土地资源存在问题

1）建设用地规模极度扩张，供需矛盾尖锐

随着工业化、城市化与交通基础设施建设进程的加快，建设用地也呈现快速扩张的趋势。建设用地面积从 1997 年的 158.42 万 hm²（2376.3 万亩）扩大到 2008 年的 193.41 万 hm²（2901.22 万亩），增长率达 22.09%。江苏省人多地少，耕地后备资源不足，在保证耕地总体数量相对稳定和经济建设用地需求的前提下，全省建设用地供需矛盾日趋尖锐。

2）耕地相对数量减少，整体质量下滑

随着工业化和城市化的加快，建设用地的刚性需求对农用地保护，尤其是耕地保护造成巨大的压力。近年来，全省耕地加速减少（图 1-3）。

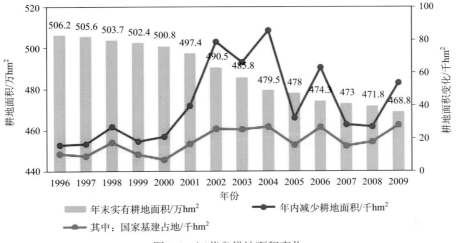

图 1-3 江苏省耕地面积变化

3) 后备资源分布不均, 土地复垦及开发利用难度大

江苏省土地利用的开发强度高, 耕地后备资源多分布于沿海滩涂、低山丘陵区和经济欠发达地区。随着近年来土地生态保护和土地开发力度的加大, 未来土地开发难度不断加大。国家实施江苏沿海地区开发战略后, 沿海地区的生态建设和开发建设利用的强度会显著提高, 耕地后备资源的空间将受到挤压, 全省面临耕地后备资源的严重短缺。未利用土地开发利用制约因素较多, 投入大, 难度高。

4) 城镇外延扩张迅速, 建设用地结构不合理

近 10 年来, 全省城市扩张迅速, 城市扩张侵占农田, 威胁粮食的生产以及现有膳食结构的维持, 同时带来一定的生态环境问题和社会问题。从城镇建设用地区域结构来看, 规模结构不合理, 区域土地利用不相衔接; 另外, 建设用地结构不合理, 工业用地比例偏高, 居住用地、绿地等比例相对偏低。

5) 土地需求区域差异大

由于地区经济发展的自然、历史、文化、社会经济条件差异, 江苏各地的发展水平存在明显的差异。江苏省由北向南, 人地关系紧张程度增加, 并且苏中、苏北城市规模明显小于苏南地区。截至 2005 年年底, 农用地与建设用地之比苏南地区为 2.6∶1, 苏中地区为 3.8∶1, 苏北地区为 4.4∶1。苏南地区已经成为城镇与工业密集区, 城市化、工业化速度远高于苏中、苏北地区。苏中地区目前仍是传统的农业地区, 但随着沿江开发战略的进一步实施, 将形成农用地和建设用地并重之势; 苏北地区在较长一段时间内农用地依然会是土地利用的主体。

6) 土地生态环境现状差

大量化肥、农药和地膜的应用, 造成了土地的污染; 并且在长期利用的过程中, 重用轻养, 粗放经营, 使地力下降, 影响了农业的可持续发展; 另外, 工矿企业生产大量废水、废物的排放, 造成了土地资源的污染。

7) 土地产权制度改革和土地市场建设相对滞后

土地产权不明确, 制度还有待完善, 难以发挥市场在土地资源配置中的基础性作用。

1.5　交　通　状　况

江苏省地处东南沿海, 自然条件优越, 自古以来就是商贸发达之地, 也是商旅通畅的繁华之地。但新中国成立之前, 江苏的公路交通只有 2.7 km/km², 且道路路面状况低下, 大多数为土路面。由于江苏省内地势平坦, 航道多水浅, 水路运输也未得到较大的发展。

新中国成立后, 江苏省交通也得到了迅猛的发展, 交通面貌逐步得到了改善, 到 1978 年改革开放之前, 江苏省公路全长为 17 721 km, 虽然比新中国成立前得到了大幅度的提升, 但此时的江苏省交通远远不能满足经济社会发展的需要, 且航道等级仍然严重偏低。

改革开放之后, 江苏省的交通迈入了快速发展的新阶段。20 世纪 80 年代, 江苏省对全省的公路交通进行了疏通建设, 形成了联通全省的公路交通网络雏形。在水运交通方面, 按二级航道的标准对苏北运河进行了整治, 同时还对锡澄运河、北澄子河和苏南

运河苏州、无锡、常州三个市区段以及部分碍航闸坝进行了改造。

20 世纪 90 年代，沪宁高速公路建成，江苏省实现了省内高速公路的零突破。至 90 年代末，先后建设了广靖、沂淮、淮江、连徐、宁宿徐、宁靖盐高速公路，南京二桥、润扬大桥、京杭运河船闸扩建工程和太仓港、大丰港等跨世纪交通重点工程，基本实现全省高速公路联网畅通，公路、铁路、水路、航空等多种运输方式协调配套，基本形成现代化综合交通运输体系主骨架。

"十五"期间，江苏省掀起了新一轮交通建设的热潮。五年间，全省新增高速公路近 1800 km，通车总里程达 2886 km，密度居全国各省区第一。二级以上公路占国省干线公路比重由 83.5%上升至 93.5%。2003～2005 年，累计建成通车农村公路 4.1 万 km，行政村灰黑化等级公路通达率达到 93%，全省受惠群众数量达到 4000 万；全省整治完成五级以上航道 158 km，新增船闸 5 座；干线航道网规划中有 800 km 已达标。全省新增港口吞吐能力 $1.4×10^8$ t，新建成万吨级泊位 79 个，港口总吞吐能力和万吨级泊位数均居全国首位。

"十一五"时期，江苏省公路网络通达程度全国领先，高速公路在全国率先实现联网畅通，实现了市到县、相邻县之间基本以一级公路短直连通，县级结点以一级以上公路连接以实现"县县通"，出省通道、重要枢纽、主要工业区、重点旅游区、商品粮基地等以二级以上公路连接，所有工业园区之间干线公路以实现"区区通"为目标。在此期间，江苏铁路建设实现了电气化、高速铁路和铁路综合客运枢纽建设三个突破。民航机场设施不断改善，随着淮安涟水国际机场建成通航，全省民用机场达到 8 个。综合客运枢纽加快建设，建成沪宁城际高铁沿线的 4 个铁路综合客运枢纽，苏南、苏北还有一批枢纽在如火如荼的建设中。全省客货运输服务质量得到明显改善，随着沪宁城际高铁的通车，南京—上海的在途时间由原先的 2 小时 20 分钟左右缩短为 73 分钟；民航机票实现联网售票。2010 年年底，全省 95%的行政村实现客运班车通达，农村出行条件得到极大改善。

截至 2010 年，江苏省全省公路达 150 307 km，其中高级公路占 10%，一级公路占 60%，二级公路占 14%；2010 年全省航道为 24 248 km，生产用码头泊位 7304 个，铁路里程达 2008 km，机场共 8 个。

1.6 水 资 源

江苏省是水资源储量较多的一个省份。绝大部分为入境水，经统计，全省入境水量多年平均值为 9377 亿 m^3（1956～2000 年），是本地水资源量的 30 倍。各分区入境水量见表 1-3。可以看出，全省的入境水量集中在长江干流，占全省入境水量的 95.0%。

表 1-3 江苏省多年平均分区入境水量统计表

流域	长江干流	淮河流域	长江流域诸小河	淮河流域诸小河	全省
多年平均过境水/亿 m^3	8906	392	74	5	9377
比例/%	95	4.2	0.8	0.0005	100

江苏省 1980~2000 年多年平均引江水量为 145.05 亿 m³，其中苏南、苏北分别占 23.9%、76.1%。对于年内各月引江水量，用水量大的季节为 5~10 月，期间苏南引江水量为 24.91 亿 m³，占苏南年引江水量的 72.0%，苏北引江水量为 75.70 亿 m³，占苏北总引江水量的 68.5%。

江苏省多年平均降水量为 800~1100 mm，由西北向东南递增。降水量、径流量年内分配不均匀，绝大部分集中在汛期，汛期降水量与全年降水量之比由北向南逐渐减少，北部沂沭泗地区汛期雨量占年雨量的 70% 左右，中部及苏南地区在 60% 左右；降水量、径流量年际变化也较大，从全省来看，1991 年为特丰水年，降水总量为 1432.9 亿 m³，径流量为 619.34 亿 m³。1978 年为最枯水年，降水总量为 567.2 亿 m³，径流量为 3.476 亿 m³，特丰水年与最枯水年降雨量的比为 2.5∶1。 降水量在年际之间变化大，年内又集中在汛期，容易出现突发性、灾害性的暴雨洪水，以及旱涝急转、干旱缺水。6 月和 7 月的梅雨易引发流域性暴雨洪水，8 月和 9 月的台风暴雨一般是区域性洪涝的主要原因，短历时雷暴雨会造成局部洪涝，沿海和沿江地区还面临风暴潮的威胁。

江苏省是我国淡水湖集中分布的省份之一，根据《江苏省湖泊保护条例》规定，面积在 0.5 km² 以上的湖泊、城市市区内的湖泊、作为城市饮用水水源的湖泊列入《江苏省湖泊保护名录》。《江苏省湖泊保护名录》中，共有湖泊 137 个，其中省管湖泊有洪泽湖、太湖、骆马湖、微山湖、里下河腹部地区湖泊湖荡、白马湖、高邮湖、宝应湖、邵伯湖、滆湖、长荡湖、石臼湖、固城湖 13 个，除微山湖外，其余 12 个省管湖泊水域总面积约 5200 km²，其中面积超过 1000 km² 的有太湖、洪泽湖，分别位列全国第三和第五大淡水湖，面积在 100~1000 km² 的有高邮湖、骆马湖、石臼湖、滆湖、白马湖。多数湖泊呈浅碟形，岸边平缓，属外流淡水和浅水型湖泊，省管湖泊中，除骆马湖、太湖外，平均水深不到 2 m。由于自然淤塞，特别是围湖造田等人为影响，湖泊面积逐年缩小。

江苏省的地下水资源也十分丰富。江苏省多年平均地下水总补给量 151.77 亿 m³，其中矿化度小于 2 g/L 的地下淡水资源量全省 120.24 亿 m³。地下水可开采量为 78.83 亿 m³，其中淮河流域 48.38 亿 m³、长江下游干流区 15.97 亿 m³、太湖流域 14.49 亿 m³。

由于工业化进程的发展，江苏省水污染较为严重，2003 年对全省 230 多条河流的 440 个点进行监测发现劣于Ⅲ类水的超标断面 319 个，主要超标项目为化学需氧量、氨氮、总磷、高锰酸盐指数等。但经过最近十多来年的水污染治理，目前江苏省水资源环境状况正在逐渐改善中。

1.7　旅　游　资　源

江苏省河流湖泊众多，气候温润，地理资源和植被资源丰富，有着较为丰富的自然旅游资源。同时江苏自古便是富饶之地、鱼米之乡，加之历史悠久、文化多元、兼具南北色彩，是全国历史文化名城最多的省份，因此江苏省也有着丰富的人文旅游资源。

1.7.1　生态景区旅游资源

江苏省的 5 个国家重点风景名胜区为太湖、南京钟山、连云港云台山、蜀冈瘦西湖、镇江三山。

太湖位于江苏省南部,为我国第二大淡水湖。水域面积约为 3159 km^2,岛屿众多,水产丰富,盛产鱼虾。周围的景点包括苏州园林、永慧寺、统一嘉园等风景区。

南京钟山风景区位于南京东北郊,以钟山(紫金山)和玄武湖为中心。全区包括 50 多个可供观光游览的景点,其中有紫金山、玄武湖、明代城垣等。

连云港云台山风景区俗称"花果山",传说即吴承恩所写花果山的原型。位于江苏省连云港市东北 30 多千米处,地质上位于华北古陆的南缘,由地壳经二十四五亿年前造山运动发生变质形成的片麻岩组成。景区内主峰玉女峰海拔 624.4 m,为江苏省最高的山峰。

蜀冈瘦西湖风景名胜区位于历史文化名城扬州古城的西北部,面积 168.32 hm^2。瘦西湖为我国湖上园林的代表。隋唐时期,瘦西湖沿岸陆续建园,时至清代,形成了"两堤花柳全依水,一路楼台直到山"的盛况。

镇江三山风景区由金山、焦山、北固山组成,位于江苏省西南部的镇江市。其中焦山是万里长江中唯一一座四面环水可供游人观光探幽的岛屿。

1.7.2　生态文化旅游资源

江苏省文化底蕴深厚,有着丰富的生态文化旅游资源,最著名的就要数宗教旅游资源、古镇和园林。宗教旅游资源包括遍布全省的佛教寺庙、佛塔、石窟、道教庙宇、佛教塑像等。古镇主要分布于苏南地区的水乡,如昆山周庄、吴江同里等濒水而居的古建筑群。苏州城内的园林建筑,以私家园林为主,起始于春秋时期吴国建都姑苏时(吴王阖闾时期,公元前 514 年),形成于五代,成熟于宋代,兴旺鼎盛于明清。虽占地面积不大,但以意境见长,以独具匠心的艺术手法在有限的空间内点缀安排,移步换景,变化无穷。1997 年,苏州古典园林作为中国园林的代表被列入《世界遗产名录》。

1.7.3　其他旅游资源

江苏省的饮食和工艺品也是较为有特色的旅游资源。

江苏菜(简称"苏菜")。起始于南北朝、唐宋时,经济发展,推动饮食业的繁荣。明清时期,苏菜南北沿运河、东西沿长江的发展更为迅速。沿海的地理优势扩大了苏菜在海内外的影响。苏菜由淮扬菜、苏锡菜、徐海菜、金陵菜组成。其味清鲜,咸中稍甜,注重本味,在国内外享有盛誉。

工艺品包括苏州丝绸、绣品、檀香扇、草编,南京云锦、绒花,宜兴青瓷、紫砂陶器,无锡泥塑,扬州瓷器等。

1.8　社　会　经　济

改革开放三十余年是江苏经济发展最活跃、最旺盛的时期。1978 年,江苏 GDP 为 249.24 亿元,财政总收入为 61.09 亿元,进出口总额为 4.27 亿美元,分别仅占全国的 6.84%、5.45%、2.07%。改革开放以来,乡镇企业蓬勃发展,使经济有了很大发展,由工业欠发达的农业省份转变成为以工业为主的经济大省。2012 年江苏省实现生产总值

54 058.2 亿元，人均 GDP 突破 1 万美元。自 2010 年起人均 GDP 超越浙江，居中国各省区之首。

江苏一直被认为是中国民族工业的发源地。清末状元张謇的 "实业救国" 的工厂即选址在南通和苏州，而这一历史的传承，影响着苏商在后来的产业选择，也给人留下了偏重于制造业而轻商贸的印象。但现在这一情况也出现了变化。民营经济中，服务业的比重在不断地增强，苏宁、宏图三胞、红星等商贸民企的崛起就可以证明这一点。

江苏最大的资源就是人力资源，高校数、大学生数和职校生数都名列全国前茅。2012 年，全省共有普通高校 128 所，普通高等教育本专科招生 43.50 万人，在校生 167.12 万人，毕业生 47.03 万人；研究生教育招生 4.62 万人，在校研究生 13.95 万人，毕业生 3.84 万人。高等教育毛入学率达 47.1%。在苏南，以科技带动经济发展已经达成了共识。由科技人员创办企业，对高技术产业发展起到了非常重要的作用，进而使得江苏相关产业位居国内前列。苏北有别于苏南的发展模式，在苏北农业化的社会发展中，推动工业化进程时，注重用高新技术去改造传统产业，或者是积极培育和发展战略性新兴产业。

2012 年江苏区域创新能力连续第 4 年居全国首位，科技进步对经济增长的贡献率达到 56.5%，全社会研发投入超过 1200 亿元，占 GDP 的 2.3%，较上一年提升 0.1%。全省服务业增加值占 GDP 的比重继续按 1% 的步调递增，达 43.8%，高新技术产业产值占规模以上工业产值比重达 37%，江苏 GDP "含金量" 不断提升。

江苏省公共文化服务水平较高。2012 年年末全省共有文化馆、群众艺术馆 119 个、公共图书馆 112 个、博物馆 264 个、美术馆 15 个、综合档案馆 122 个，向社会开放档案 402 万卷（件、册）。

随着江苏省经济的发展，社会民生也得到了快速发展。全省 2012 年年末共有各类卫生机构 31 051 个，各类卫生机构拥有病床 33.3 万张；体育事业持续发展，江苏体育健儿在重大国际比赛中获世界冠军 17 项，创全国纪录 8 项。全民健身体系也日趋完善，全省乡镇、街道均已建成体育健身活动中心。社会保障水平稳步提高，城乡居民低保、医疗和养老保险实现全覆盖，社会保险主要险种覆盖率达 95% 以上。

1.9　农业生产发展

江苏历来是我国农业发达的省区之一，素有"鱼米之乡"之称。粮食作物以水稻、麦类为主，大部分地区宜于一年二熟，旱粮两年三熟或一年几熟套作。经济作物有棉花、花生、油菜、黄麻、蚕桑等。

从 1978 年改革开放到 2011 年，江苏省的总播种面积略有下降，从 858.3 万 hm² 下降到 766.3 万 hm²。1978 年稻谷为 266.1 万 hm²，小麦 141.2 万 hm²。2003 年稻谷的播种面积达到最低谷的 184.0 万 hm²，后有所反弹。而小麦的播种面积整体呈现上升趋势，玉米和大豆的播种面积没有明显的变化，目前已分别是江苏省第三和第四大粮食作物。

江苏省经济作物的种植自改革开放到 2004 年其播种面积逐年增加，而在 2004 年后逐渐减少。至 2011 年，经济作物中油菜籽的播种面积居首位，油菜籽、棉花和花生的播种面积分别达到 44.1 万 hm²、23.9 万 hm² 和 10.0 万 hm²。虽然江苏省的播种面积并没有明显的增加，但农作物产量增加迅速。1952 年江苏省人均粮食产量为 270 kg，2011 年达到 419 kg；1952 年油料产量人均为 5.9 kg，2011 年达到人均 18.3 kg。

近年来江苏省农业现代化的实现增速明显。2010 年江苏省农业科技进步贡献率为 59.9%；农业信息服务覆盖率达 65%；参加农民合作经济组织的农户为 467 万户，占全省总农户数的 31.5%；农业适度规模经营面积占耕地面积的 43%；高标准农田比重为 39.3%；农业综合机械化水平为 71%，这些指标均超过全国同类指标的平均水平。

第2章 成土因素

2.1 气候概况

江苏省位于亚洲大陆东部中纬度地带，属东亚季风气候区，处在亚热带和暖温带的气候过渡地带。一般以淮河、苏北灌溉总渠一线为界，以北地区属暖温带湿润、半湿润季风气候；以南地区属亚热带湿润季风气候。江苏拥有1000多千米长的海岸线，海洋对江苏的气候有着显著的影响。在太阳辐射、大气环流以及江苏特定的地理位置、地貌特征的综合影响下，江苏基本气候特点是：气候温和、四季分明、季风显著、冬冷夏热、春温多变、秋高气爽、雨热同期、雨量充沛、降水集中、梅雨显著、光热充沛。综合来看，江苏省自然环境优越，气候资源丰富，特别是风能和太阳能资源开发利用前景广阔，为江苏经济社会的可持续发展提供了非常有利的条件。

由于江苏地处中纬度的海陆过渡带和气候过渡带，兼受西风带、副热带和低纬东风带天气系统的影响，气象灾害频发，种类多、影响面广，主要的气象灾害有暴雨、台风、强对流（包括大风、冰雹、龙卷风等）、雷电、洪涝、干旱、寒潮、雪灾、高温、大雾、连阴雨等。加之江苏省经济发达，人口稠密，因此各类气象灾害带来的影响和造成的损失比较严重，而且还会诱发其他衍生灾害。在全球气候变暖的大背景下，该省气候特征也发生了明显的变化，气候变化带来的影响也越来越大。

2.1.1 日照

全省的年均日照数为2000~2500 h，最高值出现在北部的赣榆2600 h以上，日照百分率48%~59%。日照长短随纬度和季节而变化，并和云量、云的厚度以及地形有关。自北向南随着纬度的降低，平均日照时数逐渐降低（图2-1）。夏季的日照时数明显高于冬季。随着全球气温的升高，省内总体日照时数反而呈现下降的局势，其原因是由于近年来大气污染严重，导致云量和大气气溶胶增加，从而增加了大气对太阳光的吸收和反射，使太阳辐射减少。这一变化趋势对人类、环境、农业生产都有可能造成不良的影响。

2.1.2 太阳辐射总量

全省年太阳总辐射主要表现为由北向南递减的趋势，西部地区小于东部地区。东北部地区为最高，年太阳总辐射量在4950 MJ/m² 以上，中部地区为次高值区，年太阳总辐射量在4550~4950 MJ/m²，西南部地区为最小，年太阳总辐射量在4550 MJ/m²以下。总体年变化呈现明显的双峰型分布，最大峰值分别出现在5月和7月下旬至8月上旬，6月下旬至7月上旬会出现一个相对低谷的阶段。

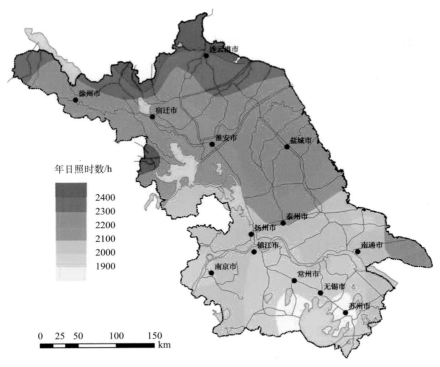

图 2-1 江苏省年日照时数分布图（《江苏省地图集》编纂委员会，2004）

2.1.3 气温

全省年均气温为 13.6～16.1℃，分布为自南向北递减，全省年平均气温最高值出现在南部的东山，最低值出现在北部的赣榆（图 2-2）。全省冬季平均气温为 3.0℃，各地的极端最低气温通常出现在冬季的 1 月或 2 月，极端最低气温为−23.4℃（宿迁，1969年 2 月 5 日）；全省夏季的平均气温为 25.9℃，各地极端最高气温通常出现在盛夏的 7月或 8 月，极端最高气温为 41.0℃（泗洪，1988 年 7 月 9 日）；全省春季平均气温为 14.9℃，秋季平均气温为 16.4℃，春、秋两季气候相对温和。气温还可以用日均温≥10℃稳定积温来表征，与气温变化类似，江苏省日均温≥10℃积温也呈现自东北向西南逐渐增加的趋势变化，由≤4400℃逐渐增加至 5000℃。

2.1.4 土温、冻土日数和深度

研究表明，土壤温度与气温之间存在极显著的相关性。根据 40 cm 深处土壤温度与气温之间相关方程：土壤温度=3.533℃+0.901×气温，计算出江苏省土壤温度为 15.8～18.0℃。当然，土壤温度的变化除与气温有关外，还会与海拔及经纬度变化相关，但由于江苏省大部分地貌为平原，丘陵区海拔也较低，所以土壤温度在空间上应与气温分布类似，主要受经纬度影响，即自东北向西南逐渐降低，其中，作为土壤温度状况由温性转变为热性的临界地温 16℃，其界限在睢宁县至盐城市之间，由西北向东南伸展，大致相当于江苏省平均气温 14.0～14.5℃的温度界限（图 2-2）。

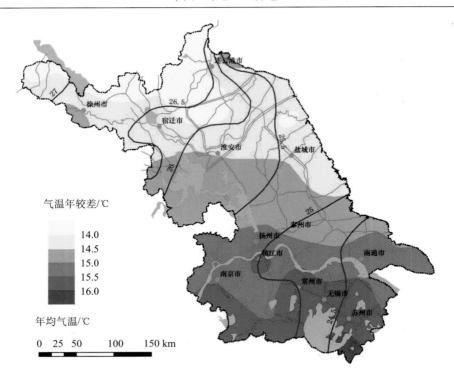

图 2-2　江苏省年均气温及气温年较差分布图（《江苏省地图集》编纂委员会，2004）

　　冻土日数指地面冻结的初终间日数。如果以最低气温≤0℃为冻土开始日，江苏省冻土日数在＞80d～＜30d，自西北向东南逐渐减少，其中＞80d 冻土日数的区域在徐州—宿迁北部—连云港一线，＜30d 的区域在太湖周边。冻土深度指土壤冻结达到的最大深度。本省最大冻土深度分布情况，由北向南逐渐递减，最小值出现在南京，为 9 cm，最大值出现在连云港，为 25 cm。

2.1.5　无霜期、初终霜期

　　江苏省无霜期年均在 214～256d，由北向南递增，南部的无霜期比北部长一个半月左右，最短的沭阳为 214d，最长的苏州为 256d。从地区分布看，苏北西部地区及苏北沿海的北部地区为 214～232d，苏南地区为 245～256d，其他地区 231～248d。无霜期最长的年份，苏南地区高达 290d 左右，最短的苏北沿海中部也有 247～250d；而无霜期最短的年份，苏北西部及苏北沿海地区则缩短到 194～200d，其他地区 205～226d。

　　本省内沿海降温迟缓于内陆，初霜期出现时间是北部明显早于南部，同纬度地区内陆略早于沿海。年均初霜期苏北西部地区出现在 11 月 4～10 日；苏南地区、苏北沿海的南部地区出现在 11 月 21～27 日；其他地区出现在 11 月 11～21 日。48 年中，江苏平均初霜期最早为 11 月 4 日，出现在丰县；最晚为 11 月 27 日，出现在苏州，最早与最晚的平均初霜期相差 23d。

　　江苏省春季升温大多从西南向西北推进，平均终霜冻期最早为 3 月 15 日，出现在高淳；最晚为 4 月 4 日，出现在沭阳；最早和最晚相差 20 天。苏北西部及苏北沿海大部分地区的平均终霜冻期在 3 月 27～4 月 4 日；苏锡常地区的平均终霜冻期最早，在 3 月～15～23 日；其他地区的平均终霜冻期在 3 月 23～26 日。

2.1.6 降水量、蒸发量

全省年降水量为 704～1250 mm，江淮中部到洪泽湖以北地区降水量＜1000 mm，以南地区降水量＞1000 mm，降水分布是南部多于北部，沿海多于内陆。导致年降水量自东南向西北逐渐减少（图 2-3）。年降水量最多的地区在江苏最南部的宜溧山区，最少的地区在西北部的丰县。单站年最多降水量出现在 1991 年兴化，为 2080.8 mm，年最少降水量出现在 1988 年丰县，为 352 mm。与同纬度地区相比，本省雨水充沛，南北差异不大，年际变化小。

全年降水量季节分布特征明显，其中夏季降水量集中，基本占全年降水量的一半，冬季降水量最少，占全年降水量的 10%左右，春季和秋季降水量各占全年降水量的 20%左右。夏季 6～7 月，受东亚季风的影响，淮河以南地区进入梅雨期，梅雨期降水量常年平均值大部地区在 250 mm 左右。一般在江淮梅雨开始之后的一周左右，本省淮北地区进入 "淮北雨季"，此时往往是本省暴雨频发，强降水集中的时段。

江苏省平均水面蒸发量区域差异比较明显，从 1980～2000 年蒸发等值线图可以看出，等值线为 800～1000 mm，分布趋势与年降雨量相反，自南向北、西北方向逐渐递增，全省年水面蒸发量高值区在北部徐州的丰沛地区，水面蒸发量均值＞950 mm，水面蒸发量均值低值＜850 mm（图 2-3）。

利用 1980～2000 年同步系列资料的降雨和蒸发能力等值线图查算并绘制干旱指数等值线图。本省干旱指数在 0.8～1.4，干旱指数总的趋势由南向北递增，到徐州丰沛地区达到最高，达 1.4。本省干旱指数的地区分布情况是，骆马湖以北地区超过 1.0，中部地区在 0.8～1.0，太湖地区和南通部分地区出现小于 0.8 的低值。

2.1.7 农业气象灾害

江苏省气象灾害种类较多、影响范围较广，是我国气象灾害发生比较频繁的省份之一。主要气象灾害有暴雨、强对流、洪涝、雷电等。全省气象灾害四季均有发生：春季主要有低温阴雨，初夏有暴雨洪涝，盛夏有高温干旱、台风，秋季有大雾及连阴雨，冬季有低温冻害和寒潮等，并且这些气象灾害在全省各地都可能发生。

各类气象灾害的发生对农业、林业、牧业、渔业、交通、工业等各方面都有较大的影响。江苏省人口稠密、城镇密集、经济发达、交通运输繁忙，气象灾害的发生往往会造成巨大的经济损失和人民群众生命财产的损失，同时还会引发其他类型的衍生灾害，例如交通拥堵、电网故障、疾病流行、农业病虫害发生等。

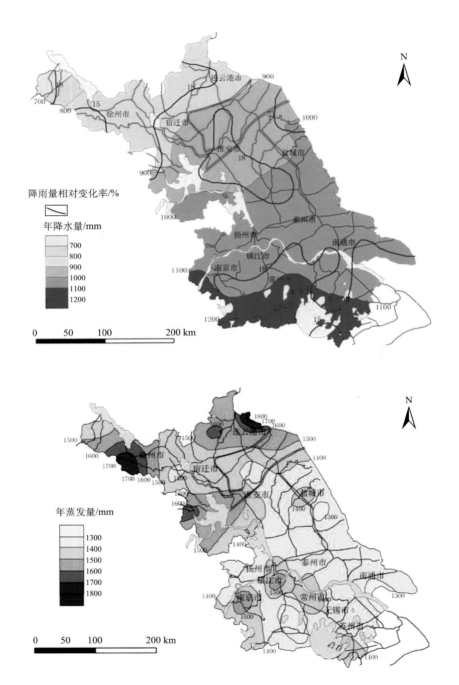

图 2-3　江苏省年降水量、年降水量相对变率和年蒸发量分布图（《江苏省地图集》编纂委员会，2004）

2.2 地质、地层、岩性

2.2.1 地质

从中国大地构造角度看，江苏省分属于华北古陆与扬子古陆两大单元。一般以盱眙—响水深断裂带为界，划分为南、北二区。

1）北区

北区同我国华北广大地区的地质构造和岩层基本一致，形成于太古代，构造比较稳定，是华北地台的东南边缘部分，自太古代成陆以来，以隆升为主。北区的基底岩层主要是中度变质到深度变质的各类结晶片岩、片麻岩，也有一些中性和基性侵入岩。郯庐断裂带（山东郯城到安徽庐江间的深大断裂带）的形成，又明显地把北区划分为鲁苏地盾、徐淮拗褶带、鲁西断块和郯庐断裂带等单元。

（1）鲁苏地盾。位于郯庐断裂带的东侧。在太古界基底岩层之上，少见有后期岩层覆盖，一般认为是以隆升为主。但地盾南部广大地区在新第三纪末至第四纪，随着苏北断坳的范围扩大开始沉陷，沉陷幅度约为 50～350 m，广泛分布有第四系盖层。

（2）徐淮拗褶带。位于郯庐断裂带西侧。出露的岩层主要是震旦系浅海碳酸盐岩和寒武奥陶系海相碳酸盐岩。在燕山运动影响下，形成一系列北东到北东东向褶皱带，背斜轴部由震旦系和寒武系构成，在低山丘陵区广泛出露。向斜轴部由石炭、二叠系含煤地层构成，多被第四系覆盖，出露零星。

（3）鲁西断块。位于徐淮拗褶带西侧、江苏最西部的丰县和沛县境内。以太古代地层为核心，向西北、西、西南依次为寒武、奥陶系碳酸盐岩-石炭、二叠系含煤地层所构成，是丰县—沛县煤田形成的地质基础。

（4）郯庐断裂带。郯庐断裂带由东北向西南贯穿山东、江苏、安徽三省，江苏省北部的新沂、宿迁、泗洪等县（市）处于这一断裂带的中段，长约 180 km，宽度为 10～15 m。该断裂带制约着江苏省北区地质构造的发育，东侧的鲁苏地盾以隆升运动为主，西侧则沉降为徐淮拗褶。郯庐断裂带在中生代的燕山运动时活动强烈，至今仍在继续活动，是我国主要的地震带之一。

2）南区

南区是扬子古陆（也称扬子钱塘准地槽或扬子准地台）的最东端，形成于上元古代，地质构造不如北区稳定。南区以轻变质岩系为基底，自震旦纪到中生代三叠纪一直处于沉降状态，沉降幅度较大，是我国从震旦纪至三叠纪各期地层发育最完整的地区。受海安—江都断裂带和崇明—无锡—宜兴断裂带（也称江南断裂带）的控制，南区又分为三个次一级的构造单元：两断裂带之间是下扬子台褶带，海安—江都断裂带以北为苏北拗陷带，崇明—无锡—宜兴断裂带以南为太湖—钱塘褶皱带。

（1）苏北拗陷。苏北拗陷是在震旦系到中生界三叠系海相、陆相交替沉积的基础上形成的，发生于燕山运动的断拗，一直延续到现代。在漫长的地质时期里，拗陷从西向东缓慢发展，直达南黄海，沉陷幅度自西向东逐步加大。由于各地沉陷幅度大小不一，形成了一系列凹陷和隆起，其中以东台拗陷沉陷最深，面积最大，是苏北拗陷主要含油气的地区。

（2）下扬子台褶带。是地台内的褶皱带，早期接受了巨厚的沉积，后期发生过比较强烈的构造变形，形成过渡性的褶皱。下扬子台褶带以元古代浅变质岩系为基底，沉积了一整套从震旦系到三叠系海、陆相交替沉积层，中生代全区出现强烈的褶皱和断裂活动，并伴有较强烈的岩浆活动，形成茅山、宁镇等现代山地的轮廓。是江苏最重要的金属矿藏成矿带。

（3）太湖—钱塘褶皱带。太湖—钱塘褶皱带经褶皱隆起和断裂发生，太湖以西形成宜溧山地和向斜盆地，太湖一带则为沉降地区，由于崇明—东山存在一个断裂带，其北侧燕山运动时发生褶皱，是太湖中的东洞庭山、西洞庭山、马迹山以及无锡、苏州、常熟一带低山丘陵的基础。其南侧发生沉陷，几乎全部被第四系沉积层掩覆，只有少数孤丘分布，在构造上多为天目山的余脉。

2.2.2　地层

地层自太古宇至第四系均有发育，基岩面积约 10 000 km^2。以郯城—庐江断裂带为界，西侧为华北地层区，东侧为扬子地层区。后者又可进一步划分为 3 个地层分区（图 2-4）。

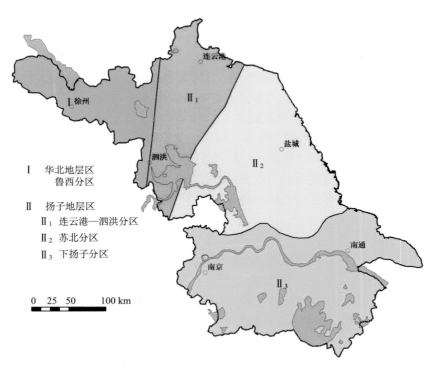

I　华北地层区
　鲁西分区

II　扬子地层区
　II$_1$　连云港—泗洪分区
　II$_2$　苏北分区
　II$_3$　下扬子分区

0　25　50　　　100 km

图 2-4　江苏省地层分区图（徐学思，1997）

1）华北地层区

上太古界泰山群是变质程度较高的片麻岩系，由海相细碧岩-石英角斑岩及碎屑沉积岩等变质而成。上元古界下部的青白口群直接覆盖在泰山群之上，为稳定的潟湖-海相碎屑岩、碳酸盐沉积组合。震旦系-古生界以稳定的碳酸盐台地沉积为主，缺失上奥陶统-下石炭统，上石炭统-二叠系由滨海进入大陆环境，以碎屑沉积为主，并有铝质黏土、煤等沉积矿产。上侏罗统及白垩系均直接覆于古生界之上，为河湖盆地沉积，发育玄武岩、安山岩及火山碎屑岩。新生界缺失下第三系古新统，始新统和渐新统为内陆断陷盆地河湖沉积，上第三系中新世为细碎屑岩及生油岩系；上新世为碎屑岩、玄武岩，含凹凸棒石黏土矿。第四系在各地层区均有发育，更新统出露在丘陵、山麓地带及平原区的河流两岸，全新统广布于平原区。其成因类型：西部丘陵区主要为河流-湖泊相堆积。第四系沉积厚度由西往东逐渐增厚。

2）扬子地层区

上太古界-下元古界的东海群也是由海相细碧岩-石英角斑岩及碎屑沉积岩等变质而成的片麻岩系。海州群、张八岭群、埤城群，以低绿片岩相为主，原岩为海相碳酸盐岩、碎屑岩和花岗岩类及火山岩、火山碎屑岩等。震旦系下统为边缘海-冰海陆棚冰碛沉积，上震旦统、寒武系、奥陶系、石炭系、下二叠统均以浅海相碳酸盐沉积为主，岩相稳定，化石丰富，局部有深海盆地硅质岩沉积。志留系为盆地-陆棚-滨岸碎屑岩。泥盆系上统、二叠系上统为滨岸及陆相碎屑组合。三叠系下、中统为潮下广海活台地—局限台地碳酸盐-膏盐沉积，上统为滨岸含煤碎屑沉积。侏罗系开始进入陆相环境，下、中统为含煤河湖沉积，上统为山麓、山间盆地磨拉石及安山熔岩、火山碎屑岩，属过渡-活动型沉积类型。白垩系下统为河湖相碎屑沉积和安山岩-流纹岩的火山岩系，上统为红色碎屑沉积。下第三系主要为互相砂页岩，而上第三系为河湖相碎屑岩沉积。第四系分布面积较广，丘陵和平原地区均有分布，成因类型复杂，主要有冲积、风积、海积、湖积、潟湖积等。

2.2.3 岩性

1）变质岩

以郯城—庐江断裂带为界，以西属华北变质区的鲁西区。变质地层泰山群为黑云斜长片麻岩、角闪斜长片麻岩及各类混合岩。郯城—庐江断裂带以东为扬子变质区的下扬子变质带。变质地层为东海群、海州群、张八岭群及埤城群。东海群为黑云斜长片麻岩、角闪黑云斜长片麻岩夹斜长角闪岩、变粒岩、浅粒岩、片岩、大理岩、石英岩及榴辉岩。赋存于该群的榴辉岩呈似层状或透镜状与斜长角闪岩、斜长片麻岩共生，可能是镁铁质玄武岩与其围岩在同一高压-超高压变质条件下生成的岩石，为印支期变质所致。海州群下部为白云母石英片岩、白云岩大理岩夹磷灰石，上部为白云母钠长变粒岩、浅粒岩、含蓝晶石石英片岩及白云母石英片岩，属早-中元古变质期，区域低温动力变质作用的绿片岩相。

2）岩浆活动

省内岩浆岩类型较多，但以中-酸性岩为主，可分为四个岩浆活动期。

五台-晋宁期，（超）基性岩有橄榄岩、蛇纹岩、榴辉岩、辉绿岩等。酸性岩为浅层花岗质岩石，由于受区域变质及韧性剪切作用，呈片麻岩产出，为东海杂岩的主体。基-中酸性火山岩、火山碎屑岩，经区域变质作用，形成浅变质岩系。印支期仅见到苏州石英斑岩。燕山期岩石类型较多，从基性到酸性，可见辉长岩、闪长岩及花岗岩等，主要呈岩株、岩脉（墙）以不同期（次）产出。火山岩主要为安山岩-流纹岩等。喜马拉雅期有零星的辉绿岩、玄武玢岩脉侵入。火山岩为碱性玄武岩及拉斑玄武岩。

2.3　地貌种类及其分区

岩性和地质构造制约着江苏地貌形态的发育，特别是第四纪以来的新构造运动最终奠定了江苏地貌以平原为主的格局，流水作用和海水波浪等外力作用对江苏地貌形成也起着重要作用。

2.3.1　地貌类型

1）平原

徐淮平原、滨海平原、长江三角洲等大平原构成江苏地貌的主体。这些平原属于堆积平原，形成历史都很短暂。中生代以来，长江三角洲、滨海平原的大部分地区长期以沉降运动为主，到第四纪最后一次海浸时，黄海和东海的海水曾浸淹到江苏东北部、北部和西南部低山丘陵的山前。当时，淮河和长江分别在今淮安、镇江以东不远处入海，为宽阔的喇叭口。这两条江河之间的江淮湖洼平原大部分以及淮河以北沂沭河洪积冲积平原和延伸于长江两岸的广大三角洲平原都是一片汪洋的浅水海湾。在这之后，由于受到长江、淮河以及 1194 年以后的黄河携带着大量泥沙逐渐填积，形成今日所见的纵贯江苏南北的平原主体格局。

2）低山丘陵和岗地

低山丘陵和岗地主要集中在省境的东北部和西南部，由于地质过程和构造运动不同，不论是岩性还是地貌形态，都有显著差异。东北部的低山丘陵大都由古老的变质岩系构成山岭，山前延伸的岗地大都基岩出露或覆盖着的薄层风化物质，属于石质岗地。西南部低山丘陵由北而南依次有盱眙、仪征、六合等地的方山丘陵和老山山脉、宁镇山脉、茅山山脉、宜溧山地等，组成物质以变质岩、石英砂岩、砂页岩、石灰岩及火成岩为主，岩性复杂，岭谷相连，海拔大都在 100～400 m，绵延数十千米乃至一百多千米。山前坡麓处表面都覆盖着厚层下蜀系黄土堆积，属于黄土岗地。此外，在太湖中及其东尚有一系列低山丘陵，如太湖中的东洞庭山、西洞庭山，太湖沿岸的马迹山、锡惠山、渔洋山、光福诸山、穹窿山、灵岩山、天平山、南阳山等。

2.3.2　地貌分区

根据地貌成因和区域特征，江苏省可分为七大地貌区（图 2-5）。

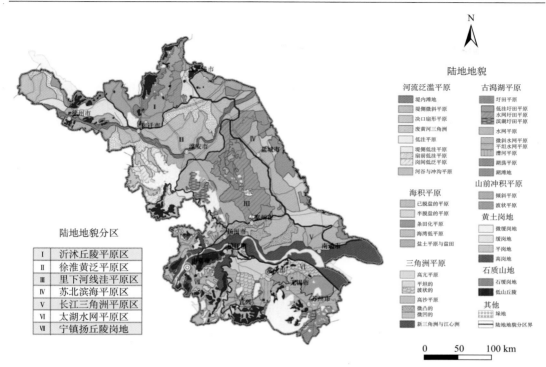

图 2-5　江苏省地貌分区图（《江苏省地图集》编纂委员会，2004）

1）沂沭丘陵平原区

位于江苏东北部，包括沂河以东，六塘河—灌河一线以北的地区。自北向南，由低山丘陵逐步低落为平原低地。东海、赣榆与山东省交界处的低山丘陵久经侵蚀，山势浑圆，在向海低落的过程中，有规律地排列着山前侵蚀剥蚀岗地、洪积冲积平原和滨海平原。另一列突起在连云港市郊的低山丘陵，因西北坡陡往往呈台阶状，统称云台山系。

本区南部是沂沭河洪积冲积平原，以沭阳—宿迁一线为界分为两部分。此线以北，以洪积作用为主，地面呈波状起伏，高程一般在 20 m 左右，错落分布有白垩系红色砂砾岩组成的残丘之间。沭阳以南、以东，原属古硕项湖和桑墟湖所在，在沂沭河冲积物和黄河泥沙填积下，形成一片低平原。黄河南侵后，淤积速度加快，到清康熙二十四年（1685年），硕项湖渐次淤平，开始兴屯。该平原地面高程在 2～3 m，比四周地势低洼。

2）徐淮黄泛平原区

位于江苏西北部，沂沭丘陵平原区以西、以南，洪泽湖、苏北灌溉总渠以北，为黄河、淮河及其支流泗水合力冲积而成。西与华北平原连成一体，东接滨海平原，实则为华北平原的最东组成部分。

徐淮黄泛平原上除徐州郊县少数低矮的蚀余残丘外，整个平面形态是延伸于废黄河两侧、向东伸展的广阔平原。西起徐州以西丰沛平原南缘，经铜山、萧县交界线上，过徐州市，折向东南，再经铜山东境和睢宁、宿迁、泗阳而达于淮安。淮安以下即进入黄淮三角洲范围，过淮安、涟水、阜宁、响水到滨海为止。沿线地面高程由丰沛平原的 42～35 m，逐渐低落为徐州市区的 30 m 左右，宿迁—泗阳，再降为 25 m 左右，到淮安已在

10 m 左右，黄淮三角洲部分都在 0～5 m，其入海口处只有 2 m 左右。

黄泛平原原为淮河及泗水的低洼平原，有独立的水道系统。南宋建炎二年（1128 年），黄河在河南滑县决口后，黄河大规模夺汴河、泗水、涡河、颍水等河入淮，于今响水县套子口入海。在黄河泥沙的填积下，黄河沿线地面不断被淤高，三角洲也迅速向海外推进。清咸丰五年（1855 年），黄河又在河南铜瓦厢决口，河道北迁由山东大清河入海。本区东部形成南抵射阳河、北止云台山麓、东达黄海之滨的规模宏大的黄淮三角洲。连同淮安以西的地势略见高仰的黄泛平原在内，共同组成一个完整的徐淮黄泛平原。

3）里下河浅洼平原区

位于苏北中部。地面海拔在里运河以西为 6～11 m，里运河以东为 2～6 m，兴化附近最低。地貌类型有水网平原、圩田平原、湖荡平原和湖滩地等。

里下河区在地质历史时期长期沉陷，由泥沙搬运堆积在原先的浅水海湾处形成岸外沙堤，封闭而成潟湖，又继续接受长江、淮河和黄河携带的大量泥沙沉积，逐渐形成现今周高内低的低洼平原。低平原的形成也与人类活动密不可分。例如，唐宋时期在东沙堤上修建用以防御海水侵袭的捍海堰就加速了潟湖的淡化过程、河湖的沉积过程以及土壤的脱盐过程，便利了农业围垦。宋代以后陆续在里运河两侧修筑人工堤岸，控制了上河区来水侵袭里下河，也有助于里下河平原的形成和发展。

里下河平原的底部为射阳湖、大纵湖及其周边的湖滩地，地面真高不足 2 m，射阳湖底最低处仅 1.1 m。兴化洼地、建湖洼地、溱潼洼地海拔在 1.5～2.5 m，每逢汛期易遭内涝。大约在宋、元朝以后，平原中部的民众为避免洪涝灾害，选择湖滩地或湖荡周边的局部高地，就地取土，逐年培高，形成四周环水的小型人工高田，这种人工地貌称为垛田，一般高出四周水面 3～5 m，面积大小不一，是旱涝保收的高产稳产田。

4）苏北滨海平原区

位于范公堤以东的苏北沿海，延伸于串场河以东，北至黄淮三角洲南缘的射阳河畔，南达长江三角洲北缘的东串场河滨，是一片狭长广阔的海积平原。按形态和脱盐情况，地貌类型分为脱盐平原、半脱盐平原、条田化平原、海湾低平原、盐土平原和盐田。

苏北滨海平原与里下河低平原同在第四纪最后一次海浸时浸淹成为浅海，直到里下河平原东侧的岸外沙堤形成后，方才渐次成陆。这片 2000～3000 年前刚刚形成的年轻平原直至今日还在不断向海上扩展其范围，这主要表现在东台—大丰一带海岸继续向东推进，并在东台市弶港以东海面形成一个规模巨大的辐射沙洲群。

苏北滨海平原地面高程在 1.5～4.5 m，从东南向西北缓缓倾斜。海安县—如皋市丁堰—如东县一线是长江北岸沙咀与滨海平原衔接处，地势最高，由此向北，地势逐渐低落，至射阳河畔已下降为 1 m 左右，这里是江苏全境地势最低洼处。

苏北滨海平原东部海岸线平直，岸上有广阔的滩涂地带，岸外有许多尚未出露的沙堆和辐射沙洲群，海滩缓倾，属典型的淤泥质海岸。由于地势低平，所有入海河流受海潮顶托，水流平缓，曲流发育，尤以射阳河、新洋港、斗龙港等大河的曲流地貌发育非常典型。

5）长江三角洲平原区

位于长江下游和长江口两侧。长江过南京东流，沿途逐渐摆脱山体束缚，地势自西向东微微倾斜，江流平缓，所携大量泥沙逐渐沉积下来，在镇江、扬州以东形成巨大的长江三角洲平原，范围大致北起新通扬运河和东串场河，南抵杭州湾，西以 10 m 等高线与宁镇山脉、茅山山脉和宜溧山地为界，东至海滨，海拔一般在 2～7 m，总面积约 4×10^4 km²，其中江苏境内为主体，约 2.5×10^4 km²。地貌类型有高沙平原、高亢平原和新三角洲平原等。

距今约 7000 年前，长江在扬州以东入海，当时沿江平原绝大部分尚未成陆。随着长江大量泥沙在河口堆积，海岸线逐渐东移，长江三角洲不断向东延伸而形成目前的三角洲平原。在发育过程中，泥沙在江口形成近东西向长条状的河口沙坝和沙洲，导致江流分为南北两股汊流，在地球自转偏向力的影响下，主江流不断右偏，南股汊流不断加深增宽，北股汊流则逐渐淤浅最终与北岸地面相连，邗江、江都南部以及泰兴、靖江、如皋、南通、海门、启东等地先后依次成陆。现今位于江口附近的崇明、长兴、横沙等沙岛以及已部分出露于江口水面的九段沙等，亦将按此规律并入北岸。在南股汊流变为主江流后，新的沙坝、沙洲又在江口形成，并再度使江流分汊。如此循环，江口三角洲就不断向海延伸。

除此之外，还有一些散布在长江中的沙洲，从南京到江口近 70 个，江苏境内较大的有南京的江心洲、八卦洲，镇江的世业洲、和畅洲、顺江洲以及扬中的太平洲。这些沙洲地面高程在 3 m 左右，易受汛期洪水浸淹，主要靠江堤和圩堤防护。

6）太湖水网平原区

位于本省东南部。地貌类型主要由高亢平原、水网平原、圩田平原和湖荡平原及平原上的零星孤立残丘等。

太湖平原水网稠密，湖荡众多，素有"水乡泽国"之称。太湖平原地面高程均在海拔 10 m 以下。其西部高亢平原地势最高，包括洮、滆湖之间，武进西部，丹阳一带及丘岗前缘，一般海拔在 5～9 m。北部沿江平原地势，大致在盐铁塘以北，海拔在 2～4 m，而江阴至张家港南部地带，地势可高至 5～6 m。中部以太湖为中心的地区，大致以常熟—苏州—湖州一线为界，其西侧在苏州西部、无锡、宜兴一带，地势平坦，地面海拔一般在 3～4 m，略高于当地洪水位；东侧在阳澄湖、澄湖、淀山湖、菱湖等大量湖荡周围的草原，地势最低，地面海拔一般约 2 m，东部最低处可至 0 m 附近。大部分地区的高程均在当地洪水位之下，故地面均需筑堤围圩以防洪水侵袭。

7）宁镇扬丘陵岗地区

位于本省西南部。北起淮河南岸的盱眙，南抵宜溧山地，东接里下河平原和长江三角洲，西、南方向与皖、浙边境的丘陵山地连成一片。低山丘陵海拔多在 300～400 m，有宁镇山脉、茅山山脉、宜溧山地及长江以北的老山等。黄土岗地海拔多在 10～30 m，按切割程度不同分为高岗、缓岗和微缓岗。长江及其支流沿岸为河谷平原和冲沟。

本区在构造上，除最南端的宜溧山地属太湖—钱塘褶皱带外，主体属下扬子台褶带。自元古代震旦纪到中生代三叠纪，下扬子台褶带一直处于沉陷状态，沉积了一整套地层，以宁镇山脉保存得最完整。印支运动和燕山运动使沉积地层普遍褶皱隆起，并伴有强烈的断裂作用和岩浆活动，奠定了现代地貌轮廓和主要山脉的分布。中生代构造运动之后，全区经历了一次准平原化过程，著名的雨花台砾石层就是在这一过程中形成的。而第三纪末以来的新构造运动中，全区普遍发生了间歇性隆升和玄武岩溢流，形成了由低山、丘陵、岗地、盆地和平原交错分布的复杂地貌形态。玄武岩溢流主要分布在茅山南段和六合—仪征—盱眙一带，南京市江宁区亦有分布，成为熔岩高地。后经流水切割、侵蚀残留为许多孤立的小型平顶山，称为方山。继玄武岩溢流之后，全区还经历了一次下蜀黄土堆积过程。以宁镇山脉北麓长江沿岸的堆积最普遍，可达 30～40 m，是现今长江两岸黄土岗地的主要组成物质。

以丘陵岗地为基本骨架，本区可进一步划分为仪（征）六（合）盱（眙）丘陵岗地、老山山脉、宁镇山脉、茅山山脉和宜溧低山丘陵等。宜溧低山丘陵分布于苏、浙、皖三省界上，又称界岭山地。海拔一般在 300 m 以上，主峰黄塔顶海拔 611 m，为江苏第二高峰。燕山运动以来，宜溧低山丘陵一直处于隆升过程中，断裂构造活动频繁，造成山地、盆地在此相间排列。构造盆地以张渚盆地、溧阳山丫盆地、横涧盆地等规模较大，盆地中分布有因奇特的喀斯特地貌而闻名全国的宜兴善卷洞、张公洞、玉女潭、灵谷洞和慕蠡洞。

老山山脉、宁镇山脉、茅山山脉和宜溧山地间还有一系列河谷平原和湖盆分布。河谷平原以长江沿岸平原及秦淮河谷地、滁河谷地、荆溪谷地最典型。湖盆以高淳石臼—固城湖盆地面积最大。

2.4　成土母质

成土母质是影响土壤形成和发育的一个自然因素。在江苏境内，各低山丘陵和岗地上的成土母质主要是第四纪以前不同地质时代岩层的风化残积物和坡积物。其上发育成的土壤，质地比较粗疏。在广大的冲积平原上，大约 90% 以上的地区覆盖着第四纪以来各时期的沉积物。由于本省地处黄海之滨，境内河流纵横，湖泊洼地密布，沉积物的沉积条件复杂，使沉积物的成因和岩性表现出多样性。

2.4.1　河流冲积物

河流冲积母质广泛分布于本省徐淮平原和西部河谷平原地区，主要是由河流携带泥沙在河床两岸冲积（淤积）而成，可分为山前洪积冲积型、含碳酸盐的河流冲积型、不含碳酸盐的河流冲积型和古河流与静水沉积型。

东海、新沂和赣榆山丘前的洪积、冲积平原地区分布着山前洪积冲积型母质。海拔为 20～50 m，由源于山丘的河流带来泥沙冲积形成，或由山丘间歇性洪流与面状洪流于缓坡处堆积而成。洪积冲积型母质层的厚度一般在 5 m 以上，厚者可达 10 m，灰黄色，粉砂或轻黏质，局部地区为细砂砾层，具微层理及交错层理。

黄淮冲积平原地区分布着含碳酸盐的河流冲积母质。黄河夺淮入海以来，携带大量富含碳酸钙的沙泥沉积于淮河两岸。沉积物的厚度大多因原地形的起伏而异，一般离河床越近，沉积层厚而富砂性，灰黄色；离河床越远，沉积层越薄，呈黏性，黄棕色。苏北沂沭河冲积平原地区的河流冲积型母质则不含碳酸盐，同时该类母质在本省南部滁河、秦淮河等河流两岸也有小面积分布。在本省西南部沂沭河源出于古生代变质岩系广泛分布的沂蒙山区，一般离河床越远，冲积物的质地越细。冲积层厚度多数超过 1 m，黄或灰黄色。部分地区在底部或中部间夹 1～2 层砂砾层，具微层理或交错层理，有现代淡水螺壳。冲积层之下常出现灰黑色黏土层。

淮北洪积冲积平原与黄泛平原或沂沭河冲积平原的交接洼地主要分布着古河流与静水沉积型母质。母质体中多含有大小不等的砂姜和铁锰结核，黏质、中性到微碱性、色暗灰，并在不同的深度夹有黑黏土层，说明曾经历过浅沼阶段。

长江三角洲平原地区：本区平原分布在长江两岸，系第四纪以来的新构造运动区，长江沿岸逐渐下切，而长江携带的泥沙又不断沉积，从而形成了沿江冲积平原和洲地。物质组成上因江水的沉积规律而有所不同，在水流湍急的地区，质地较沙；水流平缓，沉积缓慢地区，质地黏重；缓急交错，则形成沙黏间层。长江口的冲积平原是三角洲冲积平原，沉积物质以沙壤土和壤土为主。

2.4.2　湖相沉积母质

随水流入湖泊的物质都是极细的颗粒，故湖相沉积母质一般都是黏性的，且由于经历多次沉积，多具有薄层的层理。江苏省的湖相沉积母质，主要分布在长江三角洲北部的里下河浅洼平原及三角洲南部的太湖平原。湖相沉积母质区并非全部是湖积物，也有由黄土状物质组成的沉积型，其性状与下蜀黄土颇为类似。

里下河平原和太湖平原是江苏省著名的老稻区。里下河边沿，地势较高处，沉积母质以湖积-冲积物为主；中心部位及较低部位，则以湖积物为主。在太湖平原的较高部位（海拔 6 m 以上）和局部山前地段，沉积母质上部为粉质，下部为黏质；平田地区，母质为黄土性沉积型，而低平田地区，沉积母质以湖积-冲积物为主；在低田地区以湖积物为主；在太湖的湖滨地段，分布着深厚的近代湖岸沉积物，呈灰白色，粉砂质。

2.4.3　海相沉积母质

河流携带的泥沙随水流流入海洋时，因流速减缓，导致相当数量的泥沙在沿海一带再分配。江苏省北部沿海平原，是我国比较大的又是比较长的淤泥质海岸平原，它的沉积物质主要源自黄河、淮河带来的泥沙和长江向北流的潮流带来的泥质悬浮物共同堆积而成。

沉积物的质地机械组成，除了受河流特性的影响以外，它和海岸线的变迁及海水运力的强弱有关。海水运力强的地区，多是粗砂质沉积，离海岸较远，海岸运力弱的地区，则多是粉粒、黏粒等细粒物质沉积。总的特征是：灰黄、青灰色砂壤或棕黄、褐色黏土淤泥，含碳酸钙和可溶盐，有海生动物体及贝壳碎片。

在灌河以北，以海湾相棕黄色黏土为主；射阳河以南以滨海相细砂、粉砂为主；东台—栟茶运河一带为江淮沉积的过渡地带；向南则长江沉积愈益明显，砂质沉积物略为增多。由于江苏省滨海地区成陆时代新近，大部分沉积母质均含有较多的易溶性盐分，发育的土壤多具有不同程度的盐渍化。在离海较远的西部地区，海相沉积母质的成陆年代和耕垦改良历史相对较长，上层土体趋于脱盐化。

2.4.4　黄土和黄土状堆积母质

黄土和黄土状堆积母质广泛分布于本省新沂—淮阴—扬州—苏州一线以西的丘陵岗地，其他地区仅有局部分布。据对第四纪地质方面的研究，长江两岸的黄土母质属于晚更新统下蜀黏土，徐淮地区的黄土属于晚更新统戚嘴组。

下蜀黄土母质按其层位可分三段：下段为碎石黏土层，棕黄或灰黄色，黏土与碎石相间成层，厚度一般不超过 10 m；中段呈棕黄或黄棕色，黏壤质，垂直节理发育，棱柱状结构明显，含有大量的铁锰胶膜、结核，并有砂姜，其中夹有 2～3 层红化程度较深的土层，厚约 10 余米；上段浅棕黄色，粉砂黏壤质，多孔隙，铁锰胶膜较少，含蜗牛介壳及螺化石。由于地形的差异和流水侵蚀，各地堆积物残存的厚度和层位差别甚大。戚嘴组黄土母质，呈浅黄色，粉砂黏壤质，间夹棕褐色黏土层，底部含多量砂姜。

2.4.5　第四纪红土

第四纪红土分布于本省宜兴、溧阳南部，无锡—苏州一带的低山丘陵区也有少量分布，宁镇山地—江浦老山一带仅残存于局部地区。这类母质厚薄不等，最厚者可达 10 余米，上部呈红色或橘红色，质地黏重，含有大量的铁锰结核，酸性反应，下部通常有红、黄、白色交错的网纹层。

通常认为第四纪红土形成于中更新世，当时为湿热气候环境，其气候所处纬度比现今高，中亚热带湿热气候可北移至北纬 35° 左右，大致相当于现今暖温带的南缘地区。目前宜溧南部处于中亚热带北缘，生物气候条件适宜淋溶土的发育，从土壤形成发育的继承性和连续性的观点来看，这种红土多发育为多种淋溶土亚类。

2.4.6　残积母质

残积母质是指基岩风化后，基本上未经搬运而残留在原地的物质。因此，长期经受剥蚀而地面又较平坦的地区有利于残积母质的形成。本类母质下分片麻岩、岩浆岩残积型和紫红色砂砾岩残积型。

片麻岩及岩浆岩残积型母质主要分布于东海—赣榆一带。此残积母质的分布恰与剥蚀缓岗地的范围相一致。太古界的变质岩系除片麻岩外，尚有花岗片麻岩、大理岩及榴辉岩等；岩浆岩主要包括花岗岩及花岗闪长岩等。这些基岩风化成的残积风化壳质地粗，厚度 1 m 左右，呈微酸反应，通常无层理。

东海县西南部片麻岩的深度风化物，一般出现于地面约 1 m 以下，呈深黄色，砂质、砂砾的棱角分明，含多量的铁锰结核，厚约 1 m。片麻岩风化层以上具有 20～25 cm 后的石英碎石层，石块大小不一，直径 1～5 cm，最大 10 cm，棱角分明，无分选性，石块间的胶结物为紫棕色的黏性壤质土壤。石英碎石层以上为厚约 50 cm 的紫泥层，紫棕色，黏质，含少量铁锰结核，此层以上是浅灰色白浆层，粉砂壤质，含少量铁锰结核，但底部常含有大量铁锰结核，胶结在一起的是灰白色壤质土，群众称此层为炉底层。

石英碎石层，或称石盘层，其形成主要与片麻岩中含石英脉有关，由于长期剥蚀，它上部的片麻岩已不复存在，出露地表的石英岩经长期风化残积，变成石英岩碎块。从石英岩块无分选性和棱角非常明显来看，无搬运作用特征，因此石盘层很可能是残积而成。紫泥层中的组成物质就其来源看是多源的，有冲积、洪积，还有湖积，因地而异，一般以混合型的居多，但无论是哪一种起源，都经历了一个相当长的黏化过程。

紫红色砂砾岩残积型母质主要分布于宿迁市晓店附近及东海—新沂的马陵山一带。马陵山原为高大山体，后经长期剥蚀而成坡度极缓的岗地，唯马陵山主体仍高达海拔 122 m，保存有残积形态，紫红色砂砾岩和砂页岩上的残基层，厚约 1 m，中性反应，紫色，砂砾质。残基层的下部多碎石块，半风化的基岩裂隙往往为碎石块和细土所填充。

2.4.7　坡积母质

坡积母质广泛分布于低山丘陵区。因在缓坡之处，既有残积物，又常常覆以坡积物，两者界限难以截然分开，同时山丘顶部的残积物面积很小，故将低山丘陵区的坡积残积物统称为坡积母质。这类母质可分片麻岩坡积型、片岩坡积型、页岩坡积型、紫色砂页岩坡积型、石英沙砾岩坡积型、岩浆岩坡积型和石灰岩坡积型等。

片麻岩坡积型母质主要分布于东海—赣榆一带，系由太古界古老变质岩系组成的低山丘陵，其中除片麻岩坡积物外，上游花岗岩片麻岩、榴辉岩等坡积物。一般厚约 10 cm，砂质，紧实，含有大量云母碎片和碎石块；以下即为半风化的基岩，裂隙中夹有少量黏粒和大量砂砾、石块。片岩坡积型母质主要分布于连云港市云台山及灌云县境内的残丘。这种太古界的片岩主要包括角闪片岩、云母片岩和石英片岩等变质岩。坡积物的特点是厚度较薄，一般不足 50 cm，砂砾质，角闪石、云母和石英等原生矿物的含量较多。页岩坡积型母质零星分布于宁镇山脉和茅山山地。坡积物含碎石块较多。紫色砂页岩坡积型母质零星分布于淮北丘陵岗地和宁镇山脉、茅山山脉和宜溧山地，坡积物一般较厚，质地较细，多呈紫红色。石英沙砾岩坡积型母质主要分布于铜官山、茅山和紫金山等地。坡积物中含石英砂砾较多。

岩浆岩坡积型母质常见于东北和西南低山丘陵区。赣榆西北部低山丘陵和东海西北面的丘陵，泰山期的花岗岩、榴辉岩和燕山期的花岗闪长岩、石英斑岩广泛出露地面；宁镇山脉西段，花岗闪长岩分布较广；宜溧山地也有花岗斑岩和花岗闪长岩零星分布；苏州西面的天平山一带，花岗岩成片分布。这些岩浆岩的坡积物，风化较深，厚薄不等，砂砾较多，结构疏松。

石灰岩坡积型母质散布于本省西北和西南低山丘陵区，另在太湖东岸丘陵亦有零星分布。尽管各地石灰岩的沉积时代不同，但大多数坡积物的性质颇为相似，其厚度随坡度大小和表面溶蚀的强弱程度而异，一般厚度约 10 cm，呈棕红色或红色，细粒部分质地较黏重，中至微碱性反应，游离碳酸钙含量不等，底部多含石灰岩块。

2.5　植　被　概　况

江苏省东濒黄海，跨温带、北亚热带和中亚热带三个气候带。气温与降水总的分布趋势自北向南递增，植被的种类组成与类型相应地由简单而渐趋复杂。同时，江苏省无高山，垂直高度引起水热条件的分异不大，所以植物的垂直地带性分布规律没有显示。

然而江苏省地跨温暖带、北亚热带、中亚热带，植被呈现出三个生物气候带的过渡性分布；原生自然植被破坏后形成次生植被群落；人工栽培植被组合类型复杂，分布面积广。

2.5.1　植被区系成分特点

根据江苏植物志（江苏省植物研究所，1977）的资料显示，江苏省现存蕨类植物 32 科 64 属 129 种 5 变种；裸子植物 9 科 30 属 87 种，多为引种栽培；被子植物 157 科 2000 余种，其中单子叶植物 25 科，双子叶植物 132 科。该省植被区系成分呈现如下特点。

1）种类丰富，成分复杂

江苏省分布的木本植物约占全国 7.1%，且地理成分相当复杂。包括热带分布、东亚北美分布、东亚分布、温带分布、世界分布和中国特有科属共计 86 科 213 属。

2）区系成分古老

在江苏省木本植物区系中，东亚、北美分布的属数，约占全国东亚、北美分布植物属数的 25.4%，东亚分布的木本植物属数占全国的 14.1%，而这两个分布的植物以包含较多古老成分而著称。其中还有相当多的中国特有种，如金钱松、牛鼻栓、香果树、银杏等，也属于古老的区系成分。

3）过渡性特征明显

江苏省地处我国东部中纬度地带，水热条件有明显的从南向北的逐渐递减变化，这样相应的木本植物区系也具有明显的过渡性。而且，除了反映在植物科与种比例变化的过渡性外，还有热带区系成分和温带区系成分的过渡性、常绿与落叶的过渡性等几个方面。

4）人为因素影响大

江苏省为我国政治、经济、文化发达地区。新中国成立之前，连年的自然灾害和战火，使该地区森林植被受到严重破坏。新中国成立后，在一段时间内对森林植被资源的保护也未受到相应的重视。所以，一些在相邻省份有分布，按江苏省的自然条件也应当能够生长的树种，但在江苏境内却无法找到。同时，江苏省地处我国亚热带到暖温带过渡地段，我国中亚热带和北亚热带北界亦在省内通过，故江苏省有着悠久的引种栽培历史，在人为因素影响下，很多外来树种被引种到江苏省，如雪松、落雨杉、湿地松、黑松等针叶树种在江苏省生长良好，广泛作为造林树种。

2.5.2　植被分区

江苏植被区划的高、中、低三级单位，依次为植被区域、植被地带及植被区。

植被区域：是具有一定的水平地带性温度-水分综合作用所决定的一个"植被型"占优势的植被地理区域。其命名为：气候带+植被类型（地带性植被类型）。

植被地带：在植被区域内，根据水热综合条件纬向变化而引起植被的分异而划分的植被地理区，即植被地带。一个植被带内有一个占优势分布的典型地带性植被型。植被地带的命名为：气候带+植被类型（地带性植被类型）。

植被区：在植被地带内，根据水热综合条件的变化，或地貌、基质条件的差异而引起植被的分异，所区划的植被地理区，即植被区。一个植被区内，有一个优势分布、具代表性的群落类型。植被区的命名为：地名+地貌或隐域土类+植被类型（群系组或群系）。

按照从高级到低级、由北向南的顺序，排列各级植被区划单位，组成江苏省植被区划系统，详见江苏植被区划图（图 2-6）（刘昉勋和黄致远，1987）。

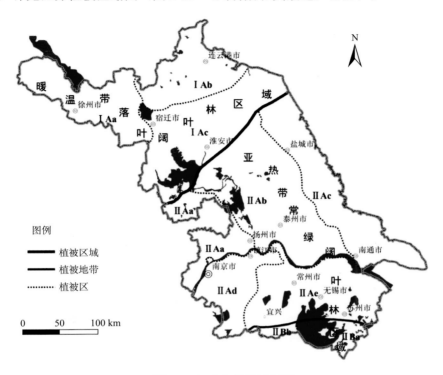

图 2-6 江苏省植被区划图

1）暖温带落叶阔叶林区域

A，暖温带落叶阔叶林地带：位于灌溉总渠以北，东北部有胶东山地延伸入境的丘陵低山，西部则有孤岛状分布的石灰岩残丘。地带性土壤为淋溶土或发育较弱的雏形土。地带性植被类型为栎类落叶林，由于历史上长时期砍伐破坏，现只残存在局部地方。地带性针叶林在东部沿海为赤松林，西部内陆为侧柏林，分布于石灰岩丘陵上。

Aa，徐州丘陵平原刺槐林、侧柏林区：本区距离海洋较远，具大陆性气候，为全省冬季最冷、夏季最热的地区，是全省植物区系最为简单的地区，几乎无成片的自然林分布。石灰岩山丘有侧柏林分布。

Ab，东海低山丘陵平原落叶栎林、赤松林区：本区东濒黄海，境内云台山海拔 625 m，为全省第一高峰。在海洋性气候和山岳地貌条件的综合影响下，云台山植被的种类组成复杂，而且出现许多亚热带植物成分，如盐肤木（*Rhus chinensis* Mill.）、枫香树（*Liquidambar formosana* Hance）、梧桐（*Firmiana platanifolia*（L. f.）Marsili）、八角枫（*Alangium chinense*（Lour.）Harms）、山胡椒（*Lindera glauca*（Sieb. et Zucc.）Bl.）、三桠乌药（*Lauraceae. obtusiloba* Bl.）、白棠子树（*Callicarpa dichotoma*（Lour.）K. Koch）等，它们均为落叶林内常见成分。在云台山区有以栎类为建群种或建群种之一的落叶栎林分布，偶见黑松林分布。在柳河山谷还见有常绿叶树——红楠分布。该区植物区系，与其邻接地区显然不同，故呈岛状分布。

Ac，淮北平原西伯利亚蓼、海乳草碱性土植物群落区：本区为平原农田地区，没有天然森林分布。在农田隙地或抛荒地有碱性土分布的地方，则有西伯利亚蓼（*Polygonum sibiricum* Laxm.）、海乳草（*Glaux maritima* L.）占优势的碱性土植物群落分布。

2）亚热带常绿阔叶林区域

A，北亚热带落叶常绿阔叶混交林地带：本地带北以灌溉总渠为界，跨纬度约 3°，以平原主体。长江以北有丘陵分布，以南有宁镇—茅山山脉分布，在太湖沿岸则有断续分布的孤丘。具海洋性气候特征。地带性土壤为淋溶土，里下河低地潜育土分布较多，东部滨海地区有盐成土分布。

地带性植被类型为栎类落叶常绿阔叶混交林，但由于本地带跨纬度幅宽，水热资源的分布，由北向南显著递增，制约着常绿阔叶树种的分布，相应地自北向南种类与数量均逐渐增多，因而地带性植被类型的外貌，从含有常绿灌木的落叶阔叶林，至本地带南部地区才为典型落叶常绿阔叶混交林，林内落叶与常绿树种起着基本等同建群作用。

在里下河低地和滨海平原地区，无天然森林分布，但均有反映地区特征的隐域性草本植被分布。前者为水生、沼生植被，后者为盐生植被。

Aa，江北丘陵平原含常绿灌木的落叶栎林、马尾松林区：本区有盱眙、六合丘陵分布，长江北岸的老山山脉主峰龙洞山海拔 442 m。本区地带性栎林内，已不见常绿乔木树种，但是仍具亚热带植被特征，有小叶女贞（*Ligustrum quihoui* Carr.）、胡颓子（*E. pungens*）及竹叶椒（*Zanthoxylum armatum* DC.）、络石（*Trachelospermum jasminoides*（Lindl.）Lem.）、薜荔（*Ficus pumila* Linn.）等常绿灌木与藤本。组成种类较复杂，多亚热带成分，显然不同于暖温带的落叶栎林。马尾松林在沿江山丘分布普遍。

Ab，里下河低地芦苇、眼子菜等沼生、水生植物群落区：本区还包括通扬运河至长江间的三角洲部分；为中心低下、四周渐高的潟湖或碟形凹地。境内湖荡众多，河网密布。主要自然土壤为潜育土。本区无天然森林植被分布，而沼生、水生植被广泛分布。

Ac，滨海平原盐蒿、獐毛等盐土植物群落区：为灌溉总渠以南，串场河以东的滨海地带。土壤为盐成土，普遍分布着由盐蒿（*Suaeda glauea* Bunge）、獐毛（*Aeluropus sinensis*（Debeaux）Tzvel.）、大穗结缕草（*Zoysia macrostachya* Franch. *et* Sav.）、碱蒿（*Artemisia anethifolia* Weber.）、茵陈蒿（*Artemisia capillaries*）及白茅（*Imperata cylindrica*（Linn.）Beauv.）为建群种的盐土植物群落。

Ad，宁镇茅山丘陵低山平原栎类混交林、马尾松林区：境内宁镇山脉主体部分耸峙于长江南岸，主峰紫金山海拔 448 m。茅山山脉蜿蜒于西南部，主峰宫顶海拔 370 m。本区内，残存有寒性较强的常绿阔叶树种，如紫金山紫霞洞有苦槠（*Castanopsis sclerophylla*（Lindl.）Schott.）分布，灵谷寺一带冬青（*Ilex chinensis* Sims）分布普遍。镇江观音山有青冈栎（*Cyclobalanopsis glauca*），南京牛首山也有分布。至句容宝华山还见有紫楠（*Phoebe sheareri*（Hemsl.）Gamble）。各地常见的常绿灌木有乌饭子（*Vaccinium bracteatum* Thunb.）、枸骨（*Ilex cornuta*）、胡颓子、小叶女贞。至宝华山还出现马银花（*Rhododendron ovatum*（Lindl.）Planch. ex）和南天竹（*Nandina domestica*）等。这些常绿阔叶树种从西北向东南随着气温与降水递增的影响，相应地种类与数量逐渐增加。因而栎类落叶常绿阔叶混交林的组成中，落叶树往往占优势，外貌不是典型混交林。加以经常遭受砍伐破坏，不少次生性林内只残存常绿灌木，外貌为落叶阔叶。偶见杉木林和毛竹林。

Ae，长江三角洲丘陵平原栎类典型混交林、马尾松林区：在长江三角洲的江南部分，有不少残丘分布，较高的如无锡惠山海拔 328 m、吴县南阳山海拔 333 m。因地处太湖沿岸，而且东濒海洋，故气候条件优越，从而植物区系也较复杂。在落叶常绿阔叶混交林内，常绿阔叶树的种类及数量显然增多，至南部地区，则起着与落叶阔叶树同等的建群作用，因而形成典型混交林。本区内马尾松林分布普遍，杉木林、毛竹林分布较多。偶见阔叶箬竹林小块分布。

B，中亚热带常绿阔叶林地带：位于本省南缘，北界西段以宜兴、溧阳山区北缘为界，向东跨过太湖，经吴县光福，包括该县南部和吴江县。本地带与皖浙两省交界处有天目山余脉—宜兴、溧阳低山丘陵分布，至太湖沿岸则为断续分布的孤丘。本地带水热资源丰富，地带性土壤为淋溶土。

由于气候条件优越，本地带植物区系丰富，植被类型复杂，地带性植被类型为常绿阔叶林，建群种以壳斗科（Fagaceae）树种为主，偶为山茶科的木荷（*Schima superba* Gardn. *et* Champ.）。常见樟科（Lauraceae）、冬青科（Aquifoliaceae）、山矾科（Symplocaceae）等常绿树种。因地处中亚热带北缘，常绿阔叶林处于幼期，故林内往往多落叶阔叶树种，但常绿树的多度、盖度均占优势地位，所以外貌为常绿阔叶林。针叶林为马尾松林和杉木林。毛竹林分布普遍。

Ba，太湖东岸丘陵平原木荷林、马尾松林区：位于本省南缘东段，以潟湖相沉积平原为主体。太湖东岸有断续分布的孤丘。由于东距黄海近，西南有茅山及天目山屏障，境内又有广大湖泊水体的调节，所以气候兼有海洋性与地方性特征。

本区植物区系相当丰富，有多种常绿阔叶树分布，其中有本省仅见的木荷（*Schima superba* Gardn. *et* Champ.），而且组成森林分布，颇为特色。此外，残存的绿阔叶林还有石栎林，见于吴县七子山一带。东西洞庭山成片栽培的柑橘（*Citrus reticulata* Blanco）、枇杷（*Eriobotrya japonica*（Thunb.）Lindl）、杨梅（*Myrica rubra*（Lour.）S. et Zucc.），历史悠久。针叶林有马尾松林，其次为杉木林。

Bb，宜兴、溧阳低山丘陵常绿栎林、杉木区：位于本省南缘，包括宜兴、溧阳两市南部低山丘陵地区。最高山峰黄塔顶海拔 611 m，山体破碎，谷地深切可达到 200～300 m。水热资源丰富，气候条件优越为全省之冠。

本区是全省植物系最丰富、植被类型最复杂的地区。很多常绿阔叶树种以本区为其分布北界，如扶芳藤（*Euonymus fortunei*（Turcz.）Hand.-Mazz.）、青栲（*Cyclobalanopsis glauca*（Thunb.）Oerst.）、小红栲（*Castanopsis carlesii*）、豺皮樟（*Litsea rotundifolia* var. oblongifolia）、华东楠（*MaChilus leptophylla* Hand.-Mazz.）、新木姜子（*Neolitsea Merr.*）、宁波木犀（*Osmanthus cooperi*）、毛冬青（*Ilex pubescens*）、山矾（*Symplocos caudata*）、薄叶冬青（*Ilex fragilis* Hook. f.）、虎刺（*Damnacanthus indicus* Gaertn.）及朱砂根（*Ardisia crenata*）等。残存常绿阔叶林有：①青冈栎林，见于宜兴磐山、岗下纸房等处。②小红

栲石栎林，见于宜兴龙池山一带。③紫楠林，见于宜兴朗阴岕界、溧阳金刚岕等处。针叶林则有马尾松林和杉木林，分布均普遍。此外，毛竹林也普遍分布，为本省主产区。

2.5.3 栽培植被

旱作农作物植被主要有小麦（*Triticum aestivum* Linn.）、玉米（*Zea mays*）、甘薯（*Ipomoea batatas*）、大豆（*Glycine max*）、棉花（*Gossypium* spp）为主体的间、套作类型，分布于淮北、沿海、沿江沙土地区以及丘陵地带；以水稻（*Oryza sativa*）为主体的农作物植被包括水稻-小麦、水稻-油菜（*Brassica campestris* L.）等轮作类型，主要分布于太湖平原、里下河平原，其他地区在水利条件较好的地区，随着水改旱措施的加强，这些农作物植被类型也越来越普遍。

此外，随着农业生产结构的调整和耕作制度的变化，各地果木园艺植被不断扩大，江南丘陵的茶园面积有所扩大，桑园、杨树林在苏中、苏北各地都有较大发展。最令人瞩目的是丰富多样的蔬菜种植遍及城郊及各个地区，成为本省除粮食作物以外的最大宗作物植被类型，蔬菜种植包括大田种植和温室种植两种栽培植被类型。

2.6 水文与水文地质

2.6.1 地表水面

江苏省跨江濒海，河湖众多，水网密布，素有"水乡江苏"之称。全省大部分地区水系相当发达，共有大小河流和人工河道2900多条，湖泊300余处，水库1078座，分属长江、淮河两大流域三大水系，京杭运河南北纵贯其间。陆域水面面积达1.73万km²，占总面积的16.9%，水面所占比例之大，在全国各省中居首位。其中尤其以长江以南的太湖平原和长江以北的里下河平原，大大小小的河流形成蛛网状，分布极为稠密，为大面积的水网密集地带。

2.6.2 河流水系

江苏地处大江之尾、黄海之滨，多名川巨泽，全省河流湖泊分属长江、淮河两大流域下游。长江流域又分为长江和太湖两个水系，通扬运河及仪六丘陵山区以南属长江水系；长江南岸沿江高地以南、茅山山脉以东、宜溧山地以北为太湖水系。淮河流域则以废黄河河床为脊线，通扬运河及仪六丘陵山区以北，属淮河下游水系；废黄河以北属沂沭泗水系。全省大部分河道水系互相沟通，其中京杭大运河自北而南纵贯全省，沟通了微山湖、骆马湖、洪泽湖、高宝湖、邵伯湖和太湖6大湖泊，成为全省扩流域调水的骨干河道。详见江苏省水系分布图（图2-7）。

1）长江流域

该流域包括长江、太湖及固城湖、石臼湖、滁河、秦淮河等河湖，是航运、灌溉、饮水和养殖的重要基地。

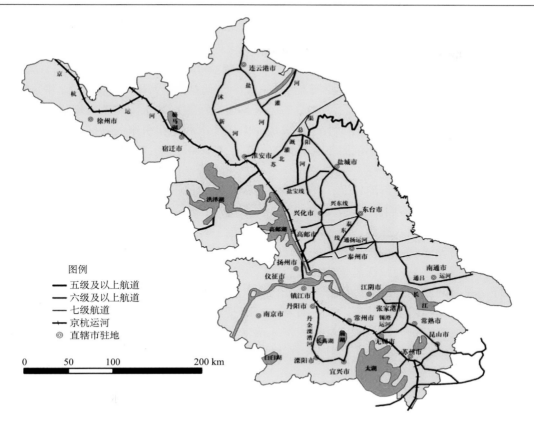

图 2-7　江苏省水系分布图（《江苏省地图集》编纂委员会，2004）

长江自苏皖交界处的和尚港入境，经南京、扬州、镇江、常州、无锡、苏州、南通 7
市，于启东连兴港入海。省境江段长 443 km，岸线总长 1114 km，其中主江岸线长 804 km；
流域面积 3.78 万 km²，占全省面积 36.8%。构成境内长江水系的主要河流有秦淮河、滁
河等。

太湖为江苏省第一大湖，全国第三大淡水湖，因长江、钱塘江下游泥沙封淤古海湾
而成，西南部湖岸平滑呈圆弧形、东北部湖岸曲折多湖湾、岬角。湖区东邻苏州市、吴
江市，北连无锡市、锡山市、常州市和武进市，西接宜兴市，南接浙江省湖州市和长兴
县。与德胜河、新孟河、丹金溧漕河、太浦河、吴淞江、娄江、浏河、忘虞河、锡澄运
河、张家港、盐铁塘、江南运河、武宜运河等众多河流湖泊一起构成整个江苏境内的太
湖水系，太湖水系流域面积 3.69 万 km²，跨苏浙沪地区，江苏省境内约占 1.94 万 km²。

2）淮河下游水系

淮河下游水系包括洪泽湖、里运河、串场河等诸多河湖，大多为人工河流，并相互
贯通，构成一个完整的水路系统，有着调水、饮水、排洪排涝和灌溉等多种用途。

淮河下游水系范围约为 3.93 万 km²，占全省面积 38.3%。淮河自安徽进入江苏，原
为独立入海的天然河流，淮河下游河道受黄河泥沙沉积而淤高，逐渐失去入海通道，其
上、中游来水就在盱眙以东的一些小型湖泊中积留，于是潴水而成洪泽湖。现洪泽湖水

分别经淮河入江水道、苏北灌溉总渠、淮河入海水道及淮沭新河等入江或归海。

淮河下游的湖群除洪泽湖外，还有白马湖、宝应湖、高邮湖、邵伯湖、射阳湖、大纵湖等，均富有灌溉、蓄洪、航运以及水产、旅游之利。

构成淮河下游水系的其他主要河流还有里运河、运盐河、太平河、射阳河、串场河、黄沙港、新洋港、斗龙港、东台河、通扬运河、通榆河等。其水源主要来自洪泽湖经由高良涧闸镇和三河闸输送出来的水；其次是经由江都水利枢纽引来的长江水，通过这些河道输往里下河平原和东部滨海平原各地。

3）沂沭泗水系

沂沭泗水系位于废黄河以北，跨苏鲁两省，主要河流沂河、沭河、泗河均源自沂蒙山区。古代泗水为淮河下游最大支流，循今南四湖进入江苏，于淮阴汇入淮河；沂河、沭河则自鲁南平行流入省境，分别于睢宁、宿豫境汇入泗水。黄河改道后，夺徐州以下泗水河道，使沂沭泗诸水失去入淮的流路，泗水逐渐积水成现今的南四湖，改由中运河泄水；沂河潴为骆马湖，泛滥于废黄河以北、骆马湖以东的广大地区；沭河受阻后则折而东行，分为两支：北支东经沭阳县城北，东北注入青伊湖，下流称蔷薇河，由临洪河入海州湾；南支经沭阳县城南，又分数路，一路折东与盐河汇合，一路称武障河，东北流并与其他数路汇合，经今响水县境内汇入灌河而后入海。每到汛期由于排泄不畅，常引起洪水泛滥。新中国成立后实施导沂整沭工程，开凿新沂河、新沭河，沂、沭二河开始形成各自的归海通道。

此外，在废黄河以北，还有许多地区性小型河流，如盐河、灌河等，或与泗水、沂河、沭河诸河息息相通，或与它们关系密切。丰县、沛县二县境内以及中运河以西的河道大多向东注入昭阳湖、微山湖和中运河。中运河以东广大地区的地区性河流，有的独流入海，有的汇合后经临洪口、埒子口、灌河口等入海。

2.6.3　水文地质概况

江苏省区域水文地质条件受自然地理、区域地质、人类活动等因素的控制。

江苏地处沿海，位于长江、淮河及沂沭泗河下游，气候温暖湿润，雨量充沛，湖荡密布，河渠纵横，地表水系发育。地形以平原为主，约占全省总面积的85%左右，低山丘陵约占全省总面积的15%左右。古近-新近纪以来，由于第四纪气候周期性冷暖变化以及晚近时期新构造运动，广大地区堆积了巨厚的成因复杂的松散沉积物（图2-8），对地下水的形成有着极其重要的作用，为本省蕴藏丰富的地下水资源奠定了基础。地下水的水质除沿海、古河口地区受海水影响水化学成分比较复杂外，一般水质都较好。

江苏省地下水类型可分为松散岩类孔隙水、碳酸盐类裂隙岩溶水和基岩隙水三种基本类型。其中以松散岩类孔隙水最为发育，含水岩组由第四系砂和砂砾石层、第三系半胶结砂砾层组成，具结构松散、厚度大、颗粒粗、分布广的特点。在广大平原、山间盆地、河谷地带广泛分布了水量丰富、水质良好的地下水，是江苏省工农业生产和人民生活供水的重要水源。

丘陵山区以碳酸盐岩类裂隙岩溶水为主，主要分布于徐州、宁镇、宜溧地区，淮阴、南通、苏州、无锡、常州一带有埋藏型裂隙岩溶水分布，含水岩组由中生界至古生界灰

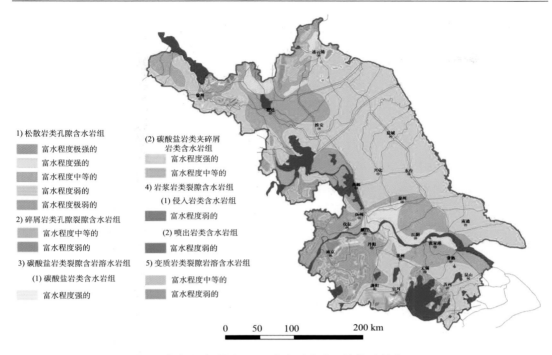

1) 松散岩类孔隙含水岩组

　　富水程度极强的

　　富水程度强的

　　富水程度中等的

　　富水程度弱的

　　富水程度极弱的

2) 碎屑岩类孔隙裂隙含水岩组

　　富水程度中等的

　　富水程度弱的

3) 碳酸盐岩类裂隙含岩溶水岩组

　　(1) 碳酸盐岩类含水岩组

　　　　富水程度强的

(2) 碳酸盐岩类夹碎屑岩类含水岩组

　　富水程度强的

　　富水程度中等的

4) 岩浆岩类裂隙含水岩组

　　(1) 侵入岩类含水岩组

　　　　富水程度弱的

　　(2) 喷出岩类含水岩组

　　　　富水程度弱的

5) 变质岩类裂隙岩溶含水岩组

　　富水程度中等的

　　富水程度弱的

0　　50　　100　　　　200 km

图 2-8　江苏水文地质图（《江苏省地方志》编纂委员会，1999）

岩、白云岩、角砾状灰岩组成，地下水主要富集一地垂直地层走向的北西向张性断裂带和向斜构造盆地，常形成地下汇集带，水量极为丰富。徐州市即以裂隙岩溶水为主要供水水源。

　　基岩裂隙水主要由各时代碎屑岩、岩浆岩、变质岩类组成，分布于连云港地区和西南低山丘陵区，富水性受岩性、地貌及构造破碎带、风化裂隙带、岩浆岩与围岩接触带等因素影响，常形成地下水富水带。其中分布于盱眙—六合一带的新生界玄武岩类，在地貌条件有利部位或断裂带附近，常形成富水的孔洞裂隙水，可作中小型供水源或辅助水源。基岩裂隙水水质大多含有锶和偏硅酸以及其他多种对人体有益的微量元素，可用于开发矿泉饮料。

2.7　人 类 活 动

2.7.1　旱改水

　　旱改水是指在水利兴修的基础上，将原来旱地改造为水田，将原来种植的旱作物改为水稻的过程。20 世纪 50 年代中期以来，尤其是 70 年代后，为了充分利用水、土和热量资源，在兴建水利工程和治水改土建设的基础上，江苏进行了旱改水耕作制度的改革。这项工程主要在淮北、沿海、通扬雏形土地区及一些丘陵山区开展。旱改水可以改变土壤的一些不利因素。首先，在灌溉水保障的条件下，可以改变旱作产出低、不稳定的状况，提高粮食产量，不易遭受旱涝灾害，保持作物稳产高产。其次，通过旱改水，可以减轻或消除土壤盐碱障碍的影响，如本省旱改水的主要区域，淮北和沿海地区，盐碱土壤面积大，长期种植旱作，作物产量低而不稳，但种植水稻，可以减少盐碱危害，增加土壤肥力，做到高产稳产，因此，该地区于 20 世纪 70 年代旱改水面积达到 50 万 hm² 以上，成为本省的新稻区。在砂姜黑土上大面积发展旱改水，可以培肥改土、增强地力，彻底改变了瘦、渍、僵低产因素，大幅提高粮食产量。此外，旱改水还可调节气候，保持水土，减少洪涝灾害等，优化了生产区农业生态环境。

2.7.2　水退旱

近年来，由于种植结构的调整、农村劳动力形势的变化、农村水利设施损毁等原因，目前不少地区出现了水退旱的现象，对土壤性质及生产和环境性能产生了明显的影响。首先，在不少农村地区，为了提高种植经济效益，农民主动将水田退为旱地，改种经济作物，如蔬菜、花卉、园地等经济作物种植。其次，目前随着农村年轻劳动力向城市转移，劳力越来越少，而种植水稻费工效益低，靠请工种不起水稻，因此，因缺劳力弃"水"改"旱"的越来越多，尤其在山区，其面积有逐步扩大趋势。再则，尽管目前国家水利工程的投入力度在不断加大，但是，完全靠国家投资，难免无暇顾及，导致一些库塘淤积、堰渠堵塞，水田灌水无保障，不得不放弃种植水稻，改种旱粮作物。

水退旱对土壤性质的影响还是较为明显的，主要表现为土壤酸化。所谓土壤酸化是指土壤中氢离子增加的过程。土壤酸化可有自然风化原因和人为管理原因。江苏省大部分地区位于亚热带湿润地区，自然的风化过程较强，如果成土时间较长，风化作用可致土壤呈酸性。如在丘陵地区发育的淋溶土，土壤 pH 较低，可低于 5。然而对于发育在河湖相冲积物上的年轻土壤，仍呈碱性。近年来的研究表明，江苏省的一些农田土壤也有酸化的趋势，其主要原因与土地利用方式的变化有关。

当水田改种蔬菜后，由于肥料及各种农用化学品投入量的剧烈增加，导致土壤 pH 明显下降。稻田长期处于还原状态，利于酸碱缓冲调节；稻田改为蔬菜地后，土壤盐基饱和度降低，缓冲性较弱，导致土壤 pH 下降。对于江苏省大部分土壤而言，相对于我国南方的富铁土，土壤盐基饱和度仍较高，一般情况下土壤对酸具有自我调节能力，土壤 pH 不会发生太大的变化，但在土壤强度利用条件下，大量连续不断的无机化肥施用会给土壤带来大量氢离子，同样也可以引起土壤明显酸化。

人为活动引起的土壤酸化明显不同于自然酸化的土壤，前者交换性酸由交换性氢、铝共同组成，与自然酸化土壤一般由交换性铝组成不同。一般来讲，土壤内部水离解、微生物活动、铝活化等都可以产生氢离子，自然或人为酸化加入的氢离子会自动转化为铝质土壤，但是，人为作用外界输入的氢离子强度异常大，使土壤 pH 在较短时间内发生改变。外源长期持续大量的酸加入取代了盐基性离子被土壤吸附，占据阳离子吸附点位，而非盐基淋溶方式导致的土壤酸化。再加上工业活动、大气沉降等输入的氢离子，如果强度较大，更会引起土壤向酸化趋势发展。

除酸化外，水田改种蔬菜后，养分积累也非常明显，尤其是磷素积累异常高，个别达到原始土壤的 3~4 倍，有效磷则增加更明显，可达到种植水稻时的 10 倍以上。在设施蔬菜生产条件下，由于封闭的环境，还可导致土壤中盐分大量积累，产生次生盐渍化。此外，这种条件下，没有了稻田田埂的阻挡，在暴雨和灌溉条件下，可产生地表径流，使大量剩余养分极易进入水生环境，对周围水体环境造成负面影响。

至于丘陵地区由于各种原因导致的水退旱，土壤质量也会有一定程度的退化，如有机质的降低，受干旱和洪涝灾害的影响较大。亦会影响到生态环境的优劣。因此，无论是"主动调整"，还是"被迫改种"，都要有"度"。特别是过去的库、塘、堰、渠、管道、河岸、堤坝等农田基础设施，淤积、损坏的要设法尽快予以修复，即使种植旱作物，如果有灌溉和排水作为保障，其产量亦可以高产和稳产。

2.7.3　盐碱地改造

分布在江苏省滨海地区的盐成土是重要的后备土壤资源，因此，对盐成土的治理与改良一直是利用该类土壤的重要措施。主要通过三个方面的措施来治理和改良盐成土。

（1）生物土壤改良，包括营造防护林，种植耐盐植物，增加地面覆盖，增加土壤有机质和其他营养元素，种稻洗盐，改善土壤结构等，从而降低土壤盐分，避免盐渍危害。如通过引淡灌溉种稻洗盐可明显降低整个土壤剖面土壤和地下水的含盐量，种稻三年后重盐土表层土壤含盐量可从 12.0 g/kg 降至 0.3 g/kg，地下水矿化度可从 27 g/kg 降至 5 g/kg。通过在盐成土上种植适宜绿肥，除可以明显增加土壤有机质、降低土壤含盐量外，还可以明显改善土壤物理性质，土壤容重明显降低、孔隙度和团粒含量明显增加。

（2）农艺措施改良土壤，主要是根据作物耐盐性的高低，因地种植，合理轮、间、套种，实现用地与养地相结合。如棉草间作、棉麦绿肥套作等。此外，合理耕作，建立和维持疏松肥沃表土层，对于盐成土改良效果的保持也有明显作用。主要是根据熟土表层厚度犁耕，尽量不让无结构的底层生土翻到表层，引起土壤板结返盐。其他农艺措施包括：保护田埂，防止熟土表层被冲刷；注意平整地面，防止微地形形成次生盐斑等。

（3）工程措施，其目的是通过工程措施排水洗盐，是盐成土改良利用的根本。兴修水利，挖条排沟，除涝治盐是工程措施的主要手段和基本内容。通过排水排除盐分，降低土壤含盐量，同时通过降低地下水位抑制土壤返盐。开沟排水是盐碱土改良的有效方法，试验表明，在沟深相同的情况下，条沟间距愈小，地下水位下降速度愈快，土壤脱盐率愈高。同样条沟间距，沟深愈深，脱盐率越高。

试验经验表明，改良苏北滨海盐成土应根据具体情况，进行综合治理。加强农田基本建设，发展水利是根本，生物措施改善生态条件是基础，在这些措施的保障下，合理安排种植作物，即可有效治理和利用滨海地区盐成土这一自然资源。

2.7.4　潜育水耕人为土改造

江苏省在 20 世纪 70 年代，在里下河地区进行了大规模潜育水耕人为土的改造，通过进行农田基本建设，加固运河湖泊堤岸，兴建通江、通海闸堤，新建水利枢纽工程等，控制了上游来水，打通内涝出路，使得大面积潜育水耕人为土的种植制度发生了根本性变化，由原来的单季水稻转变为水旱轮作。作物产量也得到大幅提高。

　　潜育水耕人为土脱潜后，土壤性质也发生了一系列的变化，主要是土壤僵硬、结构不良，对水稻种植来讲影响不大，但对旱作影响较大，在降雨较多的年份，土壤容易在作物根部渍水，造成营养不良，后期早衰，根部坏死等，而在干旱年份，土壤脱潜后，耕层水分减少，土体剧烈收缩，产生大的裂隙，土壤结构体内部非常紧实，漏水漏肥严重，同时作物根系难以穿插扎入，影响作物生长。

第3章 成土过程与主要土层

3.1 成土过程

根据上述江苏省自然背景和人为作用等土壤形成条件，可以归纳出如下十种主要的成土过程。

1）枯枝落叶堆积过程

这一过程主要发生在江苏境内丘陵山区森林和草地的土壤表层之上，是由于树木和草地的植物在季节变换过程中，自然死亡和脱落在地面堆积而成。形成的层次，其成分由100%的有机物质，即枯枝落叶、松针或泥炭组成。

2）钙积过程

江苏省土壤的钙积过程主要发生在土壤底部约30 cm以下，是由于富含Ca^{2+}、Mg^{2+}和HCO_3^-的地下水在剖面中上下起伏，水压变化产生碳酸盐沉淀，长期在土层中积累的结果。碳酸盐沉淀可有两种形式：一种为结核状，可从几毫米到几十厘米，俗称砂姜；另一种呈粉末状，俗称面砂姜。

3）黏化过程

黏化过程是土壤剖面中黏粒形成和积累的过程。由于江苏省地处湿润地区，土壤风化和成土作用较为强烈，风化形成的黏土矿物随着剖面中稳定的下降水流，自土层上部向下淋溶，并在一定深度内淀积，形成淀积黏化土层。这一过程可出现在黄土性冲积物、下蜀黄土母质分布区的自然和旱地土壤。人为水耕作用条件下形成的水耕人为土中也常出现。

4）脱硅富铝化过程

为热带、亚热带土壤中发生的硅和盐基遭受淋失，黏粒和次生矿物不断形成，铁铝氧化物明显聚积的过程。在高温多雨条件下，风化淋溶作用强烈，硅酸盐类矿物强烈分解，风化产物向下淋溶。淋溶初期，溶液呈中性或碱性，致使硅酸和盐基大量淋失，而含水铁、铝相对聚集，形成富含铁、铝的红色土体。随着盐基的不断淋溶，风化层上部变为酸性。在江苏，这一过程主要出现在南部气温相对较高、降雨较大的局部地区。

5）腐殖质积累过程

是在木本或草本植被覆盖下，土体上部进行的腐殖质积累过程。它是自然土壤形成中最为普遍的一个成土过程。根据地表植被类型的不同，包括漠土腐殖质积累过程、草原土腐殖质积累过程、草甸土腐殖质积累过程、林下腐殖质积累过程、高寒草甸腐殖质积累过程和湿生植被的泥炭积累过程等。江苏省的土壤中主要出现草甸土腐殖质积累过程和林下腐殖质积累过程。在农田土壤中，土壤利用由旱地转变为水田，秸秆还田力度加大，腐殖质积累与分解平衡改变，也可导致土壤中腐殖质积累过程出现。

6）潜育过程

潜育过程是土体中发生的还原过程。在长期渍水的条件下，空气缺乏，有机质在嫌气分解过程中产生还原物质，高价铁、高价锰转化为亚铁和亚锰，形成一个蓝灰色或青灰色的还原层次，称为潜育层。在江苏省，这一过程在江苏主要出现在水耕人为土中，此外，在埋藏的沼泽土也出现潜育过程。

7）氧化还原过程

氧化还原过程是指土壤中受潮湿、滞水或人为滞水状况的影响，大多数年份某一时期发生季节性水分饱和，因而发生氧化还原交替作用的过程。受这一过程影响，往往在土壤中有锈斑纹，或有硬软质铁锰结核、斑块、凝团等，在潜育土壤脱潜后，有残留的离铁基质。土壤水分状况的变化，可由季节性的地下水位升降，或者人为灌溉的滞水和排干导致。

8）漂白过程

漂白过程是指土体中由于剖面下部的黏化层、灰化淀积层、碱积层、石质接触面等缓透水层的存在，造成局部滞水，再加之一定的地形坡降，导致产生的铁锰和黏粒侧渗淋溶漂洗过程。在水耕人为作用过程的影响下，由于周期性淹水与排干，导致铁锰和黏粒向下淋溶和漂洗，亦会在耕作层之下出现漂白过程。

9）熟化过程

土壤熟化过程是指在耕作条件下，通过耕作、培肥与改良，促进水、肥、气、热诸因素不断协调，使土壤向有利于作物高产方面转化的过程。通常将种植旱作的土壤定向培肥过程称为旱耕熟化过程，而淹水耕作，氧化还原交替条件下的土壤培肥过程则称为水耕熟化过程。

旱耕熟化过程大致可分为三个阶段：首先是改造土壤固有不利性状阶段，如黏化、酸化、潜育化、沙化的不利性状的改造等。其次是土壤养分积累和结构改善的培肥熟化阶段，使土壤营养条件和环境因素更有利于作物生长。最终是进一步提高土壤肥力的高肥稳产阶段，这一阶段使土壤养分更趋合理，剖面结构更趋良好。

水耕熟化过程亦可大致分为三个阶段：首先通过淹水耕作提高耕作层的腐殖质含量，并形成犁底层。然后，通过渍水、排水或垫高田面改善原先不利的土壤水分状况的氧化还原条件。最终，形成特有的水耕氧化还原层，不同起源的水耕人为土向着具有一定剖面结构的肥沃土壤阶段转化。

10）盐渍化过程

土壤盐渍化过程是由季节性地表积盐和脱盐两个方向相反的过程构成的。一般可分为盐化和碱化两个过程。在江苏盐渍化过程主要发生在滨海地区，主要为盐化过程，指海水浸渍下的土壤盐分，在强烈的蒸发作用下，通过土体毛管水的垂直和水平移动逐渐向地表积聚的过程。其特点是土壤积盐重，心、底土含盐量接近海积淤泥，以氯化物占优势。

3.2　主　要　土　层

江苏省范围内的土系主要分布在人为土、淋溶土、盐成土、雏形土和新成土 5 个土纲，各个土纲土壤的主要土层为以下方面。

3.2.1　人为土主要土层

1）旱耕人为土

肥熟表层：厚度在 25～48 cm 左右，有机质含量为 17～30 g/kg，速效磷最大值可达 274 mg/kg，该土层一般分布在离城镇比较近的位置，多为水耕人为土改种植蔬菜，包括肥熟表层、肥熟亚层及其过渡层次。

堆垫表层：见于苏州太湖丘陵地区，为柑橘园中人为堆垫层次，与下层第四纪红色黏土层突然明显过渡。

氧化还原特征层：因之前水耕而形成的具有氧化还原现象的层次。具铁锰斑纹、结核及黏粒胶膜。

母质层：河流冲积物母质，海积、湖相沉积物母质，第四纪红色黏土母质。

2）水耕人为土

水耕表层：包括耕作层和犁底层，大部分厚度在 25～30 cm，因淹水时处于还原状态，有氧化还原特征，如灰色胶膜，铁锰斑纹等。因人为施肥等作用，养分含量均较高，有机质含量变化范围较大，为 12～60 g/kg。

水耕氧化还原层：因水耕淹育及地下水水位变化，使土层长期处于氧化与还原的交替状态而出现强烈的氧化还原现象，如大量的铁锰结核斑纹及黏粒胶膜等，土层厚度几十厘米不等。

铁聚层：由于水耕淹育，地上水强烈的淋洗作用使得铁锰下渗，在该层次聚集，表现为多量铁锰斑块，大量铁锰结核。一般出现在 40 cm 以下，土层厚度在 20～60 cm，游离铁含量达到耕作层的 1.5 倍。

潜育层：可出现水耕表层之下，也可在较深层次出现，因长期处于还原状态而使土层乌青，一般与铁聚层相邻，厚度几十厘米不等。

漂白层：水耕人为土中，由于强烈的漂洗作用导致黏粒下移，粉粒含量增加，而还原淋溶致使铁淋失，使土壤颜色变浅，一般明度为 5，彩度 1～2，厚度在 20～30 cm。

铁渗淋亚层：紧接犁底层，颜色较上下层为淡，游离铁含量相对较低，厚度一般在 10～20 cm 左右，其下层有时有铁聚现象。

黏土层：常见于河流冲积物或湖相冲积物发育的水耕人为土中，系沉积过程中形成。厚度超过 10 cm，可出现在土壤剖面的不同深处，颜色主要为黑色或红色。

粉砂层：常见于河流相冲积物或者河流相与湖相冲积物的交错地带沉积母质发育的水耕人为土中，由于母质沉积时，沉积条件的变化形成，厚度亦超过 10 cm，可在剖面的不同深度处出现，质地明显与上下土层不同。

母质层：在土壤剖面下部，保持母质原始形成特征的土壤层次。在河流冲积物母质中，可见交错层理。

3.2.2　淋溶土主要土层

腐殖质层：出现在林地淋溶土中，因枯枝落叶较多，腐殖质含量高，有机质含量 18～40 g/kg，土层厚度在 10～15 cm。

耕作层：在自然淋溶土的基础上，人为旱耕或短期水耕作用形成，一般厚度在 15～20 cm。土壤容重一般较低，呈团粒结构，因人为施肥，氮、磷等养分含量较高。

淋溶层：出现在腐殖质层或耕作层之下，一般黏粒含量明显低于下覆土层，颜色稍浅，厚度一般大于 10 cm，土体中黏粒胶膜发育，有时有铁膜出现。

漂白层：往往出现在黏化层或黏磐层之上，是由于下部透水不畅，导致局部滞水还原，然后铁质侧向淋溶，导致土层颜色变浅而形成的。

黏粒淀积层：由于地表水的强烈淋洗，导致土壤剖面自上而下出现铁锰的淋失及黏粒的淋洗，在下面的层次淀积，当黏粒含量明显高于其上土层时，即为淀积层。一般紧邻表土层或者氧化还原层，黏粒含量最高达 48%。

黏磐层：土体黏粒含量较高，与表层或上覆土层差异悬殊，土层黏重紧实。一般来说，黏磐中的黏粒主要继承母质而来，也可部分由上层黏粒淋溶，在此淀积所致。土体具有坚实的棱柱状或棱块状结构，并伴有铁锰胶膜和铁锰结核。在江苏省，出现黏盘的土壤主要出现在第四纪黄土母质发育的淋溶土内。黏磐一般较深，在地表 4～5 m 以下，但地表受侵蚀后，黏磐可出现在土体中，甚至可出露在地表。

3.2.3　盐成土主要土层

耕作层：人为耕作的盐成土中，土层厚度一般在 14～27 cm，受人为耕作熟化影响，养分含量稍高，有机质含量最高可达 22 g/kg。

表土层：无人为耕作的盐碱地中，厚度一般不超过 20 cm，养分含量较低。

过渡层：盐成土多为海岸沉积物母质，受海浪拍打作用，沉积层理清晰，过渡层一般兼具上下土层特性。

盐积层：一般出现位置较高，含盐量一般每千克中含有几克，最高可达 41 g/kg，最低 0.5 g/kg。

淀积层：由于地上水的下渗作用，导致铁锰的淋溶及黏粒的淋洗，包括盐分的下淋，在下层集聚，表现为铁锰斑纹的出现及黏粒含量的增高等。

母质层：一般为海岸沉积物，或河流冲积物与海岸沉积物二合母质。

3.2.4　雏形土主要土层

表土层：因人为利用方式不同，又分为水耕表层、旱耕表层、普通表土层及其各自的亚表层，各土层厚度不一，但人为耕作土层普遍养分含量稍高，且颜色较深。三仓系等土系中有 40 cm 左右厚的人为堆垫表层。

过渡层：出现在一些土层过渡不是很明显的剖面中，兼具上下土层特性。

雏形层：有一定土壤结构，但发育程度较弱。不同雏形土，由于成土条件不同，该层发育程度强弱及厚度不同，一般厚度在几十厘米甚至更厚。

钙积层：受地下水上下波动影响，土体下部有一定碳酸盐聚集。可形成结核或面状聚集。

黏质层：冲积物母质形成过程中形成的黏质层，其黏粒含量明显高于上覆和下伏土层，最高可达 560 g/kg，可出现在土体的不同深度内，为耕作障碍层。

砂质层：冲积物母质形成过程中形成的砂质层，其砂粒含量明显高于上覆和下伏土层，可出现在土体的不同深度内，为耕作障碍层。

粉质层：冲积物母质形成过程中形成的粉质层，与通体呈砂性质地的土壤剖面相比，粉质层结构稍紧，其粉粒含量明显高于上覆和下伏土层，也可出现在土体的不同深度内，在 60 cm 以上时，可以适当的改善土壤水分状况，对土壤利用较为有利。

母质层：母质多样化，主要有河流冲积物、泛滥冲积物、黄土性洪冲积物、海岸沉积物、黄土性河湖相沉积物、次生黄土性洪冲积物、石灰岩残积物、石灰岩、第四纪红色黏土混合母质、安山质火山岩母岩、砂岩母岩或残坡积物等。

3.2.5　新成土主要土层

表土层：多受侵蚀，水土流失严重，土层浅薄，15～17 cm。多砂质，养分含量较低。

母质层：片麻岩残积物、闪长岩残积物等。

3.3　诊断层和诊断特性

凡用于鉴别土壤类别（taxa）的，在性质上有一系列定量规定的特定土层称为诊断层；如果用于分类目的的不是土层，而是具有定量规定的土壤性质（形态、物理、化学）则称为诊断特性（龚子同，1999）。诊断特性并非一定为某一土层所特有，常是泛土层的或非土层的，也可能出现于单个土体的任何部位，而诊断层则明确为某一土层。

土壤诊断层可谓土壤发生层的定量化和指标化，两者是密切相关而又相互平行的体系。用于研究土壤发生和了解土壤基本性质，要建立一套完整的土壤发生层，而用于土壤系统分类，就必须要有一套诊断层和诊断特性。许多诊断层和发生层同名，例如盐积层、石膏层、钙积层、盐磐等。有的诊断层相当于某一发生层，但名称不同，例如雏形层相当于风化 B 层。有些由一些发生层派生，例如作为发生层的腐殖质层，按其有机碳含量、盐基状况和土层厚薄等定量规定分为暗沃表层、暗瘠表层和淡薄表层 3 个诊断层。有些诊断层是由两个发生层合并或归并而成；属合并的有：水耕表层为（水耕）耕作层加犁底层，干旱表层一般包括孔泡结皮层和片状层；属归并的如黏化层，它或指淀积黏化层，或指次生黏化层。

大多数诊断特性是泛土层的，例如潜育特征可单见于 A 层、B 层或 C 层，也可见于 A 层和 B 层，或 B 层和 C 层，或全剖面各层。它们重叠于某个或某些诊断层中，例如铁质特性可见于同一个土体中的雏形层和黏化层；或构成某些诊断层的物质基础，例如人为淤积物质与灌淤层、草毡有机土壤物质与草毡层。有些则是非土层的，如土壤水分状况、土壤温度状况等。大多数诊断特性有一系列有关土壤性质的定量规定，少数仅为单一的土壤性质，如石灰性、盐基饱和度等。

诊断层和诊断特性是所有土壤系统分类制的基础。目前不同土壤系统分类之间差异较大，但应用的土壤诊断层、诊断特性及其鉴别标准却大同小异。这样，各土壤系统分类制之间的交流有了共同语言。我国土壤系统分类共设有 33 个诊断层（包括 11 个诊断表层、20 个诊断表下层、2 个其他诊断层）、25 个诊断特性和 20 个诊断现象。

依据中国土壤系统分类的相关标准,检索出江苏省土壤主要诊断层和诊断特性如下。

3.3.1　诊断层

1)水耕表层

水耕表层出现在水耕人为土的 81 个土系中,厚度为 16～35 cm,平均为 26 cm;润态明度为 3～6;润态彩度为 1～6;锈纹锈斑量为 1%～40%,有机质含量为 2～49 g/kg,平均为 26 g/kg。水耕表层在各土类和亚类中上述指标的统计见表 3-1。

表 3-1　水耕表层表现特征统计

土类/亚类	厚度/cm		润态明度	润态彩度	锈纹锈斑/%	有机质/(g/kg)		土系数量/个
	范围	平均				范围	平均	
潜育水耕人为土	16～28	22	3～5	1～3	1～15	12～48	30	6
铁渗水耕人为土	22～29	26	3～4	1～3	1～20	12～38	25	5
铁聚水耕人为土	22～32	27	3～6	2～4	2～40	2～43	23	16
简育水耕人为土	18～35	26	3～6	1～6	2～40	3～49	26	54
合计	16～35	26	3～6	1～6	1～40	2～49	26	81

2)肥熟表层

是长期种植蔬菜,大量施用人畜粪尿、厩肥、有机垃圾和土杂肥等,精耕细作,频繁灌溉而形成的高度熟化人为表层。肥熟表层出现在旱耕人为土的 3 个土系中,厚度为 32～48 cm,平均为 40 cm;有机质含量为 6～28 g/kg,平均为 16 g/kg;有效磷含量为 19～274 mg/kg,平均为 146 mg/kg。肥熟表层在各亚类中上述指标的统计见表 3-2。

表 3-2　肥熟表层表现特征统计

亚类	厚度/cm		有机质/(g/kg)		有效磷/(mg/kg)		土系数量/个
	范围	平均	范围	平均	范围	平均	
斑纹肥熟旱耕人为土	32～48	40	6～28	16	19～274	146	3

3)漂白层

由于黏粒和游离氧化铁淋失,有时伴有氧化铁的就地分凝,形成颜色主要决定于砂粒和粉粒的漂白物质所构成的土层。漂白层出现在人为土、淋溶土的 6 个土系中,出现深度为 17～60 cm,平均为 38 cm;厚度为 17～55 cm,平均为 36 cm。漂白层在各亚类中上述指标的统计见表 3-3。

表 3-3　漂白层表现特征统计

土类/亚类	出现深度/cm		厚度/cm		土系数量/个
	范围	平均	范围	平均	
人为土	25～46	36	17～55	36	4
淋溶土	17～60	38	34～45	40	2
合计	17～60	38	17～55	36	6

4）雏形层

风化一成土过程中形成的基本上无物质淀积，未发生明显的黏化，带棕、红棕、红、黄或紫等颜色，且有土壤结构发育的 B 层。漂白层出现在雏形土的 57 个土系中，出现深度为 0～140 cm，平均为 70 cm；厚度为 10～124 cm，平均为 67 cm。雏形层在各亚类中上述指标的统计见表 3-4。

表 3-4　雏形层表现特征统计

土类/亚类	出现深度/cm		厚度/cm		土系数量/个
	范围	平均	范围	平均	
潮湿雏形土	10～135	72	33～120	76	47
干润雏形土	0～140	70	10～124	67	6
湿润雏形土	0～140	70	10～124	67	4
合计	0～140	70	10～124	67	57

5）耕作淀积层

旱地土壤中受耕种影响而形成的一种淀积层。位于紧接耕作层之下，其前身一般是原来的其他诊断表下层。它具有以下条件。

（1）厚度＞10 cm。

（2）在肥熟土中，此层 0.5 mol/L 的 $NaHCO_3$ 浸提有效磷明显高于下垫土层，并≥18 mg/kg（有效 P_2O_5≥40 mg/kg）。

耕作淀积层出现在旱耕人为土的 3 个土系中，厚度为 14～41 cm，平均为 28 cm；有效磷含量为 26～35 mg/kg，平均 30 mg/kg。磷质耕作淀积层在各亚类中上述指标的统计见表 3-5。

表 3-5　磷质耕作淀积层表现特征统计

土类/亚类	厚度/cm		有效磷/（mg/kg）		土系数量/个
	范围	平均	范围	平均	
斑纹肥熟旱耕人为土	14～41	28	26～35	30	3

6）水耕氧化还原层

水耕条件下铁锰自水耕表层或兼有其下垫土层的上部亚层还原淋溶，或兼有由下面具潜育特征或潜育现象的土层还原上移；并在一定深度中氧化淀积的土层。

氧化还原层出现在水耕人为土和旱耕人为土的 84 个土系中，厚度为 20～102 cm，平均为 61 cm；锈纹锈斑量为＜2%～≥40%；铁锰结核量为 0～≥40%，黏粒胶膜量为 0～≥40%。水耕氧化还原层在各土类和亚类中上述指标的统计见表 3-6。

7）黏化层

黏粒含量明显高于上覆土层的表下层。其质地分异可以由表层黏粒分散后随悬浮液向下迁移并淀积于一定深度中而形成黏粒淀积层，也可以由原土层中原生矿物发生土内

表 3-6　水耕氧化还原层表现特征统计

土类/亚类	厚度/cm		锈纹锈斑/%	铁锰结核/%	黏粒胶膜/%	土系数量/个
	范围	平均				
潜育水耕人为土	72～88	80	<2～≥40	0～5	0～15	6
铁渗水耕人为土	71～78	75	1～≥40	0～40	0～20	5
铁聚水耕人为土	68～100	84	<2～≥40	0～≥40	0～40	16
简育水耕人为土	20～102	61	<2～≥40	<2～≥40	0～≥40	54
旱耕人为土	31～82	57	2～40	0	0～5	3
合计	20～102	61	<2～≥40	0～≥40	0～≥40	84

风化作用就地形成黏粒并聚集而形成次生黏化层。若表层遭到侵蚀，此层可位于地表或接近地表。

黏化层出现在淋溶土的 19 个土系中，出现深度为 10～133 cm，平均为 72 cm；厚度为 25～90 cm，平均为 68 cm；黏粒千分比介于 69‰～615‰。黏粒胶膜量为 0～40%。黏化层在各土类和亚类中上述指标的统计见表 3-7。

表 3-7　黏化层表现特征统计

土类/亚类	出现深度/cm		厚度/cm		黏粒<0.002/‰	黏粒胶膜/%	土系数量/个
	范围	平均	范围	平均			
干润淋溶土	10～133	72	25～90	68	69～615	0～40	19

8）盐积层

在冷水中溶解度大于石膏的易溶性盐富集的土层。盐积层出现在盐成土的 2 个土系中，出现深度为 0～40 cm，平均为 20 cm；厚度平均为 22 m；含盐量为 11～41 g/kg。盐积层在各土类和亚类中上述指标的统计见表 3-8。

表 3-8　盐积层表现特征统计

土类/亚类	出现深度/cm		厚度/cm		含盐量/(g/kg)	土系数量/个
	范围	平均	范围	平均		
盐成土	0～40	20	22	22	11～41	2

3.3.2　诊断特性

1）岩性特征

土表至 125 cm 范围内土壤性状明显或较明显保留母岩或母质的岩石学性质特征。岩性特征出现在雏形土、新成土的 8 个土系中，出现深度为 0～100 cm，平均为 50 cm；砾石（>2 mm，体积分数）为 2～80，砾石直径为 5～300 mm。岩性特征在各土类和亚类中上述指标的统计见表 3-9。

表 3-9　岩性特征表现特征统计

土类/亚类	岩石类型	出现深度/cm		砾石（>2 mm，体积分数）/%	砾石直径/mm	土系数量/个
		范围	平均			
雏形土	石灰岩、花岗岩、紫色砂岩、砂岩	0～100	50	2～80	5～300	6
新成土	玄武岩、片麻岩	0～50	25	5～80	10～100	2
合计		0～100	50	2～80	5～300	8

2）氧化还原特征

由于潮湿水分状况、滞水水分状况或人为滞水水分状况的影响，大多数年份某一时期土壤受季节性水分饱和，发生氧化还原交替作用而形成的特征。氧化还原特征出现在人为土、盐成土、淋溶土、雏形土的 144 个土系中，厚度为 17～140 cm，平均为 78 cm；锈纹锈斑量为 <2%～≥40%；铁锰结核量为 0～≥40%。氧化还原特征在各土类和亚类中上述指标的统计见表 3-10。

表 3-10　氧化还原特征表现特征统计

土类/亚类	厚度/cm		锈纹锈斑/%	铁锰结核/%	土系数量/个
	范围	平均			
水耕人为土	56～140	98	<2～≥40	0～≥40	81
旱耕人为土	46～110	78	2～40	0	3
盐成土	65	65	15～40	0	1
淋溶土	40～118	79	2～40	0～40	15
潮湿雏形土	17～125	72	<2～40	0～40	43
湿润雏形土	55	55	2	0	1
合计	17～140	78	<2～≥40	0～≥40	144

3）石质接触面、准石质接触面

土壤与紧实黏结的下垫物质（岩石）之间的界面层。不能用铁铲挖开。下垫物质为整块者，其莫氏硬度>3；为碎裂块者，在水中或六偏磷酸钠溶液中振荡 15 小时不分散。

石质接触面出现在雏形土、新成土的 10 个土系中，出现深度为 15～120 cm，平均为 68 cm。石质接触面在各土类和亚类中上述指标的统计见表 3-11。

表 3-11　石质、准石质接触面表现特征统计

土类/亚类	出现深度/cm		岩石类型	土系数量/个
	范围	平均		
雏形土	15～120	68	石灰岩、花岗岩、砂岩、紫色砂岩	8
新成土	25～50	38	玄武岩、片麻岩	2
合计	15～120	68	石灰岩、花岗岩、砂岩、紫色砂岩、玄武岩、片麻岩	10

4）人为扰动层次

由平整土地、修筑梯田等形成的耕翻扰动层。土表下 25～100 cm 范围内按体积计有≥3%的杂乱堆集的原诊断层碎屑或保留有原诊断特性的土体碎屑。

人为扰动层次出现在人为土、雏形土的 2 个土系中，出现深度为 25～50 cm，平均为 38 cm。人为扰动层次在各土类和亚类中上述指标的统计见表 3-12。

表 3-12　人为扰动层次表现特征统计

土类/亚类	出现深度/cm		厚度/cm		土系数量/个
	范围	平均	范围	平均	
人为土	25～50	38	25	25	1
雏形土	25～30	28	5	5	1
合计	25～50	38	5～25	15	2

5）土壤水分状况

（1）半干润土壤水分状况：是介于干旱和湿润水分状况之间的土壤水分状况。按 Penman 经验公式估算，相当于年干燥度 1～3.5。

（2）湿润土壤水分状况：一般见于湿润气候地区的土壤中，若按 Penman 经验公式估算，相当于年干燥度＜1，但月干燥度并不都＜1。

（3）人为滞水土壤水分状况：在水耕条件下由于缓透水犁底层的存在，耕作层被灌溉水饱和的土壤水分状况。大多数年份土温＞5℃时至少有三个月时间被灌溉水饱和，并呈还原状态。

（4）潮湿土壤水分状况：大多数年份土温＞5℃（生物学零度）时的某一时期，全部或某些土层被地下水或毛管水饱和并呈还原状态的土壤水分状况。

土壤水分状况出现在人为土、盐成土、淋溶土、雏形土和新成土的 165 个土系中，包括人为滞水、潮湿、湿润、半干润土壤水分状况。

统计表明：人为滞水土壤水分状况出现于水耕人为土土类、水耕砂姜潮湿雏形土和水耕淡色潮湿雏形土亚类的各土系，包括水耕人为土 82 个土系、水耕砂姜潮湿雏形土 1 个土系、水耕淡色潮湿雏形土 10 个土系，分布于沂沭丘陵区山前平原、徐淮黄泛平原的宿迁市由南至江苏省南部边界的水田所在位置。

潮湿土壤水分状况出现于肥熟旱耕人为土、盐成土、潮湿雏形土等土类的各土系，包括肥熟旱耕人为土 2 个土系、盐成土 2 个土系、潮湿雏形土 47 个土系。主要分布于北部边界至长江沿岸地区的平原旱地及水耕表层发育较弱的水田所在位置。

湿润土壤水分状况出现于肥熟旱耕人为土、湿润淋溶土、湿润雏形土和湿润正常新成土等土类的各土系。包括肥熟旱耕人为土 1 个土系、湿润淋溶土 12 个土系、湿润雏形土 4 个土系、湿润正常新成土 1 个土系。主要分布于宁镇扬和环太湖的丘陵岗地的旱地和林草地，干燥度范围为 0.8～1.0。

半干润土壤水分状况出现于干润淋溶土、干润雏形土和干润正常新成土等土类的各土系。包括干润淋溶土 7 个土系、干润雏形土 6 个土系、干润正常新成土 1 个土系。主要分布与沂沭丘陵区岗地的旱地和林草地，干燥度为 1.0～1.5。

6）潜育特征

长期被水饱和，导致土壤发生强烈还原的特征。

潜育特征出现在人为土、雏形土的 12 个土系中。

7）土壤温度状况

指土表下 50 cm 深度处或浅于 50 cm 的石质或准石质接触面处的土壤温度。

热性土壤温度状况：年均土温≥16℃，但<23℃。

温性土壤温度状况：年均土温≥9℃，但<16℃。

土壤温度状况出现在人为土、盐成土、淋溶土、雏形土和新成土的 165 个土系中，包括半热性和温性。

热性温度状况包括 76 个土系，其中水耕人为土 50 个土系、旱耕人为土 3 个土系、淋溶土 12 个土系、雏形土 10 个土系、新成土 1 个土系。主要分布于洪泽湖北部经淮安市、盐城市南至东台市北部一带的南部（图 2-2），50 cm 深度土温在 16～18℃。

温性土壤温度状况包括 89 个土系，其中水耕人为土 32 个土系、盐成土 2 个土系、淋溶土 7 个土系、雏形土 47 个土系，新成土 1 个土系。主要分布在上述分界线以北区域，50 cm 深度土温在 15～16℃。

8）石灰性

土表至 50 cm 范围内所有亚层中 CaCO$_3$ 相当物均≥10 g/kg，用 1：3 的 HCl 处理有泡沫反应。

石灰性出现在人为土、盐成土、雏形土的 82 个土系中，人为土 40 个，盐成土 2 个，雏形土 40 个，其石灰反应强弱不一。

9）盐基饱和度

吸收复合体被 K、Na、Ca 和 Mg 阳离子饱和的程度。铁铝土和富铁土之外的土壤：①饱和的≥50%；②不饱和的<50%。

盐基饱和度作为诊断特性出现于 12 土系中，包括酸性淋溶土 1 个土系、砂姜潮湿雏形土 3 个土系、暗色潮湿雏形土 5 个土系、暗沃干润雏形土 2 个土系、酸性湿润雏形土 1 个土系。主要用于暗沃表层和酸性土壤特性的诊断。

3.4　江苏省主要土壤类型的成土过程

3.4.1　人为土

水耕人为土是江苏省最主要的农业土壤，其成土过程既具有水耕人为土的一般成土过程，又具有该地区特有的成土过程。

首先，在此次土壤调查过程中发现，不少第二次土壤普查时确定的潮土（潮湿雏形土），经过 20～30 年的旱改水，已形成犁底层；其次，周期性氧化还原状况的变化已导致犁底层之下土壤中出现锈纹锈斑等氧化还原特征，符合水耕人为土的诊断标准；此外，旱改水后，土壤的水分状况发生了明显变化，土壤表层有机质积累过程较为明显。表现为如下的成土作用特点。

1）土壤有机质积累特征

从江苏省沭阳县、如皋市和张家港市，据过去潮湿雏形土转变为水耕人为土地区土壤有机质调查显示，三个地区土壤有机质均有不同程度的积累，自 1980 年至 2010 年，三个地区平均积累速率可分别达到 0.41 g/(kg·a)、0.27 g/(kg·a)、0.10 g/(kg·a)。即使原为水耕人为土，大部分亦出现积累的情况。土壤有机质的积累，除与上述土壤利用变化相关外，还与近年来作物产量导致根系归还增加，秸秆处理过程中还田量不断增加有关，沭阳县表层土壤 C/N 值的增加可说明这一点，该地区 2011 年表层土壤 C/N 值平均 9.8，明显高于 1981 年 8.5 的 C/N 值，较高 C/N 值的秸秆提高了土壤 C/N 值。

2）水耕氧化还原作用

随着植稻淹水和排水过程的发生，土壤耕层的周期性氧化还原状况变得非常激烈。资料显示，在以淋溶土为母土的水耕人为土上，冬季种麦至麦收，表层土壤 E_h 在 400～500 mV，之后的淹水植稻期间，耕层 E_h 在 –100～100 mV 变动。耕层的还原作用导致产生大量 Fe^{2+}，并产生移动。稻田落干后，耕层又从还原状态转变为氧化状态，Fe^{2+} 氧化转化为 Fe^{3+}，形成 $Fe(OH)_3$ 沉淀，以锈纹锈斑、凝团或结核的形式存在，长期植稻致使铁的移动范围较大，可在犁底层之下出现上述铁的存在形式。这是水耕人为土区别于母土的重要特征。

3）潜育作用

土壤或母质常年受地表水或地下水饱和，土壤一直处于还原状态。前者称表潜，后者称底潜。在地下水位下降后，潜育层的土壤由还原状态向氧化还原状态演变，此时，在土体的结构表面可呈氧化状态，具有锈纹锈斑和胶膜，但结构体内仍处于还原状态，仍具有亚铁反应。

4）漂白作用

主要出现在太湖地区的水耕人为土中，出现在水耕表层之下，受漂白作用强度影响，呈现灰色或白色，灰色成为铁渗淋亚层，此层内，离铁基质≥85%。白色为漂白层，其中漂白物质≥85%。

5）铁聚作用

在水耕人为土剖面下部的氧化还原层中铁锰产生明显聚集淀积，其游离氧化铁含量可超过水耕表层 1.5 倍以上。在一些土壤中可出现大的铁质结核，直径可达 5 cm 以上。

旱耕人为土也是江苏省主要的土壤类型。一些水果生产基地土壤上有机肥的长期堆垫，形成了特殊的肥熟表层。随着土壤利用方式的变化，不少土壤已由粮食作物种植转变为蔬菜种植，土壤的精耕细作，导致土壤类型发生了转变，逐渐转变成旱耕人为土。

6）肥熟作用

在种植水果和蔬菜过程中，大量施用人畜粪尿、商品有机肥、有机垃圾等，精耕细作，频繁灌溉和种植，使得土壤有机质含量增加，结构性能增强，土壤高度熟化。另一个突出特点是表层土壤中磷的大量积累，一般在 0～25 cm 土层，速效磷（0.5mol/L NaHCO$_3$）含量达 35 mg/kg 以上，形成磷质耕作淀积层。

3.4.2　盐成土

江苏省的盐成土主要为海积潮湿盐成土。其成土过程可包括两个时期:一是自然成土时期,在离海较远,海侵频率减弱,或者沿海兴建了海堤、围塘的地区,经过雨水逐步淋溶,沉积物由周期性积盐转入季节性脱盐,地表出现自然植被,开始了自然成土过程,随着脱盐作用的加强,地表植被覆盖逐渐增加,植物群落由盐蒿向獐毛草和茅草群落演替。植被的发育使得土壤表层结构变得疏松,有机质含量逐渐增加,朝着草甸化方向发展。二是耕作成土时期,伴随着人为耕作过程中排灌和降雨淋溶的进行,土壤脱盐速度加快,可至底土层,人为土壤培肥导致土壤有机质和养分明显增加,尤其是水耕熟化过程的影响,脱盐效果更加明显,直至土壤底部基本脱盐。

3.4.3　淋溶土

1)脱硅富铁作用

淋溶土都存在不同程度的脱硅富铁作用,整体来说,该作用在江苏省相对较弱,但有自北向南逐渐增加的趋势,如南京附近的淋溶土硅铁铝率(Saf)在 2.2 左右,而位于江苏省中部亚热带北缘宜兴地区的淋溶土,其 Saf 明显降低,为 1.91。由于脱硅富铁作用增强,前者土壤中高岭石、游离氧化铁等要低于后者,而阳离子交换量前者则高于后者。

2)黏化作用

淋溶土中的黏化作用主要是由于黏粒向下部移动淀积造成的,黏化层内以出现黏粒胶膜为特征。同时还伴有铁的淋溶淀积,在土体裂隙内常出现铁膜。黏化作用可以是地质历史时期形成的,黏化层厚度可以很大,甚至为黏盘,出现深度可以出现在土体之外及 125 cm 以下,当然如果表土受到侵蚀,黏盘层可以出露于地表。

3)淋溶作用

土体中的可溶盐和游离碳酸钙已被完全淋失,土壤呈微酸性,交换性盐基已部分被氢和铝离子所取代。

4)漂白作用

淋溶土中的漂白作用主要出现在土体中存在不透水层的情况下,同时地形稍有起伏。是由于地表水淋溶至不透水层时,产生渍水还原,导致铁还原并侧向移动,使得土层颜色变浅。

3.4.4　雏形土

1)旱耕熟化作用

在河流冲积物、湖相沉积物、海相沉积物等母质上,土壤被旱作垦殖利用过程发生的过程。一般来说,被利用前有机质含量较低,土壤结构发育较差。经过长期耕作、施肥,土壤结构得到改善,有机质不断更新和积累,随着耕作强度的加大,有机质积累深度逐步向下扩展,最终形成熟化的表土层和亚表层。

2)氧化还原作用

可有两种情况下的氧化还原作用。一种是土壤母质在最初被水耕利用过程中,由于人为短期滞水还原，使得土壤表层铁产生活化移动，而落干时氧化使得氧化铁积聚土层中可见锈纹锈斑，但仅限于表层，表层之下未见铁的移动迹象。

另一种是，土壤母质在地下水位较浅的情况下，土体下部受地下水季节性频繁升降的影响，时而处于氧化环境，时而处于还原环境，导致下部土体出现锈纹锈斑，甚至铁锰结核。

3.4.5　新成土

新成土主要是受母质、岩性或地形的影响，尚未有明显土壤发育的特征。除了岩石的风化作用外，在表层土壤中的生物积累作用为主要成土过程。

第4章 土 壤 分 类

4.1 土壤分类的历史回顾

4.1.1 我国近代土壤分类的发展

我国近代土壤的分类可追溯到 20 世纪 30 年代，在中华民国地质调查所成立了土壤研究室后。为了吸取国外的经验，邀请美国土壤学家潘德顿和梭颇作为主任技师，开展了全国性的土壤概查。此时土壤分类引进美国的马伯特分类，将钙成土和淋余土作为高级单元土纲，分黑钙土、漠境钙土、灰壤、红壤、黄壤和黑色石灰土等土类。除此之外，在 20 世纪 40 年代，还建立了一些新的土壤类型，包括水稻土、漠土、紫色土、盐渍土等。水稻土首先由侯光炯、马溶之提出，进一步分为淹育、渗育、潴育和潜育四个亚类。马溶之还将我国的漠土分为天山南麓无 $CaCO_3$ 移动的棕漠土和天山北麓有 $CaCO_3$ 弱移动的灰漠土。紫色土由侯光炯、余皓、马溶之等根据土壤母质的紫色形态命名，其下续分为钙质、中性和酸性 3 个亚类。熊毅根据盐渍土的盐化作用、脱盐作用、碱化作用、变质作用及复原作用等形成方式，将其分为盐土、盐碱土、碱土、脱碱土。此外，在此时期，还根据中国实际划分出了砂姜土、山东棕壤等。

值得指出的是，在早期的土壤调查中，还进行了我国土系的调查。1940 年，马溶之、席承藩、朱莲青、宋达泉、熊毅、席连之等土壤学家分别在四川、福建、江西等省份开展了土系调查工作，后来又对全国土系进行了整理。至 1953 年共建立和整理了全国 1762 个土系，成为中国最早的基层分类的重要资料。

新中国成立至 20 世纪 80 年代，在大量综合考察和其他一些土壤调查研究的基础上，研究者们运用发生学观点，采用了以土类为基本单元的土壤分类制，经几次修订后形成了我国的土壤分类系统。在 1954 年形成了一个基本完整的分类系统，重新确定了若干土类和亚类。例如棕色泰加林土、白浆土、黑土、灰棕色荒漠土、褐土、黑垆土、龟裂土、黄棕壤、草甸土、砖红壤性红壤以及山地草甸土等。1958 年国家开展了第一次全国土壤普查，总结了群众辨土、适土与培肥改土经验，在基层分类单元的命名上，特别是耕作土壤上，吸收了群众命名的经验，并形成了暂行中国土壤分类系统。

至 1978 年，经过发表讨论后，意见达成一致，在《中国土壤》（第一版）上列举了完整的土壤分类表，并形成了《全国土壤分类暂行草案》。此分类系统的建立，取得了一些共同的意见。首先认为，我国应该有一个统一的土壤分类系统。其次认为，应将土壤的各项自然属性和耕作所引起的变化，在统一的分类系统中加以反映。同时也认为，耕作引起的土壤性状变化，也是从量变到质变演化的，所以，也应根据这些性状变化的强弱，在各级分类单元中划分出来。至 1979 年全国第二次土壤普查，这一草案稍作调整后，作为调查的工作分类使用。主要是在对土壤耕作引起土壤性状变化深入了解的基础上，根据实际情况作了修改，其成果也反映在《中国土壤》（第二版）上。

该分类系统在分类级别上，采用土类、亚类、土属、土种、变种五级分类制。以土类为基本单元，土种为基层单元。土类以上根据共性归纳为土纲。土纲是根据成土过程的共同特点及土壤性质的某些共性划分。土类是在一定生物气候条件、水文条件、耕作制度等自然和社会条件下形成的，具有独特的形成过程和剖面形态，土类与土类之间在性质上有质的差别。亚类是土类的续分，也不表示土类之间的过渡类型，根据主导土壤形成过程以外的另一个次要或新形成过程来划分。土属是在发生学上有互相联系，具有承上启下意义的分类单元，主要是根据母质、水文等局域性因子来划分。土种划分的系依据是土壤的发育程度。土种的性质具有相对稳定性，但可因改土措施而改变。而变种是在土种范围内，土壤肥力的变异作为区分依据。

1978 年后，随着国际交往的增加，土壤系统分类和联合国土壤制图单元逐步传入我国，尽管这一时期我国土壤分类仍为发生分类体系，但已在不同程度上受到系统分类的影响，吸取了其中有益的思想和术语，如全国土壤普查办公室草拟的《中国土壤分类系统》（1984）在 1978 年分类的基础上，集第二次土壤普查的成果，将土类增加到 53 个，亚类 200 个以上，并吸取了诊断分类的一些土纲命名。

随着土壤科学的进步，在实践过程中，发生分类逐步显露出一些不足之处。首先，发生分类是建立在土壤发生假说基础上的，由于认识不同，同一种土壤可有不同的归属。其次，土壤发生分类重视生物气候条件，但忽视时间因素，因而可能会将已经发生的过程和即将发生的过程形成的土壤混淆，归属同一类型。再次，发生分类强调中心概念，可以明确土类的定义，但土类与土类间的边界并不清楚，以致某些土壤找不到适当的分类位置。此外，发生分类常缺乏定量指标，难以输入计算机，建立信息系统，更不能进行分类自动检索，这与现代信息社会不相适应。因此，美国土壤学家花了 10 年时间，进行了 7 次修订，提出了以诊断层和诊断特性为基础的土壤系统分类，且于 20 世纪 70 年代，国际上土壤系统分类得到了大的发展。而我国原有的发生分类系统已不适应土壤科学的发展和生产的需要了，且与国外同行难以交流。所以，从 1985 年开始，以龚子同为首的一大批土壤科学家开始了中国土壤系统分类研究。该工作由中国科学院南京土壤研究所主持，先后与 30 多个高等院校和研究所合作，进行了长达 10 多年的研究，从《首次方案》、《修订方案》到《中国土壤系统分类检索》（第三版），建立了完整的高级单元分类检索系统。使我国的土壤分类在定量化、信息化方面获得了长足的进步。

中国土壤系统分类既实现了与国际接轨，又充分体现了我国特色。除有分类原则、诊断层、诊断特性和分类系统外，还有一个检索系统，每一种土壤可以在这个系统中找到所属的分类位置，也只能找到一个位置。我国的土壤系统分类既吸取了国外的先进经验，又结合了我国的实际，具有以下特点。

（1）以诊断层和诊断特性为基础。在总结已有资料的基础上，拟定了 11 个诊断表层，20 个诊断表下层，2 个其他诊断层和 25 个诊断特性。其中，诊断层中，36%直接引用美国土壤系统分类，27%引进概念加以修订，36%为新提出。诊断特性中，其比例分别 31%、33%、36%。

（2）以发生学理论为指导。在土纲一级的划分中，考虑土壤历史发生划分出了盐成土、铁铝土、富铁土等具有发生特点的类型，也考虑设立了具有黏化层的淋溶土、具有雏形层的雏形土等具有形态发生特点的类型。

（3）面向世界与国际接轨。首先，尽可能采用国际上已经成熟的诊断层和诊断特性，即使是新创的，也依据同样的原则和方法划分，其次，分类各级单元的划分亦按土壤系统分类谱系式分类方法划分，高级单元基本可与其他分类制相对应。再次，采用连续命名。

（4）充分注意我国特色。我国地域辽阔，土壤类型众多，有许多特点是其他国家和地区所不具备的，首先是人为土壤，人为活动影响深刻，强度大，范围广。其次，季风亚热带土壤具有强淋溶和弱风化的特点。再次，内陆干旱土，存在具有我国特有的寒性、盐积、超盐积和盐磐等土壤类别。最后是青藏高原土壤。为此，我国建立了特有的诊断层和土纲或亚纲。

在土壤系统分类高级单元分类系统逐步完善的情况下，开展土壤系统分类基层单元的研究工作已成为一种必然趋势。

4.1.2　江苏省土壤分类演变

近代江苏省土壤的分类工作开始于 20 世纪 30 年代，美国肖查理应金陵大学（现南京大学）之聘来华，进行了丘岗盘层土区调查。周昌云、李连捷、陈恩凤等对句容市进行了土壤调查，区分出了山陵丘地红色土、高平地森林土、低平地矿质湿土、腐殖质湿土等土壤类型。1934 年，梭颇和侯光炯对江苏平原盐土做了土壤概查。1950 年，李庆逵、何金海、王遵亲对苏北进行了盐土调查，认为苏北盐土的性质与滨海和湖滨所发育的盐土有所区别。此期间，在马伯特分类的亚类之下，依据地名和土壤质地，建立了土科、土系。至 1950 年，江苏省共建立了 44 个土系（表 4-1）

表 4-1　1953 前江苏省建立的土系一览

土系名称	母质	土壤类型	资料来源
东坎粉砂壤土、六排粉砂壤土（江苏东台），南通粉砂壤土（江苏南通）		盐碱土	（熊毅，1936）
海门粉砂壤（江苏海门），白蒲粉砂壤、潘家劈（江苏南通），拐子粉砂质黏土（江苏盐城），新浦黏土（江苏新浦），杨家集粉砂质黏壤（江苏杨家集），灌云重黏土（江苏灌云）	海相沉积物	盐渍土	（梭颇等，1934）
杨庄细砂壤土（江苏淮安，安徽寿县），施口砂壤土、方秋湖系（江苏淮安），临淮关砂壤土（江苏、河南、安徽），西华庄系（江苏宝应），王家岗系（江苏高邮）	河流冲积物	冲积土	（席承藩等，1947）
小红山系、南京系、樱桃园系、孝陵卫系（江苏南京）	下蜀黄土	棕色黏磐壤	（程广禄，1947）

续表

土系名称	母质	土壤类型	资料来源
栖霞山系、灵谷寺系、地磁台系、黄家树系（江苏南京）	石灰岩、砂页岩、页岩		（中央地质调查所土壤室，1947）
东坎壤土（苏北大中集棉场东）、滨海砂壤土（东坎东南二里）、沈家滩黏土（滨海县沈家滩河以东）、黄家尖壤土（门龙岗以北射阳河以南）	黄河冲积物	黄河冲积物发育的土壤	（李庆逵等，1951）
同兴壤质黏土（同兴区南四队东约4km）、新浦黏土（东杨庄东南1.25km）、二曲子黏土（二曲子北里许）	湖淀积物	湖淀积物发育的土壤	（李庆逵等，1951）
杨母庙粉砂壤土、板闸粉砂壤土、茶庵粉砂黏壤土、刘伶台粉砂黏壤土（江苏高邮）	黄河沉积物	石灰性冲积土	（程伯容，1947）
宝带河粉砂黏土、十里尖粉砂黏土（江苏淮安）、高庙围粉砂黏土（江苏高邮）	淮河沉积物	湿土	（程伯容，1947）
王家港黏土、钱家伙粉砂黏壤土、谢家圩粉砂黏壤土、车巡坝粉砂黏壤土、甘露ились粉砂黏壤土、两山围黏土、头涵洞黏土、大牛营粉砂黏土（江苏高邮）	湖泊沉积物	湿土	（程伯容，1947）

　　新中国成立以后，江苏省先后开展了徐淮、洪泽湖、里下河、沿海、沿江、仪征—六合—浦口和苏南地区1∶20万比例尺土壤调查，归纳了江苏省土壤分类系统表。主要分为显域性土壤和隐域性土壤两个大类，前者包括棕壤、褐土、黄棕壤、黄褐土和黄壤等；后者包括草甸土、沼泽土、盐土、水稻土等。并确定了部分隐域性土壤土种的分类的划分标准。

　　和全国一样，1959年江苏省亦开展了第一次土壤普查，最后于1965年由省土壤普查鉴定委员会编著出版了《江苏土壤志》，书中列出了新的江苏省耕种土壤的分类，划分了黄白土、黄泥土、青泥土、淤泥土、黄潮土、青黑土、灰潮土、花碱土、盐潮土、山砂土、黄僵土、黄刚土、红黄土13个土类。每个土类又划分出土科（表4-2），基层分类为土组和土种。

表4-2　江苏省耕作土壤分类

土类	土科（土组）
黄白土	黄白土（乌白土、板浆白土）
黄泥土	黄泥土（鳝血黄泥土、黄泥土、竖头黄泥土）、白土（鳝血白土、白土）、马肝土（血丝马肝土、马肝土）、乌山土（红沙土、乌山土）
青泥土	青泥土（蒜瓣土、青紫泥、青泥条）、沤田青泥土（鸭屎土、烘土）
淤泥土	油泥土（勤泥土、油泥土、淀沙土）、盐性淤泥土（盐性淤泥土）
黄潮土	黄潮土（两合土、淤土、漏风淤、沙土飞沙土）、棕潮土（老黄土、沙黄土、包沙土）
青黑土	青黑土（两合黑土、湖黑土、盐黑土、砂姜黑土）
灰潮土	灰潮土（夜潮土、油沙土、潮沙土、缩沙土）、垛田潮土（垛田夜潮土）
花碱土	花碱土（白碱土、黑碱土）、盐霜土
盐潮土	盐潮土（脱盐潮土、返盐潮土、轻盐潮土、重盐潮土）

续表

土类	土科（土组）
山沙土	包浆土（青沙板土、包浆土）、山沙土
黄僵土	黄僵土（母黄泥、公黄泥）、山黄土（山淤土、山红土）、白渮土（灰白土、白渮土）
黄刚土	黄刚土（死黄土）
红黄土	红黄土（黑沙土、焦红土、白泥土）

　　1979 年开始在全省范围内开展第二次土壤普查工作，为了与全国土壤分类保持一致，江苏省还结合省级汇总，采集了 245 个骨干剖面，同时对各市、县在土壤普查中采集的土壤剖面进行了全面审查，进行评土、比土和数理统计，最后确定了《江苏省土壤分类系统》，形成了包括土类、亚类、土属、土种各级分类单元在内的分类依据和分类系统，这是目前江苏较为系统、完整的土壤分类体系（表 4-3）。该分类表中，共列出了红壤、黄棕壤、黄褐土 15 个土类、35 个亚类、94 个土属和 212 个土种。在最终汇总的第二次土壤普查成果《江苏土壤》中，还列出了各个土类、亚类、土属、土种的分布面积。结果显示，江苏土壤以潮土土类面积最大，占整个土壤面积的 41%，水稻土土类次之，占整个土壤面积的 36%。显然，江苏省是一个以耕种土壤为主的省份。

表 4-3　第二次土壤普查确定的江苏省土壤分类系统

土纲	土类	亚类
1 初育土	11 粗骨土	11.1 酸性粗骨土、11.2 中性粗骨土、11.3 石灰性粗骨土
	12 紫色土	12.1 中性紫色土
	13 基性岩土	13.1 基性岩土
	14 石灰岩土	14.1 棕色石灰土
	15 红黏土	15.1 红黏土
2 铁铝土	21 红壤	21.1 棕红壤
3 淋溶土	31 黄棕壤	31.1 黄棕壤性土、31.2 黄棕壤
	32 黄褐土	32.1 黄褐土、32.2 黏盘黄褐土
	33 棕壤	33.1 普通棕壤、33.2 酸性棕壤、33.3 白浆化棕壤、33.4 潮棕壤
4 半淋溶土	41 褐土	41.1 淋溶褐土、41.2 潮褐土
5 水成土	51 沼泽土	51.1 沼泽土
6 半水成土	61 潮土	61.1 潮土、61.2 灰潮土、61.3 脱盐潮土、61.4 盐化潮土
	62 砂姜黑土	62.1 砂姜黑土、62.2 盐化砂姜黑土
7 人为土	71 水稻土	71.1 淹育型水稻土、71.2 渗育型水稻土、71.3 潴育型水稻土、71.4 漂洗型水稻土、71.5 脱潜型水稻土、71.6 潜育性水稻土
8 盐土	81 滨海盐土	81.1 潮盐土、81.2 沼泽盐土、81.3 草甸盐土、81.4 潮滩盐土

　　2001 年出版了《江苏省志·土壤志》，其分类系统基本采用了第二次土壤普查的分类系统，但根据实际情况作了一些改进，主要是对黄褐土亚类、紫色土和潮土亚类进行了适当调整（表 4-4）。

表 4-4　江苏省土壤发生分类（1996 年）

土类	亚类
11 粗骨土	11.1 酸性粗骨土、11.2 中性粗骨土、11.3 石灰性粗骨土
12 紫色土	12.1 酸性紫色土、12.2 中性紫色土、12.3 石灰性紫色土
13 暗色土	13.1 暗色土
14 石灰岩土	14.1 红色石灰土、14.2 棕色石灰土、14.3 黑色石灰土
21 红壤	21.1 棕红壤
31 黄棕壤	31.1 黄棕壤性土、31.2 普通黄棕壤
32 黄褐土	32.1 普通黄褐土、32.2 漂白黄褐土、32.3 淋溶黄褐土、32.4 强酸黄褐土、32.5 黄褐土性土
33 棕壤	33.1 普通棕壤、33.2 白浆化棕壤、33.4 潮棕壤
41 褐土	41.1 淋溶褐土、41.2 潮褐土
51 沼泽土	51.1 沼泽土
61 潮土	61.1 黄潮土、61.2 棕潮土、61.3 灰潮土、61.4 脱盐潮土、61.5 盐化潮土、61.6 碱化潮土
62 砂姜黑土	62.1 普通砂姜黑土、62.2 盐化砂姜黑土
71 水稻土	71.1 淹育型水稻土、71.2 渗育型水稻土、71.3 潴育型水稻土、71.4 漂洗型水稻土、71.5 脱潜型水稻土、71.6 潜育性水稻土
81 盐土	81.1 潮盐土、81.2 沼泽盐土、81.3 草甸盐土

4.2　本次土系调查

4.2.1　依托项目

此次，土系调查工作是在国家科技部科技基础性工作专项项目"我国土系调查与《中国土系志》编制"（2008FY110600）的资助下进行的。同时，还结合了其他一些项目的研究成果，主要有中国科学院战略性先导科技专项"华东农田固碳潜力与速率研究"（XDA0505050303），江苏省土壤污染状况调查及污染防治项目"江苏省土壤调查第二阶段背景值对比调查"。

4.2.2　调查方法

本次调查剖面样点的确定主要包括两个方面，首先是根据《江苏土种志》，参考了全省各地级市的土壤志，确定了 173 个区域土壤剖面，这些土壤剖面点的确定，一方面考虑土壤类型和分布面积，另一方面也考虑空间均匀性。其次，选择了几个具有代表性的典型地区进行加密布点，选择的地区包括苏南的环太湖地区、南京周边丘陵区、苏中江淮平原如皋市、苏北徐淮黄泛平原区的沭阳县。共布设 236 个剖面点（图 4-1）。

野外单个土体土壤剖面的挖掘、观察、记录、采样和描述，严格按照中国科学院南京土壤研究所编撰的《野外土壤描述与采样规范》的要求实施。土壤颜色比色依据《中国土壤标准色卡》（中国科学院南京土壤研究所和中国科学院西安光学精密机械研究所，1989）。室内样品处理、土壤化学性质分析则严格按照"土壤调查实验室分析方法"实施，样品分析过程中，为保证分析质量，运用标准物质进行质量控制，保证分析结果的准确性。土壤系统分类高级单元确定依据《中国土壤系统分类检索》（第三版），土族和土系建立依据"中国土壤系统分类土族和土系划分标准"。

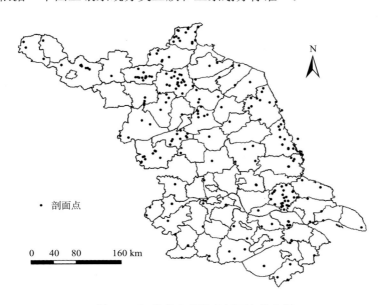

图 4-1 江苏省土系调查剖面点分布图

　　观察记录和分析结果最终录入项目开发的"中国土系调查输入系统"，获得的土壤样品原样均装入塑料瓶中保存，每个剖面均采集了纸盒样，并加以保存，以便室内评土、比土之用。在土系确定过程中，大量参考了各有关县市的第二次土壤普查总结的土壤志中类似的土壤剖面的描述和分析结果。

下篇　区域典型土系

第5章 人 为 土

5.1 铁聚潜育水耕人为土

5.1.1 震泽系（Zhenze Series）

土 族：黏壤质硅质混合型非酸性热性-铁聚潜育水耕人为土

拟定者：黄 标，王 虹

分布与环境条件 分布于苏州吴江市南部地区，属于太湖水网平原区。区域地势平坦，海拔在 2～5 m。气候上属北亚热带湿润季风气候区，年均气温 16℃，无霜期 240～250d 。年均日照时数 2307h，日照百分率 45%。年均降雨量 1000 mm。土壤起源于湖相次生黄土状沉积物母质上，土层深厚。以水稻-小麦轮作一年两熟为主。

震泽系典型景观

土系特征与变幅 诊断层包括水耕表层、水耕氧化还原层、漂白层（E）；诊断特性包括人为滞水土壤水分状况、潜育特征、氧化还原特征、热性土壤温度。该土系土壤在母质形成之后，由于邻近太湖，地形低洼。地下水位较高，形成潜育层。土壤受人为水耕影响后，经历水耕氧化还原过程，逐渐形成水耕人为土。剖面中耕作层和犁底层发育。剖面 45～60 cm 出现漂白层，其质地明显比上覆土壤黏粒含量偏低，为粉砂壤土。整个剖面均发育锈纹锈斑和铁锰斑点，60 cm 以下有≥80%铁锰斑纹，游离铁（Fe_2O_3）含量达 40 g/kg 以上，为表层土壤的 1.5 倍以上。土壤呈酸性-中性，pH 为 4.89～7.61。

对比土系 开拓系，同一土族，但母质为湖相沉积物。

利用性能综述 土壤表层为黏壤土-粉砂质黏壤土，耕性较好。土体中漂白层出现在 45 cm 以下，因此，其对耕作的影响较小。主要问题依然是水气矛盾。人为耕作的熟化，尤其是近年来西瓜的种植，有机肥和化肥投入较大，所以养分积累较多，表土养分含量较高。今后在利用过程中，要注意深耕，提高土壤通透能力，完善排水系统，注意排除滞水。

参比土种　白土心。

代表性单个土体　采自苏州吴江市震泽镇（编号 32-083，野外编号 B83），30°54′49.98″N，120°29′19.8″E，海拔 7.9 m，湖滨低洼平原，成土母质为湖相沉积物。水稻-小麦轮作，当前作物为小麦，近几年开始种植西瓜等经济作物，50 cm 土层年平均温度 17.1℃。野外调查时间 2010 年 4 月。

Ap1：0～9 cm，灰黄棕色（10YR 5/2，干），灰黄棕色（10YR 4/2，湿）；黏壤土，发育强的直径 1～2 mm 团粒状结构，松；5%～15%棕色锈斑，无石灰反应，平直逐渐过渡。

Ap2：9～18 cm，棕灰色（10YR 5/1，干），棕灰色（10YR 4/1，湿）；粉砂质黏壤土，发育强的直径 5～10 mm 块状结构；2%～5%棕色锈斑，无石灰反应，平直明显过渡。

Bg：18～45 cm，棕灰色（10YR 5/1，干），灰黄棕色（10YR 4/2，湿）；粉砂质黏壤土，发育强的直径 5～20 mm 块状结构，稍紧；5%～15%棕色锈斑，无石灰反应，波状逐渐过渡。

E：45～60 cm，灰白色（10YR 7/2，干），灰黄棕色（10YR 5/2，湿）；粉砂壤土，发育强的直径 5～20 mm 块状结构，紧；<2%锈斑，无石灰反应，波状逐渐过渡。

Br：60～100 cm，亮黄棕色（10Y 7/6，干），浊黄棕色（10YR 5/4，湿）；粉砂壤土，发育强的直径 5～20 mm 块状结构，稍紧；≥40%锈纹锈斑，无石灰反应。

震泽系代表性单个土体剖面

震泽系代表性单个土体物理性质

土层	深度 /cm	砾石 (>2 mm，体积分数) /%	细土颗粒组成（粒径：mm）/（g/kg）			质地	容重 /（g/cm³）
			砂粒 2～0.05	粉粒 0.05～0.002	黏粒<0.002		
Ap1	0～9	—	367	332	301	黏壤土	0.62
Ap2	9～18	—	105	608	287	粉砂质黏壤土	0.72
Bg	18～45	—	91	624	285	粉砂质黏壤土	1.20
E	45～60	—	151	574	275	粉砂壤土	1.44
Br	60～100	—	218	532	250	粉砂壤土	1.34

震泽系代表性单个土体化学性质

深度 /cm	pH (H₂O)	有机质 /（g/kg）	全氮(N) /（g/kg）	全磷(P₂O₅) /（g/kg）	全钾(K₂O) /（g/kg）	全铁(Fe₂O₃) /（g/kg）	阳离子交换量 /（cmol/kg）	游离氧化铁 /（g/kg）	有效磷(P) /（mg/kg）	速效钾(K) /（mg/kg）
0～9	4.9	46.7	2.56	0.83	13.3	39.9	17.5	13.2	36.72	108
9～18	5.3	44.3	2.53	0.81	13.4	41.1	17.4	12.2	47.3	104
18～45	6.2	26.8	1.55	0.55	13.9	40.4	14.7	14.9	30.42	86
45～60	7.6	3.0	0.27	0.17	12.6	32.0	10.6	8.2	3.15	48
60～100	7.5	2.0	0.16	0.22	12.4	63.7	7.9	30.5	3.33	30

5.2　普通潜育水耕人为土

5.2.1　东墩系（Dongdun Series）

土　族：黏质伊利石型非酸性热性-普通潜育水耕人为土
拟定者：黄　标，王　虹

分布与环境条件　分布于扬州高邮市中部洪泽湖周边地区。地势很低，地面标高一般在 2～3.3 m，属于里下河平原洼地，地势平坦。气候上属北亚热带湿润季风气候区，年均气温 15℃，无霜期 217d，年均日照时数 2181h，年均降雨量 1030 mm。土壤起源于湖相沉积物。水稻-小麦轮作一年两熟。

东墩系典型景观

土系特征与变幅　诊断层包括水耕表层（Ap1 耕作层，Ap2 犁底层）、水耕氧化还原层；诊断特性包括人为滞水土壤水分状况、潜育特征、氧化还原特征、热性土壤温度。土壤在湖相母质形成之后，经历两个成土过程：首先是由于地势低洼，长期渍水，产生潜育化。然后，受人为耕作影响，长期水旱轮作，导致土壤脱潜，并经历水耕氧化还原过程，最终形成水耕人为土。在水耕表层之下至 60 cm 范围内有 5%～15%铁锰斑纹，22～70 cm 土层有 5%～15%铁锰结核。约 70 cm 以下出现铁聚层，有 15%～40%铁锰结核，游离铁（Fe_2O_3）含量达 22g/kg 以上，为表层游离铁含量的 1.5 倍。犁底层质地为粉砂壤土，其余层质地为粉砂质黏土。土壤呈中性，pH 为 6.51～7.98。

对比土系　开拓系，同一亚类不同土族，颗粒大小级别为黏壤质，矿物学类型为硅质混合型。

利用性能综述　由母质脱沼泽演变而成。土壤水分饱和，易产生水气矛盾。土壤质地黏重，耕作较为困难。尽管近年来通过磷肥施用，耕作层速效磷较高，达 19.58 mg/kg，但犁底层土层速效磷含量仍较低，仅为 3.66 mg/kg。今后在改良利用上，对排水不畅的田块，应加强排灌系统建设，延长回旱时间；增施有机肥，推广秸秆还田，增加土壤通透性；同时还需重视磷肥的施用。

参比土种　青泥土。

东墩系代表性单个土体剖面

代表性单个土体　采自扬州高邮市东墩乡东墩村(编号 32-045，野外编号 B45)，32°50′58.56″N，119°27′6.12″E，海拔 1.9 m，湖滨平原，湖相沉积物，水稻-小麦轮作，当前作物为小麦，50 cm 深度土温 17.2 ℃。野外调查时间 2010 年 4 月。

Ap1：0～10 cm，棕灰色（10YR 4/1，干），灰黄棕色（10YR 5/2，润）；粉砂质黏土，发育中等的直径 1～2 mm 团粒状结构，疏松；5%～15%铁锰斑点，平滑渐变过渡。

Ap2：10～22 cm，灰黄棕色（10YR 5/2，干），黑色（10YR 2/2，润）；粉砂壤土，发育中等的直径 10～20 mm 块状结构，稍坚实；5%～15%铁锰斑块，弱石灰反应，波状明显过渡。

Bg1：22～36 cm，灰黄棕色（10YR 5/2，干），棕灰色（10YR 4/1，润）；粉砂质黏土，发育中等的直径 20～40 mm 块状结构；5%～15%铁锰结核，弱石灰反应，平直明显过渡。

Bg2：36～70 cm，棕灰色（10YR 5/1，干），灰黄棕色（10YR 4/2，润）；粉砂质黏土，块状结构，5%～15%铁锰结核，弱石灰反应，平直明显过渡。

Bg3：70～100 cm，橙白色（10YR 8/2，干），浊黄橙色（10Y 7/2，润）；粉砂质黏土，块状结构，15%～40%铁锰结核。

东墩系代表性单个土体物理性质

土层	深度 /cm	砾石 (>2 mm，体积分数) /%	细土颗粒组成（粒径：mm）/（g/kg）			质地	容重 /（g/cm³）
			砂粒 2～0.05	粉粒 0.05～0.002	黏粒<0.002		
Ap1	0～10	—	53	528	420	粉砂质黏土	1.11
Ap2	10～22	—	67	670	264	粉砂壤土	1.39
Bg1	22～36	—	66	477	457	粉砂质黏土	1.30
Bg2	36～70	—	34	460	506	粉砂质黏土	1.34
Bg3	70～100	—	44	533	423	粉砂质黏土	1.42

东墩系代表性单个土体化学性质

深度 /cm	pH (H₂O)	有机质 /（g/kg）	全氮(N) /（g/kg）	全磷(P₂O₅) /（g/kg）	全钾(K₂O) /（g/kg）	全铁(Fe₂O₃) /（g/kg）	阳离子交换量 /（cmol/kg）	游离氧化铁 /（g/kg）	有效磷(P) /（mg/kg）	速效钾(K) /（mg/kg）
0～10	6.5	35.2	2.50	0.82	14.8	51.8	26.9	12.6	19.58	192
10～22	7.9	18.4	1.29	0.52	15.3	52.0	22.7	14.0	3.66	140
22～36	8.0	19.4	1.32	0.40	15.1	52.0	24.7	15.1	2.49	133
36～70	7.8	20.8	1.30	0.28	14.5	50.0	27.9	12.4	2.18	146
70～100	7.7	6.8	0.44	0.27	13.9	48.3	19.0	22.6	4.54	158

5.2.2　庆洋系（Qingyang Series）

土　族：黏质伊利石混合型非酸性热性-普通潜育水耕人为土
拟定者：雷学成，黄　标，潘剑君

分布与环境条件　主要分布于宿迁市洪泽县的万集、仁和、岔河、朱坝、黄集等镇。属于里下河平原西部碟形边缘的湖荡地区，海拔在8～20 m。气候上属暖温带季风气候区。年均气温14.8℃，无霜期224d，年均日照时数2287.3h，年均降水量906.1 mm。成土母质为黄土性洪冲积物。原生植被全部遭到破坏，现大部分

庆洋系典型景观照

被开垦，农业利用以水稻-小麦轮作为主。

土系特征与变幅　诊断层包括水耕表层、水耕氧化还原层；诊断特性包括人为滞水土壤水分状况、氧化还原特征、潜育特征、热性土壤温度。该土系是在长期人为水旱轮作，经历水耕氧化还原过程形成的水耕人为土。水耕表层之下，潜育特征明显。剖面有2%～15%的铁锰斑纹和2%～15%的灰色胶膜，水耕表层之下还出现一定量的铁锰结核。土壤质地上壤下黏，土体呈微酸性-中性，pH为5.05～7.48。

对比土系　施汤系，位于同一县境内，成土母质、分布地形、土地利用一致，但无潜育层，为简育水耕人为土。

利用性能综述　耕作层熟化程度较高，表层土壤为壤土，耕性较好，但土壤质地偏黏，虽保水保肥能力较强，但如果排水不畅，容易渍涝。利用上要注意健全排涝系统，在旱作时注意排涝。该土壤养分储量较高，只需适量施肥追肥，可保证高产。

参比土种　灰黏黄土。

代表性单个土体　采自淮安市洪泽县东双沟镇庆洋村曹庄组（编号32-250，野外编号32082906），33°10′32.016″N，118°48′8.136″E，海拔10 m，农业利用以水稻-小麦轮作一年两熟为主，当前作物为水稻。50 cm深处土壤温度为17.04℃。野外调查时间2011年11月。

32082906

庆洋系代表性单个土体剖面

Ap1：0～15 cm，灰黄色（2.5Y 6/2，干），暗灰黄色（2.5Y 4/2，润）；黏壤土，发育强的直径2～20 mm团块状结构，坚实；无石灰反应，平滑渐变过渡。

Ap2：15～27 cm，灰黄色（2.5Y 6/2，干），暗灰黄色（2.5Y 4/2，润）；砂质壤土，发育强的直径20～50 mm棱块状结构，坚实；2%～5%铁锰锈纹锈斑，5%～15%灰色胶膜，平滑渐变过渡。

Bg1：27～91 cm，灰橄榄色（5Y 6/2，干），灰橄榄色（5Y 5/2，润）；粉砂质黏土，发育强的直径20～50 mm棱柱状结构，很坚实；5%～15%铁锰锈纹锈斑，5%～15%灰色胶膜，2%～5%铁锰结核出现，平滑渐变过渡。

Bg2：91～115 cm，浊黄色（5Y 7/1，干），灰色（5Y 6/1，润）；粉砂质黏土，发育强的直径20～50 mm棱柱状结构，坚实；5%～15%铁锰锈纹锈斑，2%～5%灰色胶膜及铁锰结核。

庆洋系代表性单个土体物理性质

土层	深度/cm	砾石（>2 mm，体积分数）/%	细土颗粒组成（粒径：mm）/（g/kg）			质地	容重/（g/cm³）
			砂粒 2～0.05	粉粒 0.05～0.002	黏粒<0.002		
Ap1	0～15	—	289	377	333	黏壤土	1.15
Ap2	15～27	—	531	303	166	砂质壤土	1.50
Bg1	27～91	—	161	421	418	粉砂质黏土	1.51
Bg2	91～115	—	126	470	404	粉砂质黏土	1.63

庆洋系代表性单个土体化学性质

深度/cm	pH（H₂O）	有机质/（g/kg）	全氮(N)/（g/kg）	全磷(P₂O₅)/（g/kg）	全钾(K₂O)/（g/kg）	全铁(Fe₂O₃)/（g/kg）	阳离子交换量/（cmol/kg）	游离氧化铁/（g/kg）	有效磷(P)/（mg/kg）	速效钾(K)/（mg/kg）
0～15	5.1	48.1	1.82	2.43	20.7	49.7	27.0	19.2	89.24	199
15～27	5.6	14.8	0.81	0.94	20.5	46.9	29.2	20.6	10.01	152
27～91	7.3	6.4	0.40	0.79	22.2	54.3	9.4	17.2	1.44	152
91～115	7.5	3.4	0.27	0.98	22.9	49.3	30.9	16.8	2.23	149

5.2.3 开拓系（Kaituo Series）

土　　族：黏壤质硅质混合型非酸性热性-普通潜育水耕人为土
拟定者：黄　标，王　虹

分布与环境条件　分布于兴化市南部地区，属于里下河浅洼平原区。气候上属北亚热带湿润季风气候区，年均气温15℃，无霜期 229d，年均降雨量 1000 mm。该地区地形整体属于平原，但相对于里下河平原的东北部地区地势稍低 1.4 m 左右。土壤起源于湖相沉积物上，土层厚度在 1 m 以上。土壤利用多为水稻-小麦（油菜）轮作。

开拓系典型景观

土系特征与变幅　诊断层包括水耕表层、水耕氧化还原层；诊断特性包括人为滞水土壤水分状况、潜育特征、氧化还原特征、热性土壤温度状况。土壤母质长期滞水产生的潜育层，厚度达 50 cm 左右。长期人为水旱水稻-小麦轮作，剖面中耕作层和犁底层发育。土壤母质开始脱潜，经历水耕氧化还原过程，出现铁锰淋移，水耕表层之下至 60 cm 范围内有 5%～15%铁锰斑纹。剖面 80 cm 深度以下，出现 10%左右直径 2～3 cm 的铁锰结核，游离铁（Fe$_2$O$_3$）含量达 25 g/kg。土壤质地通体为粉砂质黏壤，土壤呈中性-弱碱性，pH 为 6.19～8.11。

对比土系　东墩系，同一亚类不同土族，颗粒大小级别为黏质，矿物学类型为伊利石型。震泽系，同一土族，但母质为湖相次生黄土状沉积物。陶庄系，不同亚类，为普通潜育水耕人为土亚类。胡家系，不同土类，位置接近，母质相似，60 cm 以下出现潜育层，为底潜铁渗水耕人为土。

利用性能综述　土壤较黏重，耕性相对较差，同时，水分易饱和，产生水气矛盾。尽管一些地方耕作层速效磷较高，达 13.37 mg/kg，但变异较大，一些剖面速效磷含量仅 6 mg/kg 左右，且犁底层速效磷含量很低，仅 2.3 mg/kg。改良利用上，对排水不畅的田块，应加强排灌系统建设，控制和降低地下水位，延长回旱时间，注意调节土壤水气状况；增施有机肥，推广秸秆还田，增加土壤通透性；同时对缺磷的田块，需要重视磷肥的施用。

参比土种　勤泥土。

代表性单个土体　采自泰州兴化市昭阳镇开拓村（编号 32-044，野外编号 B44），

32°50′2.832″N, 119°48′59.4″E，海拔 1.13 m，平原，湖相沉积物母质，水田，水稻-小麦（油菜）轮作，采样时作物为油菜，50 cm 土层年均温 17.08℃，野外调查时间 2010 年 4 月。

Ap1：0～16 cm，灰黄棕色（10YR 6/2，干），黑棕色（10YR 3/2，润）；粉砂质黏壤土，发育中等的直径 1～2 mm 团粒状结构，疏松，平滑清晰过渡。

Ap2：20～28 cm，棕灰色（10YR 6/1，干），黑棕色（10YR 3/2，润）；粉砂质黏壤土，发育中等的直径 5～10 mm 块状结构，坚实；5%～15%棕色铁锰斑块，平滑渐变过渡。

Bg1：28～53 cm，棕灰色（10YR 5/1，干），棕灰色（10YR 4/1，润）；粉砂质黏壤土，发育中等的直径 20～50 mm 块状结构，坚实；5%～15%棕色铁锰斑块，平滑渐变过渡。

Bg2：53～81 cm，棕灰色（10YR 5/1，干），棕灰色（10YR 4/1，润）；粉砂质黏壤土，发育中等的直径 20～50 mm 块状或棱柱状结构，坚实；5%～15%黏粒胶膜和铁锰斑纹，清晰平直过渡。

开拓系代表性单个土体剖面

Br：81～100 cm，淡灰色（10YR 7/1，干），黄棕色（10YR 5/6，润）；粉砂质黏壤土，发育中等的直径 20～50 mm 块状结构，坚实；15%～40%铁锰斑纹和粒径 2 cm 左右的铁结核。

开拓系代表性单个土体物理性质

土层	深度 /cm	砾石 (>2 mm, 体积分数)/%	细土颗粒组成（粒径: mm）/（g/kg）			质地	容重 /（g/cm³）
			砂粒 2～0.05	粉粒 0.05～0.002	黏粒<0.002		
Ap1	0～16	—	26	660	314	粉砂质黏壤土	1.24
Ap2	16～28	—	36	655	309	粉砂质黏壤土	1.53
Bg1	28～53	—	63	635	303	粉砂质黏壤土	1.36
Bg2	53～81	—	35	625	340	粉砂质黏壤土	1.38
Br	81～100	15	71	589	340	粉砂质黏壤土	1.21

开拓系代表性单个土体化学性质

深度 /cm	pH (H₂O)	有机质 /（g/kg）	全氮(N) /（g/kg）	全磷(P₂O₅) /（g/kg）	全钾(K₂O) /（g/kg）	全铁(Fe₂O₃) /（g/kg）	阳离子交换量 /（cmol/kg）	游离氧化铁 /（g/kg）	有效磷(P) /（mg/kg）	速效钾(K) /（mg/kg）
0～16	6.2	21.9	1.27	0.68	16.1	43.3	18.7	13.3	13.37	94
16～28	7.9	11.7	0.87	0.43	15.4	43.0	17.5	12.8	2.31	—
28～53	7.8	14.2	0.79	0.36	15.0	39.2	18.5	9.4	1.85	106
53～81	7.5	17.9	0.51	0.26	15.0	38.8	20.9	6.8	1.47	132
81～100	7.9	4.2	0.41	0.50	15.5	63.4	15.4	25.0	4.04	166

5.2.4 盛泽系（Shengze Series）

土 族：黏壤质硅质混合型非酸性热性-普通潜育水耕人为土
拟定者：王 虹，黄 标

分布与环境条件 分布于太湖平原苏州吴江市南部地区。海拔在 2～5 m。年均气温 16℃，无霜期 240～250d。年均日照时数 2307h，日照百分率 45%，年均降雨量 1 000 mm。土壤起源于湖相沉积物母质上。农业利用以小麦-水稻轮作为主。

盛泽系典型景观

土系特征与变幅 诊断层包括水耕表层、水耕氧化还原层；诊断特性包括人为滞水土壤水分状况、潜育特征、氧化还原特征、热性土壤温度。该土系土壤在母质形成之后，由于地下水位较高，整个土壤剖面发生潜育化，然后，土壤受人为耕作影响，长期水旱轮作，经历水耕氧化还原过程，最终形成水耕人为土。剖面水耕表层之下至 50 cm 范围内有 2%～5%铁锰斑纹。50 cm 以下有 5%～15%铁锰斑纹，游离铁（Fe_2O_3）含量较上下层稍高。土壤质地为黏壤土-砂质壤土，pH 为 5.67～7.45。

对比土系 陶庄系，同一土族，分布地形部位不同，位于里下河浅洼平原区。

利用性能综述 为圩田逐步脱沼泽演变而成。土壤水分饱和，水气矛盾未解决，耕作困难。今后改良应注意排灌，增施有机肥，推广秸秆还田。

参比土种 青泥土。

代表性单个土体 采自苏州吴江市盛泽镇（编号 32-082，野外编号 B82），30°52′9.112″N，120°38′58.308″E，海拔 5.8 m，地势平坦，母质为湖相沉积物。小麦-水稻水旱轮作。50 cm 土层年平均温度 17.1℃。野外调查时间 2010 年 4 月。

　　Ap1: 0～15 cm，淡灰色（2.5Y 7/1，干），灰色（2.5 Y 4/1，润）；壤土，发育强的直径 2～10 mm 团粒状结构，松；2%～5%锈斑，无石灰反应，不规则清晰过渡。

　　Ap2: 15～22 cm，淡灰色（2.5Y 7/1，干），黄灰色（2.5 Y 4/1，润）；砂质壤土，发育强的直径 2～10 mm 块状结构，紧；2%～5%锈斑，无石灰反应，不规则清晰过渡。

B82

盛泽系代表性单个土体剖面

Bg1：22～40 cm，黄灰色（2.5Y 6/1，干），黑棕色（2.5Y 3/2，润）；砂质壤土，发育强的直径 2～10 mm 块状结构，紧；2%～5% 锈斑，无石灰反应，平直明显过渡。

Bg2：40～50 cm，灰黄色（2.5Y 6/2，干），暗灰黄色（2.5Y 4/2，润）；壤土，发育中等的直径 5～20 mm 块状结构，稍紧；5%～10% 锈斑，无石灰反应，波状清晰过渡。

Bg3：50～80 cm，淡黄色（2.5Y 7/3，干），暗灰黄色（2.5Y 4/2，润）；壤土，发育中等的直径 5～20 mm 块状结构，紧；10%～15% 锈纹锈斑，无石灰反应，平直明显过渡。

Br：80～100 cm，灰黄色（2.5Y 7/2，干），暗灰黄色（2.5Y 4/2，润）；黏壤土，发育中等的直径 5～20 mm 块状结构，紧；5%～10% 锈纹锈斑，无石灰反应。

盛泽系代表性单个土体物理性质

土层	深度 /cm	砾石 (>2 mm，体积分数) /%	细土颗粒组成（粒径：mm）/（g/kg）			质地	容重 /（g/cm³）
			砂粒 2～0.05	粉粒 0.05～0.002	黏粒<0.002		
Ap1	0～15	—	501	296	204	壤土	0.74
Ap2	15～22	—	661	188	152	砂质壤土	1.11
Bg1	22～40	—	796	120	84	砂质壤土	1.43
Bg2	40～50	—	341	407	252	壤土	1.58
Bg3	50～80	—	407	379	214	壤土	1.41
Br	80～100	—	346	343	312	黏壤土	1.62

盛泽系代表性单个土体化学性质

深度 /cm	pH (H₂O)	有机质 /（g/kg）	全氮(N) /（g/kg）	全磷(P₂O₅) /（g/kg）	全钾(K₂O) /（g/kg）	全铁(Fe₂O₃) /（g/kg）	阳离子交换量 /（cmol/kg）	游离氧化铁 /（g/kg）	有效磷(P) /（mg/kg）	速效钾(K) /（mg/kg）
0～15	5.7	37.8	2.02	0.57	16.0	49.8	17.1	16.8	8.61	116
15～22	6.2	35.1	1.90	0.60	15.7	32.1	17.3	11.4	7.32	72
22～40	7.0	15.5	0.98	0.45	16.2	31.6	14.4	11.4	4.18	74
40～50	7.0	6.3	0.39	0.19	15.8	32.6	11.9	10.5	2.48	72
50～80	7.0	4.9	0.47	0.42	18.7	34.2	15.1	15.6	2.74	110
80～100	7.5	4.1	0.58	0.47	19.4	33.6	13.9	14.0	3.22	126

5.2.5　陶庄系（Taozhuang Series）

土　族：黏壤质硅质混合型非酸性热性-普通潜育水耕人为土
拟定者：王　虹，黄　标

分布与环境条件　分布于兴化市东南部地区，属于里下河浅洼平原区。气候上属北亚热带湿润季风气候区，年均气温 15℃，无霜期 229 d，年均太阳辐射总量 119.6kcal/cm²，年均降雨量 1000 mm。土壤起源于湖相沉积物上，土层厚度在 1 m 以上。以水稻-小麦轮作一年两熟为主。

陶庄系典型景观

土系特征与变幅　诊断层包括水耕表层、水耕氧化还原层；诊断特性包括人为滞水土壤水分状况、潜育特征、氧化还原特征、热性土壤温度。剖面中耕作层和犁底层发育。水耕表层之下出现 50 cm 厚的潜育层，有 5%～15%铁锰斑纹。潜育层之下除有 5%～15%铁锰斑纹外，出现了直径在 1～3 cm 左右坚硬铁锰结核。土壤质地通体为粉砂质黏壤，土壤呈中性-弱碱性，pH 为 6.19～8.11。

对比土系　盛泽系，同一土族，分布地形部位不同，位于里太湖平原区。开拓系，不同亚类，剖面底部游离铁含量较高，为铁聚潜育水耕人为土亚类。胡家系，不同土类，位置邻近，母质古沼泽相沉积物，潜育特征出现部位低，为底潜铁渗水耕人为土。

利用性能综述　利用性能与开拓系相似。土壤耕性较差，水分易饱和而产生水气矛盾，速效磷含量低。应加强排灌系统建设，注意调节土壤水气状况；增施有机肥，推广秸秆还田，增加土壤通透性；重视磷肥的施用。

参比土种　勤泥土。

代表性单个土体　采自泰州兴化市陶庄镇潘戴村（编号 32-043，野外编号 B43），32°51′17.388″N，120°8′27.708″E，海拔 1 m，地势平坦，成土母质为湖相沉积物。当前作物为小麦。50 cm 土层年均温度 17.08℃。野外调查时间 2010 年 4 月。

Ap1：0～12 cm，灰黄棕色（10YR 5/2，干），暗棕色（10YR 3/3，湿）；粉砂质黏壤土，发育中等的直径 1～2 mm 团粒状结构，疏松；1%～5%棕色铁锰斑块，无石灰反应，波状明显过渡。

Ap2：12～24 cm，灰黄棕色（10YR 5/2，干），黑棕色（10YR 3/2，湿）；粉砂质黏壤土，发育中等的直径 5～10 mm 块状结构，很紧；5%～10%棕色铁锰斑块，无石灰反应，波状渐变过渡。

Bg：24～74 cm，棕灰色（10YR 5/1，干），棕灰色（10YR 4/1，湿）；粉砂质黏壤土，发育中等的直径 20～50 mm 棱柱状结构，紧；5%～10%直径 2～6 mm 边界扩散的铁锰斑纹，无石灰反应，平直明显过渡。

Br：74～100 cm，棕灰色（10YR 5/1，干），棕灰色（10YR 4/1，湿）；粉砂质黏壤土，发育中等的直径 20～50 mm 块状结构，很紧；5%～15%棕色铁锰斑块，同时，还出现直径在 2～3 cm 左右坚硬铁锰结核，无石灰反应。

陶庄系代表性单个土体剖面

陶庄系代表性单个土体物理性质

土层	深度 /cm	砾石 (>2 mm，体积分数) /%	细土颗粒组成（粒径：mm）/（g/kg）			质地	容重 /（g/cm³）
			砂粒 2～0.05	粉粒 0.05～0.002	黏粒<0.002		
Ap1	0～12	—	66	632	303	粉砂质黏壤土	1.37
Ap2	12～24	—	33	662	306	粉砂质黏壤土	1.57
Bg	24～74	—	32	648	320	粉砂质黏壤土	1.53
Br	74～100	—	48	597	355	粉砂质黏壤土	1.43

陶庄系代表性单个土体化学性质

深度 /cm	pH (H₂O)	有机质 /（g/kg）	全氮(N) /（g/kg）	全磷(P₂O₅) /（g/kg）	全钾(K₂O) /（g/kg）	全铁(Fe₂O₃) /（g/kg）	阳离子交换量 /（cmol/kg）	游离氧化铁 /（g/kg）	有效磷(P) /（mg/kg）	速效钾(K) /（mg/kg）
0～12	6.2	19.3	1.2	0.61	17.1	45.6	16.7	12.0	6.3	116
12～24	7.6	12.4	0.78	0.53	16.9	47.4	15.4	11.4	2.66	114
24～74	8.1	10.1	0.62	0.49	17.0	46.5	15.8	10.9	1.71	152
74～100	7.9	7.2	0.49	0.36	17.8	51.3	15.4	12.3	1.49	168

5.3 漂白铁渗水耕人为土

5.3.1 卜弋系（Boyi Series）

土　族：黏壤质硅质混合型非酸性热性-漂白铁渗水耕人为土
拟定者：黄　标，王　虹

分布与环境条件 分布于常州市武进区中西部。属于太湖平原区。区域地势起伏较小，且海拔较低，在 2～5 m。气候上属北亚热带湿润季风气候区，年均气温 15.6℃，无霜期 230～240d。年均日照时数 1940h，日照百分率 46%。年均降雨量 1053 mm。土壤起源于黄土性潟湖沉积物上，土层深厚。种植小麦-水稻轮作为主。

卜弋系典型景观

土系特征与变幅 诊断层包括水耕表层、漂白层、水耕氧化还原层；诊断特性包括人为滞水土壤水分状况、氧化还原特征、热性土壤温度。该土系土壤在母质形成之后，主要受长期人为水旱轮作影响，形成水耕人为土。剖面耕作层和犁底层发育，其下发育>10 cm 的漂白层，该层黏粒含量明显低于上下土层。通体有直径 6～20 mm 的铁锰斑点，含量在水耕表层约 5%～10%，漂白层 1%～5%，下部氧化还原层较高为 10%～20%。土壤质地为粉砂质黏壤土，土壤呈弱酸性-中性，pH 为 5.35～7.35。

对比土系 滨湖系，不同亚类，水耕表层之下黏粒移动不明显，为铁渗淋亚层，为普通铁渗水耕人为土。甘泉系，不同亚类，亦是发育铁渗淋亚层，为普通铁渗水耕人为土。杏市系，不同亚类，淡色层出现在 60 cm 之下，为普通铁聚水耕人为土。

利用性能综述 土壤耕作层熟化程度较高，犁底层发育。但白土层较为紧实，存在一定滞水，影响通透性；养分含量较好，生产性能较好，保肥性好，水稻、小麦皆宜。利用上主要注意沟渠配套，提高排水能力，配合秸秆还田，提高土壤通透性。

参比土种 黄泥白土。

代表性单个土体 采自常州市武进区卜弋镇（编号 32-066，野外编号 B66），31°46′13.8″N，119°47′17.628″E，海拔 6.2 m，地势平坦，母质为黄土性潟湖沉积物。小麦-水稻水旱轮作。当前无作物生长。50 cm 土层年均温度 17.1℃。野外调查时间 2010 年 4 月。

卜弋系代表性单个土体剖面

Ap1：0～13 cm，灰黄棕色（10YR 5/2，干），暗棕色（10YR 3/3，润）；粉砂质黏壤土，发育强的直径 2～10 mm 团粒状结构，松；5%～10%铁锰斑点，无石灰反应，平直明显过渡。

Ap2：13～25 cm，棕灰色（10YR 6/1，干），棕灰色（10YR 4/1，润）；粉砂质黏壤土，发育中等的直径 5～10 mm 块状结构，紧；5%～10%铁锰斑点，无石灰反应，平直逐渐过渡。

E：25～64 cm，橙白色（10YR 8/2，干），灰黄棕色（10YR 5/2，润）；粉砂质黏壤土，发育中等的直径 5～10 mm 块状结构，紧；1%～5%铁锰斑点，无石灰反应，平直明显过渡。

Br：64～100 cm，浊黄橙色（10YR 6/4，干），浊黄棕色（10YR 5/3，润）；粉砂质黏壤土，发育中等的直径 5～10 mm 块状结构，紧；10%～20%铁锰斑点，无石灰反应。

卜弋系代表性单个土体物理性质

土层	深度 /cm	砾石（>2 mm，体积分数）/%	细土颗粒组成（粒径：mm）/（g/kg）			质地	容重 /（g/cm³）
			砂粒 2～0.05	粉粒 0.05～0.002	黏粒<0.002		
Ap1	0～13	—	71	591	338	粉砂质黏壤土	1.15
Ap2	13～25	—	71	603	326	粉砂质黏壤土	1.23
E	25～64	—	87	626	287	粉砂质黏壤土	1.47
Br	64～100	—	121	562	317	粉砂质黏壤土	1.31

卜弋系代表性单个土体化学性质

深度 /cm	pH (H₂O)	有机质 /(g/kg)	全氮(N) /(g/kg)	全磷(P₂O₅) /(g/kg)	全钾(K₂O) /(g/kg)	全铁(Fe₂O₃) /(g/kg)	阳离子交换量 /(cmol/kg)	游离氧化铁 /(g/kg)	有效磷(P) /(mg/kg)	速效钾(K) /(mg/kg)
0～13	5.4	28.6	1.55	0.70	14.5	41.1	25.6	17.0	26.78	84
13～25	6.4	17.8	1.02	0.45	14.2	43.3	17.8	18.7	8.56	76
25～64	7.4	8.7	0.46	0.24	13.4	33.1	13.8	13.9	3.40	66
64～100	7.3	7.0	0.38	0.42	13.5	33.3	19.6	12.4	11.71	88

5.4　普通铁渗水耕人为土

5.4.1　滨湖系（Binhu Series）

土　族：黏壤质硅质混合型非酸性热性-普通铁渗水耕人为土
拟定者：黄　标，王　虹

分布与环境条件　分布于无锡市滨湖区东部地区。属于太湖平原区，海拔在 2～5 m。太湖滨湖带有一南北向低山分布，最高峰达 230 m。气候上属北亚热带湿润季风气候区，年均气温 15.6℃，无霜期 250～260d。年均日照时数 2039.4h，日照百分率 46%，年均降雨量 1071 mm。土壤起源于黄土性潟湖沉积物上，土层深厚。以小麦-水稻轮作为主。

滨湖系典型景观

土系特征与变幅　诊断层包括水耕表层、铁渗淋亚层、水耕氧化还原层；诊断特性包括人为滞水土壤水分状况、氧化还原特征、热性土壤温度。该土系土壤在母质形成之后，受长期人为水旱轮作，季节性淹水，干湿交替，形成水耕人为土。土壤耕作层中铁锰斑纹较多，甚至出现鳝血斑，犁底层 12～25 cm 有灰色胶膜和铁锰斑纹，有 5%～15% 的结核黏粒胶膜。铁渗过程较为明显，犁底层之下发育铁渗淋亚层，仍见灰色胶膜和铁锰斑纹，但铁锰斑纹明显减少。剖面下部铁聚现象较明显，游离铁（Fe_2O_3）含量达 23 g/kg 以上，为水耕表层的 1.5 倍以上。土壤质地为粉砂质黏壤土，土壤呈酸性-中性，pH 为 4.80～6.97。

对比土系　卜弋系，不同亚类，出现漂白层，底部无铁聚，为漂白铁渗水耕人为土。甘泉系，同一土族，土壤色调不同，为 7.5YR。

利用性能综述　土体深厚，保肥供肥能力强，土壤养分含量较高，但钾素较缺乏，是太湖平原生产性能最好的土壤之一。种植水稻期间，地表水与地下水相连，水分渗透缓慢，有利于保水保肥；种植小麦期间，地下水与地表水脱离，土体呈干燥状态，结构体内外都被空气所占据。是水稻、小麦皆宜的高产土壤。目前应注意钾肥的施用，可通过秸秆还田补充部分钾素。

参比土种　黄松土。

代表性单个土体　采自无锡市滨湖区太湖镇（编号 32-070，野外编号 B70），31°29′33.612″N，120°17′48.588″E，海拔 5.5 m，地势平坦，母质为黄土性潟湖沉积物。小麦-水稻轮作。当前作物为小麦。50 cm 土层年均温度 17.1℃。野外调查时间 2010 年 4 月。

滨湖系代表性单个土体剖面

Ap1：0～12 cm，灰黄棕色（10YR 5/2，干），暗棕色（10YR 3/3，润）；粉砂质黏壤土，发育强的直径5～10 mm 团粒状结构，疏松；15%～20%铁锰斑点，无石灰反应，平直明显过渡。

Ap2：12～25 cm，灰黄棕色（10YR 5/2，干），灰黄棕色（10YR 4/2，湿）；粉砂质黏壤土，发育强的直径5～10 mm块状结构，稍紧；10%～15%铁锰斑点和灰色胶膜，无石灰反应，平直明显过渡。

Br1：25～40 cm，灰黄棕色（10YR 6/2，干），灰黄棕色（10YR 5/2，湿）；粉砂质黏壤土，发育强的直径5～10 mm块状结构，紧；5%～10%铁锰结核和灰色胶膜，无石灰反应，平直明显过渡。

Br2：40～63 cm，灰黄棕色（10YR 6/2，干），灰黄棕色（10YR 5/2，湿）；粉砂质黏壤土，发育强的直径5～10 mm块状结构，紧；10%～15%铁锰结核和灰色胶膜，无石灰反应，平直明显过渡。

Br3：63～100 cm，浊黄橙色（10YR 6/3，干），棕灰色（10YR 5/1，湿）；粉砂质黏壤土，发育强的直径5～10 mm 块状结构，紧；15%～20%铁锰斑点、结核和灰色胶膜，无石灰反应。

滨湖系代表性单个土体物理性质

土层	深度 /cm	砾石（>2 mm，体积分数）/%	细土颗粒组成（粒径：mm）/（g/kg）			质地	容重 /（g/cm³）
			砂粒 2～0.05	粉粒 0.05～0.002	黏粒<0.002		
Ap1	0～12	—	36	631	334	粉砂质黏壤土	1.29
Ap2	12～25	—	20	648	332	粉砂质黏壤土	1.42
Br1	25～40	—	36	639	325	粉砂质黏壤土	1.39
Br2	40～63	—	47	622	332	粉砂质黏壤土	1.40
Br3	63～100	—	47	619	334	粉砂质黏壤土	1.52

滨湖系代表性单个土体化学性质

深度 /cm	pH（H₂O）	有机质 /（g/kg）	全氮(N) /（g/kg）	全磷(P₂O₅) /（g/kg）	全钾(K₂O) /（g/kg）	全铁(Fe₂O₃) /（g/kg）	阳离子交换量 /（cmol/kg）	游离氧化铁 /（g/kg）	有效磷(P) /（mg/kg）	速效钾(K) /（mg/kg）
0～12	5.1	24.9	1.50	0.82	11.9	43.6	20.6	15.7	66.10	68
12～25	4.8	21.7	1.31	0.59	12.6	45.1	20.6	15.1	18.25	54
25～40	6.9	11.7	0.72	0.41	11.8	35.2	18.2	14.4	5.74	70
40～63	7.0	6.3	0.44	0.29	13.9	32.4	23.5	23.0	1.85	94
63～100	7.0	5.0	0.37	0.53	14.3	33.6	19.9	23.8	1.96	78

5.4.2 甘泉系（Ganquan Series）

土　族：黏壤质硅质混合型非酸性热性-普通铁渗水耕人为土
拟定者：黄　标，王　虹

分布与环境条件　分布于扬州市邗江区西北部。属于宁镇扬低山丘陵区与沿江平原区的过渡地带，地势整体平坦。海拔在 15～20 m，相对于沿江平原地势较高。气候上属北亚热带湿润季风气候区，年均气温 14.3℃，无霜期 223d，年均总辐射量 115.6kcal/cm²，年均降雨量 1063 mm。该地区地形整体属于平原，地势平坦。土壤起源于黄土性沉积物上，土层深厚。以水稻-小麦轮作一年两熟为主。

甘泉系典型景观

土系特征与变幅　诊断层包括水耕表层、水耕氧化还原层、铁渗淋亚层；诊断特性包括人为滞水土壤水分状况、氧化还原特征、热性土壤温度。该土系土壤在母质形成之后，受长期水旱轮作，经历水耕氧化还原过程，形成水耕人为土。土壤犁底层相对较薄，之下发育大于 10 cm 的铁渗淋亚层。剖面通体有锈纹锈斑和铁锰胶膜，59 cm 以下>40%，土壤铁聚现象明显，其游离铁（Fe_2O_3）含量达 21 g/kg 以上。土壤质地表层为粉砂壤土，其下为粉砂质黏壤土，35 cm 以下土体结构面见黏粒胶膜，黏粒含量大于表层土壤约 1.2 以上。土壤呈中性，pH 为 6.71～7.57。

对比土系　滨湖系，同一土族，土壤色调不同，为 10YR。

利用性能综述　土壤质地偏黏，耕性稍差，土壤有机质及养分含量低。土体下部有黏粒积聚，可能影响水分渗透。应多施有机肥，种植绿肥，适时耕作，培肥土壤。

参比土种　灰马肝土。

代表性单个土体　采自扬州市邗江区甘泉镇杨寿村（编号 32-052，野外编号 B52），32°31'59.920"N, 119°19'3.180"E，海拔 9.9 m，地势平坦，成土母质为黄土性沉积物。小麦-水稻（油菜）水旱轮作。当前休闲地，无作物。50 cm 土层年均温度 17.08℃。野外调查时间 2010 年 4 月。

甘泉系代表性单个土体剖面

Ap1：0~16 cm，灰棕色（7.5YR 6/2，干），棕色（7.5YR 4/3，润）；粉砂壤土，发育强的直径 5~10 mm 团粒状结构，表层结构松；5%~10%锈纹锈斑，<2%蚯蚓虫穴，无石灰反应，平直明显过渡。

Ap2：16~22 cm，灰黄棕色（7.5YR 6/2，干），棕色（7.5YR 4/3，润）；粉砂壤土，发育强的直径 5~20 mm 块状结构，稍紧；5%~10%锈纹锈斑，无石灰反应，平直明显过渡。

E：22~35 cm，橙白色（7.5Y 8/2，干），灰棕色（7.5YR 6/2，润）；粉砂质黏壤土，发育强的直径 5~10 mm 块状结构，稍紧；1%~5%锈纹锈斑，无石灰反应，平直明显过渡。

Btr1：35~59 cm，浊棕色（7.5YR 6/3，干），浊棕色（7.5YR 5/3 润）；粉砂质黏壤土，发育强的直径 5~10 mm 块状结构，稍紧；10%~20%锈纹锈斑，土体结构面见黏粒和铁锰胶膜，无石灰反应，平直逐渐过渡。

Btr2：59~100 cm，浊橙色（7.5YR 6/4，干），棕色（7.5YR 4/4，润）；粉砂质黏壤土，发育中等的直径 5~10 mm 块状结构，紧；≥40%锈纹锈斑，土体结构面见黏粒和铁锰胶膜，无石灰反应。

甘泉系代表性单个土体物理性质

土层	深度/cm	砾石（>2 mm，体积分数）/%	细土颗粒组成（粒径：mm）/（g/kg）			质地	容重/（g/cm³）
			砂粒 2~0.05	粉粒 0.05~0.002	黏粒<0.002		
Ap1	0~16	—	49	687	264	粉砂壤土	1.38
Ap2	16~22	—	49	687	264	粉砂壤土	1.50
E	22~35	—	107	571	322	粉砂质黏壤土	1.61
Btr1	35~59	—	67	605	328	粉砂质黏壤土	1.61
Btr2	59~100	—	40	614	346	粉砂质黏壤土	1.62

甘泉系代表性单个土体化学性质

深度/cm	pH（H₂O）	有机质/（g/kg）	全氮(N)/（g/kg）	全磷(P₂O₅)/（g/kg）	全钾(K₂O)/（g/kg）	全铁(Fe₂O₃)/（g/kg）	阳离子交换量/（cmol/kg）	游离氧化铁/（g/kg）	有效磷(P)/（mg/kg）	速效钾(K)/（mg/kg）
0~16	6.7	11.7	0.75	0.28	11.8	28.7	12.9	11.3	4.37	78
16~22	6.7	11.7	0.75	0.28	11.8	28.7	12.9	11.3	4.37	78
22~35	7.6	4.3	0.35	0.13	15.1	32.1	13.7	14.0	1.51	86
35~59	7.4	4.5	0.33	0.27	16.1	54.2	17.8	22.1	1.64	124
59~100	7.2	4.2	0.32	0.43	17.0	53.7	17.9	21.5	3.03	122

5.4.3　磨头系（Motou Series）

土　族：壤质云母混合型石灰性热性-普通铁聚水耕人为土
拟定者：黄　标，杜国华

分布与环境条件　分布于如皋市中西部地区。属于长江三角洲平原区的高沙平原。区域地势起伏较小，且海拔较低，为 5～6 m。气候上属北亚热带湿润季风气候区，年均气温 14.6℃，无霜期 216d。10℃的积温 4576℃。年均降雨量 1060 mm。土壤起源于古江淮冲积物母质上，土层深厚。以水稻-小麦轮作一年两熟为主。

磨头系典型景观

土系特征与变幅　诊断层包括水耕表层、水耕氧化还原层；诊断特性包括人为滞水土壤水分状况、氧化还原特征、石灰性、热性土壤温度。发育该土系的江淮冲积物母质为砂黏相间，种植水稻约 30 多年，土体中氧化还原特征已较明显。整个剖面均发育 2%～5% 铁锰锈纹锈斑，但 60 cm 以下游离铁含量相对较高，高于耕作层 1.5 倍，构成铁聚。剖面有一定的石灰淋溶，底部 62～120 cm 有＜2% 石灰结核。从土壤肥力指标看，该土系肥力较低，有机质含量低，氮磷钾养分全量和有效态均极低。土壤质地通体粉砂壤质，但水耕表层土壤黏粒含量仅 30 g/kg 左右，明显低于下部土层的 130 g/kg 左右的含量，土体呈中性-微碱性，pH 为 7.39～8.26，石灰反应自上而下越来越强。

对比土系　下原系，不同土类，剖面下部无铁聚，为简育水耕人为土。

利用性能综述　土壤疏松易耕，土体构造差，漏水漏肥严重。下雨或灌溉后易淀浆板结，土壤水、气不易调节。改良这种土壤需增施有机肥，坚持种植绿肥，秸秆还田和水旱轮作相结合，逐年培肥耕作层；管理过程中，氮肥施用宜少施多次。注意补充磷钾养分。

参比土种　薄层高砂土。

代表性单个土体　采自南通如皋市吴窑镇老庄村（编号 32-096，野外编号 S-121），32°14′25.548″N，120°39′33.408″E。海拔 4 m。当前作物为水稻。50 cm 土层年均温度 17.5℃。野外调查时间 2011 年 12 月。

Ap1：0～12 cm，灰棕色（2.5Y 6/2，干），黑棕色（2.5Y 3/2，湿）；粉砂壤土，发育强的直径 2～10 mm 粒状结构，疏松；仅根孔见锈纹锈斑，弱石灰反应，清晰平滑过渡。

Ap2：12～25 cm，灰黄棕色（2.5Y 7/2，干），灰黄棕色（2.5YR 5/2，湿）；粉砂壤土，发育弱的直径 2～20 mm 块状结构，稍紧实；少量锈纹锈斑，弱石灰反应，清晰平滑过渡。

Br1：25～40 cm，灰黄色（2.5Y 7/2，干），灰黄棕色（2.5YR 5/2，湿）；粉砂壤土，发育弱的直径 10～50 mm 块状结构，稍紧实；2%～5%锈纹锈斑，弱石灰反应，清晰平滑过渡。

Br2：40～62 cm，灰黄色（2.5Y 7/2，干），暗灰黄色（2.5Y 5/2，湿）；粉砂壤土，弱块状结构，松散，2%～5%锈纹锈斑，强石灰反应，清晰平滑过渡。

Br3：62～120 cm，灰黄色（2.5Y 7/2，干），灰黄色（2.5Y 5/2，湿）；粉砂壤土，粒状结构，松散；<2%石灰结核，2%～5%锈纹锈斑，强石灰反应。

磨头系代表性单个土体剖面

磨头系代表性单个土体物理性质

土层	深度 /cm	砾石（>2 mm，体积分数）/%	细土颗粒组成（粒径：mm）/（g/kg）			质地	容重 /（g/cm³）
			砂粒 2～0.05	粉粒 0.05～0.002	黏粒<0.002		
Ap1	0～12	—	343	628	29	粉砂壤土	1.37
Ap2	12～25	—	432	540	28	粉砂壤土	1.49
Br1	25～40	—	270	585	145	粉砂壤土	1.51
Br2	40～62	—	277	584	139	粉砂壤土	1.48
Br3	62～120	—	231	665	105	粉砂壤土	1.43

磨头系代表性单个土体化学性质

深度 /cm	pH (H₂O)	有机质 /(g/kg)	全氮(N) /(g/kg)	全磷(P₂O₅) /(g/kg)	全钾(K₂O) /(g/kg)	全铁(Fe₂O₃) /(g/kg)	阳离子交换量 /(cmol/kg)	游离氧化铁 /(g/kg)	有效磷(P) /(mg/kg)	速效钾(K) /(mg/kg)
0～10	7.4	17.1	1.13	1.00	16.2	26.2	9.4	6.4	13.10	24
12～25	7.7	10.2	0.70	0.79	16.2	29.5	8.2	6.4	4.94	38
25～40	8.0	6.4	0.49	0.72	16.2	27.6	6.9	7.3	4.10	24
40～62	8.3	3.9	0.28	0.61	16.3	27.8	5.7	6.4	2.94	24
62～120	7.9	3.4	0.24	0.55	17.3	35.1	6.3	11.0	2.49	22

5.5 底潜铁聚水耕人为土

5.5.1 花桥系（Huaqiao Series）

土 族：黏壤质云母混
合型非酸性热性-底潜
铁聚水耕人为土

拟定者：王 虹，黄 标

分布与环境条件 分布
于苏州市昆山市东部，
属于太湖平原区。海拔
较低，在 2～5 m。气候
上属北亚热带湿润季风
气候区，年均气温 16.1℃，
无霜期 240～250d。年均
日照时数 2307h，日照百
分率 45%。年均降雨量

花桥系典型景观

1133 mm。土壤起源于湖相沉积物母质上，土层深厚。以水稻-小麦轮作为主。
土系特征与变幅 诊断层包括水耕表层、水耕氧化还原层；诊断特性包括人为滞水土壤
水分状况、氧化还原特征、潜育特征、热性土壤温度。该土系土壤在母质形成之后，早
期由于地下水位较高，在土壤剖面的底部发生潜育化，土壤受人为长期水旱轮作，形成
水耕人为土。剖面中耕作层、犁底层和水耕氧化还原层发育。整个剖面均发育有铁锰锈
纹锈斑，在下部 48 cm 以下铁锰斑纹和结核明显增加，达 15%～40%，游离铁（Fe_2O_3）
含量均在 23 g/kg 以上，为表层土壤的 1.5 倍以上；70 cm 以下，游离铁（Fe_2O_3）含量特
别高，达 40 g/kg 以上。土壤质地表层为粉砂质黏土，其余均为粉砂壤土。土壤呈中性-
微碱性，pH 为 6.17～8.21。
对比土系 莘庄系，不同土类，分布位置邻近，所处位置地势相对要高些，底部无明显
氧化铁聚集，为简育水耕人为土。
利用性能综述 土壤表层较黏，耕性稍差，但保水保肥能力强。土壤有机质和全氮含量
较高，尽管剖面下部磷钾速效养分较高，但表层较缺乏。考虑到剖面底部仍有滞水，
今后利用和培肥中，要注意提高农田基本建设标准，增加土壤内排水能力，合理配施
磷钾肥。
参比土种 乌黄泥土。
代表性单个土体 采自苏州昆山市花桥镇（编号 32-076，野外编号 B76），31°17′8.46″N，
121°4′39.06″E，海拔 3 m，地势略起伏，母质为湖相沉积物。小麦-水稻水旱轮作。当前
作物为小麦。50 cm 土层年均温度 17.1℃。野外调查时间 2010 年 4 月。

花桥系代表性单个土体剖面

Ap1：0～18 cm，灰黄色（2.5Y 6/2，干），暗灰黄色（2.5Y 5/2，润）；粉砂质黏土，发育强的直径 2～10 mm 粒状结构，松；20～50 条/cm² 直径 0.5～2 mm 禾本科细根，<2% 蚯蚓孔隙，2%～5% 锈纹锈斑和铁锰结核，无石灰反应，波状明显过渡。

Ap2：18～29 cm，灰黄色（2.5Y 6/2，干），暗灰黄色（2.5Y 4/2，润）；粉砂壤土，发育强的直径 5～20 mm 块状结构，稍紧；1～20 条/cm² 直径 0.5～2 mm 禾本科细根，<2% 蚯蚓孔隙，5%～15% 锈纹锈斑和铁锰结核，无石灰反应，平直明显过渡。

Br1：29～48 cm，灰黄色（2.5Y 6/2，干），暗灰黄色（2.5Y 5/2，润）；粉砂壤土，发育强的直径 5～20 mm 块状结构，稍紧；1～20 条/cm² 直径 0.5～2 mm 禾本科细根，2%～5% 锈纹锈斑和铁锰结核，无石灰反应，平直逐渐过渡。

Br2：48～71 cm，灰黄色（2.5Y 7/2，干），黄棕色（2.5Y 5/3，润）；粉砂壤土，发育强的直径 10～50 mm 棱柱状结构，稍紧；15%～40% 锈纹锈斑和铁锰结核，5%～15% 贝壳、木炭，无石灰反应，舌状逐渐过渡。

Bg：71～100 cm，灰黄色（2.5Y 7/2，干），黄灰色（2.5Y 5/1，润）；粉砂壤土，发育强的直径 20～100 mm 棱柱状结构，紧；15%～40% 锈纹锈斑和铁锰结核，无石灰反应。

花桥系代表性单个土体物理性质

土层	深度 /cm	砾石 (>2 mm，体积分数)/%	细土颗粒组成（粒径：mm）/（g/kg）			质地	容重 /（g/cm³）
			砂粒 2～0.05	粉粒 0.05～0.002	黏粒<0.002		
Ap1	0～18	—	75	517	409	粉砂质黏土	0.82
Ap2	18～29	—	58	677	266	粉砂壤土	1.08
Br1	29～48	—	56	705	239	粉砂壤土	1.38
Br2	48～71	—	122	645	233	粉砂壤土	1.49
Bg	71～100	—	49	735	216	粉砂壤土	1.34

花桥系代表性单个土体化学性质

深度 /cm	pH (H₂O)	有机质 /（g/kg）	全氮(N) /（g/kg）	全磷(P₂O₅) /（g/kg）	全钾(K₂O) /（g/kg）	全铁(Fe₂O₃) /（g/kg）	阳离子交换量 /（cmol/kg）	游离氧化铁 /（g/kg）	有效磷(P) /（mg/kg）	速效钾(K) /（mg/kg）
0～18	6.2	37.6	2.21	0.71	16.9	44.4	16.4	14.8	4.97	64
18～29	7.3	27.4	1.75	0.71	17.4	44.5	15.6	15.1	5.51	64
29～48	8.2	11.0	0.79	0.59	18.1	44.7	13.0	13.5	8.80	82
48～71	7.8	8.5	0.63	0.40	19.6	57.7	14.6	23.2	3.23	106
71～100	7.7	10.2	0.64	0.53	20.7	80.1	18.6	40.8	8.36	152

5.6 普通铁聚水耕人为土

5.6.1 后港系（Hougang Series）

土　族：黏质伊利石混合型非酸性热性-普通铁聚水耕人为土
拟定者：雷学成，王培燕，黄　标

分布与环境条件　分布于淮安市盱眙县西部，属于里下河浅洼平原区，在张八岭北部低山丘陵缓岗区，地理位置较低的地方，区域地势有一定起伏，海拔 20～50 m。气候上属北亚热带湿润季风气候区，年均气温 14.7℃，无霜期 219 d，年均总辐射量 114.67kcal/cm²，年均降雨量 981.5 mm。土壤起源于湖相沉积物上，土层深厚。以水稻-小麦轮作一年两熟为主。

后港系典型景观

土系特征与变幅　诊断层包括水耕表层、水耕氧化还原层；诊断特性包括人为滞水土壤水分状况、氧化还原特征、热性土壤温度。该土系在湖积物母质上，受长期人为水旱轮作，经历水耕氧化还原过程，形成水耕人为土。整个剖面均有 2%～40%铁锰斑纹发育，游离铁含量较高，铁的移动现象较强烈。剖面 29 cm 以下铁锰斑纹较多，为 15%～40%，游离铁含量达水耕表层的 1.8 倍。土壤质地通体为黏土。17～29 cm 以下有 2%～5%灰色胶膜，29～79 cm 胶膜达 15%～40%。土壤呈中性，pH 为 6.80～6.99。

对比土系　后花系，同一土族，分布地势较低。土壤相对偏壤，出现黏壤土。同时剖面中铁聚层偏浅，深度在 50 cm 以上。

利用性能综述　土壤土层深厚，质地黏重，耕性差，通气透水性不强。但土壤肥力较高，有机质和有效钾含量较高，且保水保肥能力强。农业利用上要注意深耕和排水降渍，防止渍害。还可通过增施有机肥和秸秆还田提高土壤通透性，另一方面也培肥土壤。

参比土种　黄乌土。

代表性单个土体　采自淮安市盱眙县河桥镇后港村中心组（编号 32-253，野外编号 32083001），32°55′10.02″N，118°20′56.04″E。海拔 15 m。母质为湖相沉积物，小麦-水稻水旱轮作。当前作物为小麦。50 cm 土层年均温度 16.9℃。野外调查时间 2010 年 3 月。

后港系代表性单个土体剖面

Ap1：0～17 cm，棕灰色（10YR 6/1，干），棕灰色（10YR 5/1，润）；黏土，稍干，发育强的直径 1～2 mm 团粒状结构，疏松；无石灰反应，波状渐变过渡。

Ap2：17～25 cm，灰黄棕色（10YR 4/2，干），灰黄棕色（10YR 4/2，润）；黏土，稍润，发育强的直径 5～10 mm 片状结构，稍紧；2%～5%铁锰锈纹锈斑，2%～5%灰色胶膜，<2%土壤动物蚯蚓，无石灰反应，波状渐变过渡。

Br1：25～51 cm，灰黄棕色（10YR 4/2，干），灰黄棕色（10YR 4/2，润）；黏土，潮，发育强的直径 10～20 mm 棱块状结构，坚实；15%～40%铁锰锈纹锈斑，15%～40%灰色胶膜，无石灰反应，平滑渐变过渡。

Br2：51～79 cm，浊黄棕色（10YR 4/3，干），浊黄棕色（10YR 4/3，润）；黏土，潮，发育强的直径 10～20 mm 棱块状结构，坚实；15%～40%铁锰锈纹锈斑，15%～40%黏粒胶膜，无石灰反应，突然波状渐变过渡。

Br3：79～93 cm，灰黄棕色（10YR 5/2，干），灰黄棕色（10YR 4/2，润）；黏土，潮，发育强的直径 10～20 mm 块状结构，坚实；5%～15%黏粒胶膜，无石灰反应。

后港系代表性单个土体物理性质

土层	深度 /cm	砾石 (>2 mm，体积分数) /%	细土颗粒组成（粒径：mm）/（g/kg）			质地	容重 /（g/cm³）
			砂粒 2～0.05	粉粒 0.05～0.002	黏粒<0.002		
Ap1	0～17	—	308	249	444	黏土	0.99
Ap2	17～25	—	34	409	557	黏土	1.46
Br1	25～51	—	93	302	606	黏土	1.55
Br2	51～79	—	139	261	599	黏土	1.57
Br3	79～93	—	174	345	481	黏土	1.60

后港系代表性单个土体化学性质

深度 /cm	pH (H₂O)	有机质 /(g/kg)	全氮(N) /(g/kg)	全磷(P₂O₅) /(g/kg)	全钾(K₂O) /(g/kg)	全铁(Fe₂O₃) /(g/kg)	阳离子交换量 /(cmol/kg)	游离氧化铁 /(g/kg)	有效磷(P) /(mg/kg)	速效钾(K) /(mg/kg)
0～17	6.8	42.7	1.92	1.91	16.1	75.5	41.9	20.2	27.29	183
17～25	6.9	13.6	0.47	1.15	15.9	91.9	31.9	19.0	12.16	165
25～51	6.9	8.4	0.60	0.90	12.4	69.9	50.7	28.0	6.65	144
51～79	7.0	7.0	0.42	0.86	18.2	96.8	57.6	37.2	4.67	177
79～93	7.0	5.2	0.30	0.70	18.8	77.1	39.4	25.0	3.48	134

5.6.2 后花系（Houhua Series）

土 族：黏质伊利石混合型非酸性热性-普通铁聚水耕人为土
拟定者：潘剑君，黄 标

分布与环境条件 分布于宿迁市洪泽县的万集、仁和、岔河、朱坝、黄集等镇。属于里下河平原西部碟形边缘的湖荡地区，地势平坦低洼，海拔在 8～14 m。气候上属暖温带季风气候区。年均气温 14.8℃，无霜期 224d。年均日照时数 2287.3h，年均降水量 906.1 mm。成土母质为湖相沉积物。已被开垦为农田，以水稻-小麦轮作为主。

后花系典型景观

土系特征与变幅 诊断层包括水耕表层、水耕氧化还原层；诊断特性包括人为滞水土壤水分状况、氧化还原特征、热性土壤温度。该土系土壤在母质形成之后，主要受长期人为水旱轮作，经历水耕氧化还原过程，形成水耕人为土。整个剖面均发育 2%～40%铁锰锈纹锈斑，在水耕表层之下，游离铁含量较高，达到耕作层的 1.6 倍以上。土壤呈中性，pH 为 6.84～7.23。

对比土系 后港系，同一土族，土壤质地更为黏重，分布位置更接近山前。此外，铁聚层偏低，出现在 50 cm 深度以下。望直港系，同一亚类不同土族，颗粒级别大小为壤质，矿物学类型为硅质混合型。潘庄系，不同土类，分布位置邻近，母质不同，为黄土性冲积物。

利用性能综述 土壤质地偏黏，耕性稍差，但耕作层熟化程度较高。同时，保水保肥能力较强，土壤养分储量也较高。管理上应加强深耕，注意排水；为完全满足农作物高产需要，仍需在农作物生长初期补充养分及有机肥，后期适量追肥。

参比土种 黄乌土。

代表性单个土体 采自淮安市洪泽县岔河镇荡朱村后花组（剖面 32-245，野外编号 32082901），33°17′41.07″N，119°02′35.04″E，海拔 6.2 m，成土母质为湖相沉积物。农业利用以水稻-小麦轮作为主，一年两熟。当前作物为小麦。20 cm 深处土壤温度为 17.04℃。野外调查时间 2010 年 11 月。

后花系代表性单个土体剖面

Ap1：0～15 cm，暗灰黄色（2.5Y 4/2，干），黑棕色（2.5Y 3/2，润）；黏土，发育弱的直径1～5 mm团粒状结构，疏松；<2%田螺等侵入体，无石灰反应，平滑明显过渡。

Ap2：15～27 cm，浊黄橙色（2.5Y 5/2，干），暗灰黄色（2.5Y 4/2，润）；黏壤土，发育强的直径10～50 mm棱块状结构，坚实；无石灰反应，平滑明显过渡。

Br1：27～51 cm，浊黄橙色（2.5Y 6/2，干），暗灰黄色（2.5Y 4/2，润）；黏土，发育强的直径10～50 mm棱块状结构，很坚实；15%～40%铁锰锈纹锈斑，无石灰反应，平滑明显过渡。

Br2：51～115 cm，灰黄色（2.5Y 6/3，干），暗灰黄色（2.5Y 5/2，润）；粉砂质黏土，发育强的直径10～50 mm棱块状结构，很坚实；2%～5%铁锰锈纹锈斑出现，无石灰反应。

后花系代表性单个土体物理性质

土层	深度 /cm	砾石 (>2 mm，体积分数) /%	细土颗粒组成（粒径：mm）/（g/kg）			质地	容重 /（g/cm³）
			砂粒 2～0.05	粉粒 0.05～0.002	黏粒 <0.002		
Ap1	0～15	—	320	265	415	黏土	1.21
Ap2	15～27	—	338	264	398	黏壤土	1.40
Br1	27～51	—	294	263	443	黏土	1.32
Br2	51～115	—	123	441	435	粉砂质黏土	1.34

后花系代表性单个土体化学性质

深度 /cm	pH (H₂O)	有机质 /(g/kg)	全氮(N) /(g/kg)	全磷(P₂O₅) /(g/kg)	全钾(K₂O) /(g/kg)	全铁(Fe₂O₃) /(g/kg)	阳离子交换量 /(cmol/kg)	游离氧化铁 /(g/kg)	有效磷(P) /(mg/kg)	速效钾(K) /(mg/kg)
0～15	6.8	28.4	1.52	1.20	19.3	54.9	28.4	11.7	12.32	120
15～27	7.0	22.1	1.06	0.79	19.2	52.6	23.3	12.4	5.24	122
27～51	7.1	10.4	0.58	0.63	19.9	62.2	26.9	18.9	5.29	140
51～115	7.1	5.4	0.02	0.49	22.4	64.1	29.1	15.2	44.88	144

5.6.3　杨集系（Yangji Series）

土　族：黏质伊利石混合型石灰性温性-普通铁聚水耕人为土
拟定者：雷学成，黄　标，潘剑君

分布与环境条件　分布于宿迁市泗阳县的爱园、穿城、三庄、黄圩、裴圩、高渡、新袁、李庄、卢集、城厢、郑楼、临河等十三个乡镇。属于徐淮黄泛平原区。区域地形平坦，海拔为十几米到三十多米。气候上属暖温带季风性气候区，年均气温 14.1℃。无霜期 208d，年均总辐射量 114.04kcal/cm²，年均降雨量 898.8 mm。土壤起源于冲积物母质上，土层深

杨集系典型景观

厚。土壤利用以水稻/玉米-小麦轮作，一年两熟为主。

土系特征与变幅　诊断层包括水耕表层、水耕氧化还原层；诊断特性包括人为滞水土壤水分状况、氧化还原特征、温性土壤温度。该土系土壤为长期人为水旱轮作条件下，经历水耕氧化还原过程，形成的水耕人为土。剖面 30 cm 以下有 5%～15%直径＜2 mm 锈纹锈斑和铁锰斑点，出现铁聚现象。表层 0～30 cm 处土壤质地较砂，其余均较黏，为黏壤土，土体呈中性-微碱性，pH 为 7.68～8.31。

对比土系　谢荡系，土类不同，分布地形部位相似，剖面相似，表层土壤偏壤，无铁聚现象。

利用性能综述　分布在黄泛地势低洼区，表层土壤质地偏砂，耕性较好，下部黏重，适宜水田，水旱轮作时，是高产土壤。表层土壤速效钾较低，利用过程中但要注意补钾。

参比土种　淤土。

代表性单个土体　采自宿迁市泗阳县众兴镇杨集村（编号 32-290，野外编号 32132303），33°41′41.00″N，118°37′37.05″E，海拔 14 m。当前作物为水稻。50 cm 土层年均温度 15.3℃。野外调查时间 2011 年 11 月。

　　　　Ap1：　0～18 cm，淡棕灰色（7.5YR 7/2，干），暗棕色（7.5YR 4/2，润）；粉砂壤土，发育强的直径 10～30 mm 团块状结构，极强石灰反应，清晰波状过渡。

Ap2：18～30 cm，浊橙色（7.5YR 7/3，干），灰棕色（7.5YR 4/3，润）；壤质砂土，块状结构，很坚实；极强石灰反应，清晰平滑过渡。

Br1：30～60 cm，浊橙色（7.5YR 7/3，干），棕色（7.5YR 4/4，润）；粉砂质黏壤土，发育中等的直径 20～50 mm 棱块状结构，很坚实；结构体内有 5%～15%直径＜2 mm 的铁锰斑纹，斑纹边界清楚，结构面上有 5%～15%灰色胶膜，极强石灰反应，清晰平滑过渡。

Br2：60～90 cm，浊橙色（7.5YR 7/3，干），棕色（7.5YR 4/4，润）；粉砂质黏壤土，发育中等的直径 20～50 mm 棱块状结构，紧实；结构体内有 5%～15%直径＜2 mm 的铁锰斑纹，结构面有灰色胶膜，极强石灰反应，清晰平滑过渡。

Br3：90～100 cm，浊橙色（7.5YR 7/3，干），棕色（7.5YR 4/4，润），湿；粉砂质黏壤土，发育中等的直径 20～50 mm 棱块状结构，紧实；结构体内有 5%～15%直径＜2 mm 的铁锰斑纹，极强石灰反应。

杨集系代表性单个土体剖面

杨集系代表性单个土体物理性质

土层	深度 /cm	砾石（>2 mm，体积分数）/%	细土颗粒组成（粒径：mm）/（g/kg）			质地	容重 /（g/cm³）
			砂粒 2～0.05	粉粒 0.05～0.002	黏粒<0.002		
Ap1	0～18	—	152	581	267	粉砂壤土	1.30
Ap2	18～30	—	717	181	102	壤质砂土	1.63
Br1	30～60	—	82	537	381	粉砂质黏壤土	1.40
Br2	60～90	—	75	529	396	粉砂质黏壤土	1.58
Br3	90～100	—	80	557	363	粉砂质黏壤土	1.61

杨集系代表性单个土体化学性质

深度 /cm	pH (H₂O)	有机质 /（g/kg）	全氮(N) /（g/kg）	全磷(P₂O₅) /（g/kg）	全钾(K₂O) /（g/kg）	全铁(Fe₂O₃) /（g/kg）	阳离子交换量 /（cmol/kg）	游离氧化铁 /（g/kg）	有效磷(P) /（mg/kg）	速效钾(K) /（mg/kg）
0～18	8.3	23.1	0.90	2.10	17.3	44.3	9.7	9.0	23.63	92
18～30	8.1	3.2	0.13	0.73	17.7	23.0	2.8	4.4	2.53	36
30～60	7.7	8.3	0.49	1.27	20.7	51.7	9.5	11.7	1.96	105
60～90	8.1	6.7	0.33	1.23	22.4	52.9	9.8	16.8	3.08	122
90～100	8.1	4.7	0.32	1.25	21.6	47.7	8.5	11.1	5.98	117

5.6.4 荆心系（Jingxin Series）

土　族：黏壤质云母混合型非酸性热性-普通铁聚水耕人为土
拟定者：王　虹，黄　标

分布与环境条件　分布于无锡市滨湖区东部。在土壤区划上，属于太湖平原区。区域地势起伏较小，且海拔较低，在 2～5 m。气候上属北亚热带湿润季风气候区，年均气温 15.6℃，无霜期 230～240d。年均日照时数 2039.4h，日照百分率 46%。年均降雨量 1071 mm。土壤起源于黄土性潟湖沉积物母质上，土层深厚。该土系上自然植被已不多见，以水稻-小麦轮作一年两熟为主。

荆心系典型景观

土系特征与变幅　诊断层包括水耕表层、水耕氧化还原层；诊断特性包括人为滞水土壤水分状况、氧化还原特征、热性土壤温度。该土系起源于湖积物母质上，受人为水耕耕作影响，经历水耕氧化还原过程，使得剖面氧化还原特征明显，剖面上部发育 2%～5% 铁锰锈纹锈斑，60 cm 以下达到 15%～40%，游离铁含量较高，出现铁聚层，高于表层的 1.5 倍。上部块状结构，下部发育棱柱状结构，结构体表面有灰色胶膜。土壤质地表层为粉壤土，其下均为黏壤土，60 cm 以下为壤土。土壤呈酸性-中性，pH 为 4.85～7.44。

对比土系　青阳系，同一亚类不同土族，矿物学类型为硅质混合型，铁聚层在 60 cm 以上出现，土壤质地通体为粉砂质黏壤土。双塘系，同一亚类不同土族，矿物学类型为硅质混合型，通体以粉砂质壤土为主。

利用性能综述　土体深厚，耕作层粉粒含量高，尽管利于耕作，但易淀浆，影响插秧。中部质地较黏，下部质地较松，利于稻季保水保肥，麦季爽水。是稻麦皆宜的较高产土壤。土壤钾素供应不足。利用中一方面注意麦季排水，另一方面注意土壤钾素补充。

参比土种　黄泥土。

代表性单个土体　采自无锡市滨湖区梅村镇荆心村（编号 32-072，野外编号 B72），31°32′54.89″N，120°24′7.02″E。海拔 6.8 m。历史上一直为小麦-水稻水旱轮作。当前为休闲地。50 cm 土层年均温度 17.1℃。野外调查时间 2010 年 4 月。

Ap1：0～13 cm，浊黄橙色（10YR 7/2 ，干），灰黄棕色（10YR 4/2，湿）；粉壤土，发育强的直径 5～10 mm 团粒状结构，疏松；5%～15%锈纹锈斑，无石灰反应，平直明显过渡。

Ap2：13～24 cn，灰黄棕色（10YR 6/2，干），灰黄棕色（10YR 5/2，湿）；黏壤土，发育强的直径 10～50 mm 块状结构，紧；5%～15%锈纹锈斑，无石灰反应，平直明显过渡。

Br1：24～32 cm，灰黄棕色（10YR 6/2，干），灰黄棕色（10YR 5/2，湿）；黏壤土，发育强的直径 10～50 mm 块状结构，稍紧；2%～5%锈纹锈斑，无石灰反应，平直明显过渡。

Br2：32～60 cm，棕灰色（10YR 6/1，干），灰黄棕色（10YR 5/2，湿）；黏壤土，发育中等的直径 20～100 mm 棱柱状结构，稍紧；2%～5%锈纹锈斑，无石灰反应，平直明显过渡。

Br3：60～100 cm，浊黄橙色（10YR 6/3，干），浊黄棕色（10YR 5/3，湿）；壤土，发育中等的直径 20～100 mm 棱柱状结构，紧；15%～40%锈纹锈斑和铁锰结核，无石灰反应。

荆心系代表性单个土体剖面

荆心系代表性单个土体物理性质

土层	深度 /cm	砾石 (>2 mm，体积分数) /%	细土颗粒组成（粒径：mm）/ (g/kg)			质地	容重 / (g/cm³)
			砂粒 2～0.05	粉粒 0.05～0.002	黏粒 <0.002		
Ap1	0～13	—	87	767	147	粉壤土	1.29
Ap2	13～24	—	257	348	395	黏壤土	1.33
Br1	24～32	—	218	511	270	黏壤土	1.38
Br2	32～60	—	226	476	298	黏壤土	1.40
Br3	60～100	—	490	370	140	壤土	1.43

荆心系代表性单个土体化学性质

深度 /cm	pH (H₂O)	有机质 / (g/kg)	全氮(N) / (g/kg)	全磷(P₂O₅) / (g/kg)	全钾(K₂O) / (g/kg)	全铁(Fe₂O₃) / (g/kg)	阳离子交换量 / (cmol/kg)	游离氧化铁 / (g/kg)	有效磷(P) / (mg/kg)	速效钾(K) / (mg/kg)
0～13	4.9	22.9	1.26	0.47	12.0	37.0	17.0	14.7	8.69	56
13～24	5.6	20.1	1.23	0.45	12.2	37.8	16.8	15.4	5.95	60
24～32	7.1	12.6	0.84	0.42	12.5	39.3	15.9	18.0	4.93	58
32～60	7.4	6.2	0.44	0.21	11.9	38.9	19.7	18.2	1.91	76
60～100	7.4	6.2	0.45	0.34	14.3	53.0	21.0	23.5	1.39	72

5.6.5 青阳系（Qingyang Series）

土　　族：黏壤质硅质混合物型非酸性热性-普通铁聚水耕人为土
拟定者：王　虹，黄　标

分布与环境条件　分布于
无锡江阴市西南部。属于
太湖平原区。区域地势起
伏较小，且海拔较低，在
2~5 m。气候上属北亚热
带湿润季风气候区，年均
气温 15.6℃，无霜期 230~
240d 。 年 均 日 照 时 数
2039.4h，日照百分率 46%。
年均降雨量 1071 mm。土
壤起源于黄土性潟湖沉积
物上，土层深厚。以水稻-
小麦轮作为主。

青阳系典型景观

土系特征与变幅　诊断层包括水耕表层、水耕氧化还原层；诊断特性包括人为滞水土壤
水分状况、氧化还原特征、热性土壤温度。该土系起源于黄土性潟湖相沉积物上，受人
为长期水旱轮作，形成水耕人为土。土体上下质地均一，黏粒含量较高。土体下部发育
良好的棱柱状结构，结构体表面具有灰色胶膜。剖面 0~22 cm 有 15%~40%铁锰胶膜，
22~50 cm 有 15%~40%铁锰斑纹，50 cm 以下有 5%~15%铁锰斑纹。水耕表层之下即
出现明显铁的聚集，各层次游离铁（Fe_2O_3）含量均超过耕作层的 1.5 倍，下部聚集更为
明显，游离铁（Fe_2O_3）含量均在 24 g/kg 以上。土壤质地通体为粉砂质黏壤土。土壤呈
酸性-中性，pH 为 4.84~7.27。

对比土系　荆心系，同一亚类不同土族，矿物学类型为云母混合型，铁聚层在 60 cm 以
下出现，上部为黏壤土，下部出现壤土，变异较大。双塘系，同一土族，通体以粉砂质
壤土为主，铁聚层位置相对较低。

利用性能综述　土体深厚，耕性较好，保水保肥能力较强。地下水位基本在 1 m 以下，
质地较黏，上下均匀；在水旱轮作条件下，季节性淹水，周期性干湿交替，土壤氧化还
原作用明显。但土壤养分中，磷钾含量，尤其速效钾含量较低。利用过程中，由于质地
较黏，应注意土壤保持土壤通透性，可通过推广秸秆还田，以疏松土壤，注意适时排水。

参比土种　黄泥土。

代表性单个土体　采自无锡江阴市青阳镇（编号 32-065，野外编号 B65），31°45′55.52″N，
120°14′7.15″E。海拔 5.1 m。当前为休闲地。50 cm 土层年均温度 17.1℃。野外调查时间
2010 年 4 月。

Ap1: 0～11 cm, 棕灰色（10YR 6/1, 干），浊黄棕色（10YR 4/3, 润）；粉砂质黏壤土，发育强的直径 2～10 mm 粒状结构，松；15%～40%铁锰斑纹锈斑和灰色胶膜，平直明显过渡。

Ap2: 11～22 cm, 浊黄橙色（10YR 6/3, 干），黑棕色（10YR 3/2, 润）；粉砂质黏壤土，发育强的直径 5～50 mm 团块状结构，稍紧；15%～40%铁锰胶膜，平直逐渐过渡。

Br1: 22～32 cm, 棕灰色（10YR 6/1, 干），灰棕黄色（10YR 4/2, 润）；粉砂质黏壤土，发育强的直径 5～50 mm 棱块状结构，稍紧；15%～40%铁锰斑点和灰色胶膜，平直逐渐过渡。

Br2: 32～50 cm, 浊黄橙色（10YR 7/3, 干），浊黄棕色（10YR 5/4, 润）；粉砂质黏壤土，发育强的直径 5～20 mm 棱块状结构，稍紧；15%～40%铁锰斑点，平直逐渐过渡。

Br3: 50～100 cm, 浊黄橙色（10YR 7/3, 干），浊黄棕色（10YR 5/3, 润）；粉砂质黏壤土，发育强的直径 20～100 mm 棱柱状结构，紧；5%～15%铁锰斑点。有铁锰结核出现。

青阳系代表性单个土体剖面

青阳系代表性单个土体物理性质

土层	深度 /cm	砾石（>2 mm，体积分数）/%	细土颗粒组成（粒径：mm）/（g/kg）			质地	容重 /（g/cm³）
			砂粒 2～0.05	粉粒 0.05～0.002	黏粒<0.002		
Ap1	0～11	—	64	625	310	粉砂质黏壤土	1.09
Ap2	11～22	—	71	643	286	粉砂质黏壤土	1.28
Br1	22～32	—	90	595	315	粉砂质黏壤土	1.46
Br2	32～50	—	82	545	373	粉砂质黏壤土	1.36
Br3	50～100	—	113	517	370	粉砂质黏壤土	1.38

青阳系代表性单个土体化学性质

深度 /cm	pH (H₂O)	有机质 /(g/kg)	全氮(N) /(g/kg)	全磷(P₂O₅) /(g/kg)	全钾(K₂O) /(g/kg)	全铁(Fe₂O₃) /(g/kg)	阳离子交换量 /(cmol/kg)	游离氧化铁 /(g/kg)	有效磷(P) /(mg/kg)	速效钾(K) /(mg/kg)
0～11	4.8	28.3	1.90	0.41	12.6	36.2	16.3	15.0	7.81	56
11～22	6.7	20.6	1.32	0.45	12.8	39.0	15.2	16.8	5.42	54
22～32	7.3	9.4	0.66	0.35	12.2	44.0	13.5	24.2	3.73	54
32～50	7.2	5.4	0.43	0.26	13.6	44.3	16.8	24.5	2.50	78
50～100	7.1	5.2	0.40	0.33	15.1	54.8	20.6	26.3	3.54	108

5.6.6 双塘系〔Shuangtang Series〕

土 族：黏壤质硅质混合型非酸性热性-普通铁聚水耕人为土
拟定者：王 虹，黄 标

分布与环境条件 分布于苏州张家港市、江阴市南部地区。属于太湖平原区，海拔在 2～5 m。气候上属北亚热带湿润季风气候区，年均气温 15.2℃，无霜期 240～250d。年均日照时数 2133h，日照百分率 55%。年均降雨量 1039 mm。土壤起源于黄土性潟湖沉积物母质上，土层深厚。以水稻-小麦轮作为主。

双塘系典型景观

土系特征与变幅 诊断层包括水耕表层、水耕氧化还原层；诊断特性包括人为滞水土壤水分状况、氧化还原特征、热性土壤温度。该土系土壤在母质形成之后，土壤主要受人为耕作影响，长期水旱轮作，经历水耕氧化还原过程，最终形成水耕人为土。除 15～32 cm 处颜色较淡、铁锰锈纹锈斑 2%～5%外，剖面其余均发育 15%～40%铁锰锈纹锈斑，60 cm 以下土层游离铁（Fe_2O_3）含量达到表层含量的 1.5 倍。土壤质地 30～60 cm 为粉砂质黏壤土，其余均为粉砂壤土。土壤呈微酸性-中性，pH 为 5.70～6.91。

对比土系 青阳系，同一土族，剖面通体以粉砂质黏壤土为主，质地较为均匀，同时铁聚层位置较高，水耕表层之下即出现铁聚。杨舍系，不同亚类，土壤剖面质地以粉砂质黏壤土为主，夹两层薄的壤质层，无铁聚。荆心系，同一亚类不同土族，矿物学类型为云母混合型，土壤质地上部以黏壤土为主，下部出现壤土，质地变异较大。程墩系，不同土类，分布区域邻近，地形部位相似，无铁聚现象，为简育水耕人为土。

利用性能综述 土体深厚，质地适中，耕性好，保水保肥能力强。是太湖地区的高产土壤，由于长期高强度利用，土壤缺钾较为严重，今后应注意钾素的补充。同时，该类土壤分布于经济较为发达的地区，目前耕地占用现象异常突出，应尽量减少占用，严格执行基本农田保护政策，保护这一优质耕地。

参比土种 黄泥土。

代表性单个土体 采自苏州张家港市凤凰镇双塘村（编号 32-001），31°46′55.02″N，120°38′59.29″E。海拔 5.6 m。小麦-水稻水旱轮作。当前作物为小麦。50 cm 土层年均温度 16.8℃。野外调查时间 2010 年 4 月。

Ap1：0～18 cm，浊黄橙色（10YR 6/3，干），浊黄棕色（10YR 4/3，润）；粉砂壤土，发育强的直径 2～10 mm 团粒状结构，疏松；20%～30%锈纹锈斑，主要分布于根孔壁上，无石灰反应，平直明显过渡。

Ap2：18～30 cm，浊黄橙色（10YR 7/3，干），浊黄棕色（10YR 5/3，润）；粉砂壤土，发育强的直径 5～20 mm 块状结构，紧；2%～5%铁锰锈纹、2%～5%灰色胶膜，无石灰反应，平直明显过渡。

Br1：30～60 cm，亮黄棕色（10YR 6/6，干），黄棕色（10YR 5/6，润）；粉砂质黏壤土，发育中等的直径 5～20 mm 块状结构，稍紧；15%～30%铁锰锈纹，无石灰反应，平直明显过渡。

Br2：60～100 cm，黄棕色（10YR 5/6，干），棕色（10YR 4/6，润）；粉砂壤土，发育中等的直径 5～20 mm 块状结构，稍紧；15%～40%铁锰锈纹锈斑，无石灰反应。

双塘系代表性单个土体剖面

双塘系代表性单个土体物理性质

土层	深度/cm	砾石（>2 mm，体积分数）/%	细土颗粒组成（粒径：mm）/（g/kg）			质地	容重/（g/cm³）
			砂粒 2～0.05	粉粒 0.05～0.002	黏粒<0.002		
Ap1	0～18	—	179	552	269	粉砂壤土	1.10
Ap2	18～30	—	31	682	288	粉砂壤土	1.35
Br1	30～60	—	64	646	290	粉砂质黏壤土	1.31
Br2	60～100	—	59	668	273	粉砂壤土	1.31

双塘系代表性单个土体化学性质

深度/cm	pH(H₂O)	有机质/(g/kg)	全氮(N)/(g/kg)	全磷(P₂O₅)/(g/kg)	全钾(K₂O)/(g/kg)	全铁(Fe₂O₃)/(g/kg)	阳离子交换量/(cmol/kg)	游离氧化铁/(g/kg)	有效磷(P)/(mg/kg)	速效钾(K)/(mg/kg)
0～18	5.7	35.8	2.10	0.77	17.1	42.0	16.8	16.4	28.44	74
18～30	6.9	4.8	0.45	0.24	13.9	31.0	9.5	13.4	3.66	44
30～60	6.8	3.8	0.38	0.30	18.1	51.5	12.5	23.0	3.87	58
60～100	6.6	4.1	0.38	0.40	18.9	58.8	14.6	26.9	8.77	78

5.6.7　望直港系（Wangzhigang Series）

土　族：壤质硅质混合型非酸性热性-普通铁聚水耕人为土
拟定者：黄　标，王　虹，杜国华

分布与环境条件　分布于
扬州市宝应县中部地区。
属于里下河浅洼平原区的
水网平原。气候上属北亚
热带湿润季风气候区，年
均气温 14.4℃，无霜期
260d，常年日照 2181h，年
均降雨量 966 mm。土壤起
源于河流和湖相沉积母质
上，上部为河流沉积物，
下部为湖相沉积物。土层
深厚。以水稻-小麦轮作一
年两熟为主。

望直港系典型景观

土系特征与变幅　诊断层包括水耕表层、水耕氧化还原层；诊断特性包括人为滞水土壤
水分状况、氧化还原特征、热性土壤温度。该土系土壤受人为水旱轮作影响时间较长，
剖面各土层氧化还原特征明显，剖面中见 5%～10%的铁锰斑纹，其中 33～73 cm 土层游
离铁含量达到耕作层含量的 1.5 倍，具有铁聚特征。该土系肥力较好，有机质含量和阳
离子交换量水平较高，尽管磷钾储量相对较低，但有效磷钾水平较高。土壤质地上部为
粉砂土，下部以粉砂质壤土为主，土体呈碱性，pH 为 7.78～8.27，河流沉积物母质石灰
反应强烈，但底部湖积物母质无石灰反应。

对比土系　后花系，同一亚类不同土族，颗粒级别大小为黏质，矿物学类型为伊利石混
合型。建南系，不同土类，母质类似，区域邻近，剖面下部未见铁聚现象，为简育水耕
人为土。

利用性能综述　土壤质地为粉砂土和粉砂壤土，耕性稍差，且粉砂含量高易淀浆，影响
水稻栽插，但该土壤有机质含量高，阳离子交换能力强，养分供应及有效性高。因此，
利用过程中要适时掌握水稻栽插时机，或推广直播稻，以避开土壤水耕淀浆影响。

参比土种　蒜瓣土。

代表性单个土体　采自扬州市宝应县望直港镇军师村（编号 32-038；野外编号 B-38），
33°14′55.212″N，119°24′10.26″E。海拔 1.3 m。当前作物为小麦。50 cm 土层年均温度 17.0℃。
野外调查时间 2010 年 4 月。

望直港系代表性单个土体剖面

Ap1：0～10 cm，灰黄棕色（10YR 5/2，干），黑棕色（10YR 3/2，润）；粉砂土，发育强的直径 2～10 mm 团粒状结构，疏松；中石灰反应，波状明显过渡。

Ap2：10～20 cm，灰黄棕色（10YR 6/2，干），灰黄棕色（10YR 4/2，润）；粉砂土，发育强的直径 5～20 mm 块状结构，紧；2%～5%锈纹锈斑，裂隙面上铁膜发育，强石灰反应，平直逐渐过渡。

Br1：20～33 cm，灰黄棕色（10YR 6/2，干），浊黄棕色（10YR 4/3，润）；粉砂土，发育强的直径 10～50 mm 团块状结构，稍紧；5%～15%锈纹锈斑，强石灰反应，平直渐变过渡。

Br2：33～73 cm，灰黄棕色（10YR 6/2，干），浊黄棕色（10YR 4/3，润）；粉砂壤土，发育中等的直径 10～50 mm 次棱柱状结构，紧；5%～15%锈纹锈斑，强石灰反应，平直明显过渡。

Br3：73～100 cm，淡黄色（2.5Y 7/3，干），黄棕色（2.5Y 5/3，润）；粉砂壤土，发育强的直径 10～50 mm 团块状结构，紧；裂隙内见铁锰斑纹，土体内见锈纹锈斑，无石灰反应。

望直港系代表性单个土体物理性质

土层	深度 /cm	砾石（>2 mm，体积分数）/%	细土颗粒组成（粒径：mm）/（g/kg）			质地	容重 /（g/cm³）
			砂粒 2～0.05	粉粒 0.05～0.002	黏粒<0.002		
Ap1	0～10	—	103	803	94	粉砂土	1.23
Ap2	10～20	—	85	815	101	粉砂土	1.35
Br1	20～33	—	64	825	111	粉砂土	1.48
Br2	33～73	—	85	786	130	粉砂壤土	1.46
Br3	73～100	—	183	613	204	粉砂壤土	1.42

望直港系代表性单个土体化学性质

深度 /cm	pH (H₂O)	有机质 /（g/kg）	全氮(N) /（g/kg）	全磷(P₂O₅) /（g/kg）	全钾(K₂O) /（g/kg）	全铁(Fe₂O₃) /（g/kg）	阳离子交换量 /（cmol/kg）	游离氧化铁 /（g/kg）	有效磷(P) /（mg/kg）	速效钾(K) /（mg/kg）
0～10	7.8	27.8	1.77	0.88	15.2	44.1	18.5	11.3	25.10	148
10～20	8.1	20.5	1.32	0.72	15.1	45.7	17.4	10.6	8.37	112
20～33	8.3	12.4	0.76	0.56	15.4	45.5	16.0	11.5	2.75	106
33～73	8.2	14.1	0.86	0.39	15.1	50.2	17.5	16.9	1.62	114
73～100	7.8	3.2	0.17	0.39	14.7	40.2	12.0	13.7	2.95	86

5.6.8　丁姚系（Dingyao Series）

土　族：黏壤质硅质混合型石灰性温性-普通铁聚水耕人为土
拟定者：雷学成，潘剑君

分布与环境条件　遍及淮安市楚州区的各个乡镇。属于徐淮黄泛平原区的废黄河三角洲。区域地形平坦，海拔约 10 m。气候上属北亚热带和暖温带的过渡地区，年均气温 14.1℃。全年≥0℃积温 5091.4 ℃，≥ 12 ℃ 积温 4217.1℃，无霜期 208d，年均降雨量 945.2 mm。土壤起源于冲积物母质上，土层深厚。以水稻/玉米-小麦轮作一年两熟为主。

丁姚系典型景观

土系特征与变幅　诊断层包括水耕表层（Ap1 耕作层，Ap2 犁底层）；诊断特性包括人为滞水土壤水分状况、氧化还原特征、石灰性、温性土壤温度状况。该土系土壤受长期水旱轮作，剖面 B 层氧化还原特征明显，均发育 25%的铁锰锈纹锈斑。其中 30～60 cm 土层游离铁含量达到耕作层的 1.5 倍以上。土壤有机质及养分含量偏低。黏质层之下土壤质地较砂。土体呈中性-碱性，pH 为 7.49～7.91，全剖面均显强烈石灰反应。

对比土系　洋北系，同一亚类，不同土族，颗粒大小级别为壤质。

利用性能综述　土壤是一种较好的土壤，不砂不黏，耕性良好，中部的黏土层可保水保肥，适宜种植水、旱等多种作物。今后改良应注意增施有机肥，加强耕作层，合理施用化肥。

参比土种　黏心两合土。

代表性单个土体　采自淮安市楚州区顺河镇丁姚村（编号 32-237，野外编号 32080303），33°36'46.80″N，119°22'45.732″E，海拔 3.8 m。当前作物为水稻。50 cm 土层年均温度 15.4℃。野外调查时间 2010 年 10 月。

图中标注：32080303

丁姚系代表性单个土体剖面

Ap1：0～20 cm，浊黄棕色（7.5YR 6/3，干），浊黄棕色（7.5YR 4/3，润）；黏壤质，发育弱的直径 5～10 mm 次棱块状，松；强烈石灰反应，突然平滑过渡。

Ap2：20～30 cm，浊黄橙色（7.5YR 6/4，干），浊黄棕色（7.5YR 4/4，润）；黏壤质，发育中等的直径 10～50 mm 块状，坚实；2%左右铁锰锈纹锈斑，强烈石灰反应，渐变波状过渡。

Br1：30～59 cm，浊橙色（7.5YR 6/4，干），浊棕色（7.5YR 4/4，润）；黏质，发育中等的直径 10～50 mm 块状，很坚实；有 2%～5%铁锰锈纹锈斑，极强烈石灰反应，突然平滑过渡。

Br2：59～79 cm，浊黄橙色（7.5YR 7/3，干），浊黄棕色（7.5YR 5/3，润）；粉砂质黏壤土，发育中等的直径 10～50 mm 块状结构，稍坚实；有 2%～5%铁锰锈纹锈斑，极强烈石灰反应，渐变平滑过渡。

Br3：79～120 cm，浊黄橙色（10YR 7/3，干），浊黄棕色（10YR 5/3，润）；壤土，发育中等的直径 10～50 mm 块状结构，稍坚实；有 2%～5%铁锰锈纹锈斑，极强烈石灰反应。

丁姚系代表性单个土体物理性质

土层	深度 /cm	砾石 (>2 mm，体积分数) /%	细土颗粒组成（粒径：mm）/（g/kg）			质地	容重 /（g/cm³）
			砂粒 2～0.05	粉粒 0.05～0.002	黏粒<0.002		
Ap1	0～20	—	387	330	283	黏壤土	1.47
Ap2	20～30	—	346	359	295	黏壤土	1.58
Br1	30～59	—	59	385	556	黏土	1.33
Br2	59～79	—	127	577	295	粉砂黏壤土	1.50
Br3	79～120	—	415	457	128	壤土	1.47

丁姚系代表性单个土体化学性质

深度 /cm	pH (H₂O)	有机质 /(g/kg)	全氮(N) /(g/kg)	全磷(P₂O₅) /(g/kg)	全钾(K₂O) /(g/kg)	全铁(Fe₂O₃) /(g/kg)	阳离子交换量 /(cmol/kg)	游离氧化铁 /(g/kg)	有效磷(P) /(mg/kg)	速效钾(K) /(mg/kg)
0～20	7.9	13.5	0.90	1.55	19.9	37.0	13.0	7.4	6.13	124
20～30	7.8	7.0	0.49	1.01	20.0	52.6	13.4	9.1	0.41	112
30～59	7.5	3.5	0.60	1.11	24.4	57.2	29.1	14.1	1.03	170
59～79	7.5	5.0	0.33	1.59	23.8	36.3	7.3	11.7	1.20	82
79～120	7.7	2.2	0.20	1.42	22.5	37.1	3.4	5.8	1.00	46

5.6.9　洋北系（Yangbei Series）

土　族：壤质硅质混合型石灰性温性-普通铁聚水耕人为土
拟定者：雷学成，潘剑君，黄　标

分布与环境条件　零星分布
在宿迁市宿城区南部三棵树、
卓圩、仰化、丁咀 4 个乡镇。
属于徐淮平原区的沂沭河堤
内滩地。区域地势平坦，海
拔在 22 m 左右。气候上属暖
温带季风气候区，年均气温
14.1℃，年均日照时数为
2314.8h，日照率为 52%，年
均降雨量 927.2 mm。土壤起
源于河流冲积物上，土层深
厚。以水稻-小麦轮作一年两
熟为主。

洋北系典型景观

土系特征与变幅　诊断层包括水耕表层、水耕氧化还原层；诊断特性包括人为滞水土壤
水分状况、氧化还原特征、石灰性、温性土壤温度。该土系是在沂沭河冲积物母质上发育
起来的。由于植稻时间不长，同时土壤石灰性很强，所以，土壤氧化还原特征不太明显，
但耕作层之下隐约可见 5%～15%铁锰斑纹，下部多于上部，25～40 cm 游离铁含量已达到
耕作层的 1.5 倍，构成铁聚。耕作层土壤有机质含量不高，除黏土层之外，土壤钾素含量
均较低。整个剖面石灰反应强烈。剖面表层土壤质地为砂质壤土，在 17～40 cm 有一黏土
层，为粉砂质黏壤土，其余土层均为粉砂壤土，土体呈碱性，pH 为 8.14～8.88。

对比土系　丁姚系，同一亚类，不同土族，颗粒大小级别为黏壤质。官庄系，不同亚类，
黏土层 50 cm 以下，无铁聚。

利用性能综述　由于表层土壤较砂，耕作相对较容易，而下部黏土层的存在又有利于保
水保肥，对水稻种植有利，有利于水稻高产。但麦季如遇强降雨容易渍水，影响作物根
系生长。今后改良主要注意健全排灌设施，遇涝可及时排水；同时加强钾素补充。

参比土种　黏心两合土。

代表性单个土体　采自宿迁市宿城区洋北镇槐树村（编号 32-286，野外编号 32130202），
33°50′13.236″N，118°22′42.744″E，海拔 19.8 m。农业利用为水田，当前作物为水稻。50 cm
土层年均温度 15.5℃。野外调查时间 2011 年 10 月。

洋北系代表性单个土体剖面

Ap1：0～17 cm，灰黄棕色（10YR 6/2，干），灰黄棕色（10YR 4/2，润）；砂质壤土，发育强的直径2～10 mm团粒状结构，疏松；极强石灰反应，清晰波状过渡。

Ap2：17～25 cm，浊黄橙色（10YR 7/3，干），浊黄棕色（10YR 4/3，润）；粉砂质黏壤土，发育中等的直径5～20 mm块状，紧实，5%～10%直径＜2 mm的铁锰斑纹，斑纹边界清楚，极强石灰反应，平直渐变过渡。

Br1：25～40 cm，淡黄橙色（10YR 8/3，干），浊黄棕色（10YR 5/4，润）；粉砂质黏壤土，发育弱的直径5～20 mm块状结构，紧实；5%～10%直径＜2 mm的铁锰斑纹，极强石灰反应，平直渐变过渡。

Br2：40～90 cm，淡黄橙色（10YR 8/3，干），浊黄棕色（10YR 5/4，润）；粉砂壤土，发育弱的直径10～50 mm块状结构，稍紧；5%～10%直径＜2 mm铁锰斑纹，极强石灰反应，平直渐变过渡。

Br3：90～100 cm，淡黄橙色（10YR 8/3，干），浊黄棕色（10YR 5/4，润）；粉砂壤土，发育弱的直径10～50 mm块状结构，稍紧；10%～15%直径＜2 mm铁锰斑纹，极强石灰反应。

洋北系代表性单个土体物理性质

土层	深度 /cm	砾石 /（>2 mm，体积分数）/%	细土颗粒组成 （粒径：mm）/（g/kg）			质地	容重 /（g/cm³）
			砂粒 2～0.05	粉粒 0.05～0.002	黏粒 <0.002		
Ap1	0～17	—	518	382	100	砂质壤土	1.13
Ap2	17～25	—	130	561	309	粉砂质黏壤土	1.51
Br1	25～40	—	130	561	309	粉砂质黏壤土	1.51
Br2	40～90	—	253	655	91	粉砂壤土	1.57
Br3	90～100	—	214	659	127	粉砂壤土	1.58

洋北系代表性单个土体化学性质

深度 /cm	pH (H₂O)	有机质 /(g/kg)	全氮(N) /(g/kg)	全磷(P₂O₅) /(g/kg)	全钾(K₂O) /(g/kg)	全铁(Fe₂O₃) /(g/kg)	阳离子交换量 /(cmol/kg)	游离氧化铁 /(g/kg)	有效磷(P) /(mg/kg)	速效钾(K) /(mg/kg)
0～17	8.5	14.9	1.03	1.50	16.5	36.6	6.0	5.4	20.50	28
17～25	8.1	9.2	0.61	1.28	20.7	42.4	11.5	10.4	0.78	106
25～40	8.1	9.2	0.61	1.28	20.7	42.4	11.5	10.4	0.78	106
40～90	8.5	3.8	0.15	1.05	17.7	35.1	3.8	7.3	1.53	28
90～100	8.3	3.6	0.29	1.19	15.3	33.7	4.5	10.4	3.34	42

5.6.10　小屋系（Xiaowu Series）

土　族：黏壤质混合型石灰性温性-普通铁聚水耕人为土
拟定者：王培燕，黄　标，杜国华

分布与环境条件　分布于宿
迁市沭阳县东部地区。属于
黄泛冲积平原区。区域地势
起伏较小，海拔较低，仅 4 m
左右。气候上属暖温带湿润
季 风 气 候 区 ， 年 均 气 温
13.8℃，无霜期 203d。全年
总日照时数为2363.7h，年日
照百分率53%。年均降雨量
937.6 mm。土壤起源于黄
泛冲积物母质，土层深厚。
以水稻-小麦轮作一年两
熟为主。

小屋系典型景观

土系特征与变幅　诊断层包括水耕表层、水耕氧化还原层；诊断特性包括人为滞水土壤
水分状况、氧化还原特征、温性土壤温度。该土系土壤在母质形成时期受人为水旱耕作
时间较短，但在表土层之下，水耕氧化还原特征亦明显，有 2%～5%的锈纹锈斑和铁锰
斑点。但水耕表层有机质含量较低，除速效钾水平较高外，土壤氮磷养分水平均较低。
土壤质地通体为粉砂壤土，但水耕表层黏粒含量明显小于下部土壤，这是由不同时期的
冲积差异造成。土体呈碱性，pH 为 7.95～8.45，石灰反应强烈。

对比土系　马屯系，同一土族，下部土壤稍黏。

利用性能综述　耕层疏松易耕，黏土层埋藏较深，对作物生长影响较小。但土壤有机质
含量低，氮磷养分水平低。今后改良要完善水利设施，保证水源，做到排水通畅；增施
有机肥，秸秆还田，不断熟化水耕表层；提高土壤有机质，生产中注意增施氮磷肥。

参比土种　黏底砂土。

代表性单个土体　采自宿迁市沭阳县沂涛镇小屋基（编号 32-128，野外编号 SY56P），
34°4′52.176″N，119°8′42.432″E。海拔 4 m。平坦地块，排水通畅。当前作物为水稻。50
cm 土层年均温度 15.6℃。野外调查时间 2011 年 11 月。

Ap1：0～17 cm，浊黄橙色（10YR 6/3，干），暗棕色（10YR 3/4，润）；粉砂壤土，发育强的直径2～5 mm粒状结构，松；有新鲜的木炭侵入体，强石灰反应，波状突然过渡。

Ap2：17～26 cm，浊黄橙色（10YR 7/3，干），棕色（10YR 4/4，润）；粉砂壤土，发育强的直径2～10 mm片状结构，稍紧；强石灰反应，平直逐渐过渡。

Br1：26～60 cm，浊橙色（7.5YR 7/3，干），棕色（7.5YR 4/4，润）；粉砂壤土，发育强的直径20～100 mm块状结构，紧；结构面上有2%～5%新鲜铁锰斑纹，强石灰反应，平直逐渐过渡。

Br2：60～120 cm，浊橙色（7.5YR 7/3，干），棕色（7.5YR 4/4，润）；粉砂壤土，发育强的直径20～100 mm块状结构，稍紧；有2%～5%锈纹锈斑，强石灰反应。

小屋系代表性单个土体剖面

小屋系代表性单个土体物理性质

土层	深度 /cm	砾石（>2 mm，体积分数）/%	细土颗粒组成 （粒径：mm）/（g/kg）			质地	容重 /（g/cm³）
			砂粒 2～0.05	粉粒 0.05～0.002	黏粒<0.002		
Ap1	0～17	—	243	672	85	粉砂壤土	1.22
Ap2	17～26	—	260	698	42	粉砂壤土	1.59
Br1	26～60	—	76	657	267	粉砂壤土	1.26
Br2	60～120	—	109	652	239	粉砂壤土	1.38

小屋系代表性单个土体化学性质

深度 /cm	pH (H₂O)	有机质 /（g/kg）	全氮(N) /（g/kg）	全磷(P₂O₅) /（g/kg）	全钾(K₂O) /（g/kg）	全铁(Fe₂O₃) /（g/kg）	阳离子交换量 /（cmol/kg）	游离氧化铁 /（g/kg）	有效磷(P) /（mg/kg）	速效钾(K) /（mg/kg）
0～17	8.0	13.6	0.82	1.72	24.6	24.1	11.2	8.0	14.37	114
17～26	8.5	2.4	0.28	1.25	23.4	19.0	5.6	14.5	1.28	56
26～60	8.2	7.1	0.54	1.43	27.7	35.7	16.1	14.2	3.57	166
60～120	8.3	6.6	0.50	1.39	28.5	34.3	15.7	8.0	3.78	168

5.7 漂白简育水耕人为土

5.7.1 妙桥系（Miaoqiao Series）

土　族：黏壤质硅质混合型非酸性热性-漂白简育水耕人为土
拟定者：王　虹，黄　标

分布与环境条件　妙桥系分
布于苏州张家港市南部地区。
属于太湖平原区，海拔在 2～
5 m。气候上属北亚热带湿润
季风气候区，年均气温
15.2℃，无霜期 240～250d。
年均日照时数 2133h，日照
百分率 55%。年均降雨量
1039 mm。土壤起源于黄土
性潟湖相沉积物母质上，土
层深厚。以水稻-小麦轮作一
年两熟为主。

妙桥系典型景观

土系特征与变幅　诊断层包括水耕表层、水耕氧化还原层、漂白层（E）；诊断特性包
括人为滞水土壤水分状况、氧化还原特征、热性土壤温度。该土系土壤在母质形成之后，
人为利用过程中，由于排水，使得土壤中还原性铁出现明显淋溶，导致土壤母质颜色较
淡，之后，受人为长期水旱轮作，形成水耕人为土。水耕表层之下发育约 35 cm 漂白层。
整个剖面均发育铁锰锈纹锈斑和斑点，土壤质地自地表至下部分别为黏壤土-粉砂质黏壤
土-粉砂壤土。土壤呈中性，pH 为 6.41～6.95。

对比土系　前黄系，同一亚类不同土族，颗粒级别大小为壤质。

利用性能综述　土壤耕作性能较好，但漂白层粉粒含量高，容易淀浆板结。同时，白土
心紧实，在水稻种植期容易滞水，产生次生潜育化。而在麦期容易产生渍害。长期耕作
土壤有机质和养分较为充足，但土壤耕作层及以下土层养分仍较缺乏。今后在利用上，
可通过深耕和秸秆还田等适当加深耕作层；在麦期注意排水，减少渍害，合理施用氮磷
钾肥。

参比土种　白土心。

代表性单个土体　采自苏州张家港市妙桥镇吹鼓村（编号 32-088，野外编号 32-005），
31°47′4.308″N，120°41′35.52″E。海拔 5 m。小麦-水稻水旱轮作。当前作物为小麦。50 cm
土层年均温度 16.8℃。野外调查时间 2010 年 4 月。

妙桥系代表性单个土体剖面

Ap1：0～18 cm，灰黄棕色（10YR 6/2，干），黑棕色（10YR 3/2，润）；黏壤土，发育强的直径 2～10 mm 粒状结构，松；1～20 个/cm² 直径 0.5～2 mm 根孔，无石灰反应，平直明显过渡。

Ap2：18～30 cm，灰黄棕色（10YR 6/2，干），灰黄棕色（10YR 4/2，润）；粉砂质黏壤土，发育强的直径 5～50 mm 块状结构，稍紧；1～20 个/cm² 直径 0.5～2 mm 根孔，无石灰反应，平直明显过渡。

E：30～65 cm，浊黄橙色（10YR 7/2，干），灰黄棕色（10YR 5/2，润）；粉砂质黏壤土，发育中等的直径 5～50 mm 块状结构，松；5%～15%铁锰结核，无石灰反应，少量铁锰锈纹，波状逐渐过渡。

Br：65～100 cm，浊黄橙色（10YR 7/3，干），灰黄棕色（10YR 5/3，润）；粉砂壤土，发育中等的直径 5～50 mm 块状结构，紧；15%～40%铁锰结核，无石灰反应。

妙桥系代表性单个土体物理性质

土层	深度/cm	砾石（>2 mm，体积分数）/%	细土颗粒组成（粒径：mm）/（g/kg）			质地	容重/（g/cm³）
			砂粒 2～0.05	粉粒 0.05～0.002	黏粒<0.002		
Ap1	0～18	—	400	316	283	黏壤土	1.15
Ap2	18～30	—	63	642	295	粉砂质黏壤土	1.42
E	30～65	—	58	652	290	粉砂质黏壤土	1.43
Br	65～100	—	66	675	260	粉砂壤土	1.42

妙桥系代表性单个土体化学性质

深度/cm	pH（H₂O）	有机质/（g/kg）	全氮(N)/（g/kg）	全磷(P₂O₅)/（g/kg）	全钾(K₂O)/（g/kg）	全铁(Fe₂O₃)/（g/kg）	阳离子交换量/（cmol/kg）	游离氧化铁/（g/kg）	有效磷(P)/（mg/kg）	速效钾(K)/（mg/kg）
0～18	6.4	33.3	1.96	0.71	17.2	42.2	17.7	18.5	16.89	130
18～30	6.9	16.4	1.05	0.49	16.4	43.3	15.2	17.8	4.41	82
30～65	7.0	5.4	0.39	0.26	15.7	36.3	11.4	13.4	2.14	52
65～100	6.9	3.6	0.29	0.33	14.2	34.2	10.1	14.1	2.37	40

5.7.2 前黄系（Qianhuang Series）

土　族：壤质硅质混合型非酸性热性-漂白简育水耕人为土
拟定者：王　虹，黄　标

分布与环境条件　分布于常
州市武进区南部地区。属于
太湖平原区，地势平坦低洼，
海拔在 2～5 m。气候上属北
亚热带湿润季风气候区，年
均气温 15.6℃，无霜期 230～
240d。年均日照时数 1940h，
日照百分率 46%，年均降雨
量 1053 mm。土壤起源于黄
土性潟湖沉积物上，土层深
厚。以水稻-小麦轮作一年两
熟为主。

前黄系典型景观

土系特征与变幅　诊断层包括水耕表层、水耕氧化还原层、漂白层（E）；诊断特性包
括人为滞水土壤水分状况、氧化还原特征、热性土壤温度。该土系在母质形成时，淹水
强烈，之后在人为利用过程中，由于排水，使得土壤中还原性铁出现明显淋溶，导致水
耕表层之下土壤母质颜色较淡，游离含量偏低，但其下部有游离铁侵染，彩度增加，黏
粒也发生聚集。受长期水旱轮作影响，表层明度降低。在土壤剖面下部游离氧化铁含量
小于表层 1.5 倍。土壤剖面 60 cm 以上范围内发育约 30 cm 厚度的漂白层。土壤质地除
底层为粉砂质黏壤土外，其余均为粉砂壤土。土壤呈中性，pH 为 6.26～6.93。
对比土系　妙桥系，同一亚类不同土族，颗粒级别大小为黏壤质。
利用性能综述　土壤粉砂含量很高，易淀浆板结。漂白层紧实，阻碍水分下渗，造成上
层滞水。今后改良应逐步加深耕层，配施有机肥，改善土壤结构。
参比土种　白土心。
代表性单个土体　采自常州市武进区前黄镇水稻研究所（编号 32-092，野外编号 32-009），
31°33′55.692″N，119°59′57.48″E。海拔 7.8 m。小麦-水稻水旱轮作。当前作物为小麦。
50 cm 土层年均温度 17.1℃。野外调查时间 2010 年 5 月。

　　Ap1：0～18 cm，灰黄色（2.5Y 6/2，干），暗灰黄色（2.5Y 4/2，润）；粉砂壤土，发育强的直径
2～10 mm 团粒状结构，疏松；15%～40%铁锰锈纹，无石灰反应，平直明显过渡。

前黄系代表性单个土体剖面

Ap2：18～29 cm，灰黄色（2.5Y 6/2，干），暗灰黄色（2.5Y 4/2，润）；粉砂壤土，发育强的直径 5～20 mm 团块状结构，紧；10%～15%铁锰锈纹，无石灰反应，平直明显过渡。

BE：29～46 cm，灰白色（2.5Y 8/2，干），黄灰色（2.5Y 5/1，润）；粉砂壤土，发育强的直径 5～20 mm 块状结构，稍松；10%～15%铁锰锈纹，无石灰反应，平直明显过渡。

E：46～63 cm，灰白色（2.5Y 8/1，干），黄灰色（2.5Y 5/1，润）；粉砂壤土，发育强的直径 5～50 mm 棱块状结构，紧；2%～5%铁锰锈纹，无石灰反应，平直明显过渡。

Br1：63～92 cm，灰白色（2.5Y 8/1，干），黄灰色（2.5Y 5/1，润）；粉砂壤土，发育强的直径 5～50 mm 块状结构，紧；10%～15%铁锰锈纹，2%～5%铁锰结核，无石灰反应，平直明显过渡。

Br2：92～110 cm，淡黄色（2.5Y 7/3，干），橄榄棕色（2.5Y 4/3，润）；粉砂质黏壤土，发育强的直径 5～50 mm 块状结构，紧；15%～40%铁锰锈纹，有铁锰结核，无石灰反应。

前黄系代表性单个土体物理性质

| 土层 | 深度/cm | 砾石（>2 mm，体积分数）/% | 细土颗粒组成（粒径：mm）/（g/kg） | | | 质地 | 容重/（g/cm³） |
			砂粒 2～0.05	粉粒 0.05～0.002	黏粒<0.002		
Ap1	0～18	—	36	700	264	粉砂壤土	1.01
Ap2	18～29	—	38	735	227	粉砂壤土	1.32
BE	29～46	—	41	766	193	粉砂壤土	1.56
E	46～63	—	92	754	154	粉砂壤土	1.59
Br1	63～92	—	73	771	156	粉砂壤土	1.53
Br2	92～110	—	83	648	269	粉砂质黏壤土	1.55

前黄系代表性单个土体化学性质

深度/cm	pH(H₂O)	有机质/(g/kg)	全氮(N)/(g/kg)	全磷(P₂O₅)/(g/kg)	全钾(K₂O)/(g/kg)	全铁(Fe₂O₃)/(g/kg)	阳离子交换量/(cmol/kg)	游离氧化铁/(g/kg)	有效磷(P)/(mg/kg)	速效钾(K)/(mg/kg)
0～18	6.3	26.5	1.51	0.62	15.0	36.5	17.6	15.0	32.08	156
18～29	6.6	13.7	0.86	0.34	14.6	37.8	16.3	15.5	7.08	64
29～46	6.8	4.2	0.35	0.19	13.2	31.6	13.6	13.1	2.05	60
46～63	6.9	3.1	0.28	0.20	13.3	32.5	13.4	13.9	2.79	64
63～92	6.9	5.4	0.40	0.37	16.4	44.9	18.9	20.2	9.91	82
92～110	6.8	4.5	0.35	0.52	16.7	47.4	20.5	22.1	22.76	90

5.8　底潜简育水耕人为土

5.8.1　大李系（Dali Series）

土　族：黏质伊利石混合型石灰性温性-底潜简育水耕人为土
拟定者：王培燕，杜国华，黄　标

分布与环境条件　分布于宿迁市沭阳县地势低洼的汤涧、李恒等镇，西南部陇集、刘集等乡的低洼处亦有分布。属于黄泛冲积平原。区域地势起伏较小，海拔较低。气候上属暖温带季风气候区，年均气温 13.8℃，无霜期 203d。全年总日照时数为 2363.7h，年日照百分率 53%。年均降雨量 937.6 mm。土壤起源于黄泛冲积物母质，下部为第四纪湖相沉积物，土层深厚。以水稻-小麦轮作一年两熟为主。

大李系典型景观

土系特征与变幅　诊断层包括水耕表层、水耕氧化还原层；诊断特性包括人为滞水土壤水分状况、潜育特征、氧化还原特征、温性土壤温度。该土系土壤在母质形成之后，由于地形低洼，地下水位浅，土壤底部的湖积物长期渍水，产生潜育化，上部受人为水旱轮作达 20 多年，经历水耕氧化还原，形成水耕人为土。剖面发育仅见 2%～5%锈纹锈斑。0～25 cm 水耕表层土壤质地为粉砂壤土，其下均为粉砂质黏土，湖积物母质颜色明显深。土壤呈中性-微碱性，pH 为 7.72～8.08。

对比土系　于圩系，地理位置邻近，不同亚类，埋藏层较浅，地下水影响弱，无底潜，为普通水耕人为土。华冲系，不同土纲，分布位置邻近，氧化还原特征不明显，为雏形土。

利用性能综述　土壤质地黏重，耕性稍差。地势较低，易涝易渍，但养分相对充足，保水保肥强。今后改良利用应推广秸秆还田，改善物理土壤性状，加强水利建设，完善田间排灌系统，降低地下水位，以求高产稳产。

参比土种　底黑淤土。

代表性单个土体　采自宿迁市沭阳县汤涧镇大李村（编号 32-132，野外编号 SY38P），34°09′23.652″N，119°00′25.992″E。海拔 4.4 m，平坦地块，排水良好。当前作物为水稻。50 cm 土层年均温度 15.6℃。野外调查时间 2011 年 11 月。

大李系代表性单个土体剖面

Ap1: 0～13 cm，浊棕色（7.5YR 5/3，干），暗棕色（7.5YR 3/3，润）；粉砂壤土，发育强的直径 2～10 mm 粒状结构，稍紧；土体裂隙壁及根孔内有 2%～5%小的铁锰斑纹，强石灰反应，平直明显过渡。

Ap2: 13～25 cm，浊棕色（7.5YR 6/3，干），棕色（7.5YR 4/3，润）；粉砂壤土，发育强的直径 5～20 mm 块状结构，紧；2%～5%铁锰斑纹，强石灰反应，平直逐渐过渡。

Br: 25～70 cm，浊橙色（7.5YR 7/3，干），浊棕色（7.5YR 5/3，润）；粉砂质黏土，发育强的直径 5～20 mm 块状结构，紧；2%～5%铁锰斑块，强石灰反应，平直逐渐过渡。

Bgb: 70～120 cm，棕灰色（7.5YR 4/1，干），黑棕色（7.5YR 3/1，润）；粉砂质黏土，发育强的直径 5～20 mm 块状结构，紧；弱石灰反应。

大李系代表性单个土体物理性质

土层	深度/cm	砾石（>2 mm，体积分数）/%	细土颗粒组成（粒径：mm）/（g/kg）			质地	容重/（g/cm³）
			砂粒 2～0.05	粉粒 0.05～0.002	黏粒<0.002		
Ap1	0～13	—	194	658	148	粉砂壤土	1.16
Ap2	13～25	—	112	609	279	粉砂壤土	1.54
Br	25～70	—	111	406	483	粉砂质黏土	1.33
Bgb	70～120	—	148	485	367	粉砂质黏土	1.42

大李系代表性单个土体化学性质

深度/cm	pH（H₂O）	有机质/（g/kg）	全氮(N)/（g/kg）	全磷(P₂O₅)/（g/kg）	全钾(K₂O)/（g/kg）	全铁(Fe₂O₃)/（g/kg）	阳离子交换量/（cmol/kg）	游离氧化铁/（g/kg）	有效磷(P)/（mg/kg）	速效钾(K)/（mg/kg）
0～13	7.7	35.3	1.93	3.00	24.2	31.8	19.0	12.6	64.36	136
13～25	8.0	10.9	0.72	1.32	26.4	32.5	15.6	12.7	4.31	148
25～70	8.1	8.6	0.62	1.26	29.1	40.3	19.1	17.6	1.21	182
70～120	7.9	15.1	0.82	0.62	18.2	23.6	24.1	12.9	0.15	118

5.8.2 黄集系（Huangji Series ）

土 族：黏质伊利石混合型非酸性热性-底潜简育水耕人为土
拟定者：雷学成，黄 标

分布与环境条件 分布在淮安市洪泽县和宿迁市金湖县等。属于洪泽湖畔平缓岗地平原，海拔在 8～25 m。气候上属暖温带季风气候区。年均气温 14.8℃，无霜期 224d。年均日照时数 2287.3h，年均降水量 906.1 mm。地貌上属于平原，地势平坦，成土母质为黄土性冲积物。以水稻-小麦轮作一年两熟为主。

黄集系典型景观

土系特征与变幅 诊断层包括水耕表层、水耕氧化还原层；诊断特性包括人为滞水土壤水分状况、潜育特征、氧化还原特征、热性土壤温度。该土系土壤地下水位浅，底部长期渍水，产生潜育化。受长期人为水旱轮作，经历水耕氧化还原过程，形成水耕人为土。剖面 18～47 cm 处发育 2%～40%铁锰锈纹锈斑和灰色胶膜，47 cm 以下有 5%～15%铁锰锈纹锈斑，胶膜逐增。土壤质地通体均偏黏，土壤呈中性，pH 为 7.14～7.69。
对比土系 潘庄系，同一亚类不同土族，颗粒大小级别为黏壤质，矿物学类型为硅质混合型。后花系，不同土类，分布位置邻近，母质不同，为湖相沉积物。
利用性能综述 土壤质地偏黏，耕性稍差。耕作层熟化程度较高，保水保肥能力较强。土壤钾素养分储量较高，但磷素有效性较差。利用时仍需加强深耕，并结合有机肥施用和秸秆还田，保持土壤通气透水；为满足农作物高产需要，还需根据作物补充养分和有机肥，尤其磷素养分。
参比土种 灰黏黄土。
代表性单个土体 采自淮安市洪泽县黄集镇后李村五组（编号 32-251，野外编号 32082907），33°21′20.196″N，118°57′6.48″E，海拔 9.2 m，成土母质为黄土性冲积物。农业利用一年两熟，以水稻-小麦轮作为主。20 cm 深处土壤温度为 17.04℃。野外调查时间 2010 年 11 月。

　　Ap1：0～18 cm，灰黄棕色（10YR 6/2，干），灰黄棕色（10YR 4/2，润）；黏土，发育强的直径 2～10 mm 团粒状结构，松；无石灰反应，平滑清晰过渡。

黄集系代表性单个土体剖面

Ap2：18～30 cm，灰黄棕色（10YR 6/2，干），灰黄棕色（10YR 4/2，润）；粉砂质黏壤土，发育强的直径大于 100 mm 棱块状结构，坚实；2%～5%铁锰锈纹锈斑，2%～5%灰色胶膜，无石灰反应，平滑渐变过渡。

Br1：30～47 cm，灰黄棕色（10YR 6/2，干），灰黄棕色（10YR 4/2，润）；粉砂质黏壤土，发育强的直径大于 50 mm 块状结构，很坚实；2%～5%铁锰锈纹锈斑，2%～5%灰色胶膜，无石灰反应，平滑渐变过渡。

Br2：47～87 cm，浊黄橙色（10YR 6/3，干），浊黄棕色（10YR 4/3，润）；黏土，坚实，发育强的直径大于 50 mm 团块状结构；5%～15%铁锰锈纹锈斑，5%～15%灰色胶膜，无石灰反应，平滑清晰过渡。

Bg：87～120 cm，棕灰色（10YR 6/1，干），棕灰色（10YR 5/1，润）；粉砂质黏土，发育强的直径大于 50 mm 团块状结构，坚实；5%～15%铁锰锈纹锈斑，15%～40%胶膜，无石灰反应。

黄集系代表性单个土体物理性质

土层	深度 /cm	砾石（>2 mm，体积分数）/%	细土颗粒组成（粒径：mm）/（g/kg）			质地	容重 /（g/cm³）
			砂粒 2～0.05	粉粒 0.05～0.002	黏粒<0.002		
Ap1	0～18	—	310	247	443	黏土	1.34
Ap2	18～30	—	168	393	439	粉砂质黏壤土	1.47
Br1	30～47	—	122	425	453	粉砂质黏壤土	1.25
Br2	47～87	—	289	265	446	黏土	1.48
Bg	87～120	—	107	467	426	粉砂质黏壤土	1.42

黄集系代表性单个土体化学性质

深度 /cm	pH (H₂O)	有机质 /（g/kg）	全氮(N) /（g/kg）	全磷(P₂O₅) /（g/kg）	全钾(K₂O) /（g/kg）	全铁(Fe₂O₃) /（g/kg）	阳离子交换量 /（cmol/kg）	游离氧化铁 /（g/kg）	有效磷(P) /（mg/kg）	速效钾(K) /（mg/kg）
0～18	7.1	14.1	0.46	0.74	20.1	48.8	20.1	14.3	6.97	140
18～30	7.2	8.5	0.55	0.47	19.6	49.8	29.1	14.8	2.41	152
30～47	7.5	9.2	0.48	0.62	20.5	49.1	25.8	14.4	3.86	158
47～87	7.7	11.3	0.53	0.63	20.5	49.4	17.5	14.0	3.00	185
87～120	7.4	4.7	0.33	0.40	24.2	68.1	24.5	14.5	4.99	197

5.8.3 胡家系（Hujia Series）

土　族：黏壤质云母型非酸性热性-底潜铁聚水耕人为土
拟定者：黄　标，王　虹

分布与环境条件　分布于兴化市中北部地区。属于里下河平原区，海拔2～5 m。气候上属北亚热带湿润季风气候区，年均气温15℃，无霜期229d，年均太阳辐射总量119.6kcal/cm^2，年均降雨量1000 mm。土壤起源于湖相和海相过渡地带，以湖相沉积为主的湖海相沉积物上。土层厚度在1 m以上。以水稻-小麦轮作为主。

胡家系典型景观

土系特征与变幅　诊断层包括水耕表层、水耕氧化还原层；诊断特性包括人为滞水土壤水分状况、氧化还原特征、潜育特征、热性土壤温度。该土系见明显的耕作层和犁底层。40～90 cm处有机质含量明显增加，土壤质地有上覆层次的粉砂壤土转变为粉砂质黏壤土，土体呈棱柱状结构，见滑擦面，为古沼泽相沉积物。剖面约90 cm以下，土体颜色变浅，呈现潜育特征，但铁锰斑块和结核发育，游离铁（Fe$_2$O$_3$）含量较高达 15 g/kg，具铁聚特征。土壤呈中性-弱碱性，pH 为6.34～7.78。

对比土系　开拓系，不同土类，位置接近，母质相似，但潜育层出现在60 cm以上，为铁聚潜育水耕人为土。陶庄系，不同土类，位置邻近，母质为湖相沉积物，有潜育特征，但铁聚现象不明显，为普通潜育水耕人为土。

利用性能综述　耕层范围内土壤耕性较好，养分含量也较高，没有明显的养分缺乏。但下部土壤较黏，影响水气的畅通。利用上应加强农田水利建设，注意排水，调节土壤水气状况；同时注意平衡施肥。

参比土种　黑泥勤泥土。

代表性单个土体　采自泰州兴化市海南镇胡家村（编号 32-037，野外编号 B37），33°2′51.48″N，119°58′10.38″E。海拔0.8 m，地势平坦，为大面积农田。当前作物为小麦。50 cm土层年均温度17.08℃。野外调查时间2010年4月。

胡家系代表性单个土体剖面

Ap1：0～12 cm，灰黄色（2.5Y 6/2，干），暗灰黄色（2.5Y 4/2，润）；粉砂壤土，发育强的直径 5～10 mm 团粒状结构，疏松；小于 2%蚯蚓和甲虫虫穴和粪粒，无石灰反应，平滑清晰过渡。

Ap2：12～22 cm，灰黄色（2.5Y 6/2，干），暗灰黄色（2.5Y 4/2，润）；粉砂壤土，发育强的直径 5～20 mm 块状结构，很紧；1～20 根/cm² 直径 0.5～2 mm 禾本科细根，20～50 个/cm² 直径 0.5～2 mm 中孔隙，2%～5%棕色铁锰斑块，无石灰反应，平滑渐变过渡。

Br1：22～42 cm，浊黄色（2.5Y 6/3，干），暗灰黄色（2.5Y 4/2，润）；粉砂壤土，发育强的直径 20～50 mm 块状结构，2%～5%棕色铁锰斑块，无石灰反应，与下层边界清晰，呈波状。

Br2：42～88 cm，暗灰黄色（2.5Y 5/2，干），黑棕色（2.5Y 3/2，润）；粉砂质黏壤土，发育强的直径 50～100 mm 棱柱状结构，裂隙发育，1～20 根/cm² 直径 0.5～2 mm 禾本科细根，1～20 个/cm² 直径 0.5～2 mm 孔隙，2%～5%棕色铁锰斑块，无石灰反应，渐变波状过渡。

Bg：88～100 cm，淡灰色（2.5Y 7/2，干），暗灰黄色（2.5Y 5/2，润）；粉砂质黏壤土，发育强的直径 50～100 mm 块状结构，紧实；10%～15%铁锰斑块，10%～15%铁锰结核，无石灰反应。

胡家系代表性单个土体物理性质

| 土层 | 深度 /cm | 砾石（>2 mm，体积分数）/% | 细土颗粒组成（粒径：mm）/（g/kg） | | | 质地 | 容重 /（g/cm³） |
			砂粒 2～0.05	粉粒 0.05～0.002	黏粒<0.002		
Ap1	0～12	—	160	594	246	粉砂壤土	1.27
Ap2	12～22	—	167	588	245	粉砂壤土	1.40
Br1	22～42	—	83	714	204	粉砂壤土	1.38
Br2	42～88	—	94	590	316	粉砂质黏壤土	1.45
Bg	88～100	10～15	143	547	310	粉砂质黏壤土	1.45

胡家系代表性单个土体化学性质

深度 /cm	pH (H₂O)	有机质 /(g/kg)	全氮(N) /(g/kg)	全磷(P₂O₅) /(g/kg)	全钾(K₂O) /(g/kg)	全铁(Fe₂O₃) /(g/kg)	阳离子交换量 /(cmol/kg)	游离氧化铁 /(g/kg)	有效磷(P) /(mg/kg)	速效钾(K) /(mg/kg)
0～12	6.3	23.4	1.44	0.64	15.2	34.3	15.0	10.9	23.86	114
12～22	7.0	11.8	0.83	0.48	15.8	36.8	13.2	11.6	4.96	102
22～42	7.5	9.1	0.62	0.43	16.0	36.8	13.0	9.6	3.05	112
42～88	7.4	16.2	0.94	0.35	15.1	34.2	17.9	6.6	1.87	146
88～100	7.8	4.0	0.30	0.38	16.2	55.7	14.0	15.5	1.20	160

5.8.4 潘庄系（Panzhuang Series）

土　族：黏壤质硅质混合型非酸性热性-底潜简育水耕人为土
拟定者：潘剑君，黄　标

分布与环境条件　广泛分布在淮安市洪泽县的各个地区。属于里下河平原西部碟形边缘，海拔约 17 m，为平原上的湖荡地区。气候上属暖温带季风气候区。年均气温 14.8℃，无霜期 224d。年均日照时数 2287.3h。年均降水量 906.1 mm。成土母质为黄土性冲积物。大部分已开垦利用，以水稻-小麦轮作为主。

潘庄系典型景观

土系特征与变幅　诊断层包括水耕表层、水耕氧化还原层；诊断特性包括人为滞水土壤水分状况、潜育特征、氧化还原特征、热性土壤温度。该土系土壤母质形成后，受长期人为水旱轮作，经历水耕氧化还原过程形成水耕人为土。由于地下水位浅，土壤下部长期渍水，存在潜育化。剖面 30～65 cm 处发育有 2%～15%锈纹锈斑和铁锰斑点，14～65 cm 处有 2%～15%灰色胶膜。土壤质地上壤下黏。呈中偏酸性，pH 为 6.21～6.68。

对比土系　黄集系，同一亚类，不同土族，颗粒大小级别为黏质，矿物学类型为伊利石混合型。莘庄系，同一亚类，不同土族，酸碱性为石灰性。后花系，不同土类，分布位置邻近，母质不同，为湖相沉积物。

利用性能综述　耕作层熟化程度较高，土壤质地上壤下黏，耕作和保水保肥能力较强。土壤养分储量较高，但作物高产仍需补充一定养分，后期适量追肥。

参比土种　黏黄土。

代表性单个土体　采自淮安市洪泽县高涧乡潘庄村九组（编号 32-248，野外编号 32082904），33°17′36.096″N，118°53′25.512″E。海拔 8.3 m，地势平缓，为平坦地块。当前作物为水稻。50 cm 深处土壤温度为 17.04℃。野外调查时间 2010 年 11 月。

　　Ap1：0～18 cm，灰黄色（2.5Y 6/2，干），暗灰黄色（2.5Y 4/2，润）；粉砂壤土，发育强的直径 20～50 mm 团块状结构，坚实；大于 200 根/cm² 直径 0.5～2 mm 根系，无石灰反应，平滑渐变过渡。

潘庄系代表性单个土体剖面

Ap2：18~30 cm，暗灰黄色（2.5Y 5/2，干），暗灰黄色（2.5Y 4/2，润）；壤土，发育强的直径 20~50 mm 块状结构，很坚实；1~20 根/cm² 直径 0.5~2 mm 根系，2%~5%灰色胶膜，无石灰反应，平滑渐变过渡。

Br1：30~49 cm，灰黄色（2.5Y 6/2，干），暗灰黄色（2.5Y 4/2，润）；壤土，发育强的直径 20~50 mm 核状结构，很坚实；2%~5%铁锰锈纹锈斑，5%~15%灰色胶膜，无石灰反应，平滑清晰过渡。

Br2：49~65 cm，灰黄色（2.5Y 6/2，干），暗黄棕色（2.5Y 4/2，润）；黏土，发育强的直径 50~100 mm 核状结构，坚实；2%~5%铁锰锈纹锈斑，2%~5%灰色胶膜，无石灰反应，平滑清晰过渡。

Bg：65~90 cm，黄灰色（2.5Y 6/1，干），黄灰色（2.5Y 5/1，润）；黏土，发育强的直径 50~100 mm 核状结构，坚实；无石灰反应。

潘庄系代表性单个土体物理性质

土层	深度 /cm	砾石 (>2 mm，体积 分数) /%	细土颗粒组成（粒径：mm）/（g/kg）			质地	容重 /（g/cm³）
			砂粒 2~0.05	粉粒 0.05~0.002	黏粒<0.002		
Ap1	0~18	—	270	527	203	粉砂壤土	1.30
Ap2	18~30	—	440	419	141	壤土	1.51
Br1	30~49	—	428	417	155	壤土	1.55
Br2	49~65	—	170	388	442	黏土	1.47
Bg	65~90	—	187	393	420	黏土	1.26

潘庄系代表性单个土体化学性质

深度 /cm	pH (H₂O)	有机质 /(g/kg)	全氮(N) /(g/kg)	全磷(P₂O₅) /(g/kg)	全钾(K₂O) /(g/kg)	全铁(Fe₂O₃) /(g/kg)	阳离子交换量 /(cmol/kg)	游离氧化铁 /(g/kg)	有效磷(P) /(mg/kg)	速效钾(K) /(mg/kg)
0~18	6.2	26.1	1.32	1.46	18.1	48.0	7.8	13.7	39.96	157
18~30	6.3	13.3	0.68	0.24	18.6	44.6	27.4	11.7	8.65	123
30~49	6.5	10.7	0.53	0.74	19.2	40.8	32.9	10.9	6.41	149
49~65	6.7	11.1	0.55	0.81	20.5	46.7	36.5	11.3	11.37	153
65~90	6.7	8.8	0.60	0.76	19.6	46.2	38.8	9.9	11.01	173

5.8.5　莘庄系（Shenzhuang Series）

土　族：黏壤质硅质混合型非酸性热性-底潜简育水耕人为土
拟定者：王　虹，黄　标

分布与环境条件　分布于
常熟市中南部、苏州市相
城区和昆山市北部地区。
属于太湖平原湖荡地区，
海拔较低，在 2～5 m。气
候上属北亚热带湿润季风
气候区，年均气温 16.2℃，
无霜期 230～240 d。年均
日照时数 1813.5 h。年均降
雨量 1135 mm。土壤起源
于湖沉积物上，土层深厚。
以水稻-小麦轮作一年两
熟为主。

莘庄系典型景观

土系特征与变幅　诊断层包括水耕表层、水耕氧化还原层；诊断特性包括人为滞水土壤
水分状况、潜育特征、氧化还原特征、热性土壤温度。该土系地处低洼区，湖积物母质
形成之后，由于地下水位浅，长期渍水，产生潜育化，人为排水后长期受人为水旱轮作，
经历水耕氧化还原过程，上部土层脱潜，但底部仍具潜育特征。整个剖面发育有锈纹锈
斑和铁锰斑点。有一定量的贝壳残留。表层土壤质地为粉砂质黏土，其余均为粉砂质黏
壤土。土壤呈微酸性-微碱性，pH 为 5.10～8.08。

对比土系　花桥系，不同土类，分布位置邻近，底部氧化铁聚集明显，为铁聚水耕人为
土。潘庄系，同一亚类，不同土族，酸碱性为非酸性。

利用性能综述　土壤养分含量较高，但质地较黏，上下均匀，水分条件较差，影响耕作
和土壤通透性。近年来的调查表明，土壤出现缺钾的情况。利用上，对种植水稻较为有
利，水分渗透缓慢，有利于保水保肥；但种植小麦期间，地下水依然较高，对小麦高产
有一定影响，应以治水改土为主，加强农田水利建设，降潜治渍，改善土壤结构；同时
注意钾素补充，亦可通过秸秆还田和增施有机肥，既改善土壤结构，又补充一定钾素。

参比土种　乌栅土。

代表性单个土体　采自苏州常熟市莘庄镇（编号 32-071，野外编号 B71），31°32′23.352″N，
120°42′37.728″E。海拔 5.7 m，小麦-水稻水旱轮作。剖面田块当前刚刚改种葡萄，周围
田块仍种植小麦。50 cm 土层年均温度 16.8℃。野外调查时间 2010 年 4 月。

莘庄系代表性单个土体剖面

Ap1：0～12 cm，暗灰黄色（2.5Y 5/2，干），黑棕色（2.5Y 3/2，润）；粉砂质黏土，发育强的直径1～5 mm团粒状结构，疏松；15%～20%铁锰斑点，少量贝壳，平直明显过渡。

Ap2：12～22 cm，灰黄色（2.5Y 6/2，干），暗灰黄色（2.5Y 4/2，润）；粉砂质黏壤土，发育强的直径5～20 mm块状结构，紧；10%～15%铁锰斑点和灰色胶膜，≥15%贝壳，弱石灰反应，平直逐渐过渡。

Br1：22～45 cm，灰黄色（2.5Y 6/2，干），暗灰黄色（2.5YR 4/2，润）；粉砂质黏壤土，发育强的直径20～50 mm棱块状结构，紧；5%～10%铁锰斑点，<2%贝壳，弱石灰反应，平直逐渐过渡。

Br2：45～83 cm，灰黄色（2.5Y 6/2，干），暗灰黄色（2.5Y 4/2，润）；粉砂质黏壤土，发育强的直径20～50 mm棱块状结构，紧；5%～10%铁锰斑点，弱石灰反应，平直逐渐过渡。

Bg：83～100 cm，黄灰色（2.5Y 6/1，干），黑棕色（2.5Y 4/1，润）；粉砂质黏壤土，发育强的直径20～100 mm棱块状结构，紧；15%～20%铁锰斑点，中石灰反应。

莘庄系代表性单个土体物理性质

土层	深度/cm	砾石（>2 mm，体积分数）/%	细土颗粒组成（粒径：mm）/（g/kg）			质地	容重/（g/cm³）
			砂粒2～0.05	粉粒0.05～0.002	黏粒<0.002		
Ap1	0～12	—	35	407	559	粉砂质黏土	0.94
Ap2	12～22	—	70	625	305	粉砂质黏壤土	1.32
Br1	22～45	—	31	656	313	粉砂质黏壤土	1.46
Br2	45～83	—	70	632	297	粉砂质黏壤土	1.42
Bg	83～100	—	108	524	369	粉砂质黏壤土	1.38

莘庄系代表性单个土体化学性质

深度/cm	pH（H₂O）	有机质/（g/kg）	全氮(N)/（g/kg）	全磷(P₂O₅)/（g/kg）	全钾(K₂O)/（g/kg）	全铁(Fe₂O₃)/（g/kg）	阳离子交换量/（cmol/kg）	游离氧化铁/（g/kg）	有效磷(P)/（mg/kg）	速效钾(K)/（mg/kg）
0～12	5.1	29.2	1.65	0.78	16.2	43.6	19.2	16.5	26.63	124
12～22	7.9	16.3	1.02	0.59	16.0	45.1	16.9	19.6	3.64	92
22～45	8.1	10.6	0.64	0.53	16.0	35.2	15.5	18.0	2.62	90
45～83	8.1	11.5	0.65	0.51	17.0	32.4	17.4	17.1	2.56	100
83～100	7.6	42.5	1.43	0.40	19.1	33.6	28.5	19.8	3.25	124

5.9 普通简育水耕人为土

5.9.1 崔周系（Cuizhou Series）

土 族：黏质伊利石混合型非酸性温性-普通简育水耕人为土
拟定者：雷学成，潘剑君

分布与环境条件 分布于淮安市宋集、顺河、季桥、城东等乡镇，位于徐淮黄泛平原的堤侧低洼平原多处地势低洼处。气候上属北亚热带和暖温带的过渡地区，年均气温 14.1℃。全年≥0℃积温 5091.4℃，≥12℃积温 4217.1℃，无霜期 208 d，年均降雨量 945.2 mm，年均蒸发量为 1472.6 mm。土壤起源于次生黄土性堆积物母质，土层深厚。以水稻/玉米-小麦轮作一年两熟为主。

崔周系典型景观

土系特征与变幅 诊断层包括水耕表层（Ap1 耕作层，Ap2 犁底层）；诊断特性包括人为滞水土壤水分状况、氧化还原特征、温性土壤温度。该土系土壤发育于次生黄土堆积物母质上，雏形层有一定发育结构。土壤剖面通体较黏，剖面中部部分层次有石灰反应。土体呈碱性，pH 为 7.55~7.86。

对比土系 谢荡系，同一亚类不同土族，酸碱性为石灰性。

利用性能综述 土壤养分含量充足，土壤肥力长，有后劲，地力基础产量高。但保墒力弱，怕旱怕涝，土质黏重，适耕期短，土性冷，发挥性差。今后改良，一是深耕改土，培厚活土层，改善土壤理化性质；二是合理轮作提高土壤速效养分，种植绿肥，同时施用优质有机肥，重视磷肥的施用，促进氮磷钾三要素平衡；三是改善水利设施，减少渍害，使作物持续高产。

参比土种 淤土。

代表性单个土体 采自淮安市楚州区顺河镇崔周村（编号 32-236，野外编号 32080302），33°35′30.30″N，119°19′44.724″E，海拔 3 m，当前作物为水稻或玉米。50 cm 土层年均温度 15.4℃。野外调查时间 2010 年 10 月。

32080302

崔周系代表性单个土体剖面

Ap1：0～15 cm，灰黄棕色（10YR 5/2，干），黑棕色（10YR 3/2，润）；粉砂质黏土，发育弱的直径5～20 mm次棱块状结构，稍疏松；无石灰反应，清晰波状过渡。

Ap2：15～26 cm，灰黄棕色（10YR 6/2，干），浊黄棕色（10YR 4/3，润）；粉砂质黏土，很硬；发育强的直径10～50 mm块状结构，2%～5%铁锰锈纹锈斑，中度石灰反应，清晰波状过渡。

Br1：26～47 cm，灰黄棕色（10YR 6/2，干），浊黄棕色（10YR 4/3，润）；粉砂质黏土，发育强的直径20～100 mm块状结构，很硬；2%～5%铁锰锈纹锈斑，中度石灰反应，清晰平滑过渡。

Br2：47～74 cm，灰黄棕色（10YR 5/2，干），灰黄棕色（10YR 4/2，润）；粉砂质黏土，发育强的直径20～100 mm块状结构，很硬；2%～5%铁锰锈纹锈斑，中度石灰反应，清晰平滑过渡。

Br3：74～115 cm，浊黄橙色（10YR 6/3，干），暗灰黄色（10YR 4/4，润）；黏土，发育强的直径20～100 mm块状结构，很硬；5%～15%的铁锰锈纹锈斑，无石灰反应。

崔周系代表性单个土体物理性质

| 土层 | 深度 /cm | 砾石 (>2 mm，体积分数) /% | 细土颗粒组成（粒径：mm）/（g/kg） | | | 质地 | 容重 /（g/cm³） |
			砂粒 2～0.05	粉粒 0.05～0.002	黏粒<0.002		
Ap1	0～15	—	119	473	409	粉砂质黏土	1.14
Ap2	15～26	—	174	422	404	粉砂质黏土	1.46
Br1	26～47	—	136	431	433	粉砂质黏土	1.46
Br2	47～74	—	131	403	465	粉砂质黏土	1.46
Br3	74～115	—	131	378	491	黏土	1.50

崔周系代表性单个土体化学性质

深度 /cm	pH (H₂O)	有机质 /(g/kg)	全氮(N) /(g/kg)	全磷(P₂O₅) /(g/kg)	全钾(K₂O) /(g/kg)	全铁(Fe₂O₃) /(g/kg)	阳离子交换量 /(cmol/kg)	游离氧化铁 /(g/kg)	有效磷(P) /(mg/kg)	速效钾(K) /(mg/kg)
0～15	7.6	25.0	1.31	1.86	17.6	41.4	22.9	9.5	27.45	199
15～26	7.7	8.9	0.62	0.83	17.6	53.3	22.9	10.0	4.40	118
26～47	7.9	11.9	0.50	0.72	15.3	40.0	21.0	8.8	2.01	112
47～74	7.7	10.2	0.44	0.68	14.9	41.2	22.0	9.1	2.19	126
74～115	7.6	6.9	0.25	0.51	19.3	48.3	22.4	12.7	0.60	134

5.9.2 官墩系（Guandun Series）

土　　族：黏质伊利石混合型非酸性温性-普通简育水耕人为土
拟定者：黄标，王培燕，杜国华

分布与环境条件　分布于宿迁市沭阳县中心偏东北部地区。属于沂沭丘陵平原区南部，区域地势起伏较小，海拔仅 3 m 左右。气候上属暖温带季风气候区，年均气温 13.8℃，无霜期 203 d。全年总日照时数为 2363.7 h，年日照百分率 53%，年均降雨量 937.6 mm。土壤起源于河流冲积物和湖积物母质。小麦-水稻轮作。

官墩系典型景观

土系特征与变幅　诊断层包括水耕表层、水耕氧化还原层；诊断特性包括人为滞水土壤水分状况、氧化还原特征、温性土壤温度。该土系为二元母质，上部为沂沭河冲积物，约 40～50 cm，下部为古湖相沉积物，植稻时间大约 30 多年，表土层之下，水耕氧化还原特征明显，剖面中见锈纹锈斑和铁锰斑点。上下土层质地变化明显，上部为粉砂壤土，下部为粉砂质黏土，上部土壤有强石灰反应，而下部则无石灰反应，土体呈碱性，pH 为 7.51～7.98。

对比土系　许洪系，同一土族，剖面上部无河流冲积物覆盖，全剖面无石灰反应。前巷系，同一亚类不同土族，矿物学类型为蛭石混合型。陈集系，同一亚类不同土族，颗粒大小级别为壤质，矿物学类型为云母混合型。

利用性能综述　土壤质地较黏重，会影响耕性。地势较低，易涝易渍。但养分储量及有效性较高。今后改良利用应推广秸秆还田，改善土壤性状，加强水利建设，完善田间排灌系统，降低地下水位，以求高产稳产。

参比土种　底黑淤土。

代表性单个土体　采自宿迁市沭阳县官墩镇官墩村（编号 32-127，野外编号 SY42P），34°12′40.068″N，118°54′27.648″E。海拔 4 m，当前作物为水稻，地下水位约 1 m。50 cm 土层年均温度 15.6℃。野外调查时间 2011 年 11 月。

Ap1：0～18 cm，浊棕色（7.5YR 6/3，干），棕色（7.5YR 4/3，润），湿；粉砂壤土，发育强的直径 2～10 mm 粒状结构，稍紧；强石灰反应，平直明显过渡。

Ap2：18～30 cm，浊橙色（7.5YR 7/3，干），浊棕色（7.5YR 5/3，润），潮；粉砂壤土，发育强的直径 5～20 mm 团粒状结构，紧；强石灰反应，少量铁锰斑纹，波状明显过渡。

Br1：30～60 cm，灰黄棕色（10YR 6/2，干），灰黄棕色（10YR 5/2，润），湿；粉砂质黏土，发育强的直径 10～50 mm 团块状结构，稍紧；见少量铁锰斑纹，平直过度过渡。

Br2：60～120 cm，灰黄橙色（10YR 6/3，干），浊黄棕色（10YR 5/3，润）；粉砂质黏土，发育强的直径 20～100 mm 团块状结构，稍紧；见少量铁锰斑纹。

官墩系代表性单个土体剖面

官墩系代表性单个土体物理性质

| 土层 | 深度/cm | 砾石（>2 mm，体积分数）/% | 细土颗粒组成（粒径：mm）/（g/kg） | | | 质地 | 容重/（g/cm³） |
			砂粒 2～0.05	粉粒 0.05～0.002	黏粒<0.002		
Ap1	0～18	—	245	625	130	粉砂壤土	1.23
Ap2	18～30	—	115	602	283	粉砂壤土	1.50
Br1	30～60	—	119	482	399	粉砂质黏土	1.37
Br2	60～120	—	120	468	412	粉砂质黏土	1.30

官墩系代表性单个土体化学性质

深度/cm	pH（H₂O）	有机质/（g/kg）	全氮(N)/（g/kg）	全磷(P₂O₅)/（g/kg）	全钾(K₂O)/（g/kg）	全铁(Fe₂O₃)/（g/kg）	阳离子交换量/（cmol/kg）	游离氧化铁/（g/kg）	有效磷(P)/（mg/kg）	速效钾(K)/（mg/kg）
0～18	7.7	31.3	1.90	2.34	24.4	35.5	24.4	13.1	35.65	186
18～30	8.0	11.2	0.77	1.20	24.4	34.6	20.3	13.8	0.74	150
30～60	7.6	9.1	0.77	0.34	17.9	25.3	23.5	12.1	痕迹	118
60～120	7.5	5.5	0.34	0.58	20.9	30.3	24.7	12.3	痕迹	146

5.9.3 后庄系（Houzhuang Series）

土　族：黏质伊利石混合型非酸性温性-普通简育水耕人为土
拟定者：黄标，王培燕，杜国华

分布与环境条件　分布于宿
迁市沭阳县陇集、颜集、刘
集、新河、阴平等乡镇。属
于沂沭河冲积平原两侧高阶
地，地势起伏较小的缓岗岭
地，海拔 10～23 m。气候上
属暖温带季风气候区，年均
气温 13.8℃，无霜期 203 d。
全年总日照时数为 2363.7 h，
年日照百分率 53%，年均降
雨量 937.6 mm。土壤起源于
黄土性湖积物母质，土层深
厚。以水稻-小麦轮作一年两
熟为主。

后庄系典型景观

土系特征与变幅　诊断层包括水耕表层、水耕氧化还原层；诊断特性包括人为滞水土壤
水分状况、氧化还原特征、温性土壤温度。该土系受人为水旱稻麦轮作，形成水耕人为
土。整个剖面发育有<2%锈纹锈斑和铁锰斑点，水耕氧化还原特征明显。0～35 cm 有<
2%黑色模糊很小的铁锰结核，35～91 cm 有 5%～15%白色硬小的碳酸钙结核。土壤质地
整体为壤土，35～50 cm 深处夹一黏土层，土体呈中性，pH 为 6.80～7.82。

对比土系　许洪系，同一土族，水耕人为作用相对较弱。小刘场系，不同土纲，犁底层
发育不明显，紧邻水耕表层之下未发育水耕氧化还原层，为雏形土。豆滩系，同一亚类
不同土族，颗粒大小级别为黏壤质，矿物学类型为硅质混合型。

利用性能综述　土壤土体物理性状较差，耕性不好，但在农田基本建设较好的水田，保
水保肥性能较好。主要是有效养分稍差，有机质含量偏低，底土有效磷含量极低。今后
改良应适时抢耕抢种，适当深耕，通过增施有机肥和秸秆还田提高土壤有机质，合理配
施磷肥。

参比土种　岗黑土。

代表性单个土体　采自宿迁市沭阳县刘集镇后庄村（编号 32-143，野外编号 SY18P），
33°58′11.568″N，118°36′43.92″E。海拔 10.9 m，平坦地块。当前作物为水稻。50 cm 土
层年均温度 15.6℃。野外调查时间 2011 年 11 月。

　　Ap1：0～15 cm，浊黄棕色（10YR 5/4，干），暗棕色（10YR 3/4，润），润；粉砂壤土，发育强
的直径 1～5 mm 团粒状结构，<2%黑色模糊很小的铁锰结核，平直明显过渡。

后庄系代表性单个土体剖面

Ap2：15～25 cm，浊黄橙色（10YR 6/4，干），棕色（10YR 4/4，润），潮；粉砂质黏壤土，发育强的直径5～20 mm块状结构，<2%黑色模糊很小的铁锰结核，平直逐渐过渡。

Br1：25～35 cm，浊黄橙色（10YR 6/4，干），棕色（10YR 4/4，润），潮；粉砂质黏壤土，发育强的直径5～20 mm块状结构，<2%黑色模糊很小的铁锰结核，平直明显过渡。

Br2：35～50 cm，浊黄棕色（10YR 5/3，干），浊黄棕色（10YR 4/3，润），潮；粉砂质黏土，发育强的直径5～20 mm块状结构，<2%锈纹锈斑，5%～15%白色硬小的碳酸钙结核，平直明显过渡。

Br3：50～91 cm，浊黄橙色（10YR 6/3，干），棕色（10YR 4/3，润），潮；粉砂质黏壤土，发育强的直径5～50 mm块状结构，<2%锈纹锈斑，5%～15%白色硬小的碳酸钙结核，平直逐渐过渡。

Br4：91～120 cm，亮黄棕色（10YR 6/6，干），棕色（10YR 4/6，润），潮；粉砂质黏壤土，发育强的直径5～50 mm块状结构，5%～15%锈纹锈斑。

后庄系代表性单个土体物理性质

土层	深度 /cm	砾石 (>2 mm，体积分数) /%	细土颗粒组成（粒径：mm）/（g/kg）			质地	容重 /（g/cm³）
			砂粒 2～0.05	粉粒 0.05～0.002	黏粒<0.002		
Ap1	0～15	—	141	591	268	粉砂壤土	1.38
Ap2	15～25	—	178	530	293	粉砂质黏壤土	1.66
Br1	25～35	—	178	530	293	粉砂质黏壤土	1.66
Br2	35～50	—	166	423	410	粉砂质黏土	1.41
Br3	50～91	—	165	481	354	粉砂质黏壤土	1.49
Br4	91～120	—	166	502	331	粉砂质黏壤土	1.63

后庄系代表性单个土体化学性质

深度 /cm	pH (H₂O)	有机质 /(g/kg)	全氮(N) /(g/kg)	全磷(P₂O₅) /(g/kg)	全钾(K₂O) /(g/kg)	全铁(Fe₂O₃) /(g/kg)	阳离子交换量 /(cmol/kg)	游离氧化铁 /(g/kg)	有效磷(P) /(mg/kg)	速效钾(K) /(mg/kg)
0～15	6.8	18.8	1.11	1.01	18.7	23.0	21.0	11.9	13.92	112
15～25	7.4	6.9	0.49	0.50	18.6	23.4	20.8	10.9	0.68	124
25～35	7.4	6.9	0.49	0.50	18.6	23.4	20.8	10.9	0.68	124
35～50	7.5	6.5	0.46	0.54	21.5	34.5	27.0	15.2	0.16	160
50～91	7.7	5.6	0.59	0.60	21.3	37.2	24.1	13.8	0.18	156
91～120	7.8	3.9	0.28	0.56	21.1	36.0	22.9	17.8	痕迹	144

5.9.4 梁洼系（Liangwa Series）

土　族：黏质伊利石型非酸性热性-普通简育水耕人为土
拟定者：雷学成，黄　标，潘剑君

分布与环境条件　广泛分布
于盱眙县的缓岗丘陵的缓坡
上，属于宁镇扬丘陵区，区
域地势有一定起伏，海拔
20～50 m。气候上属北亚热
带湿润季风气候区，年均气
温 14.7℃，无霜期 219 d，年
均总辐射量 114.67kcal/cm²，
年均降雨量 1005 mm。土壤
起源于黄土性母质上，土层
深厚。以水稻-小麦轮作一年
两熟为主。

梁洼系典型景观

土系特征与变幅　诊断层包括水耕表层、水耕氧化还原层；诊断特性包括人为滞水土壤
水分状况、氧化还原特征、热性土壤温度。该土系土壤是黄土性母质长期受人为水旱轮
作，经历水耕氧化还原形成的水耕人为土。剖面耕作层之下有 2%～40%的铁锰斑纹和少
量铁锰结核；60 cm 以下有大量球形铁锰结核。土体 0～26 cm 土壤质地为黏壤土，其下
为粉砂质黏壤土，土体呈中性，pH 为 6.45～6.84。
对比土系　洗东系，同一土族，整体偏黏，黏粒含量 287～589 g/kg，土壤颜色偏红，为
10YR，游离铁含量较高。
利用性能综述　质地偏黏，耕性稍差，但保水保肥性强，养分丰富。今后改良应深耕晒
垡，增加土壤通透性。
参比土种　黏黄土。
代表性单个土体　采自淮安市盱眙县古桑街道石牛村梁洼组（编号 32-259，野外编号
32083007），32°58′23.664″N，118°30′17.532″E，海拔 23 m。当前作物为水稻。50 cm 土
层年均温度 16.9℃。野外调查时间 2011 年 3 月。

梁洼系代表性单个土体剖面

Ap1: 0～15 cm, 黄棕色 (2.5Y 5/3, 干), 橄榄棕色 (2.5Y 4/3, 润), 润; 黏壤土, 发育强的直径 2～50 mm 团粒或次棱块状结构, 疏松; 清晰平滑过渡。

Ap2: 15～26 cm, 浊黄色 (2.5Y 6/3, 干), 橄榄棕色 (2.5Y 4/4, 润), 潮; 黏壤土, 发育强的直径 20～100 mm 棱块状结构, 坚实; 2%～5% 中等大小、角状、黑色铁锰结核, 渐变波状过渡。

Br1: 26～63 cm, 灰黄色 (2.5Y 7/2, 干), 暗灰黄色 (2.5Y 5/2, 润), 潮; 粉砂质黏壤土, 发育强的直径 50～100 mm 棱块状结构, 很坚实; ≥40% 直径 2～6 mm 铁锰斑纹, 渐变波状过渡。

Br2: 63～101 cm, 亮黄棕色 (2.5Y 7/6, 干), 黄棕色 (2.5Y 5/6, 润), 潮; 粉砂质黏壤土, 发育强的直径 ≥100 mm 棱块状结构, 很坚实; ≥40% 直径 6～20 mm 铁锰斑纹, 5%～10% 的 2～6 mm 铁锰结核。

梁洼系代表性单个土体物理性质

土层	深度 /cm	砾石 (>2 mm, 体积分数) /%	细土颗粒组成 (粒径: mm) / (g/kg)			质地	容重 / (g/cm³)
			砂粒 2～0.05	粉粒 0.05～0.002	黏粒 <0.002		
Ap1	0～15	—	245	373	382	黏壤土	1.08
Ap2	15～26	—	204	403	393	黏壤土	1.50
Br1	26～63	—	171	461	369	粉砂质黏壤土	1.62
Br2	63～101	—	156	497	347	粉砂质黏壤土	1.62

梁洼系代表性单个土体化学性质

深度 /cm	pH (H₂O)	有机质 / (g/kg)	全氮(N) / (g/kg)	全磷(P₂O₅) / (g/kg)	全钾(K₂O) / (g/kg)	全铁(Fe₂O₃) / (g/kg)	阳离子交换量 / (cmol/kg)	游离氧化铁 / (g/kg)	有效磷(P) / (mg/kg)	速效钾(K) / (mg/kg)
0～15	6.5	37.0	1.37	0.50	13.3	30.1	23.3	13.2	57.55	182
15～26	6.7	11.7	0.60	0.57	13.0	41.9	30.0	14.9	11.14	110
26～63	6.7	3.8	0.26	0.32	12.8	41.8	27.7	16.2	5.26	95
63～101	6.8	4.1	0.20	0.20	11.8	34.3	28.9	12.4	4.17	100

5.9.5 施汤系（Shitang Series）

土　族：黏质伊利石混合型非酸性热性-普通简育水耕人为土
拟定者：雷学成，黄　标，潘剑君

分布与环境条件　广泛分布在淮安市洪泽县的岔河和仁和地区。属于里下河浅洼平原西部碟形边缘的湖荡地区，海拔约 14 m。气候上属暖温带季风气候区。年均气温 14.8℃，无霜期 224 d。年均日照时数2287.3 h。年均降水量 906.1 mm。成土母质为湖相沉积物。以水稻-小麦轮作为主。

施汤系典型景观

土系特征与变幅　诊断层包括水耕表层、水耕氧化还原层；诊断特性包括人为滞水土壤水分状况、氧化还原特征、热性土壤温度。该土系是在湖积物母质上，长期受人为水旱轮作，经历水耕氧化还原过程，最终形成水耕人为土。剖面 40 cm 以下有 2%～15%的铁锰斑纹和 2%～40%的灰色胶膜。土壤质地表层为粉砂壤土，其下均为黏土，土壤氮磷钾养分较高。土体呈中性，pH 为 6.27～7.87。

对比土系　庆洋系，位于同一县境内，成土母质、分布地形、土地利用一致，但有潜育特征，为潜育水耕人为土。谢荡系，同一亚类不同土族，酸碱性为石灰性，土壤温度为温性。

利用性能综述　耕作层熟化程度较高；土壤质地偏黏，保水保肥能力较强。土壤养分储量较高，利用时应加强深耕，改善土壤排水和通气状况；适当补充氮、磷、钾及有机肥，后期适量追肥，即可稳产高产。

参比土种　乌土。

代表性单个土体　采自淮安市洪泽县岔河镇施汤村汤庄组（编号 32-247，野外编号 32082903），33°14′18.708″N，119°02′53.016″E，海拔 9 m。采样时正值水稻收割。50 cm 深处土壤温度为 17.04℃。野外调查时间 2010 年 11 月。

Ap1：0～18 cm，灰黄棕色（10YR 4/2，干），黑棕色（10YR 3/2，润）；粉砂壤土，发育强的直径 10～50 mm 团块状结构，坚实；波状清晰过渡。

Ap2：18～30 cm，灰黄棕色（10YR 5/2，干），灰黄棕色（10YR 4/2，润）；黏土，发育强的直径 50～100 mm 棱块状，很坚实；2%～5%铁锰锈纹锈斑，少量灰色胶膜，平滑清晰过渡。

Br1：30～64 cm，灰黄棕色（10YR 6/2，干），暗黄棕色（10YR 4/2，润）；黏土，发育强的直径 50～100 mm 棱块状结构，很坚实；2%～5%铁锰锈纹锈斑，15%～40%灰色胶膜，平滑清晰过渡。

Br2：64～109 cm，灰黄棕色（10YR 5/2，干），灰黄棕色（10YR 5/2，润）；黏土，发育强的直径 50～100 mm 棱块状结构，很坚实；5%～15%铁锰锈纹锈斑，2%～5%灰色胶膜。

施汤系代表性单个土体剖面

施汤系代表性单个土体物理性质

土层	深度 /cm	砾石（>2 mm，体积分数）/%	细土颗粒组成（粒径：mm）/（g/kg）			质地	容重 /（g/cm³）
			砂粒 2～0.05	粉粒 0.05～0.002	黏粒<0.002		
Ap1	0～18	—	290	545	165	粉砂壤土	1.23
Ap2	18～30	—	192	324	483	黏土	1.47
Br1	30～64	—	234	266	500	黏土	1.58
Br2	64～109	—	—	—	—	黏土	—

施汤系代表性单个土体化学性质

深度 /cm	pH (H₂O)	有机质 /(g/kg)	全氮(N) /(g/kg)	全磷(P₂O₅) /(g/kg)	全钾(K₂O) /(g/kg)	全铁(Fe₂O₃) /(g/kg)	阳离子交换量 /(cmol/kg)	游离氧化铁 /(g/kg)	有效磷(P) /(mg/kg)	速效钾(K) /(mg/kg)
0～18	6.3	43.6	2.03	1.91	21.1	52.4	38.6	7.9	68.29	191
18～30	7.6	17.3	1.05	0.89	20.8	17.5	35.4	9.2	5.42	145
30～64	7.9	11.7	0.62	0.74	19.0	46.9	34.4	11.3	3.86	148
64～109	—	—	—	—	—	—	—	—	—	—

5.9.6　洗东系（Xidong Series）

土　族：黏质伊利石型非酸性热性-普通简育水耕人为土
拟定者：王培燕，黄　标，潘剑君

分布与环境条件　广泛
分布于盱眙县的缓岗丘
陵地区，全县除西部山区
的个别乡镇外均有分布。
在土壤区划上，属于张八
岭北部低山丘陵缓岗区，
区域地势有一定起伏，海
拔 20～50 m。气候上属北
亚热带湿润季风气候区，
年均气温 14.7℃，无霜期
219 d，年 均 总 辐 射 量
114.67kcal/cm²，年均降雨
量 981.5 mm。土壤起源于

洗东系典型景观

黄土性母质上，土层深厚。以水稻-小麦轮作一年两熟为主。

土系特征与变幅　诊断层包括水耕表层、水耕氧化还原层；诊断特性包括人为滞水土壤
水分状况、氧化还原特征、热性土壤温度。该土系土壤在母质受人为滞水，水旱轮作，
经历水耕氧化还原过程形成。剖面 20 cm 以下有 5%～40%的黏粒胶膜，2%～40%的铁锰
斑纹；80 cm 以下，有 5%～15%的铁锰结核。土壤质地整体较黏，上部为黏壤土，下部
为黏土，土体呈中性，pH 为 6.84～7.18。

对比土系　梁洼系，同一土族，质地较壤，黏粒含量较低，为 347～393 g/kg，土壤颜色
偏黄，为 5YR。

利用性能综述　质地整体黏重，仅耕作层质地稍壤，因此，耕作性能较差。由于地势较
高，不易渍水，但土壤养分较缺。利用过程中应注意深耕，或加强秸秆还田，改善土壤
通透性；同时注意增加土壤有机质，增施磷肥，配合使用钾肥。

参比土种　黄白岗土。

代表性单个土体　采自淮安市盱眙县十里营乡新港村洗东组（编号 32-258，野外编号
32083006），33°01′3.144″N，118°32′22.632″E，海拔 36.4 m。农业利用以水稻-小麦轮作
为主，一般一年两熟，当前作物为小麦。50 cm 土层年均温度 16.9℃。野外调查时间 2011
年 3 月。

　　Ap1：0～13 cm，浊黄橙色（10YR 6/3，干），棕色（10YR 4/4，润）；砂质黏壤土，发育强的直径 2～10 mm 团粒状结构，疏松；渐变平滑过渡。

　　Ap2：13～20 cm，浊黄橙色（10YR 7/3，干），浊黄棕色（10YR 5/4，润）；黏壤土，发育强的直径 20～50 mm 棱块状结构，坚实；5%～15%黏粒胶膜，胶膜对比度模糊，无结核，平滑渐变过渡。

　　Br1：20～44 cm，浊黄橙色（10YR 6/4，干），黄棕色（10YR 5/6，润）；黏土，发育强的直径 20～50 mm 棱块状结构，很坚实；15%～40%黏粒胶膜，胶膜对比度明显，平滑渐变过渡。

　　Br2： 44～78 cm，黄棕色（10YR 5/6，干），黄棕色（10YR 5/6，润）；黏土，发育强的直径 20～100 mm 棱块状结构，很坚实；≥40%黏粒胶膜，胶膜对比度明显，波状清晰过渡。

　　Br3：78～94 cm，浊黄棕色（10YR 5/4，干），棕色（10YR 4/4，润）；黏土，发育强的直径 20～100 mm 棱块状结构，很坚实；≥40%黏粒胶膜，胶膜对比度明显，5%～15%铁锰结核。

洗东系代表性单个土体剖面

洗东系代表性单个土体物理性质

土层	深度/cm	砾石（>2 mm，体积分数）/%	细土颗粒组成（粒径：mm）/（g/kg）			质地	容重/（g/cm³）
			砂粒 2～0.05	粉粒 0.05～0.002	黏粒<0.002		
Ap1	0～13	—	499	215	287	砂质黏壤土	1.41
Ap2	13～20	—	278	356	367	黏壤土	1.60
Br1	20～44	—	236	174	589	黏土	1.60
Br2	44～78	—	273	192	535	黏土	1.63
Br3	78～94	—	242	290	468	黏土	1.59

洗东系代表性单个土体化学性质

深度/cm	pH(H₂O)	有机质/(g/kg)	全氮(N)/(g/kg)	全磷(P₂O₅)/(g/kg)	全钾(K₂O)/(g/kg)	全铁(Fe₂O₃)/(g/kg)	阳离子交换量/(cmol/kg)	游离氧化铁/(g/kg)	有效磷(P)/(mg/kg)	速效钾(K)/(mg/kg)
0～13	7.0	17.2	0.78	0.67	10.3	35.9	18.6	14.7	3.18	107
13～20	7.0	5.4	0.34	0.35	11.2	40.5	25.1	21.0	11.68	128
20～44	6.9	5.4	0.32	0.32	18.4	43.3	38.5	17.5	2.89	180
44～78	6.8	3.2	0.31	0.23	14.3	65.4	32.9	18.9	4.68	183
78～94	7.2	6.1	0.28	0.26	15.2	58.6	30.5	15.9	3.25	154

5.9.7　许洪系（Xuhong Series）

土　族：黏质伊利石混合型非酸性温性-普通简育水耕人为土
拟定者：王培燕，黄　标，杜国华

分布与环境条件　主要分布于宿迁市沭阳县北丁集、刘集、陇集以及桑墟等地区岗地与平原相交接的部位。属于沂沭河冲积平原，区域地势起伏较小，海拔较低，仅 2 m 左右。气候上属暖温带季风气候区，年均气温 13.8℃，无霜期 203 d。全年总日照时数为 2363.7 h，年日照百分率 53%。年均降雨量 937.6 mm。土壤起源于湖积物母质，土层深厚。以水稻-小麦轮作一年两熟为主。

许洪系典型景观

土系特征与变幅　诊断层包括水耕表层、水耕氧化还原层；诊断特性包括人为滞水土壤水分状况、氧化还原特征、温性土壤温度。该土系为发育于湖积物母质的土壤，人为水旱稻麦轮作约 30 多年，水耕氧化还原较弱。在表土层之下出现 2%～15% 的锈纹锈斑。土壤质地通体粉砂质黏壤土，土体呈微酸性-中性，pH 为 6.05～7.38。

对比土系　万匹系，分布区域邻近，同一亚类不同土族，颗粒级别大小为黏壤质，矿物学类型为硅质混合型。双庄系，同一亚类不同土族，分布位置邻近，颗粒级别大小为黏壤质，矿物学类型为混合型。官墩系，同一土族，土体出现湖积物母质，上部土体有石灰反应。后庄系，同一土族，水耕人为作用更强烈，紧邻水耕表层之下发育水耕氧化还原层。

利用性能综述　土壤黏重，耕性稍差，但保水保肥性好。心、底土层黏重，影响水分上下运行，今后改良要注意开沟排水，降低地下水位，协调土壤水气。

参比土种　岗地淤土。

代表性单个土体　采自宿迁市沭阳县桑墟镇许洪村（编号 32-134，野外编号 SY34P），34°18′56.124″N，118°51′55.98″E。海拔 4 m，平坦地块，地下水深度为 100 cm 以下。当前作物为水稻。50 cm 土层年均温度 15.6℃。野外调查时间 2011 年 11 月。

许洪系代表性单个土体剖面

Ap1：0～12 cm，浊棕色（7.5YR 6/3，干），棕色（7.5YR 4/3，润）；粉砂质黏壤土，发育强的直径 2～20 mm 团粒状结构，松；平直明显过渡。

Ap2：12～24 cm，浊橙色（7.5YR 6/4，干），棕色（7.5YR 4/4，润）；粉砂质黏壤土，发育强的直径 5～20 mm 团块状结构，紧；平直明显过渡。

Br1：24～50 cm，浊橙色（7.5YR 6/4，干），棕色（7.5YR 4/4，润）；粉砂质黏壤土，发育强的直径 10～50 mm 块状结构，稍紧；结构面上有＜2%极小的模糊的灰色胶膜，有 2%左右的铁锰斑纹，平直明显过渡。

Br2：50～100 cm，浊橙色（7.5YR 6/4，干），棕色（7.5YR 4/4，润）；粉砂质黏壤土，发育强的最大尺度≥10 mm 弱块状结构，稍紧；有 2%左右铁锰斑纹。

许洪系代表性单个土体物理性质

土层	深度/cm	砾石（>2 mm，体积分数）/%	细土颗粒组成（粒径：mm）/（g/kg）			质地	容重/（g/cm³）
			砂粒 2～0.05	粉粒 0.05～0.002	黏粒<0.002		
Ap1	0～12	—	107	523	370	粉砂质黏壤土	1.15
Ap2	12～24	—	110	524	366	粉砂质黏壤土	1.36
Br1	24～50	—	75	566	359	粉砂质黏壤土	1.45
Br2	50～100	—	98	560	342	粉砂质黏壤土	1.44

许洪系代表性单个土体化学性质

深度/cm	pH（H₂O）	有机质/（g/kg）	全氮(N)/（g/kg）	全磷(P₂O₅)/（g/kg）	全钾(K₂O)/（g/kg）	全铁(Fe₂O₃)/（g/kg）	阳离子交换量/（cmol/kg）	游离氧化铁/（g/kg）	有效磷(P)/（mg/kg）	速效钾(K)/（mg/kg）
0～12	6.1	35.1	1.95	1.76	25.5	36.8	22.8	17.8	20.80	121
12～24	7.3	16.1	1.00	1.21	27.1	39.3	21.4	20.0	3.66	130
24～50	7.4	7.4	0.55	1.15	26.3	38.4	21.0	19.1	4.21	138
50～100	7.2	8.8	0.60	1.34	26.0	38.8	21.1	19.9	9.28	144

5.9.8 于圩系（Yuwei Series）

土　族：黏质伊利石混合型非酸性温性-普通简育水耕人为土
拟定者：黄　标，王培燕，杜国华

分布与环境条件　分布于宿迁市沭阳县阴平和庙头镇的低洼地区。属于沂沭河冲积平原。海拔较低，仅 4 m 左右。气候上属暖温带季风气候区，年均气温 13.8℃，无霜期 203 d。全年总日照时数为 2363.7 h，年日照百分率 53%，年均降雨量 937.6 mm。土壤起源于河流冲积物母质，土层深厚。以水稻-小麦轮作一年两熟为主。

于圩系典型景观

土系特征与变幅　诊断层包括水耕表层、水耕氧化还原层；诊断特性包括人为滞水土壤水分状况、氧化还原特征、温性土壤温度。该土系土壤母质由两个时期沉积物构成，50 cm 以上河流冲积物，以下则为湖积物，其上发育古土壤。上层冲积物母质受人为水旱稻麦轮作影响，经历水耕氧化还原过程，形成了发育程度较弱的水耕人为土。水耕表层之下，水耕氧化还原特征较明显，见一定量锈纹锈斑和铁锰斑点。土壤质地粉砂质黏土夹黏土，土体呈微酸性-中性，pH 为 5.30～7.62。

对比土系　大李系，地理位置邻近，不同亚类，底部有潜育特征明显，为底潜水耕人为土。

利用性能综述　质地黏重，耕性极差，水分下渗困难，易涝易渍，物理性状不良。肥力性状良好，尤其钾素较丰富。利用过程中应注意改良土壤物理性状，通过增施有机肥和秸秆还田等措施；同时，完善排灌系统建设，注意田间排涝。

参比土种　腰黑淤土。

代表性单个土体　采自宿迁市沭阳县贤官镇于圩村（编号 32-125，野外编号 SY8P），34°13′25.788″N，118°48′25.668″E。海拔 4 m，当前作物为水稻。50 cm 土层年均温度 15.6℃。野外调查时间 2011 年 11 月。

于圩系代表性单个土体剖面

Ap1：0～12 cm，浊棕色（7.5YR 5/3，干），棕色（7.5YR 4/4，润），干；粉砂质黏土，发育强的直径2～10 mm屑粒状结构，根孔壁见锈纹锈斑，平直明显过渡。

Ap2：12～20 cm，浊棕色（7.5YR 5/4，干），暗棕色（7.5YR 3/4，润），干；粉砂质黏土，发育强的直径5～20 mm块状结构，5%～10%锈纹锈斑和铁锰斑点，平直明显过渡。

Br：20～50 cm，棕色（7.5YR 4/3，干），暗棕色（7.5YR 3/3，润），润；黏土，发育强的直径20～50 mm块状结构，平直明显过渡。

Apb：50～75 cm，黑棕色（10YR 3/1，干），黑色（10YR 2/1，润），潮；黏土，发育强的直径20～50 mm块状结构，5%～10%锈纹锈斑和铁锰斑点，平直明显过渡。

Brb：75～120 cm，灰黄棕色（10YR 5/2，干），浊黄棕色（10YR 4/3，润），潮；粉砂质黏土，发育强的直径20～50 mm块状结构，15%～20%锈纹锈斑和铁锰斑点，强石灰反应。

于圩系代表性单个土体物理性质

| 土层 | 深度/cm | 砾石（>2 mm，体积分数）/% | 细土颗粒组成（粒径：mm）/（g/kg） | | | 质地 | 容重/（g/cm³） |
			砂粒 2～0.05	粉粒 0.05～0.002	黏粒<0.002		
Ap1	0～12	—	112	434	453	粉砂质黏土	0.84
Ap2	12～20	—	108	428	464	粉砂质黏土	1.18
Br	20～50	—	100	380	520	黏土	1.40
Apb	50～75	—	138	301	561	黏土	1.26
Brb	75～120	—	171	408	421	粉砂质黏土	1.36

于圩系代表性单个土体化学性质

深度/cm	pH（H₂O）	有机质/（g/kg）	全氮(N)/（g/kg）	全磷(P₂O₅)/（g/kg）	全钾(K₂O)/（g/kg）	全铁(Fe₂O₃)/（g/kg）	阳离子交换量/（cmol/kg）	游离氧化铁/（g/kg）	有效磷(P)/（mg/kg）	速效钾(K)/（mg/kg）
0～12	5.3	41.8	2.08	1.61	25.8	39.7	28.2	17.5	13.57	144
12～20	6.1	23.8	1.38	1.36	27.2	42.1	26.6	21.5	5.67	146
20～50	7.4	10.8	0.67	1.05	25.9	45.9	29.0	20.1	0.74	166
50～75	7.5	19.3	0.99	0.94	19.2	43.1	37.3	19.6	0.09	142
75～120	7.6	6.8	0.47	0.82	20.4	35.4	23.9	15.2	0.04	128

5.9.9　前巷系（Qianxiang Series）

土　族：黏质蛭石混合型非酸性温性-普通简育水耕人为土
拟定者：黄　标，王培燕，杜国华

分布与环境条件　分布于
宿迁市沭阳县中心偏西部
地区。在土壤区划上，属于
沂沭丘陵平原区，区域地势
起伏较小，海拔较低，仅 8 m
左右。气候上属暖温带季风
气候区，年均气温 13.8℃，
无霜期 203 d。全年总日照
时数为 2363.7 h，年日照百
分率 53%，年均降雨量
937.6 mm。土壤起源于河流
冲积物和湖积物二元母质，
土层深厚。以水稻-小麦轮
作一年两熟为主。

前巷系典型景观

土系特征与变幅　诊断层包括水耕表层、水耕氧化还原层；诊断特性包括人为滞水土壤
水分状况、氧化还原特征、温性土壤温度。该土系土壤河流冲积物厚度约 40 cm 左右，
其上受人为水旱稻麦轮作影响，经历了弱的水耕氧化还原过程，尽管时间较短，但已发
育成水耕人为土。剖面表土层腐殖质含量高，颜色较暗。表土层之下，见弱的锈纹锈斑。
40 cm 以下，湖积物中见 5%～15%的锈纹锈斑和铁锰结核。土壤质地整体偏黏，上部为
黏壤土，下部为黏土，耕作层无石灰反应，但犁底层和河流冲积物出现石灰反应，其下
湖积物母质均无石灰反应，土体呈中性-碱性，pH 为 7.42～8.05。

对比土系　官墩系，同一亚类不同土族，矿物学类型为伊利石混合型。

利用性能综述　土壤质地黏重，耕性极差。地势较低，易涝易渍，物理性状不良。今后
改良利用中注意深耕，推广秸秆还田，改善土壤性状。加强水利建设，完善田间排灌系
统，降低地下水位，以求高产稳产。土系养分储量和有效性均较丰富，应坚持配方施肥。

参比土种　底黑淤土。

代表性单个土体　采自宿迁市沭阳县沭城镇（编号 32-140，野外编号 SY71P），
34°6′30.708″N，118°43′50.808″E。平坦地块，排水通畅。当前作物为水稻。50 cm 土层
年均温度 15.6℃。野外调查时间 2011 年 11 月。

　　Ap1：0～11 cm，灰棕色（5YR 4/2，干），暗红棕色（5YR 3/2，润）；粉砂质黏壤土，发育强的
直径 2～20 mm 团粒结构，松；无石灰反应，平直明显过渡。

SY71P

前巷系代表性单个土体剖面

Ap2：11～18 cm，浊橙色（5YR 6/3，干），浊红棕色（5YR 4/3，润）；砂质壤土，发育强的直径 10～50 mm 团块结构，紧实；结构面上有 5%～15%直径≥20 mm 的锈纹锈斑，有石灰反应，平直明显过渡。

Br1：18～42 cm，浊橙色（5YR 7/3，干），浊红棕色（5YR 5/3，润）；粉砂质黏壤土，发育强的直径 10～50 mm 块状结构，紧实；结构面上有 5%～15%直径≥6～20 mm 的锈纹锈斑，强石灰反应，平直明显过渡。

Brb1：42～62 cm，棕灰色（7.5YR 6/1，干），棕灰色（7.5YR 5/1，润）；黏土，发育强的直径 10～50 mm 块状结构，紧实；结构面上有锈纹锈斑，无石灰反应，平直逐渐过渡。

Brb2：62～90 cm，棕灰色（7.5YR 5/1，干），棕灰色（7.5YR 4/1，润）；黏土，发育强的直径 20～100 mm 团块状结构，紧实；结构面上有锈纹锈斑，无石灰反应，平直逐渐过渡。

Brb3：90～120 cm，棕灰色（7.5YR 6/1，干），棕灰色（7.5YR 5/1，润）；黏土，发育强的直径 20～100 mm 团块状结构，紧实；结构面上有锈纹锈斑，无石灰反应。

前巷系代表性单个土体物理性质

土层	深度 /cm	砾石 （>2 mm，体积分数）/%	细土颗粒组成（粒径：mm）/（g/kg）			质地	容重 /（g/cm³）
			砂粒 2～0.05	粉粒 0.05～0.002	黏粒<0.002		
Ap1	0～11	—	108	428	464	粉砂质黏壤土	0.88
Ap2	11～18	—	227	629	144	砂质壤土	1.38
Br1	18～42	—	152	536	312	粉砂质黏壤土	1.38
Brb1	42～62	—	146	326	528	黏土	1.31
Brb2	62～90	—	197	397	406	黏土	1.26
Brb3	90～120	—	173	386	441	黏土	1.28

前巷系代表性单个土体化学性质

深度 /cm	pH （H₂O）	有机质 /（g/kg）	全氮(N) /（g/kg）	全磷(P₂O₅) /（g/kg）	全钾(K₂O) /（g/kg）	全铁(Fe₂O₃) /（g/kg）	阳离子交换量 /（cmol/kg）	游离氧化铁 /（g/kg）	有效磷(P) /（mg/kg）	速效钾(K) /（mg/kg）
0～11	7.4	49.3	2.53	2.91	24.4	35.7	30.0	15.2	35.89	196
11～18	8.1	11.8	0.81	1.15	25.4	37.3	24.5	14.6	2.22	166
18～42	8.0	9.5	0.68	1.22	27.4	37.6	20.3	16.2	1.00	182
42～62	7.7	10.1	0.61	0.66	21.4	38.3	30.0	16.7	0.73	152
62～90	7.6	9.0	0.54	0.45	20.0	28.7	24.3	14.0	痕迹	122
90～120	7.4	7.4	0.44	0.56	20.7	40.7	28.9	20.0	痕迹	154

5.9.10 石桥系（Shiqiao Series）

土　族：黏质蛭石混合型非酸性热性-普通简育水耕人为土
拟定者：王　虹，黄　标

分布与环境条件　分布于南京市浦口区西部。在土壤区划上，属于宁镇扬低山丘陵区。区域地势有一定起伏，海拔在 20～50 m。气候上属北亚热带湿润季风气候区，年均气温 15.0℃，无霜期 250～260 d。年均总辐射量 115.6kcal/cm²。年均降雨量 1102 mm。土壤起源于下蜀黄土母质上，土层深厚，主要发育于低丘岗地的冲田上部。以水稻-小麦轮作一年两熟为主。

石桥系典型景观

土系特征与变幅　诊断层包括水耕表层、水耕氧化还原层；诊断特性包括人为滞水土壤水分状况、氧化还原特征、热性土壤温度。该土系是下蜀黄土母质在人为耕作影响下，长期水旱轮作，形成的水耕人为土。整个剖面发育有 5%～40%锈纹锈斑和铁锰斑点。由于地形部位较高，铁的淋溶不太强烈。土壤质地上壤下黏，土体呈微酸性-中性，pH 为 5.70～7.06。

对比土系　毛嘴系，同一亚类不同土族，颗粒级别大小为黏壤质，矿物学类型为混合型。汤泉系，同一土族，质地整体偏黏，黏粒含量 320～615 g/kg。

利用性能综述　该土系质地为粉壤土至黏壤土，耕性较好，但有机质及养分含量较低。利用时要注意培肥，可通过秸秆还田或增施有机肥提高有机质含量和土壤通透性，应注意增施磷钾肥。

参比土种　黄马肝土。

代表性单个土体　采自南京市浦口区石桥镇（编号 32-069，野外编号 B69），31°57′0.252″N，118°24′1.62″E。海拔 27.9 m，母质为下蜀黄土，当前无作物生长，前茬为水稻。50 cm 土层年均温度 17.08℃。野外调查时间 2010 年 4 月。

B69

石桥系代表性单个土体剖面

Ap1：0～15 cm，浊黄橙色（10YR 6/3，干），灰黄棕色（7.5YR 4/6，湿）；粉砂壤土，发育强的直径 2～20 mm 粒状结构，松；15%～40%铁锰斑纹，2%～5%蚯蚓孔隙，平直明显过渡。

Ap2：15～26 cm，浊黄橙色（10YR 7/3，干），棕色（7.5YR 5/6，湿）；粉砂质黏壤土，发育强的直径 20～50 mm 团块状结构，紧；15%～40%铁锰斑纹，2%～5%蚯蚓孔隙，平直逐渐过渡。

Br1：26～51 cm，浊黄橙色（10YR 7/4，干），棕色（7.5YR 4/4，湿）；粉砂质黏壤土，发育强的直径 20～100 mm 团块状结构，稍紧；5%～15%铁锰斑点，平直逐渐过渡。

Br2：51～70 cm，淡黄橙色（10YR 8/3，干），浊棕色（7.5YR 5/4，湿）；粉砂质黏壤土，发育强的直径 50～100 mm 团块状结构，稍紧；5%～15%铁锰斑点，平直逐渐过渡。

Br3：70～120 cm，亮黄棕色（10YR 6/6，干），棕色（7.5YR 4/4，湿）；粉砂质黏土，发育强的直径 50～100 mm 团块状结构，稍紧；5%～15%铁锰斑点。

石桥系代表性单个土体物理性质

土层	深度/cm	砾石（>2 mm，体积分数）/%	细土颗粒组成（粒径：mm）/（g/kg）			质地	容重/（g/cm³）
			砂粒 2～0.05	粉粒 0.05～0.002	黏粒<0.002		
Ap1	0～15	—	75	665	260	粉砂壤土	1.33
Ap2	15～26	—	64	586	350	粉砂质黏壤土	1.33
Br1	26～51	—	50	597	353	粉砂质黏壤土	1.51
Br2	51～70	—	64	603	333	粉砂质黏壤土	1.55
Br3	70～120	—	52	520	428	粉砂质黏土	1.54

石桥系代表性单个土体化学性质

深度/cm	pH（H₂O）	有机质/（g/kg）	全氮(N)/（g/kg）	全磷(P₂O₅)/（g/kg）	全钾(K₂O)/（g/kg）	全铁(Fe₂O₃)/（g/kg）	阳离子交换量/（cmol/kg）	游离氧化铁/（g/kg）	有效磷(P)/（mg/kg）	速效钾(K)/（mg/kg）
0～15	5.7	18.9	1.20	0.39	15.5	43.6	14.7	19.5	5.68	120
15～26	6.3	13.9	0.96	0.33	15.4	45.1	14.9	20.8	4.44	94
26～51	7.1	5.8	0.67	0.26	14.1	35.2	11.0	18.6	4.91	77
51～70	6.9	3.9	0.37	0.19	14.1	32.4	9.6	16.6	2.40	70
70～120	6.9	3.8	0.35	0.20	13.1	33.6	9.1	17.0	3.09	68

5.9.11 汤泉系（Tangquan Series）

土　族：黏质蛭石混合型非酸性热性-普通简育水耕人为土
拟定者：王　虹，黄　标

分布与环境条件　分布于南京市浦口区西北部。属于宁镇扬低山丘陵区，区域地势有一定起伏，海拔可从5～40 m 至 200～400 m。土系分布区为丘陵与山间平原的过渡区，海拔5～7 m。气候上属北亚热带湿润季风气候区，年均气温15℃，无霜期230～240 d，年均总辐射量115.6 kcal/cm^2，年均降雨量1102 mm。土壤起源于河流冲积物上，土层深厚。

汤泉系典型景观

以水稻-小麦轮作一年两熟为主。

土系特征与变幅　诊断层包括水耕表层、水耕氧化还原层；诊断特性包括人为滞水土壤水分状况、氧化还原特征、热性土壤温度。该土系土壤在母质形成之后，长期水旱轮作，经历水耕氧化还原过程，最终形成水耕人为土。整个剖面均发育2%～15%铁锰锈纹锈斑和斑点。60～80 cm 出现一层颜色较深的层次。土壤质地通体较黏，尤其水耕表层之下，黏粒含量达 600 g/kg 以上。土体呈弱酸性-中性，pH 为 6.15～7.16。

对比土系　石桥系，同一土族，质地整体偏壤，黏粒含量 260～428 g/kg。

利用性能综述　土壤耕作层熟化程度较高，犁底层较为紧实；养分含量较好，生产性能较好，保肥性好，水稻、小麦皆宜。

参比土种　河淤土。

代表性单个土体　采自南京市浦口区汤泉镇万寿河边（编号 32-061，野外编号 B61），32°05′4.512″N，118°27′9.18″E。海拔 7.3 m，母质为河流冲积物，小麦-水稻水旱轮作。当前作物为小麦。50 cm 土层年均温度 17.08℃。野外调查时间 2010 年 4 月。

　　Ap1：0～13 cm，浊黄棕色（10YR 4/3，干），暗棕色（10YR 3/3，润）；粉砂质黏土，发育强的直径 1～5 mm 团粒状结构，稍紧；根孔壁见锈纹，波状明显过渡。

汤泉系代表性单个土体剖面

Ap2：13～25 cm，灰黄棕色（10YR 5/2，干），灰黄棕色（10YR 4/2，润）；粉砂质黏土，发育强的直径 5～20 mm 块状结构，紧；2%～5%锈纹锈斑，2%～5%灰色胶膜，平直逐渐过渡。

Br1：25～60 cm，浊黄棕色（10YR 5/3，干），暗棕色（10YR 3/3，润）；黏土，发育强的直径 20～50 mm 棱块状结构，紧；10%～15%铁锰斑点，平直明显过渡。

Br2：60～80 cm，棕灰色（10YR 4/1，干），黑棕色（10YR 3/1，润）；粉砂质黏壤土，发育强的直径 20～50 mm 棱块状结构，紧；2%～5%铁锰斑点，无石灰反应，平直明显过渡。

Br3：80～100 cm，淡灰色（2.5Y 7/1，干），暗灰黄色（2.5Y 5/2，润）；粉砂质黏壤土，发育强的直径 20～50 mm 块状结构，紧；5%～10%铁锰斑点。

汤泉系代表性单个土体物理性质

土层	深度 /cm	砾石（>2 mm，体积分数）/%	细土颗粒组成（粒径：mm）/（g/kg）			质地	容重 /（g/cm³）
			砂粒 2～0.05	粉粒 0.05～0.002	黏粒<0.002		
Ap1	0～13	—	26	443	531	粉砂质黏土	1.14
Ap2	13～25	—	26	428	546	粉砂质黏土	1.34
Br1	25～60	—	25	360	615	黏土	1.28
Br2	60～80	—	22	580	399	粉砂质黏壤土	1.57
Br3	80～100	—	64	616	320	粉砂质黏壤土	1.32

汤泉系代表性单个土体化学性质

深度 /cm	pH (H₂O)	有机质 /(g/kg)	全氮(N) /(g/kg)	全磷(P₂O₅) /(g/kg)	全钾(K₂O) /(g/kg)	全铁(Fe₂O₃) /(g/kg)	阳离子交换量 /(cmol/kg)	游离氧化铁 /(g/kg)	有效磷(P) /(mg/kg)	速效钾(K) /(mg/kg)
0～13	6.2	33.5	1.82	0.60	16.4	59.1	27.5	23.9	10.00	134
13～25	6.9	20.9	1.25	0.42	16.4	60.8	26.7	25.3	3.54	134
25～60	7.1	10.3	0.68	0.35	17.3	62.0	25.6	24.4	2.73	134
60～80	7.2	6.6	0.36	0.33	14.0	40.9	17.5	17.0	4.47	102
80～100	7.2	3.9	0.26	0.26	13.4	32.6	14.1	11.5	4.42	90

5.9.12 谢荡系（Xiedang Series ）

土　族：黏质伊利石混合型石灰性温性-普通简育水耕人为土
拟定者：雷学成，黄　标，潘剑君

分布与环境条件　多分布于淮安市楚州区的宋集、顺河、城东等乡镇，其区域多处地势低洼处，位于近期洪积扇的扇缘地带。土壤区划上，属于江淮和黄淮海平原的交界处。区域地形平坦，海拔约 14 m。气候上属北亚热带和暖温带的过渡地区，年均气温 14.1℃。全年≥0℃积温 5091.4℃，≥12℃积温 4217.1℃，无霜期 208 d，

谢荡系典型景观

年均降雨量 945.2 mm。土壤起源于黄土性冲积物母质上，土层深厚。该土系上自然植被已不多见，以水稻/玉米-小麦轮作一年两熟为主。

土系特征与变幅　诊断层包括水耕表层、水耕氧化还原层；诊断特性包括人为滞水土壤水分状况、氧化还原特征、温性土壤温度。该土系土壤在母质形成之后，主要受人为耕作影响，长期水旱轮作，经历水耕氧化还原过程，最终形成水耕人为土。剖面中见 5%～15%锈纹锈斑和铁锰斑点。土壤养分适中，尤其磷钾储量和有效态均较高。土壤质地上壤下黏，土体呈中-碱性，pH 为 7.46～7.77。

对比土系　杨集系，土类不同，分布地形部位相似，剖面相似，表层土壤偏砂，30 cm以下铁聚明显，石灰反应更强烈。高东系，不同土族，母质不同，为黄泛时漫流条件下沉积的冲积物母质，颗粒大小级别为黏壤质。施汤系，同一亚类不同土族，酸碱性为非酸性，土壤温度为热性。崔周系，同一亚类不同土族，酸碱性为非酸性。唐集系，同一亚类不同土族，颗粒级别大小为黏壤质，矿物学类型为硅质混合型。

利用性能综述　土壤肥力长，有后劲，地力基础产量高，但保墒力弱，怕旱怕涝，质地黏重，适耕期短，土性冷，发挥性差。今后改良，一应注意深耕改土，培厚耕作层；二要完善水利设施，该土系所处区域地势低洼，应降低地下水位，减少渍害。

参比土种　淤土。

代表性单个土体　位于淮安市楚州区席桥镇谢荡村（编号 32-241，野外编号 32080307），33°37′25.32″N，119°13′39.216″E，海拔 6.7 m，成土母质为黄土性冲积物。农业利用类型为耕地，种植作物为小麦-玉米/水稻轮作。50 cm 土层年均温度 15.4℃。野外调查时间 2010 年 10 月。

　　Ap1：0～16 cm，浊黄橙色（7.5YR 7/2，干），棕色（7.5YR 4/3，润）；粉砂质黏壤土，潮，发

谢荡系代表性单个土体剖面

育强的直径 10～30 mm 团粒状结构，疏松；强石灰反应，波状清晰过渡。

Ap2：16～25 cm，浊橙色（7.5YR 7/3，干），棕（7.5YR 4/4，湿）；砂质壤土，潮，发育强的直径 20～50 mm 棱块状结构，紧实；有 5%～15%黏粒胶膜，强石灰反应，渐变平滑过渡。

Br1：25～41 cm，浊棕色（7.5YR 7/3，干），棕（7.5YR 4/4，润）；砂质壤土，潮，发育强的直径 20～50 mm 棱块状结构，紧实；有 5%～15%灰色胶膜和铁锈纹锈斑，强石灰反应，波状清晰过渡。

Br2：41～63 cm，浊黄橙色（7.5YR 6/3，干），暗黄棕（7.5YR 4/4，润）；粉砂质黏土，潮，发育强的直径 20～50 mm 棱块状结构，紧实；5%～15%铁锈纹锈斑，2%～5%田螺和草木碳侵入体，强石灰反应，清晰波状过渡。

Br3：63～79 cm，浊黄橙色（7.5YR 7/3，干），浊棕色（7.5YR 5/4，润）；粉砂质黏土，潮，发育强的直径 20～50 mm 棱块状结构，紧实；5%～15%很小的铁锈纹锈斑，强石灰反应，渐变平滑过渡。

Br4：79～126 cm，浊黄橙色（7.5YR 7/3，干），浊棕色（7.5YR 5/4，润）；粉砂质黏土，发育强的直径 50～100 mm 棱块状结构，紧实；5%～15%很小的铁锈纹锈斑，强石灰反应。

谢荡系代表性单个土体物理性质

土层	深度/cm	砾石（>2 mm，体积分数）/%	细土颗粒组成（粒径：mm）/（g/kg）			质地	容重/（g/cm³）
			砂粒 2～0.05	粉粒 0.05～0.002	黏粒<0.002		
Ap1	0～16	—	435	205	360	粉砂质黏壤土	1.20
Ap2	16～25	—	481	337	182	砂质壤土	1.40
Br1	25～41	—	481	337	182	砂质壤土	1.40
Br2	41～63	—	130	447	423	粉砂质黏土	1.31
Br3	63～79	—	166	411	423	粉砂质黏土	1.41
Br4	79～126	—	115	404	481	粉砂质黏土	1.33

谢荡系代表性单个土体化学性质

深度/cm	pH（H₂O）	有机质/（g/kg）	全氮(N)/（g/kg）	全磷(P₂O₅)/（g/kg）	全钾(K₂O)/（g/kg）	全铁(Fe₂O₃)/（g/kg）	阳离子交换量/（cmol/kg）	游离氧化铁/（g/kg）	有效磷(P)/（mg/kg）	速效钾(K)/（mg/kg）
0～16	7.7	27.5	1.38	2.07	27.3	62.2	24.0	12.3	39.81	207
16～25	7.6	15.6	0.49	2.05	27.3	57.6	16.8	10.7	13.10	180
25～41	7.6	15.6	0.49	2.05	27.3	57.6	16.8	10.7	13.10	180
41～63	7.7	16.4	0.22	1.53	26.9	62.0	18.2	11.5	5.07	166
63～79	7.8	10.4	0.59	1.52	26.4	60.2	27.0	12.9	2.84	145
79～126	7.5	10.4	0.64	1.45	27.9	33.5	26.9	15.1	3.93	161

5.9.13 杏市系（Xingshi Series）

土　族：黏壤质硅质混合型非酸性热性-普通简育水耕人为土
拟定者：王　虹，黄　标

分布与环境条件　分布于苏州张家港市南部地区，属于地势平坦的太湖平原区。海拔在 2～5 m。气候上属北亚热带湿润季风气候区，年均气温 15.2℃，无霜期 240～250 d。年均日照时数 2133 h，日照百分率 55%。年均降雨量 1039 mm。土壤起源于黄土性潟湖相沉积物母质上，土层深厚。以水稻-小麦轮作一年两熟为主。

杏市系典型景观

土系特征与变幅　诊断层包括水耕表层、水耕氧化还原层；诊断特性包括人为滞水土壤水分状况、氧化还原特征、热性土壤温度。该土系土壤在母质形成之后，人为利用过程中，由于排水，使得土壤中还原性铁出现明显淋溶，导致土壤母质颜色较淡，同时，经过长期水旱轮作，形成水耕人为土。土体中耕作层较深，犁底层较厚，达 12 cm。整个剖面铁锰锈纹锈斑和斑点发育，约 2%～15%，但 75 cm 以下明显增加，达 40%以上，出现铁聚。土壤质地 0～35 cm 为粉砂壤质，向下为粉砂质黏壤土。土壤呈中性，pH 为6.26～7.09。

对比土系　卜弋系，不同亚类，发育有漂白层，为漂白铁聚水耕人为土。

利用性能综述　土壤上壤下黏，耕作方便，水分渗透缓慢，有利于保水保肥，为高产土壤；土壤有机质、全氮和磷素养分含量较高，但钾素较为缺乏。今后培肥利用上应注意用养结合，增加油菜和绿肥种植比重；通过秸秆还田、增施钾肥等措施，解决钾素缺乏的问题。

参比土种　白土底。

代表性单个土体　采自苏州张家港市凤凰镇杏市村（编号 32-089，野外编号 32-006），31°46′59.916″N，120°40′53.4″E。海拔 5.2 m。小麦-水稻水旱轮作。当前作物为小麦。50 cm 土层年均温度 16.8℃。野外调查时间 2010 年 4 月。

　　Ap1：0～20 cm，浊黄橙色（10YR 6/3，干），黑棕色（10YR 3/2，润）；粉砂壤土，发育中等的直径 2～10 mm 粒状结构，松；20～50 个/cm² 直径 0.5～2 mm 的根孔，无石灰反应，平直明显过渡。

32-006

杏市系代表性单个土体剖面

Ap2：20～32 cm，浊黄橙色（10YR 6/3，干），暗棕色（10YR 3/3，润）；粉砂壤土，发育弱的直径 20～50 mm 块状结构，稍紧；20～50 条/cm² 直径 0.5～2 mm 的根孔，无石灰反应，平直过渡。

Br1：32～60 cm，浊黄橙色（10YR 7/2，干），浊黄棕色（10YR 5/3，润）；粉砂质黏壤土，发育弱的直径 20～50 mm 块状结构，稍松；5%～15%铁锰结核，无石灰反应，2%～5%铁锰锈纹，平直明显过渡。

Br2：60～75 cm，灰黄色（10YR 8/1，干），灰黄棕色（10YR 5/2，润）；粉砂质黏壤土，发育弱的直径 20～50 mm 块状结构，紧；2%～5%铁锰结核，无石灰反应，平直明显过渡。

Br3：75～100 cm，浅淡黄色（10YR 7/4，干），黄棕色（10YR 5/6，润）；粉砂质黏壤土，发育弱的直径 20～50 mm 块状结构，紧；≥40%铁锰结核和锈纹锈斑，无石灰反应。

杏市系代表性单个土体物理性质

土层	深度 /cm	砾石 (>2 mm，体积分数) /%	细土颗粒组成（粒径：mm）/（g/kg）			质地	容重 /（g/cm³）
			砂粒 2～0.05	粉粒 0.05～0.002	黏粒<0.002		
Ap1	0～20	—	74	749	177	粉砂壤土	1.17
Ap2	20～32	—	82	673	245	粉砂壤土	1.45
Br1	32～60	—	67	633	301	粉砂质黏壤土	1.51
Br2	60～75	—	49	627	324	粉砂质黏壤土	1.49
Br3	75～100	—	30	668	303	粉砂质黏壤土	1.47

杏市系代表性单个土体化学性质

深度 /cm	pH (H₂O)	有机质 /(g/kg)	全氮(N) /(g/kg)	全磷(P₂O₅) /(g/kg)	全钾(K₂O) /(g/kg)	全铁(Fe₂O₃) /(g/kg)	阳离子交换量 /(cmol/kg)	游离氧化铁 /(g/kg)	有效磷(P) /(mg/kg)	速效钾(K) /(mg/kg)
0～20	6.3	32.0	1.93	0.66	17.3	44.7	19.4	19.1	10.49	88
20～32	7.0	14.7	1.53	0.49	18.4	46.4	16.2	19.2	3.28	70
32～60	7.1	4.9	0.52	0.28	15.3	34.1	10.7	13.4	3.23	50
60～75	7.1	3.9	0.40	0.21	14.2	30.5	9.8	14.1	2.14	42
75～100	7.0	3.9	0.44	0.25	16.3	61.6	13.0	36.5	3.02	62

5.9.14　杨舍系（Yangshe Series）

土　族：黏壤质硅质混合型非酸性热性-普通简育水耕人为土
拟定者：王　虹，黄　标

分布与环境条件　分布于苏
州张家港市南部地区。属于
太湖平原区，其北与长江沿
江平原交界。区域地势平坦，
海拔在 2～5 m。气候上属北
亚热带湿润季风气候区，年
均气温 15.2℃，无霜期 240～
250d。年均日照时数 2133h，
日照百分率 55%。年均降雨
量 1039 mm。土壤起源于黄
土性潟湖相沉积物与河流沉
积物互层的母质上，土层深
厚。以水稻-小麦轮作为主。

杨舍系典型景观

土系特征与变幅　诊断层包括水耕表层、水耕氧化还原层；诊断特性包括人为滞水土壤
水分状况、氧化还原特征、热性土壤温度。该土系剖面耕作层、犁底层发育。剖面 70 cm
以上有 2%～5%铁锰锈纹锈斑和斑点，以下锈纹锈斑明显增多，游离铁（Fe_2O_3）含量达
28 g/kg 以上。剖面 50 cm 以下出现 10 cm 左右的淡色粉砂质层，与上下层次界限明显，
系河流沉积物母质的夹层，该层中斑纹含量稍低。土壤质地除淡色层外，其余均为粉砂
质黏壤土。土壤呈中性，pH 为 6.38～6.75。

对比土系　双塘系，同一土族，土壤剖面质地以粉砂壤土为主，夹一层黏壤土。

利用性能综述　土体深厚，耕性好，养分含量也较高，仅速效磷含量较低。但新土层较
砂，保水保肥性较差。今后应注意保护犁底层，减少养分渗漏；同时注意磷素养分的补
充，近年来，由于作物产量的提高和土壤钾素出现降低，也应注意钾素的补充，可通过
秸秆还田补充一部分钾素。

参比土种　砂心黄泥土。

代表性单个土体　采自苏州张家港市杨舍镇河北村（编号 32-090，野外编号 32-007），
31°48'21.6″N, 120°33'46.8″E，海拔 4.3 m，地势平坦，成土母质为黄土性潟湖相沉积物与
河流沉积物互层母质。小麦-水稻水旱轮作。当前作物为小麦。50 cm 土层年均温度 16.8℃。
野外调查时间 2010 年 4 月。

　　Ap1：0～15 cm，灰黄棕色（10YR 6/2，干），黑棕色（10YR 3/2，润）；粉砂质黏壤土，发育
强的直径 1～5 mm 粒状结构，松；50～200 条/cm² 直径 2～5 mm 的管孔状根孔，2%～5%根孔壁铁锰
锈纹，无石灰反应，平直明显过渡。

杨舍系代表性单个土体剖面

Ap2：15～25 cm，灰黄棕色（10YR 6/2，干），黑棕色（10YR 3/2，润）；粉砂壤土，发育强的直径 5～20 mm 块状结构，稍紧；20～50 条/cm² 直径 2～5 mm 的管孔状根孔，2%～5%铁锰锈纹，无石灰反应，波状明显过渡。

Br1：25～50 cm，橙白色（10YR 8/2，干），灰黄棕色（10YR 6/2，润）；粉砂质黏壤土，发育强的直径 5～20 mm 块状结构，紧；2%～5%铁锰锈纹，无石灰反应，平直明显过渡。

Br2：50～62 cm，橙白色（10YR 8/1，干），灰黄棕色（10YR 5/2，润）；粉砂壤土，发育弱的直径 10～50 mm 块状结构，松；2%～5%锈斑，无石灰反应，平直明显过渡。

Br3：62～70 cm，灰黄色（10YR 6/2，干），黑棕色（10YR 3/2，润）；粉砂质黏壤土，发育强的直径 10～50 mm 块状结构，紧；2%～5%铁锰锈纹，无石灰反应，波状明显过渡。

Br4：70～100 cm，黄棕色（10YR 5/8，干），棕色（10YR 4/6，润）；粉砂质黏壤土，发育强的直径 10～50 mm 块状结构，紧；>40%锈纹锈斑，无石灰反应。

杨舍系代表性单个土体物理性质

土层	深度 /cm	砾石 (>2 mm，体积分数) /%	细土颗粒组成（粒径：mm）/（g/kg）			质地	容重 /（g/cm³）
			砂粒 2～0.05	粉粒 0.05～0.002	黏粒 <0.002		
Ap1	0～15	—	78	602	320	粉砂质黏壤土	1.21
Ap2	15～25	—	84	751	165	粉砂壤土	1.44
Br1	25～50	—	74	564	362	粉砂质黏壤土	1.60
Br2	50～62	—	39	732	229	粉砂壤土	1.57
Br3	62～70	—	247	451	302	粉砂质黏壤土	1.64
Br4	70～100	—	245	467	288	粉砂质黏壤土	1.59

杨舍系代表性单个土体化学性质

深度 /cm	pH (H₂O)	有机质 /(g/kg)	全氮(N) /(g/kg)	全磷(P₂O₅) /(g/kg)	全钾(K₂O) /(g/kg)	全铁(Fe₂O₃) /(g/kg)	阳离子交换量 /(cmol/kg)	游离氧化铁 /(g/kg)	有效磷(P) /(mg/kg)	速效钾(K) /(mg/kg)
0～15	6.2	29.7	2.12	0.51	16.8	36.5	16.2	14.8	8.77	120
15～25	6.7	15.3	1.11	0.41	16.5	37.8	14.7	15.7	3.56	72
25～50	6.4	6.2	0.51	0.56	17.6	31.6	12.3	13.5	2.23	60
50～62	6.6	3.4	0.25	0.16	13.1	32.5	7.0	7.8	1.60	34
62～70	6.8	6.5	0.38	0.18	13.7	44.9	9.7	7.5	1.79	38
70～100	6.7	3.7	2.12	0.51	16.8	47.4	14.3	28.3	2.98	78

5.9.15　程墩系（Chengdun Series）

土　族：黏壤质硅质混合型非酸性热性-普通简育水耕人为土
拟定者：王　虹，黄　标

分布与环境条件　分布
于苏州张家港市南部地
区。属于太湖平原区，
海拔在 2～5 m。气候上
属北亚热带湿润季风气
候区，年均气温 15.2℃，
无霜期 240～250 d。年
均日照时数 2133 h，日
照百分率 55%。年均降
雨量 1039 mm。土壤起
源于黄土性潟湖相沉积
物母质上，土层深厚。
以水稻-小麦轮作一年
两熟为主。

程墩系典型景观

土系特征与变幅　诊断层包括水耕表层、水耕氧化还原层；诊断特性包括人为滞水土壤
水分状况、氧化还原特征、热性土壤温度。该土系土壤起源于黄土性潟湖相沉积物母质，
受母质影响，在水耕表层之下形成明显约 10 cm 的铁质层，形似铁粉，干后僵硬，颜色
呈橙色（5YR 7/8），形成铁屑层。整个剖面均发育 5%以上铁锰锈纹锈斑，在下部 40～
60 cm 铁锰聚集更明显，铁锰锈纹锈斑和斑点>40%。土壤质地通体为粉砂壤土。土壤呈
微酸性-中性，pH 为 5.66～7.09。

对比土系　双塘系，不同土类，分布区域邻近，地形部位相似，铁聚现象明显，为铁聚
水耕人为土。

利用性能综述　土壤保水保肥性能好。但耕层浅，耕性差，土壤剖面中有一障碍层次，
较多的铁锰结核与土壤黏粒胶结成坚硬的铁屑黄泥层。铁屑层不仅影响根系舒展，而且
肥力低、耕性差。在平整土地时，要避免把铁屑层耕翻上来，避免其理化性质变差。

参比土种　铁质黄泥土。

代表性单个土体　采自苏州张家港市凤凰镇程墩村（编号 32-085，野外编号 32-002），
31°44′34.044″N，120°40′14.52″E。海拔 5.6 m，小麦-水稻水旱轮作。当前作物为小麦。
50 cm 土层年均温度 16.8℃。野外调查时间 2010 年 4 月。

32-002

程墩系代表性单个土体剖面

Ap1：0～15 cm，棕灰色（10YR 6/1，干），灰黄棕色（10YR 4/2，润）；粉砂壤土，发育强的直径 2～10 mm 粒状结构，疏松；20～50 个/cm² 直径 0.5～2 mm 根孔，2%～5%铁锰锈纹锈斑，无石灰反应，平直明显过渡。

Ap2：15～30 cm，棕灰色（10YR 6/1，干），浊黄棕色（10YR 4/3，润）；粉砂质黏壤土，发育强的直径 5～20 mm 块状结构，紧；2%～5%铁锰锈纹锈斑，无石灰反应，平直明显过渡。

Br1：30～40 cm，浊黄橙色（10YR 7/3，干），浊黄棕色（10YR 5/4，润）；粉砂壤土，发育强的直径 5～20 mm 核状结构，松；15%～40%铁锰结核，无石灰反应，波状明显过渡。

Br2：40～60 cm，淡灰色（10YR 7/1，干），棕灰色（10YR 6/1，润）；粉砂壤土，发育强的直径 5～20 mm 核状结构，松；15%～40%铁锰锈纹锈斑，无石灰反应，平直模糊过渡。

Br3：60～100 cm，浊黄橙色（10YR 7/4，干），黄棕色（10YR 5/6，润）；粉砂壤土，发育强的直径 5～20 mm 块状结构，松；>40%铁锰锈纹锈斑，无石灰反应。

程墩系代表性单个土体物理性质

| 土层 | 深度/cm | 砾石（>2 mm，体积分数）/% | 细土颗粒组成（粒径：mm）/（g/kg） | | | 质地 | 容重/（g/cm³） |
			砂粒 2～0.05	粉粒 0.05～0.002	黏粒<0.002		
Ap1	0～15	—	77	687	236	粉砂壤土	1.19
Ap2	15～30	—	21	643	336	粉砂质黏壤土	1.41
Br1	30～40	5～10	41	688	271	粉砂壤土	1.35
Br2	40～60	—	29	764	207	粉砂壤土	1.45
Br3	60～100	—	44	751	205	粉砂壤土	1.46

程墩系代表性单个土体化学性质

深度/cm	pH（H₂O）	有机质/（g/kg）	全氮(N)/（g/kg）	全磷(P₂O₅)/（g/kg）	全钾(K₂O)/（g/kg）	全铁(Fe₂O₃)/（g/kg）	阳离子交换量/（cmol/kg）	游离氧化铁/（g/kg）	有效磷(P)/（mg/kg）	速效钾(K)/（mg/kg）
0～15	5.7	30.6	1.89	0.74	17.4	42.3	16.9	14.8	22.00	88
15～30	7.0	15.6	1.12	0.73	16.8	43.6	15.4	16.1	18.66	66
30～40	7.1	6.7	0.55	0.90	15.5	39.7	14.6	11.8	72.45	82
40～60	7.1	3.3	0.34	0.95	16.8	34.4	12.8	13.1	102.30	122
60～100	6.7	2.8	0.31	0.81	17.6	38.1	13.0	14.2	93.65	152

5.9.16 豆滩系（Doutan Series）

土　族：黏壤质硅质混合型非酸性温性-普通简育水耕人为土
拟定者：王培燕，黄　标，杜国华

分布与环境条件　分布于宿迁市沭阳县西北部地区。属于沂沭丘陵平原区河冲积平原，位置接近其冲积、洪积缓岗岭地。土壤母质为黄土性湖相沉积物。气候上属暖温带湿润季风气候区，年均气温 13.8℃，无霜期 203 d。全年总日照时数为 2 363.7 h，年日照百分率 53%。年均降雨量 937.6 mm。以水稻-小麦轮作一年两熟为主。

豆滩系典型景观

土系特征与变幅　诊断层包括水耕表层（Ap1 耕作层，Ap2 犁底层）；诊断特性包括人为滞水土壤水分状况、氧化还原特征、温性土壤温度。该土系土壤在母质形成较早，形成时受淹水影响，土壤氧化还原特征发育。后又受人为水耕作影响，形成明显的水耕表层和水耕氧化还原层，水耕表层之下发育 2%～40%铁锰结核和铁锰斑点，且随土层深度向下逐增。60 cm 以上土体结构面上见灰色胶膜。受母质和人为管理影响，60 cm 以上土壤有机质积累明显，颜色较暗，氮磷钾全量和有效性、阳离子交换量均较高。土体中部出现厚度＞30 cm 的暗色埋藏层。土壤质地上黏下壤，土体呈中性-微碱性，pH 为 6.93～7.64。

对比土系　后庄系，同一亚类不同土族，颗粒大小级别为黏质，矿物学类型为伊利石混合型。

利用性能综述　土壤质地黏重，耕性稍差，但适宜水旱轮作，土壤养分充足，供给能力强。今后改良利用应注意农田基础设施建设，保证水源，增施时注意氮、磷、钾平衡施肥，保证高产稳产。

参比土种　腰黑棕黄土。

代表性单个土体　采自宿迁市沭阳县茆圩镇豆滩村（野外编号 SY5P），34°17′3.984″N，118°43′30.108″E，海拔 5.8 m，为平坦地块，当前作物为水稻。50 cm 土层年均温度 15.6℃。野外调查时间 2011 年 9 月。

豆滩系代表性单个土体剖面

Ap1：0～18 cm，浊黄棕色（10YR 4/3，干），暗棕色（10Y 3/3，润）；黏土，发育强的直径 2～5 mm 粒状结构，平直明显过渡。

Ap2：18～30 cm，浊黄棕色（10YR 4/3，干），暗棕色（10YR 3/3，润）；黏土，发育强的直径 10～20 mm 块状结构，波状明显过渡。

Brb：30～60 cm，棕灰色（10YR 4/1，干），黑棕色（10YR 3/1，润）；黏土，发育强的直径 10～50 mm 块状结构，2%～5% 铁锰结核和斑块，2%～5%灰色胶膜，平直渐变过渡。

Br1：60～75 cm，浊黄色（2.5Y 6/3，干），橄榄棕色（2.5Y 4/4，润）；粉砂壤土，发育强的直径 20～50 mm 块状结构；15%～40%铁锰结核和斑块，2%～5%灰色胶膜，平直渐变过渡。

Br2：75～120 cm，灰黄色（2.5Y 6/2，干），暗灰黄色（2.75Y 4/2，润）；粉砂壤土，发育强的直径 20～50 mm 块状结构；10%～15%铁锰结核和斑块，2%～5%砂姜。

豆滩系代表性单个土体物理性质

| 土层 | 深度/cm | 砾石（>2 mm，体积分数）/% | 细土颗粒组成（粒径：mm）/（g/kg） | | | 质地 | 容重/（g/cm³） |
			砂粒 2～0.05	粉粒 0.05～0.002	黏粒<0.002		
Ap1	0～18	—	162	383	455	黏土	0.93
Ap2	18～30	—	145	407	448	黏土	1.36
Brb	30～60	—	17	392	442	黏土	1.43
Br1	60～75	—	212	522	267	粉砂壤土	1.38
Br2	75～120	—	214	510	266	粉砂壤土	1.42

豆滩系代表性单个土体化学性质

深度/cm	pH（H₂O）	有机质/（g/kg）	全氮(N)/（g/kg）	全磷(P₂O₅)/（g/kg）	全钾(K₂O)/（g/kg）	全铁(Fe₂O₃)/（g/kg）	阳离子交换量/（cmol/kg）	游离氧化铁/（g/kg）	有效磷(P)/（mg/kg）	速效钾(K)/（mg/kg）
0～18	6.9	22.4	1.28	1.71	22.4	34.6	29.5	16.2	42.76	142
18～30	7.3	16.2	0.92	1.39	21.6	34.9	28.8	16.3	24.59	152
30～60	7.3	13.7	0.74	0.76	18.1	28.5	30.0	10.6	0.18	114
60～75	7.6	6.4	0.51	0.71	19.8	30.7	23.6	12.9	0.13	116
75～120	7.6	4.8	0.38	0.70	21.1	29.2	20.4	13.0	痕迹	114

5.9.17　韩山系（Hanshan Series）

土　　族：黏壤质硅质混合型非酸性热性-普通简育水耕人为土
拟定者：王　虹，黄　标

分布与环境条件　分布于苏州张家港市南部地区。属于太湖平原区。区域地势平坦，海拔在 2～5 m。气候上属北亚热带湿润季风气候区，年均气温 15.2℃，无霜期 240～250 d。年均日照时数 2133 h，日照百分率 55%。年均降雨量 1039 mm。土壤起源于黄土性潟湖相沉积物与河流冲积物混合母质上，土层深厚。以种植水稻-小麦轮作一年两熟为主。

韩山系单个土体剖面

土系特征与变幅　诊断层包括水耕表层、水耕氧化还原层；诊断特性包括人为滞水土壤水分状况、氧化还原特征、热性土壤温度。该土系土壤水稻种植时间较长，且质地较疏松，易于耕作，所以，水耕表层深厚，达 30 cm。整个剖面发育铁锰锈纹锈斑，尤其 65 cm 以下，锈纹锈斑达 5%～10%。该土系的另一个特点是阳离子交换量和速效钾含量很低。土壤质地通体为粉砂壤土，土体呈中性，pH 为 6.53～7.09。

对比土系　民新系，同一土族，质地较黏，在剖面下部有一埋藏层。

利用性能综述　土壤较砂，保水保肥能力差，漏水漏肥。土壤各养分含量均不高。今后改良，应注意增施有机肥和种植绿肥，合理增施磷钾肥，提高土壤肥力。

参比土种　小粉土。

代表性单个土体　采自苏州张家港市塘桥镇韩山村水渠 12 组（编号 32-087，野外编号 32-004），31°50′27.96″N，120°40′4.44″E。海拔 3.8 m，小麦-水稻水旱轮作。当前作物为小麦。50 cm 土层年均温度 16.8℃。野外调查时间 2010 年 4 月。

韩山系代表性单个土体剖面

Ap1：0～18 cm，浊黄橙色（10YR 7/2，干），极暗棕色（7.5YR 2/3，润）；粉砂壤土，发育强的直径 2～10 mm 粒状结构，松；波状逐渐过渡。

Ap2：18～30 cm，灰黄棕色（10YR 6/2，干），棕灰色（10YR 4/1，润）；粉砂壤土，发育强的直径 10～20 mm 块状结构，稍紧；2%～5%铁锰锈纹锈斑，波状明显过渡。

Br1：30～45 cm，灰黄棕色（10YR 6/2，干），灰黄棕色（10YR 4/2，润）；粉砂壤土，发育强的直径 10～50 mm 块状结构，松；2%～5%铁锰锈纹锈斑，平直逐渐过渡。

Br2：45～65 cm，灰黄棕色（10YR 5/2，干），浊黄棕色（10YR 4/3，润）；粉砂壤土，发育强的直径 20～50 mm 块状结构，松；2%～5%铁锰锈纹锈斑，平直逐渐过渡。

Br3：65～100 cm，灰黄棕色（10YR 6/2，干），浊黄棕色（10YR 5/4，润）；粉砂壤土，发育强的直径 20～100 mm 块状结构，松；5%～10%铁锰锈纹锈斑。

韩山系代表性单个土体物理性质

| 土层 | 深度/cm | 砾石（>2 mm，体积分数）/% | 细土颗粒组成（粒径：mm）/（g/kg） | | | 质地 | 容重/（g/cm³） |
			砂粒 2～0.05	粉粒 0.05～0.002	黏粒<0.002		
Ap1	0～18	—	425	361	215	粉砂壤土	1.18
Ap2	18～30	—	318	398	284	粉砂壤土	1.28
Br1	30～45	—	302	399	299	粉砂壤土	1.30
Br2	45～65	—	406	392	201	粉砂壤土	1.31
Br3	65～100	—	394	370	236	粉砂壤土	1.30

韩山系代表性单个土体化学性质

深度/m	pH (H₂O)	有机质/（g/kg）	全氮(N)/（g/kg）	全磷(P₂O₅)/（g/kg）	全钾(K₂O)/（g/kg）	全铁(Fe₂O₃)/（g/kg）	阳离子交换量/（cmol/kg）	游离氧化铁/（g/kg）	有效磷(P)/（mg/kg）	速效钾(K)/（mg/kg）
0～18	6.5	30.4	1.73	0.98	19.8	54.3	16.8	12.4	28.27	92
18～30	6.7	3.4	0.27	0.19	13.8	31.5	10.0	11.7	4.78	56
30～45	6.8	7.4	0.52	0.56	19.3	42.0	12.7	8.3	2.35	58
45～65	7.1	5.9	0.41	0.56	18.0	40.8	11.8	7.5	1.92	50
65～100	7.0	3.5	0.26	0.63	19.4	41.1	9.3	8.8	1.88	50

5.9.18　民新系（Minxin Series）

土　族：黏壤质硅质混合型非酸性热性-普通简育水耕人为土
拟定者：王　虹，黄　标

分布与环境条件　分布于苏州张家港市南部地区，位于太湖平原区。区域地势平坦，海拔在 2～5 m。气候上属北亚热带湿润季风气候区，年均气温 15.2℃，无霜期 240～250 d。年均日照时数 2133 h，日照百分率 55%。年均降雨量 1039 mm。土壤起源于黄土性潟湖相沉积物和潟湖相沉积物母质上，土层深厚。以水稻-小麦轮作一年两熟为主。

民新系典型景观

土系特征与变幅　诊断层包括水耕表层、水耕氧化还原层；诊断特性包括人为滞水土壤水分状况、氧化还原特征、热性土壤温度。该土系土壤母质，上部为黄土性潟湖相沉积物，85cm 以下为早期的潟湖相沉积物，其古表面发育一黑色土层。该土系有较长的人为水旱耕作历史，水耕氧化还原过程较明显。整个剖面均发育有 2%～5%铁锰锈纹锈斑。尽管土壤有机质和全氮较高，但速效磷钾均较低。土壤质地剖面上部较黏，为粉砂壤土-黏壤土，下部为粉砂壤土。土体呈微酸性-中性，pH 为 5.83～7.17。

对比土系　韩山系，同一土族，质地较壤，剖面下部无埋藏层出现。

利用性能综述　土壤质地偏黏，所以耕性稍差。土壤阳离子较低，供肥性差，同时速效磷钾含量偏低，生产能力相对较差。今后改良中应注意排水，增施有机肥和种植绿肥，注意增施磷钾肥。

参比土种　乌底黄泥土。

代表性单个土体　采自苏州张家港市杨舍镇新民村（编号 32-091，野外编号 32-008），31°49′55.56″N，120°35′0.6″E。海拔 3 m，小麦-水稻水旱轮作。当前作物为小麦。50 cm 土层年均温度 16.8℃。野外调查时间 2010 年 4 月。

　　Ap1：0～18 cm，浊黄橙色（10YR 6/3，干），浊黄棕色（10YR 4/3，润）；粉砂壤土，发育强的直径 2～10 mm 粒状结构，松；20～50 个/cm² 直径 0.5～2 mm 根孔，2%～5%铁锰锈纹，平直明显过渡。

民新系代表性单个土体剖面

Ap2：18～30 cm，浊黄橙色（10YR 6/3，干），浊黄棕色（10YR 4/3，润）；黏壤土，发育强的直径 10～50 mm 块状结构，紧；20～50 个/cm² 直径 0.5～2 mm 根孔，2%～5%铁锰锈纹，平直明显过渡。

Br1：30～57 cm，灰黄棕色（10YR 6/2，干），灰黄棕色（10YR 4/2，润）；黏壤土，发育强的直径 20～50 mm 块状结构，稍紧；平直明显过渡。

Br2：57～85 cm，浊黄橙色（10YR 6/3，干），浊黄棕色（10YR 4/3，润）；黏壤土，发育强的直径 20～100 mm 块状结构，松；2%～5%铁锰锈纹，平直明显过渡。

Brb1：85～95 cm，黑色（2.5YR 2/1，干），黑色（2.5YR 2/1，润）；粉砂壤土，发育强的直径 20～100 mm 块状结构，松；平直明显过渡。

Brb2：95～120 cm，灰黄色（2.5Y 7/2，干），暗灰黄色（2.5Y 5/2，润）；粉砂壤土，发育强的直径 20～100 mm 块状结构，松；2%～5%铁锰锈纹。

民新系代表性单个土体物理性质

土层	深度 /cm	砾石 (>2 mm，体积分数)/%	细土颗粒组成（粒径：mm）/（g/kg）			质地	容重 /（g/cm³）
			砂粒 2～0.05	粉粒 0.05～0.002	黏粒<0.002		
Ap1	0～18	—	269	467	264	粉砂壤土	1.19
Ap2	18～30	—	335	386	279	黏壤土	1.44
Br1	30～57	—	225	388	387	黏壤土	1.50
Br2	57～85	—	249	384	368	黏壤土	1.52
Brb1	85～95	—	64	740	196	粉砂壤土	1.35
Brb2	95～120	—	41	754	205	粉砂壤土	1.47

民新系代表性单个土体化学性质

深度 /cm	pH (H₂O)	有机质 /(g/kg)	全氮(N) /(g/kg)	全磷(P₂O₅) /(g/kg)	全钾(K₂O) /(g/kg)	全铁(Fe₂O₃) /(g/kg)	阳离子交换量 /(cmol/kg)	游离氧化铁 /(g/kg)	有效磷(P) /(mg/kg)	速效钾(K) /(mg/kg)
0～18	5.8	30.4	1.79	0.68	19.0	49.5	17.3	14.9	13.19	90
18～30	6.9	12.6	0.83	0.52	19.5	47.8	14.9	14.4	2.75	76
30～57	7.0	9.4	0.66	0.46	20.8	49.3	15.5	14.4	2.21	80
57～85	7.2	5.1	0.37	0.51	18.4	41.1	11.2	9.7	1.84	58
85～95	7.1	14.3	0.94	0.33	17.1	47.9	24.7	21.0	1.71	68
95～120	7.0	5.9	0.37	0.40	20.4	41.1	11.4	7.9	1.71	62

5.9.19 塘桥系（Tangqiao Series）

土 族： 黏壤质硅质混合型非酸性热性-普通简育水耕人为土
拟定者： 黄 标，王 虹

分布与环境条件 分布于苏州张家港市南部地区。属于太湖平原区。区域地势平坦，海拔在 2～5 m。气候上属北亚热带湿润季风气候区，年均气温 15.2℃，无霜期 240～250 d。年均日照时数 2133 h，日照百分率 55%。年均降雨量 1039 mm。土壤起源于黄土性潟湖相沉积物母质上，土层深厚。以水稻-小麦轮作一年两熟为主。

塘桥系典型景观

土系特征与变幅 诊断层包括水耕表层、水耕氧化还原层；诊断特性包括人为滞水土壤水分状况、氧化还原特征、热性土壤温度。该土系所在地亦为传统的水稻生产区，土壤熟化程度较高，耕作层和犁底层均较厚。土体水耕氧化还原过程明显，整个剖面均发育铁锰锈纹锈斑。在 90 cm 以下出现一层暗色层，有机质含量稍高于上覆土层，可能为埋藏层。土壤养分中，速效钾含量较低，其余则适中。土壤质地为粉砂壤土夹黏壤土，水耕表层之下埋藏层之上为黏壤土。土体呈中性，pH 为 6.37～6.93。

对比土系 同里系，同一土族，水耕表层之下质地偏壤，剖面底部无埋藏层。

利用性能综述 土壤质地适中，耕性较好，但由于粉粒含量高，人为滞水整地后，易淀浆，土壤速效钾含量偏低。今后改良应注意提高基本农田建设标准，增加土壤内排水能力；滞水整地后注意适时插秧，管理过程中注意增施钾肥。

参比土种 乌底黄泥土。

代表性单个土体 采自苏州张家港市塘桥镇韩山村水渠 4 组（编号 32-086，野外编号 32-003），31°50′0.744″N，120°39′29.16″E。海拔 4 m，黄土性潟湖相沉积物母质，当前作物为小麦。50 cm 土层年均温度 16.8℃。野外调查时间 2010 年 4 月。

塘桥系代表性单个土体剖面

Ap1：0～18 cm，灰黄棕色（10YR 6/2，干），灰黄棕色（10YR 4/2，湿）；粉砂壤土，发育强的直径 2～10 mm 次棱块状或粒状结构，松；5%～15%铁锰锈纹锈斑，无石灰反应，波状逐渐过渡。

Ap2：18～30 cm，浊黄橙色（10YR 6/3，干），黑棕色（10YR 4/3，湿）；粉砂壤土，发育强的直径 5～20 mm 块状结构，紧；5%～15%铁锰锈纹锈斑，无石灰反应，波状明显过渡。

Br1：30～45 cm，浊黄橙色（10YR 7/2，干），浊黄棕色（10YR 4/3，湿）；黏壤土，发育强的直径 20～50 mm 块状结构，稍紧；2%～5%铁锰锈纹锈斑，无石灰反应，平直逐渐过渡。

Br2：45～95 cm，浊黄橙色（10YR 6/3，干），浊黄棕色（10YR 4/3，湿）；黏壤土，发育强的直径 50～100 mm 块状结构，稍紧；2%～5%铁锰锈纹锈斑，无石灰反应，平直逐渐过渡。

Br3：95～100 cm，棕灰色（10YR 6/1，干），棕灰色（10YR 4/1，湿）；粉砂壤土，发育强的直径 50～100 mm 块状结构，紧；2%～5%铁锰锈纹锈斑，无石灰反应。

塘桥系代表性单个土体物理性质

| 土层 | 深度 /cm | 砾石（>2 mm，体积分数）/% | 细土颗粒组成（粒径：mm）/（g/kg） | | | 质地 | 容重 /（g/cm³） |
			砂粒 2～0.05	粉粒 0.05～0.002	黏粒<0.002		
Ap1	0～18	—	46	752	202	粉砂壤土	1.27
AP2	18～30	—	70	766	165	粉砂壤土	1.41
Br1	30～45	—	328	388	284	黏壤土	1.38
Br2	45～95	—	349	376	276	黏壤土	1.42
Br3	95～100	—	46	752	202	粉砂壤土	1.43

塘桥系代表性单个土体化学性质

深度 /cm	pH (H₂O)	有机质 /(g/kg)	全氮(N) /(g/kg)	全磷(P₂O₅) /(g/kg)	全钾(K₂O) /(g/kg)	全铁(Fe₂O₃) /(g/kg)	阳离子交换量 /(cmol/kg)	游离氧化铁 /(g/kg)	有效磷(P) /(mg/kg)	速效钾(K) /(mg/kg)
0～18	6.4	25.6	1.53	0.90	20.7	52.7	16.8	14.6	18.98	95
18～30	6.9	13.2	0.92	0.71	22.8	51.0	15.5	13.3	5.66	72
30～45	6.8	8.7	0.63	0.64	21.5	50.0	15.8	11.1	4.26	80
45～95	6.8	6.9	0.52	0.72	21.3	49.2	14.2	10.5	3.50	66
95～100	6.9	9.0	0.54	0.50	22.3	50.6	16.6	11.6	1.94	76

5.9.20　同里系（Tongli Series）

土　族：黏壤质硅质混合型非酸性热性-普通简育水耕人为土
拟定者：黄　标，王　虹，杜国华

分布与环境条件　分布于苏州吴江市北部和吴中区南部地区。该地区属于太湖平原区，区域地势平坦，海拔在 2～5 m。气候上属北亚热带湿润季风气候区，年均气温 16.0℃，无霜期 240～250 d。年均日照时数 2307 h，日照百分率 45%。年均降雨量 1000 mm。土壤起源于黄土性潟湖相沉积物母质上，土层深厚。以水稻-小麦轮作一年两熟为主。

同里系典型景观

土系特征与变幅　诊断层包括水耕表层、水耕氧化还原层；诊断特性包括人为滞水土壤水分状况、氧化还原特征、热性土壤温度。该土系所在地区是传统的水稻种植区，土壤在母质形成之后，长期水旱轮作，水耕氧化还原过程较强烈，整个剖面有 5%～40%锈纹锈斑和铁锰斑点，底部有一定铁的聚集，但未超过表层土壤的 1.5 倍。土壤有机质和氮磷钾养分均不高，尤其土壤速效钾含量均低于 100 g/kg。土壤质地通体均为粉砂壤土，土体呈酸性-中性，pH 为 5.04～7.38。

对比土系　塘桥系，同一土族，水耕表层之下质地偏黏，剖面底部有一埋藏层。

利用性能综述　质地适中，耕性好，土壤水气状况较协调，供肥性能强，保肥性也较好，土壤肥力中等偏上。由于土壤粉粒含量高，可能易淀浆，影响插秧。因此，应合理安排耕翻整地与插秧时间，防止淀浆。采取措施增加土壤有机质，注意磷钾肥的补充，尤其是钾肥的补充。

参比土种　黄泥土。

代表性单个土体　采自苏州吴江市同里镇（编号 32-077，野外编号 B77），31°08′7.368″N，120°41′29.688″E。海拔 4 m，小麦-水稻水旱轮作。当前为休闲田块，零散种植了油菜和蚕豆。50 cm 土层年均温度 17.1℃。野外调查时间 2010 年 4 月。

同里系代表性单个土体剖面

Ap1：0～14 cm，灰黄棕色（10YR 6/2，干），浊黄棕色（10YR 4/3，润）；粉砂壤土，发育强的直径 2～10 mm 次棱块状或团粒状结构，松；15%～40%铁锰斑点，平直明显过渡。

Ap2：14～23 cm，浊黄橙色（10YR 7/2，干），浊黄棕色（10YR 5/3，润）；粉砂壤土，发育强的直径 5～20 mm 块状结构，紧；10%～15%铁锰斑点，平直逐渐过渡。

Br1：23～36 cm，橙白色（10YR 8/1，干），棕灰色（10YR 6/1，润）；粉砂壤土，发育强的直径 10～50 mm 块状结构，稍紧；10%～15%铁锰斑点，平直明显过渡。

Br2：36～80 cm，橙白色（10YR 8/1，干），棕灰色（10YR 6/2，润）；粉砂壤土，发育弱的直径 50～100 mm 棱柱状结构，稍紧；10%～15%铁锰斑点，平直逐渐过渡。

Br3：80～100 cm，淡灰色（10YR 7/1，干），棕灰色（10YR 5/1，湿）；粉砂壤土，发育弱的直径≥100 mm 棱柱状结构，稍紧；10%～15%铁锰斑点。

同里系代表性单个土体物理性质

土层	深度/cm	砾石（>2 mm，体积分数）/%	细土颗粒组成（粒径：mm）/（g/kg）			质地	容重/（g/cm³）
			砂粒 2～0.05	粉粒 0.05～0.002	黏粒<0.002		
Ap1	0～14	—	58	677	266	粉砂壤土	1.23
Ap2	14～23	—	56	705	239	粉砂壤土	1.44
Br1	23～36	—	122	645	233	粉砂壤土	1.45
Br2	36～80	—	49	735	216	粉砂壤土	1.46
Br3	80～100	—	49	695	256	粉砂壤土	1.41

同里系代表性单个土体化学性质

深度/cm	pH（H₂O）	有机质/（g/kg）	全氮(N)/（g/kg）	全磷(P₂O₅)/（g/kg）	全钾(K₂O)/（g/kg）	全铁(Fe₂O₃)/（g/kg）	阳离子交换量/（cmol/kg）	游离氧化铁/（g/kg）	有效磷(P)/（mg/kg）	速效钾(K)/（mg/kg）
0～14	6.0	13.9	0.78	0.42	14.2	36.3	17.1	16.6	8.62	81
14～23	5.0	20.8	1.30	0.50	13.3	35.9	15.7	15.8	13.31	52
23～36	6.3	16.7	1.05	0.40	12.7	33.6	13.4	14.9	5.51	44
36～80	7.4	4.4	0.30	0.35	13.4	36.3	10.3	17.2	3.64	44
80～100	7.4	6.2	0.41	0.35	14.8	44.6	12.8	22.2	4.89	58

5.9.21 毛嘴系（Maozui Series）

土　族：黏壤质混合型非酸性热性-普通简育水耕人为土
拟定者：王培燕，黄　标

分布与环境条件　主要分布于宿迁市泗洪县。属于黄泛平原西部的岗地，海拔13～14 m，成土母质为下蜀黄土。气候上属北亚热带和暖温带过渡带季风气候区，年均气温14.6℃，年均降水量894 mm，年均日照总时数2326.7 h，无霜期213 d。土层深厚，种植模式为水稻-小麦轮作。

毛嘴系典型景观

土系特征与变幅　诊断层为水耕表层、水耕氧化还原层；诊断特性包括氧化还原特征、热性土壤温度。本土系为发育于下蜀黄土母质上的水耕人为土，通体氧化还原特征明显，含15%～40%铁锰结核、胶膜和锈纹。尽管土壤阳离子交换量较高，但土壤有机质及氮磷钾养分储量和有效态均较低，尤其表层土壤速效钾，低于100 g/kg。细土质地为粉砂质黏壤土，中性-碱性，pH为7.21～7.59。

对比土系　石桥系，同一亚类不同土族，颗粒级别大小为黏质，矿物学类型为蛭石混合型。

利用性能综述　质地为壤土-黏壤土，耕性稍差。有机质和氮磷钾养分含量较低，尤其耕作层含量低。但耕作层深厚，土壤阳离子交换量高，所以，供肥保肥性较好。今后改良应注意培肥土壤，多施有机肥或推广秸秆还田，改善土壤黏重状况，同时注意土壤养分的补充。

参比土种　灰马肝土。

代表性单个土体　采自宿迁市泗洪县双沟镇毛嘴村（编号32-309，野外编号JB40），33°14′14.46″N，118°07′54.78″E，海拔23.8 m，岗地顶部，成土母质为下蜀黄土，当前作物为小麦。50 cm深度土温16.6℃。野外调查时间2010年6月。

　　Ap1：0～18 cm，浊黄橙色（10YR 7/3，干），浊黄棕色（10YR 4/3，润）；粉砂壤土，发育强的直径2～10 mm次棱块状或团粒状结构，较紧实，有15%～40%铁锰结核和锈纹锈斑，15%～40%黏粒胶膜，无石灰反应，平直明显过渡。

Ap2：18～30 cm，浊黄橙色（10YR 7/4，干），亮黄棕色（10YR 6/6，润）；粉砂质黏壤土，发育强的直径5～20 mm块状结构，紧实；有15%～40%铁锰结核和锈纹锈斑，15%～40%胶膜，无石灰反应，平直渐变过渡。

Br1：30～50 cm，浊黄橙色（10YR 7/4，干），亮黄棕色（10YR 6/6，润）；粉砂质黏壤土，发育强的直径5～20 mm块状结构，有15%～40%铁锰结核，15%～40%胶膜，有15%～40%锈纹，紧实；无石灰反应，平直渐变过渡。

Br2：50～80 cm，淡黄橙色（10YR 8/3 干），浊黄橙色（10YR 7/4，润）；粉砂壤土，发育强的直径20～100 mm 棱块状结构，有15%～40%铁锰结核和锈纹锈斑，15%～40%胶膜，非常紧实；无石灰反应，波状明显过渡。

Bkr：80～110 cm，淡黄橙色（10YR 8/4 干），浊黄橙色（10YR 7/4，润）；粉砂质黏壤土，发育强的直径50～100 mm 棱块状结构，有15%～40%铁锰结核和锈纹锈斑，15%～40%胶膜，非常紧实；含20%左右碳酸钙结核，无石灰反应。

毛嘴系代表性单个土体剖面

毛嘴系代表性单个土体物理性质

土层	深度 /cm	砾石 (>2 mm，体积分数) /%	细土颗粒组成（粒径：mm）/（g/kg）			质地	容重 /（g/cm³）
			砂粒 2～0.05	粉粒 0.05～0.002	黏粒 <0.002		
Ap1	0～18	—	99	634	266	粉砂壤土	1.47
Ap2	18～30	—	79	635	286	粉砂质黏壤土	1.59
Br1	30～50	—	79	635	286	粉砂质黏壤土	1.59
Br2	50～80	—	70	663	267	粉砂壤土	1.61
Bkr	80～110	20%	60	658	282	粉砂质黏壤土	1.63

毛嘴系代表性单个土体化学性质

深度 /cm	pH (H₂O)	有机质 /(g/kg)	全氮(N) /(g/kg)	全磷(P₂O₅) /(g/kg)	全钾(K₂O) /(g/kg)	全铁(Fe₂O₃) /(g/kg)	阳离子交换量 /(cmol/kg)	游离氧化铁 /(g/kg)	有效磷(P) /(mg/kg)	速效钾(K) /(mg/kg)
0～18	7.5	13.2	0.81	1.28	15.2	49.5	19.3	28.2	8.78	71
18～30	7.2	5.9	0.47	0.41	17.9	50.7	32.4	19.2	1.43	162
30～50	7.2	5.9	0.47	0.41	17.9	50.7	32.4	19.2	1.43	162
50～80	7.4	4.7	0.38	0.44	18.2	46.5	29.8	15.9	0.80	130
80～110	7.6	3.5	0.42	0.37	17.4	46.1	28.5	17.4	0.68	140

5.9.22　高东系（Gaodong Series）

土　族：黏壤质硅质混合型石灰性温性-普通简育水耕人为土
拟定者：雷学成，潘剑君，黄　标

分布与环境条件　广泛
分布在淮安市涟水县的
各个乡镇。属于黄泛平
原区内的决口扇形平原。
海拔稍高，约 30 m。气
候上属暖温带季风气候
区，年均气温 14.1℃。
无霜期 213d。太阳年均
总辐射量 121.6kcal/cm²，
年均降雨量 1014.6 mm。
土壤起源于冲积物母质
上，土层深厚。以水稻/
玉米-小麦轮作一年两
熟为主。

高东系典型景观

土系特征与变幅　诊断层包括水耕表层、水耕氧化还原层；诊断特性包括人为滞水土壤
水分状况、氧化还原特征、温性土壤温度。该土系是在黄泛时漫流条件下沉积的冲积物
母质发育起来的。水耕氧化还原作用是土层出现铁锰斑纹，尤其在 87 cm 以下，斑纹较
多，游离铁含量超过耕作层 1.5 倍。土壤质地 87 cm 以上为壤土-黏壤土，以下则为黏土，
土体呈中性-微碱性，pH 为 7.68～7.84，石灰反应强烈。

对比土系　谢荡系，不同亚类，母质不同，黄土性冲积物，水耕氧化还原层无铁聚。

利用性能综述　耕层质地适中，耕性好，表层疏松，宜种性广。黏土层位低，对作物根
系生长影响小，同时具有托水托肥的良好作用，生产水平较高。但由于黏土层的存在，
多雨季节易发渍害。今后改良，应注意田间排灌。

参比土种　黏底两合土。

代表性单个土体　采自淮安市涟水县高沟镇高东村（编号 32-243，野外编号 32082602），
34°1′18.588″N，119°12′10.584″E，海拔 5 m，成土母质为冲积物。农业利用类型为水田，
种植作物为小麦-水稻轮作。50 cm 土层年均温度 15.3℃。野外调查时间 2011 年 11 月。

　　Ap1：0～15 cm，淡棕灰色（7.5YR 7/2，干），浊棕色（7.5YR 5/3，润）；粉砂壤土，发育强的
直径 5～50 mm 团块状结构，稍紧实；极强石灰反应，渐变波状过渡。

高东系代表性单个土体剖面

Ap2：15～23 cm，浊橙色（7.5YR 7/3，干），浊棕色（7.5YR 5/4，润）；粉砂质黏壤土，潮，发育强的直径 5～50 mm 棱块状结构，紧实；结构面及结构体内有 5%～15%铁斑纹，结构面有 5%～15%灰色胶膜，极强石灰反应，突然平滑过渡。

Br1：23～58 cm，浊橙色（7.5YR 7/3，干），棕色（7.5YR 4/4，润）；粉砂壤土，发育强的直径 5～50 mm 棱块状结构，紧实；结构体内有 2%～5%的铁斑纹，斑纹边界清楚，结构面有 5%～15%灰色胶膜，极强石灰反应，清晰平滑过渡。

Br2：58～87 cm，浊橙色（7.5YR 7/3，干），棕色（7.5YR 4/4，润）；粉砂壤土，发育强的直径 20～100 mm 棱块状结构，紧实；结构体内有 2%～5%锰斑纹，结构面有 5%～15%灰色胶膜，该土层内见 5 cm 左右的夹沙层。极强石灰反应，清晰平滑过渡。

Br3：87～110 cm，橙白色（7.5YR 8/2，干），浊棕色（7.5YR 5/3，润）；黏土，发育强的直径 20～100 mm 棱块状结构，紧实；结构体内 5%～10%模糊锰斑纹，极强石灰反应。

高东系代表性单个土体物理性质

土层	深度 /cm	砾石 /（>2 mm，体积分数）/%	细土颗粒组成（粒径：mm）/（g/kg）			质地	容重 /（g/cm³）
			砂粒 2～0.05	粉粒 0.05～0.002	黏粒<0.002		
Ap1	0～15	—	268	503	229	粉砂壤土	1.17
Ap2	15～23	—	23	658	319	粉砂质黏壤土	1.39
Br1	23～58	—	192	560	248	粉砂壤土	1.45
Br2	58～87	—	345	514	141	粉砂壤土	1.61
Br3	87～110	—	35	304	661	黏土	1.56

高东系代表性单个土体化学性质

深度 /cm	pH (H₂O)	有机质 /（g/kg）	全氮(N) /（g/kg）	全磷(P₂O₅) /（g/kg）	全钾(K₂O) /（g/kg）	全铁(Fe₂O₃) /（g/kg）	阳离子交换量 /（cmol/kg）	游离氧化铁 /（g/kg）	有效磷(P) /（mg/kg）	速效钾(K) /（mg/kg）
0～15	7.7	19.9	1.08	2.45	25.8	47.9	12.7	10.4	109.27	146
15～23	7.7	17.9	0.63	1.42	28.5	67.1	38.7	16.4	8.54	231
23～58	7.7	9.7	0.58	1.53	27.5	62.5	23.1	11.6	10.73	217
58～87	7.8	4.6	0.36	1.37	24.8	53.2	14.9	10.3	5.47	86
87～110	7.8	7.7	0.58	1.10	21.3	64.2	43.0	17.0	7.85	235

5.9.23　开明系（Kaiming Series）

土　族：黏壤质硅质混合型石灰性温性-普通简育水耕人为土
拟定者：王培燕，潘剑君，黄　标

分布与环境条件　广泛分布
在盐城市射阳县的各个地区。
该地区地势平坦，海拔很低。
在土壤区划上属于滨海的已
脱盐平原。该区域多系黄淮
合流冲积海相沉积作用形成
的土壤母质。气候上属北亚
热带和暖温带过渡地带，属
季风气候区。年均气温
13.9℃。无霜期 224 d。太阳
年均总辐射量 117.5kcal/cm²。
年均降雨量 1034.8mm。土地
利用类型为水田，种植以水

开明系典型景观

稻-小麦/油菜轮作一年两熟为主。

土系特征与变幅　诊断层包括水耕表层、水耕氧化还原层；诊断特性包括人为滞水土壤
水分状况、氧化还原特征、石灰性、温性土壤温度。由于该土系土壤受人为滞水耕作影
响时间较短，水耕氧化还原发育较弱，整个剖面发育仅有 2%～5%铁锰锈纹锈斑。土壤
有机质含量较低，仅为 15g/kg 左右，但全磷全钾储量水平较高，速效钾也较高。土壤质
地黏壤夹砂壤，石灰性较强，土体呈中偏碱性，pH 为 7.25～7.49。

对比土系　徐庄系，同一土族，分布地理位置邻近，土壤相对较壤，水耕表层之下的心
土层，相对于上覆和下伏土层要黏。

利用性能综述　土壤质地较黏，耕性稍差。地下水位较高，所以容易渍水。由于水耕熟
化时间较短，有机质和全氮积累不明显，但土壤磷钾养分含量较高，小麦水稻产量皆可。
今后改良应适当耕种，注意培肥土壤，可通过增施有机肥和推广秸秆还田提高有机质。
麦季注意排水，防止渍害。

参比土种　浅层两合土。

代表性单个土体　位于盐城市射阳县四明镇开明村路边（编号 32-261，野外编号
32092402），33°53′26.196″N，120°04′18.264″E，海拔 0 m。成土母质为河海相冲积物，
曾种植水稻-小麦，当前为休耕状态。50 cm 土层年均温度 15.3℃。野外调查时间 2011
年 9 月。

开明系代表性单个土体剖面

Ap1：0～15 cm，灰棕色（7.5YR 6/2，干），棕色（7.5YR 4/3，润）；粉砂质黏壤土，发育强的直径5～50 mm 次棱块状结构，疏松，有 2%～5%锈纹锈斑；极强石灰反应，清晰平滑过渡。

Ap2：15～25 cm，浊棕色（7.5YR 6/3，干），棕色（7.5YR 4/4，润）；粉砂壤土，发育强的直径5～50 mm 块状，坚实；有 2%～5%锈纹锈斑；极强石灰反应，清晰平滑过渡。

Br1：25～43 cm，浊橙色（7.5YR 7/3，干），浊棕色（7.5YR 5/3，润）；粉砂质黏壤土，发育强的直径5～50 mm 棱块状，坚实；极黏着，极塑，无根系，无侵入体，有 2%～5%锈纹锈斑；极强石灰反应，清晰平滑过渡。

Br2：43～56 cm，淡棕灰色（7.5YR 7/2，干），棕色（7.5YR 4/3，润）；粉砂质黏壤土，发育强的直径5～50 mm 棱块状，坚实；2%～5%锈纹锈斑；极强石灰反应。

开明系代表性单个土体物理性质

土层	深度 /cm	砾石 (>2 mm，体积分数) /%	细土颗粒组成（粒径：mm）/（g/kg）			质地	容重 /（g/cm³）
			砂粒 2～0.05	粉粒 0.05～0.002	黏粒<0.002		
Ap1	0～15	—	104	608	288	粉砂质黏壤土	1.31
Ap2	15～25	—	125	613	262	粉砂壤土	1.46
Br1	25～43	—	77	635	288	粉砂质黏壤土	1.46
Br2	43～56	—	124	516	360	粉砂质黏壤土	1.52

开明系代表性单个土体化学性质

深度 /cm	pH (H₂O)	有机质 /(g/kg)	全氮(N) /(g/kg)	全磷(P₂O₅) /(g/kg)	全钾(K₂O) /(g/kg)	全铁(Fe₂O₃) /(g/kg)	阳离子交换量 /(cmol/kg)	游离氧化铁 /(g/kg)	有效磷(P) /(mg/kg)	速效钾(K) /(mg/kg)
0～15	7.3	15.5	0.79	1.67	22.9	47.4	21.1	9.1	17.76	189
15～25	7.3	10.6	0.70	1.04	19.5	18.1	24.5	10.7	4.80	121
25～43	7.5	14.6	0.61	1.40	23.9	46.8	17.8	8.7	7.82	134
43～56	7.5	9.9	0.27	1.54	20.1	51.9	22.6	11.1	5.40	188

5.9.24　唐集系（Tangji Series ）

土　族：黏壤质硅质混合型石灰性温性−普通简育水耕人为土
拟定者：雷学成，潘剑君，黄　标

分布与环境条件　集中分布在淮安市涟水县唐集为中心的湖荡洼地和高沟东部的古硕项湖洼地乡镇。土壤区划上，属于徐淮黄泛平原区的扇前低洼平原，海拔较低，通常仅十几米。气候上属暖温带季风性气候区，年均气温 14.1℃。无霜期 213 d。太阳年均总辐射量 121.6kcal/cm^2。年均降雨量 1014.6mm。土壤起源于冲积物母质上，土层深厚。农业利用以种植

唐集系典型景观

小麦−玉米/（水稻）一年两熟为主。

土系特征与变幅　诊断层包括水耕表层、水耕氧化还原层；诊断特性包括人为滞水土壤水分状况、氧化还原特征、石灰性、温性土壤温度。该土系分布在地势低洼的湖荡地区，为黄泛时静水沉积物，质地较黏重。土壤受人为滞水耕作影响时间不长，但在水耕表层之下已显示水耕氧化还原特征，见 2%～5%锈纹锈斑和铁锰斑点，同时见灰色胶膜。土壤质地上黏下壤，土体呈碱性，pH 为 7.66～7.80，石灰反应强烈。

对比土系　谢荡系，同一亚类不同土族，颗粒级别大小为黏质，矿物学类型为伊利石混合型。

利用性能综述　在 50 cm 深度以上质地黏重，影响耕性，土壤通透性也较差。但养分整体水平较高，包括磷钾全量和有效态含量均较高，阳离子交换性能较强，保肥性好。改良利用中需要保持土壤的通透性，可通过深耕或秸秆还田改善土壤结构状况。

参比土种　淤土。

代表性单个土体　采自淮安市涟水县唐集镇（编号 32-242，野外编号 32082601），33°54′50.652″N，119°33′1.98″E，海拔 3.5 m，河流冲积物母质，当前作物为水稻。50 cm 土层年均温度 15.3℃。野外调查时间 2011 年 11 月。

　　Ap1：0～15 cm，浊棕色（7.5YR 6/3，干），棕色（7.5YR 4/3，润）；粉砂质黏土，发育强的直径 5～20 mm 团块状结构，坚实；有少量贝壳、田螺等侵入体，强石灰反应，清晰波状过渡。

32082601

唐集系代表性单个土体剖面

Ap2：15～25 cm，浊橙色（7.5YR 7/3，干），浊棕色（7.5YR 5/3，润）；粉砂质黏土，发育强的直径 10～50 mm 棱块状结构，结构面上有 2%～5%模糊的灰色胶膜，有少量贝壳、田螺等侵入体；强石灰反应，清晰平滑过渡。

Br1：25～50 cm，浊橙色（7.5YR 7/3，干），浊棕色（7.5YR 5/3，润）；黏土，发育强的直径 10～50 mm 棱块状结构，很坚实；2%～5%很小的模糊的铁斑纹，结构面有 15%～40%灰色胶膜，胶膜对比显著，<2%贝壳、田螺等侵入体；强石灰反应，清晰平滑过渡。

Br2：50～80 cm，浊棕色（7.5YR 6/3，干），棕色（7.5YR 4/3，润）；粉砂质壤土，发育强的直径 50～100 mm 棱块状结构，见模糊铁锰斑纹，结构面有灰色胶膜；强石灰反应，清晰平滑过渡。

Br3：80～90 cm，浊橙色（7.5YR 7/3，干），浊棕色（7.5YR 5/3，润）；粉砂质壤土，发育强的直径 50～100 mm 棱块状结构，结构面有铁锰斑纹和灰色胶膜；对比模糊，强石灰反应。

唐集系代表性单个土体物理性质

土层	深度/cm	砾石（>2 mm，体积分数）/%	细土颗粒组成（粒径：mm）/（g/kg）			质地	容重/（g/cm³）
			砂粒 2～0.05	粉粒 0.05～0.002	黏粒<0.002		
Ap1	0～15	—	54	458	489	粉砂质黏土	1.23
Ap2	15～25	—	74	453	473	粉砂质黏土	1.45
Br1	25～50	—	79	262	659	黏土	1.45
Br2	50～80	—	265	506	229	粉砂质壤土	1.38
Br3	80～90	—	228	543	229	粉砂质壤土	1.47

唐集系代表性单个土体化学性质

深度/cm	pH（H₂O）	有机质/（g/kg）	全氮(N)/（g/kg）	全磷(P₂O₅)/（g/kg）	全钾(K₂O)/（g/kg）	全铁(Fe₂O₃)/（g/kg）	阳离子交换量/（cmol/kg）	游离氧化铁/（g/kg）	有效磷(P)/（mg/kg）	速效钾(K)/（mg/kg）
0～15	7.7	29.9	1.61	1.99	24.7	55.4	28.4	14.1	26.00	223
15～25	7.8	11.1	0.69	1.49	28.3	67.3	33.2	14.9	1.59	162
25～50	7.8	11.1	0.72	1.39	29.3	68.5	24.1	16.8	1.83	199
50～80	7.8	11.5	0.59	1.44	28.5	62.9	15.5	11.5	1.59	168
80～90	7.7	8.1	0.51	1.35	27.5	58.6	16.1	13.8	1.80	150

5.9.25　徐庄系（Xuzhuang Series）

土　族：黏壤质硅质混合型石灰性温性-普通简育水耕人为土
拟定者：雷学成，潘剑君，黄　标

分布与环境条件　主要分布在盐城市射阳县的西北部地区。土壤区划上属于苏北滨海平原的已脱盐地区。土壤母质系黄淮合流冲积和海相沉积作用形成冲积物。地势平坦，海拔很低，地下水位较高。气候上属北亚热带和暖温带的过渡地带，属季风气候区。年均气温 13.9℃。无霜期 224 d。太阳年均总辐射量 117.5kcal/cm²。年均降雨量 1034.8mm。土层深厚。以水稻-小麦轮作一年两熟为主。

徐庄系典型景观

土系特征与变幅　诊断层包括水耕表层、水耕氧化还原层；诊断特性包括人为滞水土壤水分状况、氧化还原特征、石灰性、温性土壤温度。该土系是在黄淮冲积与海相沉积双重母质上发育起来的。土壤中人为滞水导致的氧化还原过程较明显。水耕表层之下发育 5%～40%铁锰锈纹锈斑和灰色胶膜，土壤质地通体为粉砂壤土-壤土，但有 20～40 cm深度的心土层稍黏。土壤石灰反应强烈。土体呈中性-微碱性，pH 为 7.42～7.54。

对比土系　开明系，同一土族，分布地理位置邻近，土壤相对较黏，水耕表层的犁底层，相对于上覆和下伏土层要壤。

利用性能综述　黏土层出现的部位较高，有托水托肥的作用，但遇特大暴雨田间易积水。若管理措施不当，原来为脱盐碱土的，会引起返碱返盐，产生次生盐渍地。土壤有机质含量较低，由于碳酸钙含量较高，土壤普遍缺磷。今后改良应注意养用结合，检测水盐动态，改善水利条件；同时适当深耕，加深耕层，通过推广秸秆还田提高土壤有机质含量，不断熟化耕作层。

参比土种　黏心两合土。

代表性单个土体　采自盐城市射阳县通洋镇徐庄村（编号 32-262，野外编号 32092403），33°52′47.172″N，120°09′53.64″E，海拔 0 m，成土母质为河海相冲积物，当前作物为水稻。50 cm 土层年均温度 15.3℃。野外调查时间 2011 年 9 月。

　　Ap1：0～13 cm，浊黄橙色（10YR 7/2，干），灰黄棕色（10YR 5/3，润）；粉砂壤土，发育强的直径 5～20 mm 次棱块状或团粒状结构，疏松；有<2%田螺等侵入体，强石灰反应，清晰平滑过渡。

Ap2：13～22 cm，浊黄橙色（10YR 7/3，干），灰黄棕色（10YR 4/4，润）；粉砂壤土，发育强的直径 5～20 mm 棱块状结构，稍紧；强石灰反应，突然平滑过渡。

Br1：22～41 cm，浊黄橙色（10YR 7/3，干），棕色（10YR 5/4，润）；粉砂质黏壤土，潮湿，发育强的直径 10～50 mm 棱块状结构，紧实；15%～40%铁锰锈纹锈斑和灰色胶膜，强石灰反应，清晰平滑过渡。

Br2：41～64 cm，浊黄橙色（10YR 7/3，干），灰黄棕色（10YR 5/4，润）；粉砂壤土，潮湿，发育强的直径 10～50 mm 棱块状结构，紧实；15%～40%铁锰锈纹锈斑和灰色胶膜，强石灰反应，清晰平滑过渡。

Bt3：64～75 cm，浊黄橙色（10YR 7/3，干），灰黄棕色（10YR 5/4，润）；壤土，湿，发育强的直径 20～100 mm 棱块状结构，紧实；有 5%～15%铁锰斑纹出现，强石灰反应。

徐庄系代表性单个土体剖面

徐庄系代表性单个土体物理性质

土层	深度/cm	砾石（>2 mm，体积分数）/%	细土颗粒组成（粒径：mm）/（g/kg）			质地	容重/（g/cm³）
			砂粒 2～0.05	粉粒 0.05～0.002	黏粒<0.002		
Ap1	0～13	—	168	593	239	粉砂壤土	1.43
Ap2	13～22	—	158	603	239	粉砂壤土	1.31
Br1	22～41	—	116	551	333	粉砂质黏壤土	1.42
Br2	41～64	—	175	636	189	粉砂壤土	1.60
Br3	64～75	—	363	467	170	壤土	1.59

徐庄系代表性单个土体化学性质

深度/cm	pH（H₂O）	有机质/（g/kg）	全氮(N)/（g/kg）	全磷(P₂O₅)/（g/kg）	全钾(K₂O)/（g/kg）	全铁(Fe₂O₃)/（g/kg）	阳离子交换量/（cmol/kg）	游离氧化铁/（g/kg）	有效磷(P)/（mg/kg）	速效钾(K)/（mg/kg）
0～13	7.4	16.0	1.09	1.69	22.2	39.3	18.1	8.5	19.10	170
13～22	7.4	12.4	0.85	1.58	17.1	39.8	19.1	7.5	14.16	172
22～41	7.5	5.7	0.40	0.05	18.5	42.1	17.7	9.5	5.14	166
41～64	7.5	2.7	0.24	0.09	22.5	50.1	6.6	8.8	4.58	120
64～75	7.5	3.2	0.21	0.24	19.2	50.9	2.2	8.1	3.87	136

5.9.26　万匹系（Wanpi Series）

土　　族：黏壤质硅质混合型非酸性温性-普通简育水耕人为土
拟定者：黄　标，王培燕，杜国华

分布与环境条件　分布于
宿迁市沭阳县北部地区。属
于沂沭丘陵平原区的倾斜
平原。区域地势起伏较小，
海拔较低。气候上属暖温带
季风气候区，年均气温
13.8℃，无霜期 203 d。全
年总日照时数为 2363.7 h，
年日照百分率 53%。年均降
雨量 937.6 mm。土壤起源
于湖积物母质，土层深厚。
以水稻-小麦轮作一年两熟
为主。

万匹系典型景观

土系特征与变幅　诊断层包括水耕表层、水耕氧化还原层；诊断特性包括人为滞水土壤
水分状况、氧化还原特征、温性土壤温度。该土系土壤母质为平原地区浅洼地的湖相沉
积物，长期人为水旱轮作，水耕氧化还原过程已较明显，表土层之下，60 cm 以上，铁
锰斑纹发育含量可达 5%～10%，其下斑纹减少，但出现铁锰结核。土壤结构面上出现灰
色胶膜。土壤有机质含量较高，但速效磷钾含量偏低。土壤质地为粉砂质壤土和粉砂质
黏壤土互层。土体呈微酸性-中性，pH 为 5.44～7.40。
对比土系　许洪系，分布区域邻近，同一亚类不同土族，颗粒级别大小为黏质，矿物学
类型为伊利石混合型。
利用性能综述　耕性良好，保水保肥性好。但心、底土层黏重，影响水分上下运行，今
后改良要注意开沟排水，降低地下水位，协调土壤水气。
参比土种　棕砂潮土。
代表性单个土体　采自宿迁市沭阳县万匹乡（编号 32-119，野外编号 SY67P），
34°14′44.88″N，118°50′46.5″E。海拔 4.3 m，平坦地块，排水通畅，地下水位 1.2 m，湖
积物母质。当前作物为水稻。50 cm 土层年均温度 15.6℃。野外调查时间 2011 年 11 月。

万匹系代表性单个土体剖面

Ap1：0～15 cm，浊棕色（7.5YR 6/3，干），棕色（7.5YR 4/3，润）；粉砂壤土，发育强的直径 2～5 mm 团粒状结构，松；锈纹锈斑发育，无石灰反应，平直明显过渡。

Ap2：15～25 cm，浊棕色（7.5YR 5/4，干），棕色（7.5YR 4/4，润）；粉砂质黏壤土，发育强的直径 5～10 mm 块状或片状结构，稍紧；5%～10%直径 2～5 mm 的铁锰锈纹锈斑，结构面上见灰色胶膜，无石灰反应，平直逐渐过渡。

Br1：25～60 cm，浊橙色（7.5YR 6/4，干），棕色（7.5YR 4/4，润）；粉砂质黏壤土，发育强的厚度 5～10 mm 沉积层理，稍紧；5%～10%直径 2～5 mm 铁锰锈纹锈斑，无石灰反应，平直模糊过渡。

Br2：60～80 cm，浊橙色（7.5YR 6/4，干），棕色（7.5YR 4/6，润）；粉砂壤土，发育强的直径 5～10 mm 块状结构，稍紧；2%～5%直径 2～5 mm 铁锰锈纹锈斑，见少量铁锰结核，石灰反应，平直模糊过渡。

Br3：80～120 cm，浊橙色（7.5YR 6/4，干），棕色（7.5YR 4/6，润）；粉砂质黏壤土，发育弱的厚度 5～10 mm 沉积层理，稍紧；少量锈纹锈斑和铁锰结核，无石灰反应。

万匹系代表性单个土体物理性质

土层	深度 /cm	砾石 (>2 mm，体积分数) /%	细土颗粒组成（粒径：mm）/（g/kg）			质地	容重 /（g/cm³）
			砂粒 2～0.05	粉粒 0.05～0.002	黏粒<0.002		
Ap1	0～15	—	232	508	260	粉砂壤土	1.02
Ap2	15～25	—	78	648	274	粉砂质黏壤土	1.51
Br1	25～60	—	56	620	325	粉砂质黏壤土	1.47
Br2	60～80	—	83	657	260	粉砂壤土	1.51
Br3	80～120	—	107	622	271	粉砂质黏壤土	1.50

万匹系代表性单个土体化学性质

深度 /cm	pH (H₂O)	有机质 /(g/kg)	全氮(N) /(g/kg)	全磷(P₂O₅) /(g/kg)	全钾(K₂O) /(g/kg)	全铁(Fe₂O₃) /(g/kg)	阳离子交换量 /(cmol/kg)	游离氧化铁 /(g/kg)	有效磷(P) /(mg/kg)	速效钾(K) /(mg/kg)
0～15	5.4	37.6	1.95	1.70	24.9	30.5	19.4	14.9	14.07	120
15～25	7.0	10.8	0.68	1.07	25.1	31.8	16.8	17.6	2.06	99
25～60	7.2	8.3	0.60	1.09	25.7	35.9	18.8	20.4	2.24	114
60～80	7.3	5.7	0.46	0.88	25.4	29.1	16.0	15.8	1.68	96
80～120	7.4	6.4	0.41	0.91	25.9	31.6	16.6	18.2	1.64	102

5.9.27 双庄系（Shuangzhuang Series）

土　族：黏壤质混合型非酸性温性-普通简育水耕人为土
拟定者：黄　标，王培燕，杜国华

分布与环境条件　分布于
宿迁市沭阳县东北部地区。
主要分布于黄泛冲积平原
地势较高的部位。气候上
属暖温带季风气候区，年均
气温 13.8℃，无霜期 203 d。
全年总日照时数为 2363.7 h，
年日照百分率 53%，年均降
雨量 937.6 mm。土壤起源
于湖积物母质，土层深厚。
以水稻-小麦轮作一年两
熟为主。

双庄系典型景观

土系特征与变幅　诊断层包括水耕表层、水耕氧化还原层；诊断特性包括人为滞水土壤
水分状况、氧化还原特征、温性土壤温度。该土系是湖积物母质上，经历人为滞水和氧
化还原而形成。铁锰结核和锈纹锈斑均很发育。土壤质地 0～29 cm 为粉砂质黏壤土，其
下均为粉砂壤土，土体呈中性，pH 为 6.23～7.95。
对比土系　许洪系，同一亚类不同土族，分布位置邻近，颗粒级别大小为黏质，矿物学
类型为伊利石混合型。
利用性能综述　表层土壤质地黏重，耕作较困难。但阳离子交换量较高，保水保肥性较
强，且耕作层深厚，有机质、全氮、全磷、全钾均较高，所以生产力较高，只是速效磷
钾偏低。尽管出现砂姜障碍层，但深度大，对作物生长影响较小。今后改良应针对土壤
物理性状，提高水利配套工程建设，注意排水，深耕深翻，增加土壤通透性。
参比土种　姜底湖黑土。
代表性单个土体　采自宿迁市沭阳县韩山镇双庄村（编号 32-124，野外面号 SY22P），
34°15′59.976″N，118°57′58.464″E。海拔 5 m，平坦地块。当前作物为水稻。50 cm 土层
年均温度 15.6℃。野外调查时间 2011 年 11 月。

双庄系代表性单个土体剖面

Ap1：0~20 cm，暗灰黄色（2.5Y 4/2，干），黑棕色（2.5Y 3/2，润），粉砂质黏壤土，发育强的直径 2~10 mm 粒状结构，无石灰反应，平直突然过渡。

Ap2：20~29 cm，暗灰黄色（2.5Y 5/2，干），黑棕色（2.5Y 3/2，润），粉砂质黏壤土，发育强的直径 5~20 mm 块状结构，土体内有<2%直径<2 mm 黑色模糊的铁锰结核，无石灰反应，平直逐渐过渡。

Br1：29~50 cm，灰黄色（2.5Y 6/2，干），暗灰黄色（2.5Y 4/2，润），粉砂壤土，发育强的直径 5~50 mm 团块状结构，无石灰反应，平直逐渐过渡。

Br2：50~75 cm，灰黄色（2.5Y 7/2，干），灰黄色（2.5Y 4/2，润），粉砂壤土，发育强的直径 20~100 mm 团块状结构，裂隙内有 5%~15%直径<2 mm 的铁锰结核，<2%砂礓结核，无石灰反应，波状逐渐过渡。

Br3：75~105 cm，黄灰色（2.5Y 6/1，干），黄灰色（2.5Y 5/1，润），粉砂壤土，发育强的直径 20~100 mm 团块状结构，裂隙内有 5%~15%直径<2 mm 的铁锰结核，<2%砂礓结核，无石灰反应。

双庄系代表性单个土体物理性质

土层	深度 /cm	砾石 (>2 mm，体积分数) /%	细土颗粒组成（粒径：mm）/（g/kg）			质地	容重 /（g/cm³）
			砂粒 2~0.05	粉粒 0.05~0.002	黏粒<0.002		
Ap1	0~20	—	97	524	379	粉砂质黏壤土	1.18
Ap2	20~29	—	122	527	351	粉砂质黏壤土	1.51
Br1	29~50	—	151	649	200	粉砂壤土	1.38
Br2	50~75	—	222	586	192	粉砂壤土	1.49
Br3	75~105	—	258	505	237	粉砂壤土	1.58

双庄系代表性单个土体化学性质

深度 /cm	pH (H₂O)	有机质 /（g/kg）	全氮(N) /（g/kg）	全磷(P₂O₅) /（g/kg）	全钾(K₂O) /（g/kg）	全铁(Fe₂O₃) /（g/kg）	阳离子交换量 /（cmol/kg）	游离氧化铁 /（g/kg）	有效磷(P) /（mg/kg）	速效钾(K) /（mg/kg）
0~20	6.2	42.1	2.04	1.43	20.3	27.7	28.8	10.0	20.83	102
20~29	7.8	16.6	0.99	0.96	21.1	28.6	27.6	8.5	2.36	122
29~50	7.8	10.7	0.63	0.72	20.0	29.7	26.6	7.3	0.34	124
50~75	7.9	6.4	0.48	0.67	20.6	27.4	22.5	7.0	痕迹	134
75~105	8.0	4.7	0.30	0.55	19.6	22.8	17.8	7.2	痕迹	116

5.9.28 建南系（Jiannan Series）

土　族：黏壤质混合型非酸性温性-普通简育水耕人为土
拟定者：王培燕，黄　标

分布与环境条件　主要
分布于盐城市建湖县。
属于里下河浅洼平原区
内，古潟湖平原的水网
圩田平原区，成土母质
为湖相冲积物。气候上
属亚热带季风气候区，
年均气温 14～15℃。年
均降水量900～1100 mm。
种植模式为水稻-小麦
轮作。

建南系典型景观

土系特征与变幅　诊断层为水耕表层、水耕氧化还原层；诊断特性包括人为滞水土壤水
分状况、氧化还原特征、温性土壤温度。土系土层深厚，是长期人为滞水耕作形成的水
耕人为土，整个剖面氧化还原反应明显，可见 15%～40%铁锰结核。细土质地除底层为
粉砂质黏壤土外，其上均为粉砂壤土。土壤有机质和氮磷钾养分较丰富，阳离子交换量
高。呈酸性-弱碱性，pH 为 5.83～7.54。

对比土系　望直港系，不同土类，母质类似，区域邻近，剖面下部见铁聚现象，为铁聚
水耕人为土。

利用性能综述　土壤质地较轻，耕性好，适耕期长，且土壤通气爽水性能佳。土壤肥力
较好，阳离子交换性能佳，保水保肥性能好。今后改良应注意培肥样地，在水稻-小麦轮
作中应适当增加水稻-油菜轮作，或者插入蚕豆等短期经济绿肥作物；通过油菜、蚕豆秸
秆还田，增加土壤有机质，不断提高土壤肥力和经济效益。

参比土种　红砂土。

代表性单个土体　采自盐城市建湖县建阳镇建南村（编号 32-308，野外编号 JB31），33°30′N，
119°44′31.32″E，海拔 1.8 m，平原地区，成土母质为湖相冲积物。当前作物为小麦。50 cm
深度土温 15.6℃。野外调查时间 2010 年 6 月。

建南系代表性单个土体剖面

Ap1：0～15 cm，灰黄棕色（10YR 6/2，干），棕灰色（10YR 4/1，润）；粉砂壤土，较疏松；发育强的直径 2～10 mm 次棱块状结构，15%～40%铁锰斑，无石灰反应，水平清晰过渡。

Ap2：15～23 cm，浊黄棕色（10YR 5/3，干），灰棕色（10YR 4/2，润）；粉砂壤土，较紧；发育强的直径 5～20 mm 块状结构，10%～15%铁锰斑，无石灰反应，水平清晰过渡。

Br1：23～42 cm，浊黄橙（10YR 6/3，干），浊黄棕色（10YR 5/4，润）；粉砂壤土，较紧实；发育强的直径 20～50 mm 块状，15%～40%铁锰核，可见<2%铁锰斑纹及胶膜出现，不成形，无石灰反应。水平清晰过渡。

Br2：42～73 cm，灰黄棕（10YR 6/2，干），浊黄棕色（10YR 5/4，润）；粉砂壤土，紧实；发育强的直径 20～100 mm 块状、棱块状结构，15%～40%铁锰核，无石灰反应，渐变过渡。

Br3：73～120 cm，亮黄棕（10YR 6/6，干），黄棕色（10YR 5/6，润）；粉砂质黏壤土，坚实；发育强的直径 20～100 mm 棱块状结构，可见弱层状沉积特征，可见 15%～40%雏形铁锰结核，无石灰反应。

建南系代表性单个土体物理性质

土层	深度 /cm	砾石（>2 mm，体积分数）/%	细土颗粒组成（粒径：mm）/（g/kg）			质地	容重 /（g/cm³）
			砂粒 2～0.05	粉粒 0.05～0.002	黏粒<0.002		
Ap1	0～15	—	85	658	257	粉砂壤土	1.12
Ap2	15～23	—	81	677	242	粉砂壤土	1.40
Br1	23～42	—	152	643	204	粉砂壤土	1.58
Br2	42～73	—	70	753	178	粉砂壤土	1.60
Br3	73～120	—	71	656	273	粉砂质黏壤土	1.62

建南系代表性单个土体化学性质

深度 /cm	pH (H₂O)	有机质 /（g/kg）	全氮(N) /（g/kg）	全磷(P₂O₅) /（g/kg）	全钾(K₂O) /（g/kg）	全铁(Fe₂O₃) /（g/kg）	阳离子交换量 /（cmol/kg）	游离氧化铁 /（g/kg）	有效磷(P) /（mg/kg）	速效钾(K) /（mg/kg）
0～15	5.8	34.6	1.86	1.67	18.8	38.7	27.6	14.2	15.38	204
15～23	7.1	17.8	1.06	0.78	19.6	41.0	25.8	15.9	1.12	154
23～42	7.3	6.5	0.44	0.36	21.4	47.8	29.0	17.3	0.96	180
42～73	7.4	5.2	0.37	0.33	22.4	44.8	25.7	16.4	0.94	166
73～120	7.6	3.9	0.33	0.64	25.0	42.3	23.9	13.4	3.70	178

5.9.29 马屯系（Matun Series）

土　族：黏壤质混合型石灰性温性–普通简育水耕人为土
拟定者：王培燕，黄　标，杜国华

分布与环境条件　分布于宿迁市沭阳县北部地区。属于黄泛冲积平原区。海拔较低，仅 6 m 左右。气候上属暖温带湿润季风气候区，年均气温 13.8℃，无霜期 203d。全年总日照时数为 2363.7h，年日照百分率 53%，年均降雨量 937.6 mm。土壤起源冲积物母质，土层深厚。以水稻-小麦轮作一年两熟为主。

马屯系典型景观

土系特征与变幅　诊断层包括水耕表层、水耕氧化还原层；诊断特性包括人为滞水土壤水分状况、氧化还原特征、温性土壤温度。该土系土壤母质形成较为复杂，95 cm 以下有一古土壤埋藏层，其上有接受不同时期冲积物覆盖，表层受长期人为水旱水稻-小麦轮作影响，经历水耕氧化还原，形成水耕人为土。表土层之下，水耕氧化还原特征较明显，水耕表层之下见 2%～5%新鲜的直径 2～6 mm 锈纹锈斑和铁锰斑点。而 60 cm 之下游离铁含量较高，为沉积的黏土层。剖面土壤质地变化较大，表层为粉砂壤土，30～60 cm 夹一砂土层，其下则为粉砂质黏土。土体呈碱性，pH 为 7.75～8.18，石灰反应强烈。

对比土系　小屋系，同一土族，剖面整体砂壤。

利用性能综述　通气性和透水性好，易耕，但水耕表层之下有一明显夹沙层，影响保水保肥性。水耕表层土壤有机质偏低，今后改良应多施有机肥，加强秸秆还田，注意培育犁底层，防止漏水漏肥。

参比土种　漏砂土。

代表性单个土体　采自宿迁市沭阳县七雄镇马屯村（编号 32-144，野外编号 SY43P），34°8′41.64″N，118°57′44.388″E。海拔 6 m。平坦地块。当前作物为水稻。50 cm 土层年均温度 15.6℃。野外调查时间 2011 年 11 月。

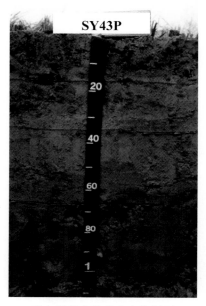

马屯系代表性单个土体剖面

Ap1：0～18 cm，浊黄橙色（10YR 7/3，干），浊黄棕色（10YR 5/3，润）；粉砂壤土，发育强的直径 2～5 mm 次棱块状结构，松；土体内有 2%～5%新鲜的直径 2～6 mm 锈纹锈斑和铁锰斑点，极强石灰反应，平直明显过渡。

Ap2：18～30 cm，浊黄橙色（10YR 7/3，干），浊黄橙色（10YR 6/3，润）；粉砂壤土，发育强的直径 5～20 mm 块状结构，稍紧；土体内有 2%～5%新鲜的直径 2～6 mm 锈纹锈斑和铁锰斑点，极强石灰反应，平直明显过渡。

Br1：30～60 cm，淡黄橙色（10YR 8/3，干），浊黄橙色（10YR 6/3，润）；粉砂土，发育弱的直径 10～50 mm 块状结构，松；2%～5%锈纹锈斑，极强石灰反应，平直明显过渡。

Br2：60～95 cm，浊橙色（5YR 7/4，干），浊红棕色（5YR 5/4，润）；粉砂质黏土，发育强的直径 10～50 mm 块状结构，稍紧；5%～10%锈纹锈斑和铁锰斑点，极强石灰反应，平直突然过渡。

Br3：95～120 cm，棕灰色（10YR 5/1，干），灰黄棕色（10YR 4/2，润）；粉砂质黏土，发育强的直径 10～50 mm 块状结构，紧；弱石灰反应。

马屯系代表性单个土体物理性质

土层	深度 /cm	砾石 (>2 mm，体积分数) /%	细土颗粒组成（粒径：mm）/（g/kg）			质地	容重 /（g/cm³）
			砂粒 2～0.05	粉粒 0.05～0.002	黏粒<0.002		
Ap1	0～18	—	88	792	120	粉砂壤土	1.11
Ap2	18～30	—	80	765	155	粉砂壤土	1.50
Br1	30～60	—	48	913	38	粉砂土	1.50
Br2	60～95	—	89	528	383	粉砂质黏土	1.32
Br3	95～120	—	72	525	403	粉砂质黏土	1.15

马屯系代表性单个土体化学性质

深度 /cm	pH (H₂O)	有机质 /(g/kg)	全氮(N) /(g/kg)	全磷(P₂O₅) /(g/kg)	全钾(K₂O) /(g/kg)	全铁(Fe₂O₃) /(g/kg)	阳离子交换量 /(cmol/kg)	游离氧化铁 /(g/kg)	有效磷(P) /(mg/kg)	速效钾(K) /(mg/kg)
0～18	7.8	20.9	1.27	2.12	23.9	29.4	16.0	9.6	21.53	122
18～30	8.1	6.4	0.43	1.29	24.0	25.7	10.0	9.6	1.33	92
30～60	8.2	2.4	0.18	1.40	21.7	19.2	4.5	7.4	0.79	48
60～95	8.0	8.1	0.56	1.37	27.5	38.4	18.4	16.3	3.63	178
95～120	8.1	17.0	0.83	0.78	20.1	22.2	24.8	8.2	3.93	132

5.9.30　搬经系（Banjing Series）

土　族：壤质云母混合型非酸性热性-普通简育水耕人为土
拟定者：黄　标，杜国华

分布与环境条件　分布于南通如皋市西北部地区。属于长江三角洲平原区的高沙平原。局部地势微凹，海拔小于 5 m，低于郭园系和磨头系土壤所在位置。气候上属北亚热带湿润季风气候区，年均气温 14.6℃，无霜期 216 d。10℃的积温 4576℃。年均降雨量 1060 mm。土壤起源于浅湖相沉积物和古江淮冲积物二元母质上，土层深厚。以种植水稻-小麦（油菜）一年两熟为主。

搬经系典型景观

土系特征与变幅　诊断层包括水耕表层、水耕氧化还原层；诊断特性包括人为滞水土壤水分状况、氧化还原特征、热性土壤温度。该土系土壤在母质经历长期水旱轮作后，出现水耕氧化还原层，氧化还原特征主要表现为铁锰锈纹锈斑，也出现铁锰斑点。整个剖面发育<15%铁锰锈纹锈斑，底部较多。由于土壤母质为浅湖相沉积物与江淮冲积物互层，所以前者无石灰反应，后者有弱石灰反应。而表层石灰淋溶较强，已无石灰反应。土壤养分相对于其他江淮冲积物物质上的土系较充足。土壤质地通体粉砂壤质，土体呈中-碱性，pH 为 7.36～8.10。

对比土系　白蒲系，同一土族，分布位置邻近，母质不同，发育于浅湖相沉积物和古江淮冲积物二元母质上，且 40～50 cm 深处有一黏土层。

利用性能综述　搬经系土壤质地适中，耕性好，下部土壤较黏，可保水保肥，养分含量也较高，是一类高产稳产土壤。多年的免耕和浅耕，已使耕层变浅，对作物根系伸展不利。今后应注意深耕，增加土壤耕作层深度，进一步发挥土壤生产潜力。

参比土种　缠脚土。

代表性单个土体　采自南通如皋市搬经镇加力村（编号 32-099；野外编号 RG040）32°20′36.708″N，120°26′13.02″E。海拔 4 m，母质为浅湖相沉积物和江淮冲积物互层，当前作物为油菜。50 cm 土层年均温度 17.5℃。野外调查时间 2010 年 12 月。

搬经系代表性单个土体剖面

Ap1：0～12 cm，灰黄棕色（10YR 6/2，干），黑棕色（10YR 3/2，润）；粉砂壤土，发育强的直径 5～20 mm 块状结构，疏松；2%～5%铁锰锈纹锈斑，无石灰反应，渐变平滑过渡。

Ap2：12～20 cm，浊黄橙色（10YR 7/2，干），灰黄棕色（10YR 4/2，润）；粉砂壤土，发育强的直径 5～20 mm 块状结构，疏松；2%～5%铁锰锈纹锈斑，弱石灰反应，明显平滑过渡。

Br1：20～66 cm，浊黄橙色（10YR 7/2，干），灰黄棕色（10YR 4/2，润）；粉砂壤土，发育强的直径 5～20 mm 块状结构，坚实；<2%铁锰锈纹锈斑，弱石灰反应，明显平滑过渡。

Br2：66～100 cm，浊黄橙色（10YR 7/2，干），浊黄棕色（10YR 4/3，润）；粉砂壤土，发育强的直径 20～50 mm 块状结构，坚实；5%～15%铁锰锈纹锈斑，弱石灰反应，明显平滑过渡。

Br3：100～113 cm，棕灰色（10YR 5/1，干），黑棕色（10Y 3/1，湿）；粉砂壤土，发育强的直径 20～50 mm 块状结构，很坚实；5%～15%铁锰锈纹锈斑，无石灰反应。

搬经系代表性单个土体物理性质

土层	深度 /cm	砾石（>2 mm，体积分数）/%	细土颗粒组成（粒径：mm）/（g/kg）			质地	容重 /（g/cm³）
			砂粒 2～0.05	粉粒 0.05～0.002	黏粒<0.002		
Ap1	0～12	—	249	661	90	粉砂壤土	1.16
Ap2	12～20	—	231	649	120	粉砂壤土	1.50
Br1	20～66	—	172	701	127	粉砂壤土	1.54
Br2	66～100	—	145	733	122	粉砂壤土	1.56
Br3	100～113	—	59	794	147	粉砂壤土	1.53

搬经系代表性单个土体化学性质

深度 /cm	pH (H₂O)	有机质 /(g/kg)	全氮(N) /(g/kg)	全磷(P₂O₅) /(g/kg)	全钾(K₂O) /(g/kg)	全铁(Fe₂O₃) /(g/kg)	阳离子交换量 /(cmol/kg)	游离氧化铁 /(g/kg)	有效磷(P) /(mg/kg)	速效钾(K) /(mg/kg)
0～12	7.4	20.5	1.21	1.34	20.7	34.9	12.9	8.2	111.90	152
12～20	8.0	6.6	0.47	0.72	19.1	36.3	8.9	7.3	13.68	94
20～66	8.1	5.0	0.36	0.61	18.5	26.7	9.8	7.9	4.27	76
66～100	8.1	4.3	0.33	0.61	19.4	39.7	10.0	11.1	3.48	82
100～113	8.0	5.3	0.34	0.57	19.2	38.0	11.3	8.4	2.88	86

5.9.31 白蒲系（Baipu Series）

土 族：壤质云母混合型非酸性热性-普通简育水耕人为土
拟定者：黄 标，杜国华

分布与环境条件 分布于南通如皋市东部和如东县西部地区。属于长江三角洲平原区高沙平原的微凹地区。区域地势起伏较小，海拔 2～6 m。气候上属北亚热带湿润季风气候区，年均气温 14.6℃，无霜期 216 d。10℃的积温 4576℃。年均降雨量 1060 mm。土壤起源于浅湖相沉积物上，1 m 范围内常出现古江淮沉积物，土层深厚。以水稻-小麦轮作一年两熟为主。

白蒲系典型景观

土系特征与变幅 诊断层包括水耕表层、水耕氧化还原层；诊断特性包括人为滞水土壤水分状况、氧化还原特征、热性土壤温度。该土系土壤种植水稻时间较长，耕作层较深厚，水耕氧化还原特征明显。表层土壤中铁膜发育明显，剖面均发育 2%～5%铁锰锈纹锈斑。土壤养分较充足，包括有机质和磷钾养分。土壤质地在上部浅湖相沉积物为粉砂质壤土，古江淮沉积物为砂壤土，两者之间有 10 cm 的黏土层，为黏壤土，土体呈碱性，pH 为 7.7～8.27，但耕作层上部已不见石灰反应，其余为弱-中等石灰反应。

对比土系 搬经系，同一土族，母质不同，发育于浅湖相沉积物上。

利用性能综述 白蒲系土壤耕作方便，适种性广，土壤比较肥沃。养分含量较高。但上部土层通透性较差，尤其 40～50 cm 处有一黏土层，雨水集中季节对旱作物易引起渍害。因此，要加强农田水利建设，健全排涝系统，预防渍害，保证作物正常生长。

参比土种 腰黑灰夹缠土。

代表性单个土体 采自南通如皋市白蒲镇钱园村（编号 32-103，野外编号 RG103），32°15′10.008″N，120°48′24.3″E。海拔 2 m，小麦-水稻水旱轮作，当前作物为水稻。50 cm 土层年均温度 16.4℃。野外调查时间 2010 年 10 月。

　　Ap1-1：0～9 cm，灰黄棕色（10YR 6/2，干），黑棕色（10YR 3/1，润）；粉砂壤土，发育强的直径 2～10 mm 团粒状结构，较疏松；2%～5%鲜明的锈纹和铁膜，无石灰反应，土壤清晰平滑过渡。

白蒲系代表性单个土体剖面

Ap1-2：9～18 cm，灰黄棕色（10YR 6/2，干），灰黄棕色（10YR 4/2，润）；粉砂壤土，发育中等的直径 10～50 mm 次棱块状结构，坚实；2%～5%鲜明的斑纹，弱石灰反应，清晰平滑过渡。

Ap2：18～28 cm，灰黄棕色（10YR 6/2，干），浊黄棕色（10YR 4/3，润）；粉砂壤土，发育强的直径 20～50 mm 块状结构，很坚实；2%～5%鲜明的斑纹，中等石灰反应，渐变平滑过渡。

Br1：28～40 cm，灰黄棕色（10YR 6/2，干），浊黄棕色（10YR 4/3，润）；粉砂壤土，发育强的直径 20～50 mm 块状结构，很坚实；2%～5%鲜明的斑纹和铁锰结核，中等石灰反应，突变平滑过渡。

Br2：40～50 cm，灰黄橙色（10YR 5/2，干），黑棕色（10YR 3/2，润）；粉砂质黏壤土，发育强的直径 20～100 mm 块状结构，极坚实；2%～5%锈纹锈斑，少量贝壳，弱石灰反应，突变平滑过渡。

2Cr：50～120 cm，淡灰色（10YR 7/1，干），灰黄棕色（10YR 5/2，润）；粉砂土，发育中等的最大厚度 2～10 mm 沉积层理，较疏松；见模糊锈纹锈斑，强石灰反应。

白蒲系代表性单个土体物理性质

土层	深度 /cm	砾石 (>2 mm，体积分数) /%	细土颗粒组成（粒径：mm）/ (g/kg)			质地	容重 / (g/cm³)
			砂粒 2～0.05	粉粒 0.05～0.002	黏粒<0.002		
Ap1-1	0～9	—	97	746	156	粉砂壤土	1.23
Ap1-2	9～18	—	123	751	126	粉砂壤土	1.35
Ap2	18～28	—	85	775	140	粉砂壤土	1.45
Br1	28～40	—	81	769	150	粉砂壤土	1.47
Br2	40～50	—	20	596	384	粉砂质黏壤土	1.41
2Cr	50～120	—	45	830	125	粉砂土	1.49

白蒲系代表性单个土体化学性质

深度 /cm	pH (H₂O)	有机质 /(g/kg)	全氮(N) /(g/kg)	全磷(P₂O₅) /(g/kg)	全钾(K₂O) /(g/kg)	全铁(Fe₂O₃) /(g/kg)	阳离子交换量 /(cmol/kg)	游离氧化铁 /(g/kg)	有效磷(P) /(mg/kg)	速效钾(K) /(mg/kg)
0～9	7.7	27.9	1.77	1.01	18.7	40.4	15.5	7.9	34.87	140
9～18	7.9	17.0	1.18	0.82	19.4	44.9	12.8	8.8	13.33	158
18～28	8.3	8.5	0.64	0.63	19.4	46.0	10.9	7.6	3.11	146
28～40	8.3	6.5	0.47	0.55	20.2	47.2	11.5	11.3	3.15	112
40～50	8.1	11.8	0.76	0.58	21.2	57.7	17.9	8.2	2.74	130
50～120	8.0	4.5	0.33	0.56	18.8	42.1	9.3	9.9	2.85	74

5.9.32　栟茶系（Bencha Series）

土　族：壤质云母混合型非酸性热性-普通简育水耕人为土
拟定者：黄　标，王　虹

分布与环境条件　分布
于南通市如东县西部。属
于苏北滨海平原区的海湾
低平原。区域地势起伏较
小，且海拔更低，仅 2 m
左右。气候上属北亚热带
湿润季风气候区，年均气
温 15℃，无霜期 216 d。
10℃的积温 4576℃。年均
降雨量 1060 mm。土壤起
源于滨海沉积物和江淮冲
积物母质上，土层深厚。
以水稻-小麦轮作一年两
熟为主。

栟茶系典型景观

土系特征与变幅　诊断层包括水耕表层、水耕氧化还原层；诊断特性包括人为滞水土壤
水分状况、氧化还原特征、热性土壤温度。该土系土壤耕作层较厚，经过二三十年的水
旱轮作，盐分已完全脱掉，氧化还原特征明显，剖面均发育铁锰锈纹锈斑，剖面表层至
底部从＜2%增至 15%～40%。剖面底部见有沉积层理残留。从养分状况看，土壤有机质
含量偏低，不足 20 g/kg，速效磷钾含量亦较低。土壤质地通体为粉砂壤质，土体呈碱性，
pH 为 8.01～8.63，有一定石灰反应。

对比土系　苴镇系，同一土族，分布位置邻近，上部土壤较砂一些，全剖面无石灰性。

利用性能综述　该土系土壤质地砂黏适中，结构性较好，耕性好，保水保肥力强，淡水
型地下水，土体已脱盐，是生产力较高的土壤。适宜种植各种农作物。

参比土种　砂性潮盐土。

代表性单个土体　采自南通市如东县栟茶镇（编号 32-049，野外编号 B49），32°31′55.38″N，
120°53′2.868″E。海拔 3.4 m，小麦-水稻水旱轮作。当前作物为小麦。50 cm 土层年均温
度 17.3℃。野外调查时间 2010 年 4 月。

栟茶系代表性单个土体剖面

Ap1：0～18 cm，灰黄棕色（10YR 6/2，干），灰黄棕色（10YR 4/2，润）；粉砂壤土，发育强的直径2～5 mm团粒状结构，松；<2%铁锰斑点，无石灰反应，平直明显过渡。

Ap2：18～28 cm，浊黄橙色（10YR 6/3，干），浊黄棕色（10YR 4/3，润）；粉砂壤土，发育强的直径5～20 mm团块状结构；2%～5%铁锰斑点，无石灰反应，平直明显过渡。

Br1：28～50 cm，浊黄橙色（10YR 6/3，干），浊黄棕色（10YR 4/3，湿）；粉砂壤土，发育强的直径5～20 mm团块状结构；2%～5%铁锰斑点，无石灰反应，平直明显过渡。

Br2：50～80 cm，浊黄橙色（10YR 7/3，干），浊黄棕色（10YR 5/3，湿）；粉砂壤土，发育强的直径10～50 mm团块结构；5%～15%铁锰斑点，中等石灰反应，平直明显过渡。

Br3：80～100 cm，浊黄橙色（10YR 7/2，干），灰黄棕色（10YR 5/2，湿）；粉砂壤土，发育强的直径10～50 mm团块状结构；15%～40%铁锰斑点，隐约可见原始水平沉积层理，无石灰反应。

栟茶系代表性单个土体物理性质

土层	深度 /cm	砾石 （>2 mm，体积分数）/%	细土颗粒组成（粒径：mm）/（g/kg）			质地	容重 /（g/cm³）
			砂粒 2～0.05	粉粒 0.05～0.002	黏粒<0.002		
Ap1	0～18	—	112	750	139	粉砂壤土	1.10
Ap2	18～28	—	127	749	124	粉砂壤土	1.47
Br1	28～50	—	127	749	124	粉砂壤土	1.47
Br2	50～80	—	134	724	142	粉砂壤土	1.53
Br3	80～100	—	137	743	120	粉砂壤土	1.42

栟茶系代表性单个土体化学性质

深度 /cm	pH (H₂O)	有机质 /(g/kg)	全氮(N) /(g/kg)	全磷(P₂O₅) /(g/kg)	全钾(K₂O) /(g/kg)	全铁(Fe₂O₃) /(g/kg)	阳离子交换量 /(cmol/kg)	游离氧化铁 /(g/kg)	有效磷(P) /(mg/kg)	速效钾(K) /(mg/kg)
0～18	8.0	17.5	1.09	0.94	16.4	38.2	11.2	7.8	13.07	152
18～28	8.6	6.6	0.66	0.82	15.7	37.5	8.8	6.6	3.84	102
28～50	8.6	6.6	0.66	0.82	15.7	37.5	8.8	6.6	3.84	102
50～80	8.6	6.7	0.47	0.86	15.6	38.9	9.3	5.6	4.87	100
80～100	8.5	7.1	0.51	0.83	15.6	38.3	9.1	5.7	5.90	116

5.9.33 陈集系（Chenji Series）

土　族：壤质云母混合型非酸性温性-普通简育水耕人为土
拟定者：黄　标，王培燕，杜国华

分布与环境条件　广泛分布于宿迁市沭阳县东部特别是东南部地区。属于徐淮黄泛平原区内的扇前低洼平原。区域地势起伏较小，海拔较低，约 4 m。气候上属暖温带季风气候区，年均气温 13.8℃，无霜期 203 d。全年总日照时数为 2363.7 h，年日照百分率 53%。年均降雨量 937.6 mm。土壤起源于二元母质，22 cm 以上为河流冲积物母质，之下为湖积物母质，土层深厚。以水稻-小麦轮作一年两熟为主。

陈集系典型景观

土系特征与变幅　诊断层包括水耕表层、水耕氧化还原层；诊断特性包括人为滞水土壤水分状况、氧化还原特征、温性土壤温度状况。该土系土壤是在湖积物母质接受了薄层河流冲积物的母质上形成的，由于几年来耕作较浅，耕作层明显变薄，仅 10 cm 左右。土壤氧化还原特征明显，上部以锈纹锈斑为主，下部出现铁锰结核。剖面 57 cm 以下除锈纹锈斑外，还见 2%～5%铁锰结核，同时出现 5%～15%砂礓结核。土壤质地 22～80 cm 为粉砂质黏壤土外，其余为粉砂壤土，土体呈中性-微碱性，pH 为 7.38～7.72，但黏壤质地的土层无石灰反应。

对比土系　官墩系，同一亚类不同土族，分布区域邻近，颗粒大小级别为黏质，矿物学卫星为伊利石混合型。

利用性能综述　由于黏土层的存在，起托水保肥的作用，适宜稻作。但汛期雨季黏土层上部滞水，易产生渍害。有机质、氮钾养分适中，磷素储量和有效性较充足。生产上常"深翻破隔"或暗沟犁冲沟等措施，来改善排水状况。由于表层土壤磷素养分充足，所以今后应注意减施磷素，防止影响周围水体环境。

参比土种　黏心二合土。

代表性单个土体　采自宿迁市沭阳县吴集镇陈集村（编号 32-123，野外编号 SY29P），34°11′47.76″N，119°03′52.128″E。海拔 6 m，平坦地块。当前作物为水稻。50 cm 土层年均温度 15.6℃。野外调查时间 2011 年 11 月。

Ap1：0～12 cm，灰棕色（5YR 5/2，干），灰棕色（5YR 4/2，润）；粉砂壤土，发育强的直径2～10 mm屑粒状结构，有石灰反应，平直明显过渡。

Ap2：12～19 cm，浊红棕色（5YR 5/3，干），浊红棕色（5YR 4/3，润）；粉砂壤土，发育强的直径5～20 mm块状结构，强石灰反应，平直明显过渡。

Br1：19～57 cm，灰棕色（7.5Y 5/2，干），灰棕色（7.5YR 4/2，润）；粉砂质黏壤土，发育中等的直径5～50 mm团块状结构，无石灰反应，波状逐渐过渡。

Br2：57～80 cm，灰棕色（7.5Y 6/2，干），灰黄色（7.5YR 4/2，润）；粉砂质黏壤土，发育中等的直径20～50 mm团块状结构，5%～15%砂礓结核，2%～5%铁锰结核，无石灰反应，波状逐渐过渡。

Br3：80～120 cm，淡灰棕色（7.5Y 7/1，干），棕灰色（7.5YR 5/1，润）；粉砂壤土，发育中等的直径20～100 mm团块状结构，5%～15%砂礓结核，2%～5%铁锰结核，有石灰反应。

陈集系代表性单个土体剖面

陈集系代表性单个土体物理性质

土层	深度/cm	砾石（>2 mm，体积分数）/%	细土颗粒组成 （粒径：mm）/（g/kg）			质地	容重/（g/cm³）
			砂粒 2～0.05	粉粒 0.05～0.002	黏粒<0.002		
Ap1	0～12	—	174	685	140	粉砂壤土	1.13
Ap2	12～19	—	197	681	122	粉砂壤土	1.59
Br1	19～57	—	163	489	348	粉砂质黏壤土	1.37
Br2	57～80	—	134	578	288	粉砂质黏壤土	1.42
Br3	80～120	—	230	647	123	粉砂壤土	1.52

陈集系代表性单个土体化学性质

深度/cm	pH（H₂O）	有机质/（g/kg）	全氮(N)/（g/kg）	全磷(P₂O₅)/（g/kg）	全钾(K₂O)/（g/kg）	全铁(Fe₂O₃)/（g/kg）	阳离子交换量/（cmol/kg）	游离氧化铁/（g/kg）	有效磷(P)/（mg/kg）	速效钾(K)/（mg/kg）
0～12	7.4	42.6	2.52	4.07	23.0	32.0	25.8	12.7	89.04	140
12～19	7.7	13.8	0.92	1.29	22.4	29.7	22.2	11.6	4.53	122
19～57	7.7	9.0	0.53	0.55	20.4	27.2	25.7	10.9	0.12	122
57～80	7.7	6.2	0.38	0.67	22.9	29.2	23.9	10.1	痕迹	134
80～120	7.7	4.8	0.30	0.58	21.7	26.2	19.8	9.5	0.92	121

5.9.34 东陈系（Dongchen Series）

土　族：壤质云母混合型非酸性热性-普通简育水耕人为土
拟定者：黄　标，杜国华

分布与环境条件　分布于南通如皋市东北部地区。属于长江三角洲平原区的高沙平原。低于郭园系和磨头系土壤所在位置。气候上属北亚热带湿润季风气候区，年均气温 14.6℃，无霜期 216 d。10℃的积温 4576℃。年均降雨量 1 060 mm。土壤起源于古江淮冲积物上，土层深厚。以小麦（油菜）-水稻轮作一年两熟为主。

东陈系典型景观

土系特征与变幅　诊断层包括水耕表层、水耕氧化还原层；诊断特性包括人为滞水土壤水分状况、氧化还原特征、热性土壤温度。该土系种植水稻时间更长，所以耕作层铁膜很发育，犁底层及以下的水耕氧化还原层中均发育 2%～5%铁锰锈纹锈斑。犁底层及其下至 60 cm 水耕氧化还原层的结构较发育，为强-中发育的块状，60 cm 以下，显示原生的沉积层理。剖面的石灰淋溶较强，水耕表层已完全淋溶。土壤养分仍处于较低水平，只是土壤钾素全量和表层有效态钾稍高。土壤质地均为粉砂壤质，土体呈微酸性-碱性，pH 为 6.10～8.09，表层无石灰反应，向下石灰反应逐渐增强。

对比土系　郭园系，同一土族，土壤质地偏砂，结构发育弱。前时系，同一亚类不同土族，母质类似，分布区域邻近，酸碱性为石灰性。

利用性能综述　东陈系土壤耕性良好、适种性广，熟化程度已经较高，有较紧实的犁底层，有一定保水保肥能力。因此，要增施有机肥，种植绿肥，培肥土壤，同时也要注意磷钾素的补充。

参比土种　薄层沙心缠脚土。

代表性单个土体　采自南通如皋市丁堰镇皋南村（编号 32-098；野外编号 RG-032），32°21′39.73″N，120°41′25.44″E。小麦（油菜）-水稻水旱轮作。当前作物为小麦。50 cm 土层年均温度 17.5℃。野外调查时间 2010 年 12 月。

RG-032

Ap1：0～18 cm，灰黄棕色（2.5Y 6/2，干），浅淡黄色（2.5Y 4/2，润）；粉砂壤土，发育强的直径 2～5 mm 团粒状结构，疏松；5%～10%棕色铁膜，无石灰反应，清晰平滑过渡。

Ap2：18～30 cm，浅灰色（2.5Y 7/2，干），淡黄（2.5Y 5/2，润）；粉砂壤土，发育强的直径 5～20 mm 块状结构，紧实；2%～5%铁锰斑纹，见贝壳，弱石灰反应，清晰平滑过渡。

Br1：30～45 cm，浅灰色（2.5Y 7/2，干），淡灰色（2.5Y 5/2，润）；粉砂壤土，发育强的直径 5～20 mm 块状结构，紧实；2%～5%铁锰斑纹，强石灰反应，清晰平滑过渡。

Br2：45～60 cm，灰黄色（2.5Y 7/2，干），橄榄色（2.5Y 5/2，润）；粉砂壤土，发育中等的直径 5～20 mm 块状结构，紧实；2%～5%铁锰斑纹，强石灰反应，清晰平滑过渡。

Cr1：60～140 cm，灰黄色（2.5Y 7/1，干），橄榄色（2.5Y 5/1，润）；粉砂壤土，发育强的厚度 5～10 mm 沉积层理，紧实，2%～5%铁锰斑纹，强石灰反应。

东陈系代表性单个土体剖面

东陈系代表性单个土体物理性质

土层	深度/cm	砾石（>2 mm，体积分数）/%	细土颗粒组成（粒径：mm）/（g/kg）			质地	容重/（g/cm³）
			砂粒 2～0.05	粉粒 0.05～0.002	黏粒<0.002		
Ap1	0～18	—	96	815	89	粉砂壤土	1.04
Ap2	18～30	—	103	773	124	粉砂壤土	1.51
Br1	30～45	—	224	672	104	粉砂壤土	1.57
Br2	45～60	—	308	610	82	粉砂壤土	1.47
Cr1	60～140	—	229	675	96	粉砂壤土	1.42

东陈系代表性单个土体化学性质

深度/cm	pH（H₂O）	有机质/（g/kg）	全氮(N)/（g/kg）	全磷(P₂O₅)/（g/kg）	全钾(K₂O)/（g/kg）	全铁(Fe₂O₃)/（g/kg）	阳离子交换量/（cmol/kg）	游离氧化铁/（g/kg）	有效磷(P)/（mg/kg）	速效钾(K)/（mg/kg）
0～18	6.1	17.6	1.11	0.78	18.6	34.9	10.5	8.4	14.79	102
18～30	7.4	6.9	0.49	0.61	19.4	35.0	7.7	8.7	2.07	64
30～45	7.7	4.6	0.34	0.58	18.6	31.8	7.2	7.4	1.54	48
45～60	7.9	4.2	0.33	0.57	18.5	38.6	7.4	8.1	2.65	44
60～140	8.1	2.6	0.20	0.53	17.8	32.1	6.0	10.1	1.66	32

5.9.35 郭园系（Guoyuan Series）

土　族：壤质云母混合型非酸性热性-普通简育水耕人为土
拟定者：黄　标，杜国华

分布与环境条件　分布于南
通如皋市中西部和靖江东部
地区。该地区属于长江三角
洲平原区的高砂平原。海拔
较低，在 5～6 m，稍高于高
沙平原上的其他土系所在位
置。气候上属北亚热带湿润
季风气候区，年均气温
14.6℃，无霜期 216 d。10℃
的积温 4576℃。年均降雨量
1060 mm。土壤起源于古江淮
沉积物，土层深厚。目前以
种植水稻-小麦轮作一年两
熟为主。

郭园系景观

土系特征与变幅　诊断层包括水耕表层、水耕氧化还原层；诊断特性包括人为滞水土壤
水分状况、氧化还原特征、热性土壤温度。该土系土壤母质为较砂的江淮冲积物，尽管
结构发育较弱，但氧化还原特征依然明显。结构体发育 2%～15%铁锰锈纹锈斑。近三十
多年的水耕作用，加之疏松的结构，土壤石灰发生了明显淋溶。土壤质地整体偏砂，上
部粉砂土，下部粉砂壤土，土体呈中性-微碱性，pH 为 6.75～7.86，耕作层已无石灰反
应，直至 60 cm 均为弱石灰反应，60 cm 以下为强石灰反应。

对比土系　东陈系，同一土族，耕作层已呈酸性，其水耕强度已较高。杨墅系，不同土
纲，分布位置邻近，母质不同，为雏形土。

利用性能综述　土壤疏松易耕，适种期长，但粒间空隙大，犁底层浅薄，渗透性强，水
肥不易保持。由于通气性好，好气性微生物活动强烈，土壤中有机物质分解释放快，不
易积累，养分中仅钾素全量稍高，全氮、全磷、速效磷、速效钾均较低。土壤改良应大
力发展绿肥种植，加大秸秆还田和各种有机肥投入，提高土壤有机质，培育犁底层，水
旱轮作时适当增加养地作物，如油菜、蚕豆、豌豆等的种植；要多次少施肥料，注意补
充磷、钾肥。

参比土种　厚层高砂土。

代表性单个土体　采自南通如皋市高明镇章庄村 8 组（剖面 32-095；野外编号 RG-021），
32°13′4.548″N，120°23′19.608″E。海拔 6.8 m，母质为江淮冲积物，当前作物为小麦。50
cm 土层年均温度 17.1℃。野外调查时间 2010 年 11 月。

RG-021

郭园系代表性单个土体剖面

Ap1：0～15 cm，暗灰黄色（2.5Y 5/2，干），黑棕色（2.5Y 3/2，润）；粉砂土，发育弱的直径 2～5 mm 团粒状结构，较疏松；2%～5%锈纹锈斑，无石灰反应，清晰平直过渡。

Ap2：15～22 cm，灰黄色（2.5Y 6/2，干），暗灰黄色（2.5Y 4/2，润）；粉砂土，发育弱的直径 5～20 mm 次棱块状结构，稍紧；5%～15%锈纹锈斑，弱石灰反应，清晰平直过渡。

Br1：22～40 cm，灰黄色（2.5Y 6/2，干），暗灰黄色（2.5Y 4/2，润）；粉砂壤土，发育弱的直径 2～10 mm 块状结构，稍紧；2%～5%锈纹锈斑，弱石灰反应，清晰平直过渡。

Br2：40～60 cm，暗灰黄色（2.5Y 5/2，干），暗灰黄色（2.5Y 4/2，润）；粉砂壤土，发育弱的直径 2～10 mm 块状结构，稍紧；2%～5%锈纹锈斑，弱石灰反应，清晰平直过渡。

Cr：60～100 cm，灰黄色（2.5Y 7/2，干），暗灰黄色（2.5Y 5/2，润）；粉砂壤土，无结构，疏松；2%～5%锈纹锈斑，强石灰反应。

郭园系代表性单个土体物理性质

土层	深度 /cm	砾石 (>2 mm，体积分数) /%	细土颗粒组成（粒径：mm）/（g/kg）			质地	容重 /（g/cm³）
			砂粒 2～0.05	粉粒 0.05～0.002	黏粒<0.002		
Ap1	0～15	—	107	828	66	粉砂土	1.40
Ap2	15～22	—	93	836	71	粉砂土	1.51
Br1	22～40	—	151	763	86	粉砂壤土	1.51
Br2	40～60	—	185	761	54	粉砂壤土	1.52
Cr	60～100	—	221	741	38	粉砂壤土	1.52

郭园系代表性单个土体化学性质

深度 /cm	pH (H₂O)	有机质 /(g/kg)	全氮(N) /(g/kg)	全磷(P₂O₅) /(g/kg)	全钾(K₂O) /(g/kg)	全铁(Fe₂O₃) /(g/kg)	阳离子交换量 /(cmol/kg)	游离氧化铁 /(g/kg)	有效磷(P) /(mg/kg)	速效钾(K) /(mg/kg)
0～15	6.8	12.7	0.79	0.81	19.2	31.9	6.1	5.9	25.71	88
15～22	7.4	3.4	0.25	0.63	18.9	30.7	3.8	5.3	8.72	50
22～40	7.8	3.1	0.21	0.58	17.9	30.3	3.8	5.8	3.48	58
40～60	7.9	2.2	0.18	0.56	17.5	30.4	3.9	7.0	1.04	34
60～100	7.8	2.0	0.15	0.55	17.7	32.7	3.7	6.3	1.50	45

5.9.36　苴镇系（Juzhen Series）

土　族：壤质云母混合型非酸性热性-普通简育水耕人为土
拟定者：黄　标，王　虹，杜国华

分布与环境条件　分布于南通市如东县东部。属于苏北滨海平原区的海湾低平原。区域地势起伏较小，海拔 2 m。气候上属北亚热带湿润季风气候区，年均气温 15℃，无霜期 216 d。10℃的积温 4576℃。年均降雨量 1060 mm。土壤起源于滨海沉积物母质上，土层深厚。以水稻-小麦轮作一年两熟为主。

苴镇系典型景观

土系特征与变幅　诊断层包括水耕表层、水耕氧化还原层；诊断特性包括人为滞水土壤水分状况、氧化还原特征、热性土壤温度。该土系土壤在母质形成之后，主要受人为耕作影响，经过二三十年的水旱轮作，盐分已完全脱掉，同时，经历水耕氧化还原过程，整个剖面均发育 2%～5%铁锰锈纹锈斑，但在剖面表层和底部较多见。土壤养分中，依然是速效钾偏低。土壤质地除 11～20 cm 为粉砂土外，其余均为粉砂壤质，土体呈碱性，pH 为 7.58～8.64，尽管呈碱性，但整个剖面无石灰反应。

对比土系　栟茶系，同一土族，分布位置邻近，整个土壤剖面质地较细，为粉壤土，土壤发育至 80 cm 左右，以下隐约可见原始水平沉积层理，50～80 cm 土壤有中等石灰反应。

利用性能综述　质地粉砂土-粉砂壤土，耕性好，但粉粒含量较高，容易淀浆。土壤缺钾较明显。所以水稻种植整地后，防治淀浆，应尽快插秧，注意补充钾素，可通过秸秆还田改善土壤结构和补充部分钾素。

参比土种　砂性潮盐土。

代表性单个土体　采自南通市如东县苴镇镇（编号 32-048，野外编号 B48），32°25′5.232″N，121°10′35.04″E。海拔 3.8 m，小麦-水稻水旱轮作。当前作物为小麦。50 cm 土层年均温度 17.6℃。野外调查时间 2010 年 4 月。

Ap1: 0～11 cm, 灰黄棕色 (10YR 5/2, 干), 黑棕色 (10YR 3/2, 润); 粉砂壤土, 发育强的直径2～5 mm粒状结构, 松; <2%蚯蚓, 2%～5%锈纹锈斑, 无石灰反应, 平直突然过渡。

AP2: 11～20 cm, 灰黄棕色 (10YR 5/2, 干), 黑棕色 (10YR 3/2, 润); 粉砂土, 发育强的直径10～20 mm块状结构, 紧; 2%～5%锈纹锈斑, 无石灰反应, 平直明显过渡。

Br1: 20～33 cm, 灰黄棕色 (10YR 6/2, 干), 灰黄棕色 (10YR 4/2, 润); 粉砂壤土, 发育强的直径10～20 mm块状结构, 稍紧; 2%～5%铁锰斑点, 无石灰反应, 舌状明显过渡。

Br2: 33～66 cm, 灰棕色 (7.5YR 6/2, 干), 灰棕色 (7.5YR 4/2, 润); 粉砂壤土, 发育中等的直径10～50 mm块状结构, 稍紧; 2%～5%锈纹锈斑, 无石灰反应, 平直明显过渡。

Br3: 66～100 cm, 浊棕色 (7.5YR 6/3, 干), 棕色 (7.5YR 4/4, 润); 粉砂壤土, 发育中等的直径10～50 mm块状结构, 松; 2%～5%锈纹锈斑和铁锰结核, 无石灰反应。

苴镇系代表性单个土体剖面

苴镇系代表性单个土体物理性质

土层	深度 /cm	砾石 (>2 mm, 体积分数) /%	细土颗粒组成 (粒径: mm) / (g/kg)			质地	容重 / (g/cm³)
			砂粒 2～0.05	粉粒 0.05～0.002	黏粒 <0.002		
Ap1	0～11	—	102	798	100	粉砂壤土	1.14
Ap2	11～20	—	75	833	92	粉砂土	1.23
Br1	20～33	—	116	800	84	粉砂壤土	1.44
Br2	33～66	—	78	774	147	粉砂壤土	1.43
Br3	66～100	—	79	762	159	粉砂壤土	1.44

苴镇系代表性单个土体化学性质

深度 /cm	pH (H₂O)	有机质 / (g/kg)	全氮(N) / (g/kg)	全磷(P₂O₅) / (g/kg)	全钾(K₂O) / (g/kg)	全铁(Fe₂O₃) / (g/kg)	阳离子交换量 / (cmol/kg)	游离氧化铁 / (g/kg)	有效磷(P) / (mg/kg)	速效钾(K) / (mg/kg)
0～11	7.6	15.1	1.16	0.96	15.5	34.9	10.2	6.4	57.81	52
11～20	8.4	8.6	0.67	0.71	14.9	35.4	7.2	7.1	3.27	62
20～33	8.6	3.5	0.29	0.66	14.8	36.6	6.8	6.1	1.56	77
33～66	8.6	2.9	0.26	0.62	15.7	40.3	7.2	8.1	1.55	104
66～100	8.5	3.3	0.27	0.60	15.6	43.2	7.6	7.8	1.94	114

5.9.37　长青沙系（Changqingsha Series）

土　族：壤质云母混合型石灰性热性-普通简育水耕人为土
拟定者：黄　标，杜国华

分布与环境条件　分布于南
通如皋市南部，沿长江或江
中岛屿分布。属于长江三角
洲的新三角洲与江心洲。区
域地势起伏较小。气候上属
北亚热带湿润季风气候区，
年均气温 14.6℃，无霜期216
d。10℃的积温 4576℃。年
均降雨量 1060 mm。土层深
厚。自然植被为芦苇，但已
不多见，以水稻-小麦轮作一
年两熟为主。

长青沙系典型景观

土系特征与变幅　诊断层包括水耕表层、水耕氧化还原层；诊断特性包括人为滞水土壤
水分状况、氧化还原特征、石灰性、热性土壤温度。该土系是在长江近代质地较黏的冲
积物母质上发育而成，经过二三十年的水旱轮作，已出现水耕氧化还原过程，但不甚明
显，整个剖面均发育 5%左右的铁锰锈纹锈斑。整个剖面土壤均为粉砂壤质，但黏粒含
量相对较高，达 130～170 g/kg。由于成土时间较短，所以剖面下部约 80 cm 以下原生的
沉积层理较发育。土壤养分中最明显的是速效钾含量较低。其余养分还较适中，土体呈
碱性，pH 为 7.59～7.91，石灰反应强烈。

对比土系　张黄港系，同一土族，表层发育一层砂质壤土，色调 7.5YR，石灰反应更强
烈，同时剖面下部原始沉积层理非常明显。

利用性能综述　土壤质地适中，易耕作。长期耕作已形成较厚的水耕表层，其有机质含
量高，熟化程度高。同时该土系土壤有相对较高的阳离子交换量，保肥性较强，但缺钾
较明显。今后改良利用中，注意改善排水条件，增施钾肥，也可通过秸秆还田补充部分
钾素。

参比土种　薄层黄黏土。

代表性单个土体　采自南通如皋市长江镇海坝村（编号 32-102，野外编号 RG082），
32°06′17.712″N，120°34′36.84″E。海拔 2 m，土壤起源于长江新冲积物母质上，小麦-水
稻水旱轮作。50 cm 土层年均温度 17.1℃。野外调查时间 2010 年 1 月。

Ap1：0～18 cm，灰棕色（5YR 6/2，干），灰棕色（5YR 4/2，润）；粉砂壤土，发育强的直径 5～20 mm 粒状结构，疏松；2%～5%锈纹锈斑，强石灰反应，渐变平直过渡。

Ap2：18～30 cm，浊橙色（5YR 6/3，干），浊红棕色（5YR 4/3，润）；粉砂壤土，发育中等的直径 10～50 mm 块状结构，坚实；2%～5%锈纹锈斑，强石灰反应，渐变平直过渡。

Br1：30～68 cm，浊橙色（5YR 6/3，干），浊红棕色（5YR 5/3，润）；粉砂壤土，发育中等的直径 10～50 mm 块状结构，坚实；<2%锈纹锈斑，强石灰反应，渐变平直过渡。

Br2：68～85 cm，浊橙色（5YR 6/3，干），浊红棕色（5YR 5/3，润）；粉砂壤土，发育弱的直径 10～50 mm 块状结构，坚实；2%～5%锈纹锈斑，强石灰反应，渐变平直过渡。

Cr：85～135 cm，淡棕灰色（5YR 7/2，干），棕灰色（5YR 6/1，润）；粉砂壤土，见原生沉积层理，发育中等的厚度 10～15 mm 沉积层理，坚实；2%～5%锈纹锈斑，强石灰反应。

长青沙系代表性单个土体剖面

长青沙系代表性单个土体物理性质

土层	深度 /cm	砾石 (>2 mm，体积分数) /%	细土颗粒组成（粒径：mm）/（g/kg）			质地	容重 /（g/cm³）
			砂粒 2～0.05	粉粒 0.05～0.002	黏粒<0.002		
Ap1	0～18	—	128	742	130	粉砂壤土	1.27
Ap2	18～30	—	129	720	151	粉砂壤土	1.48
Br1	30～68	—	72	760	169	粉砂壤土	1.51
Br2	68～85	—	180	674	146	粉砂壤土	1.40
Cr	85～135	—	153	698	149	粉砂壤土	1.45

长青沙系代表性单个土体化学性质

深度 /cm	pH (H₂O)	有机质 /(g/kg)	全氮(N) /(g/kg)	全磷(P₂O₅) /(g/kg)	全钾(K₂O) /(g/kg)	全铁(Fe₂O₃) /(g/kg)	阳离子交换量 /(cmol/kg)	游离氧化铁 /(g/kg)	有效磷(P) /(mg/kg)	速效钾(K) /(mg/kg)
0～18	7.6	25.5	1.70	1.42	19.9	54.5	13.3	16.3	38.89	54
18～30	7.8	10.2	0.72	0.73	19.5	54.9	11.2	19.0	6.75	50
30～68	7.9	9.2	0.65	0.71	21.3	59.1	12.5	22.4	7.92	64
68～85	7.9	8.6	0.59	0.71	19.8	51.9	10.7	18.8	11.21	88
85～135	7.8	8.9	0.57	0.69	18.6	47.8	10.2	16.0	15.15	90

5.9.38　前时系（Qianshi Series）

土　族：壤质云母混合型石灰性热性-普通简育水耕人为土
拟定者：黄　标，杜国华

分布与环境条件　分布于泰
州市姜堰区中部地区。属于长
江三角洲平原区的高沙平原。
区域地势起伏较小，且海拔较
低，在 2～6 m。气候上属北
亚热带季风气候区，年均气温
14.5℃，无霜期 215d。年均日
照时数 2205.9 h。年均降雨量
991.7 mm。土壤起源于江淮
冲积物母质上，土层深厚。
以水稻-小麦轮作一年两熟
为主。

前时系典型景观

土系特征与变幅　诊断层包括水耕表层、水耕氧化还原层；诊断特性包括人为滞水土壤
水分状况、氧化还原特征、石灰性、热性土壤温度状况。该土系发育于江淮冲积物物质
上，由于人为水旱轮作影响时间较短，水耕氧化还原过程不甚强烈，水耕表层之下仅见
少量铁锰锈纹锈斑，但受地下水影响，剖面底部锈纹锈斑较多。土壤质地通体为粉砂壤
土，质地较轻，但有一定结构发育。经过水耕作用，土壤耕作层和犁底层已形成，耕作
层有机质含量也较高，但较薄。养分中磷钾较缺乏，尤其是速效钾含量低于 100 g/kg，
阳离子交换量很低。土体呈碱性，pH 为 7.72～8.28，表层石灰反应稍弱，向下逐渐增强。
对比土系　东陈系，同一亚类不同土族，母质类似，分布区域邻近，酸碱性为非酸性。
利用性能综述　土壤土质砂，结构较松散，虽然水旱轮作，已形成水耕表层，但容易漏
水漏肥。同时，土壤肥力低，磷钾缺乏，尽管近年来土壤速效磷有所提高，但速效钾依
然很低。今后改良过程中，还是要加强土壤培肥，目前秸秆还田是改善土壤结构，熟化
土壤的重要途径。水稻生产过程中注意磷钾肥的补充，还可增施锌、硼等微量元素肥料，
促进增产。
参比土种　高砂土。
　　代表性单个土体　采自泰州市姜堰区梁徐镇前时村（编号 32-050 a，野外编号 B50-1），
32°26′59.64″N，120°08′59.496″E。海拔 5.5 m，江淮冲积物母质，当前作物为小麦。50 cm
土层年均温度 16.6℃。野外调查时间 2010 年 4 月。

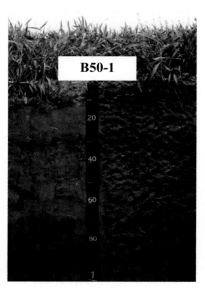

Ap1：0~12 cm，黄灰色（2.5Y 6/1，干），棕灰色（10YR 4/1，润）；粉砂壤土，发育强的直径5~20 mm粒状结构，疏松；弱石灰反应，平直明显过渡。

Ap2：12~20 cm，灰黄色（2.5Y 6/2，干），暗灰黄色（2.5Y 4/2，润）；粉砂壤土，发育强的直径5~50 mm块状结构，稍紧；2%~5%铁锰锈纹，中石灰反应，波状明显过渡。

Br1：20~42 cm，灰黄色（2.5Y 7/2，干），灰黄棕色（10YR 5/2，润）；粉砂壤土，发育强的直径20~50 mm块状结构，稍紧；5%~10%铁锰锈纹，强石灰反应，波状明显过渡。

Br2：42~100 cm，淡黄色（2.5Y 7/3，干），黄棕色（2.5Y 5/3，润）；粉砂壤土，发育强的直径20~100 mm块状结构，松；10%~15%铁锰锈纹，极强石灰反应。

前时系代表性单个土体剖面

前时系代表性单个土体物理性质

土层	深度 /cm	砾石 （>2 mm，体积分数）/%	细土颗粒组成（粒径：mm）/（g/kg）			质地	容重 /（g/cm³）
			砂粒 2~0.05	粉粒 0.05~0.002	黏粒<0.002		
Ap1	0~12	—	219	678	102	粉砂壤土	1.32
Ap2	12~20	—	225	697	78	粉砂壤土	1.59
Br1	20~42	—	186	715	99	粉砂壤土	1.62
Br2	42~100	—	167	784	49	粉砂壤土	1.65

前时系代表性单个土体化学性质

深度 /cm	pH (H₂O)	有机质 /(g/kg)	全氮(N) /(g/kg)	全磷(P₂O₅) /(g/kg)	全钾(K₂O) /(g/kg)	全铁(Fe₂O₃) /(g/kg)	阳离子交换量 /(cmol/kg)	游离氧化铁 /(g/kg)	有效磷(P) /(mg/kg)	速效钾(K) /(mg/kg)
0~12	7.7	22.6	1.30	1.07	13.8	30.1	10.6	6.3	26.23	42
12~20	8.3	5.6	0.34	0.61	14.6	27.3	5.5	6.3	2.22	37
20~42	8.2	3.8	0.27	0.60	13.7	32.4	6.5	7.3	1.96	34
42~100	8.1	2.0	0.14	0.60	13.8	30.3	4.5	6.7	1.47	32

5.9.39 邱庄系 (Qiuzhuang Series)

土　族：壤质云母混合型石灰性温性-普通简育水耕人为土
拟定者：黄　标，王培燕，杜国华

分布与环境条件　分布于宿
迁市沭阳县东部地区。宿迁
市属于徐淮黄泛平原区扇前
低洼平原。区域地势起伏较
小。气候上属暖温带季风气
候区，年均气温 13.8℃，无
霜期 203 d。全年总日照时数
为 2363.7 h，年日照百分率
53%。年均降雨量 937.6 mm。
土壤起源于黄泛冲积物母质，
土层深厚。以水稻-小麦轮作
一年两熟为主。

邱庄系典型景观

土系特征与变幅　诊断层包括水耕表层、水耕氧化还原层；诊断特性包括人为滞水土壤
水分状况、氧化还原特征、石灰性、温性土壤温度。该土系土壤熟化程度较高，在 30 cm
以上较黏的土层中氧化还原特征较明显，见 10%~15%的锈纹锈斑及灰色胶膜，之下较
少见锈纹锈斑。土壤的石灰淋溶轻微，仅耕作层稍有淋溶，土壤有机质和养分较充足，
磷钾储量和有效态均较高。土壤质地剖面上部主要为粉砂壤土和粉砂黏壤土，30 cm 以
下则为粉砂土，土体呈碱性，pH 为 7.87~8.42，除耕作层为强石灰反应外，其余土层石
灰反应非常强烈。

对比土系　王兴系，同一土族，地理位置邻近，河流冲积物母质，无黏土层。

利用性能综述　土壤质地很适合水耕，水耕表层之下为一黏土层，可保水保肥，但表层
土壤稍黏，耕性稍差，由于长期浅耕和免耕，耕作层已很浅。然而，对于旱作物生产有
一定不利影响，在降水较多的情况下，易渍易涝。所以，应加强农田基础设施建设，保
证雨季排涝；生产过程中适当深耕，增加耕作层深度，保证高产稳产。

参比土种　砂底淤土。

代表性单个土体　采自宿迁市沭阳县马厂镇邱庄村（编号 32-126，野外编号 SY39P），
34°06′4.536″N，119°01′56.604″E。海拔 5.3 m。当前作物为水稻。50 cm 土层年均温度 15.6℃。
野外调查时间 2011 年 11 月。

邱庄系代表性单个土体剖面

Ap1：0～10 cm，棕色（7.5YR 4/3，干），暗棕色（7.5YR 3/4，润）；粉砂壤土，发育强的直径 2～10 mm 团粒状结构，松；有腐殖质胶膜，根孔内见铁锰斑纹，强石灰反应，波状明显过渡。

Ap2：10～20 cm，浊棕色（7.5YR 5/3，干），棕色（7.5YR 4/3，润）；粉砂壤土，发育强的直径 5～20 mm 块状结构，很紧；有 10%～15%铁锰斑纹，极强石灰反应，平直逐渐过渡。

Br1：20～30 cm，浊棕色（7.5YR 6/3，干），棕色（7.5YR 4/4，润）；粉砂质黏壤土，发育强的直径 20～50 mm 块状结构，紧；有 10%～15%铁锰斑纹，极强石灰反应，平直明显过渡。

Br2：30～45 cm，浊橙色（7.5YR 7/3，干），浊棕色（7.5YR 5/4，润）；粉砂土，发育中等的直径 20～100 mm 块状结构，稍紧；有少量铁锰斑纹，极强石灰反应，平直明显过渡。

Br3：45～120 cm，浊橙色（7.5YR 7/3，干），浊棕色（7.5YR 5/4，润）；粉砂土，发育中等的厚度 2～10 mm 沉积层理，松；有 10%～15%铁锰斑纹，强石灰反应。

邱庄系代表性单个土体物理性质

土层	深度/cm	砾石（>2 mm，体积分数）/%	细土颗粒组成（粒径：mm）/（g/kg）			质地	容重/（g/cm³）
			砂粒 2～0.05	粉粒 0.05～0.002	黏粒<0.002		
Ap1	0～10	—	116	696	188	粉砂壤土	1.29
Ap2	10～20	—	162	601	236	粉砂壤土	1.56
Br1	20～30	—	85	511	404	粉砂质黏壤土	1.29
Br2	30～45	—	58	895	47	粉砂土	1.76
Br3	45～120	—	128	851	21	粉砂土	1.51

邱庄系代表性单个土体化学性质

深度/cm	pH（H₂O）	有机质/（g/kg）	全氮(N)/（g/kg）	全磷(P₂O₅)/（g/kg）	全钾(K₂O)/（g/kg）	全铁(Fe₂O₃)/（g/kg）	阳离子交换量/（cmol/kg）	游离氧化铁/（g/kg）	有效磷(P)/（mg/kg）	速效钾(K)/（mg/kg）
0～10	7.9	44.6	2.51	2.82	26.3	37.3	23.5	14.5	31.23	208
10～20	8.1	12.7	0.87	1.39	26.5	36.8	19.1	15.5	1.72	170
20～30	8.1	9.3	0.66	1.30	26.0	35.0	17.4	15.5	0.67	170
30～45	8.4	2.6	0.19	1.23	23.1	18.9	4.7	6.5	0.46	50
45～120	8.3	1.8	0.13	1.19	22.4	17.1	4.0	6.3	0.86	44

5.9.40　生祠系（Shengci Series）

土　族：壤质云母混合型石灰性热性-普通简育水耕人为土
拟定者：黄　标，王　虹

分布与环境条件　分布于泰州市靖江县南部，长江沿线。属于长江三角洲平原区的沿江平原。区域地势起伏较小，海拔较低，仅 2 m 左右。气候上属北亚热带湿润季风气候区，年均气温在 14.4～15.1℃，无霜期 211 d。10℃的积温 4576℃。年均降水量 1037.7 mm。土壤起源于长江新冲积物母质上，土层深厚。土壤剖面底部常见沉积层理。以种植小麦-水稻一年两熟为主。

生祠系典型景观

土系特征与变幅　诊断层包括水耕表层、水耕氧化还原层；诊断特性包括人为滞水土壤水分状况、氧化还原特征、石灰性、热性土壤温度。该土系受人为水耕作用影响较明显，见明显氧化还原特征，剖面 30 cm 以上发育 2%～5%铁锰斑点，30 cm 以下有 15%～40%铁锰斑块。剖面底部隐约见有沉积层理。土壤养分中全磷、全钾的储量水平低，尤其速效磷、速效钾含量低于作物生长所需的临界值。土壤质地通体粉砂壤质，土体呈碱性，pH 为 8.14～8.34，石灰反应强烈。

对比土系　兴隆系，同一土族，分布地形部位相似，发育程度较弱，土壤剖面下部层理构造清楚，色调上本土系明显偏黄，为 10YR。

利用性能综述　土壤质地壤黏适中，易耕易种，有较好的保水保肥性。但土壤养分含量偏低。利用过程中应注意补充磷钾素；同时注重多种形式的秸秆还田，增加土壤有机质投入，提高土壤有机质，保证高产稳产。

参比土种　黄夹砂土。

代表性单个土体　采自泰州市靖江县生祠镇（编号 32-057，野外编号 B57），32°02′3.372″N，120°10′48.432″E。海拔 7 m，长江新冲积物母质，小麦-水稻水旱轮作。当前作物为小麦。50 cm 土层年均温度为 17.1℃。野外调查时间 2010 年 4 月。

Ap1：0～12 cm，灰棕色（7.5YR 6/2，干），暗棕色（7.5YR 3/3，润）；粉砂壤土，发育强的直径 2～5 mm 团粒状结构，疏松；20～50 个/cm² 直径 2～5 mm 孔隙，强石灰反应，平直明显过渡。

Ap2：12～20 cm，浊棕色（7.5YR 6/3，干），棕色（7.5YR 4/3，润）；粉砂壤土，发育中等的直径 10～20 mm 块状结构，紧；20～50 个/cm² 直径 0.5～2 mm 孔隙，2%～5%铁锰斑点，强石灰反应，平直逐渐过渡。

Br1：20～30 cm，浊棕色（7.5YR 6/3，干），棕色（7.5YR 4/3，润）；粉砂壤土，发育中等的直径 10～20 mm 块状结构，稍紧；20～50 个/cm² 直径 2～5 mm 孔隙，2%～5%铁锰斑点，强石灰反应，平直逐渐过渡。

Br2：30～100 cm，浊橙色（7.5YR 7/3，干），浊棕色（7.5YR 5/3，润）；粉砂壤土，发育中等的直径 10～50 mm 块状结构，稍紧；20～50 个/cm² 直径 2～5 mm 孔隙，15%～40%铁锰斑点，强石灰反应。

生祠系代表性单个土体剖面

生祠系代表性单个土体物理性质

土层	深度 /cm	砾石 （>2 mm，体积分数）/%	细土颗粒组成（粒径：mm）/（g/kg）			质地	容重 /（g/cm³）
			砂粒 2～0.05	粉粒 0.05～0.002	黏粒<0.002		
Ap1	0～12	—	75	816	109	粉砂壤土	1.02
Ap2	12～20	—	71	816	114	粉砂壤土	1.26
Br1	20～30	—	83	811	106	粉砂壤土	1.40
Br2	30～100	—	53	826	121	粉砂壤土	1.46

生祠系代表性单个土体化学性质

深度 /cm	pH (H₂O)	有机质 /（g/kg）	全氮(N) /（g/kg）	全磷(P₂O₅) /（g/kg）	全钾(K₂O) /（g/kg）	全铁(Fe₂O₃) /（g/kg）	阳离子交换量 /（cmol/kg）	游离氧化铁 /（g/kg）	有效磷(P) /（mg/kg）	速效钾(K) /（mg/kg）
0～10	8.1	19.6	1.51	0.96	16.5	48.5	13.1	12.7	7.31	54
12～20	8.3	11.8	0.97	0.78	15.9	49.5	11.2	12.6	11.01	50
20～30	8.2	13.3	1.03	0.83	16.2	48.1	11.8	12.9	2.95	56
30～100	8.3	6.0	0.55	0.73	15.5	46.8	9.3	10.7	6.39	48

5.9.41　塘东系（Tangdong Series）

土　　族：壤质云母混合型石灰性温性-普通简育水耕人为土
拟定者：黄　标，王培燕，杜国华

分布与环境条件　分布于宿迁市沭阳县十字、沂涛、马厂、胡集、钱集、东小店、七雄等地区，其次为塘沟、北丁集、南关荡、张圩等地。属于沂沭丘陵平原区的山前倾斜平原。区域地势起伏较小，海拔较低，约 4 m。气候上属暖温带季风气候区，年均气温 13.8℃，无霜期 203 d。全年总日照时数为 2363.7 h，年日照百分率 53%。年均降雨量 937.6 mm。土壤起源于

塘东系典型景观

冲积物母质，土层深厚。以水稻-小麦轮作一年两熟为主。

土系特征与变幅　诊断层包括水耕表层、水耕氧化还原层；诊断特性包括人为滞水土壤水分状况、氧化还原特征、石灰性、温性土壤温度。该土系发育在质地较砂的冲积物上，虽经一定时间的人为水旱轮作，但水耕氧化还原过程不太明显。水耕表层之下，仅见模糊的铁锰斑点。该土系耕作层有机质含量很低，氮磷钾养分中，全钾、全磷和有效磷相对较高，但全氮、速效钾和阳离子交换量很低。土壤质地整体为粉砂壤土与粉砂土互层，剖面下部可见原生沉积层理，土体呈碱性，pH 为 8.04～8.65，石灰反应强烈。

对比土系　王兴系，同一土族，土壤质地相对偏壤。赵湾系，同一亚类不同土族，分布地理位置相近，地形部位相似，矿物学类型为硅质混合型。

利用性能综述　通气性和透水性好，易耕，但保水保肥性差，土壤养分非常缺乏。今后改良应多施有机肥，加强秸秆还田，不断熟化土壤，提高有机质含量。施肥注意少量多次，减少养分淋失。

参比土种　砂土。

代表性单个土体　采自宿迁市沭阳县塘沟镇塘东村（编号 32-130，野外编号 SY59P），33°57′52.416″N，118°58′33.852″E。海拔 7.8 m，平坦地块，冲积物母质，排水通畅。当前作物为水稻。50 cm 土层年均温度 15.6℃。野外调查时间 2011 年 11 月。

　　Ap1：0～17 cm，浊黄橙色（10YR 7/2，干），浊黄棕色（10YR 4/3，润）；粉砂土，发育直径 5～20 mm 次棱块状结构，稍紧；根孔隙和土体内见 10%～15%直径 2～6 mm 铁锰斑点，强石灰反应，平直明显过渡。

塘东系代表性单个土体剖面

Ap2：17～25 cm，浊橙色（7.5YR 7/3，干），棕色（7.5YR 4/4，润）；粉砂壤土，发育中等的直径5～50 mm块状结构，紧；孔隙内有5%～15%直径2～6 mm模糊铁锰斑点，强石灰反应，平直逐渐过渡。

Br1：25～64 cm，浊橙色（7.5YR 7/3，干），棕色（7.5YR 4/4，润）；粉砂土，发育中等的直径20～100 mm块状结构，稍紧；结构体内有2%～5%直径2～6 mm模糊铁锰斑点，强石灰反应，平直逐渐过渡。

Br2：64～85 cm，浊棕色（7.5YR 6/3，干），棕色（7.5YR 4/4，润）；粉砂壤土，发育中等的直径20～100 mm块状结构，松；结构体内见模糊铁锰斑点，强石灰反应，平直逐渐过渡。

Cr1：85～95 cm，浊棕色（7.5YR 6/3，干），棕色（7.5YR 4/4，润）；粉砂壤土，发育中等的厚度2～10 mm沉积层理，松；见清楚的锈纹锈斑，强石灰反应，平直明显过渡。

Cr2：95～120 cm，浊橙色（7.5YR 7/3，干），浊棕色（7.5YR 5/4，润）；粉砂壤土，发育中等的厚度2～10 mm沉积层理，稍紧；见模糊铁锰斑点，强石灰反应。

塘东系代表性单个土体物理性质

| 土层 | 深度 /cm | 砾石 (>2 mm，体积分数) /% | 细土颗粒组成（粒径：mm）/（g/kg） | | | 质地 | 容重 /（g/cm³） |
			砂粒 2～0.05	粉粒 0.05～0.002	黏粒<0.002		
Ap1	0～17	—	126	839	36	粉砂土	1.36
Ap2	17～25	—	152	799	48	粉砂壤土	1.60
Br1	25～64	—	120	838	42	粉砂土	1.45
Br2	64～85	—	173	777	50	粉砂壤土	1.55
Cr1	85～95	—	151	778	70	粉砂壤土	1.54
Cr2	95～120	—	273	702	25	粉砂壤土	1.53

塘东系代表性单个土体化学性质

深度 /cm	pH (H₂O)	有机质 /(g/kg)	全氮(N) /(g/kg)	全磷(P₂O₅) /(g/kg)	全钾(K₂O) /(g/kg)	全铁(Fe₂O₃) /(g/kg)	阳离子交换量 /(cmol/kg)	游离氧化铁 /(g/kg)	有效磷(P) /(mg/kg)	速效钾(K) /(mg/kg)
0～17	8.0	11.1	0.78	2.08	22.3	19.9	6.7	6.7	34.69	76
17～25	8.5	5.9	0.37	1.66	23.0	19.3	5.2	6.0	10.53	64
25～64	8.6	2.9	0.34	1.36	22.7	18.9	4.1	6.5	1.37	52
64～85	8.5	3.9	0.27	1.44	23.5	19.1	5.5	6.1	1.49	64
85～95	8.4	3.0	0.21	1.34	23.2	20.1	5.1	7.3	1.33	70
95～120	8.7	1.8	0.18	1.34	22.3	16.0	3.2	6.0	0.93	36

5.9.42 兴隆系（Xinglong Series）

土　族：壤质云母混合型石灰性热性-普通简育水耕人为土
拟定者：黄　标，王　虹

分布与环境条件　　分布于镇江扬中市。属于长江三角洲平原区的江心洲。区域地势起伏较小，海拔较低，仅 2 m 左右。气候上属北亚热带湿润季风气候区，年均气温 15.1℃，无霜期 211 d。常年日照数为 2135 h。年均降雨量 1000 mm。土壤起源于长江新冲积物母质上，土层深厚。土壤剖面底部常见沉积层理。以水稻-小麦轮作一年两熟为主。

兴隆系典型景观

土系特征与变幅　　诊断层包括水耕表层、水耕氧化还原层；诊断特性包括人为滞水土壤水分状况、氧化还原特征、石灰性、热性土壤温度。该土系土壤母质受长期水旱轮作影响，氧化还原过程明显，整个剖面均发育铁锰锈纹锈斑，且铁的分异较显著，0～16 cm＜2%，16～46 cm＜2%～5%，46～100 cm＜5%～15%，剖面土壤游离铁含量上低下高。剖面底部见有沉积层理。土壤养分中，磷钾储量和有效性均较低。土壤质地通体粉砂壤质，上下变化不大，土体呈碱性，pH 为 8.01～8.22，石灰反应上弱下强。

对比土系　　生祠系，同一土族，分布地形部位相似，发育程度较高，在土壤剖面下部的层理构造已不太清楚，色调上本土系明显偏红，为 7.5YR。

利用性能综述　　土壤质地砂黏，易于耕作，适耕期长，供肥保肥性能较好，但养分含量较低。今后应重点推广配方施肥，注意补充磷钾肥，同时增加有机物投入，提高土壤有机质，保持稳产高产。

参比土种　　潮灰土。

代表性单个土体　　采自扬中市兴隆镇（编号 32-058，野外编号 B-58），32°12′7.092″N，119°51′7.668″E。海拔 6 m，小麦-水稻水旱轮作。当前作物为小麦。50 cm 土层年均温度 17.3℃。野外调查时间 2010 年 5 月。

兴隆系代表性单个土体剖面

Ap1：0～16 cm，灰黄棕色（10YR 6/2，干），灰黄棕色（10YR 4/2，润）；粉砂壤土，发育强的直径 2～5 mm 团粒状结构，松；＜2%铁锰斑点，弱石灰反应，平直明显过渡。

Ap2：16～28 cm，浊黄橙色（10YR 7/3，干），棕色（10YR 4/4，湿）；粉砂壤土，发育强的直径 2～10 mm 团块状结构，稍紧；2%～5%铁锰斑点和碳酸钙结核，中等石灰反应，平直逐渐过渡。

Br1：28～46 cm，浊黄橙色（10YR 7/3，干），浊黄橙色（10YR 4/3，湿）；粉砂壤土，发育强的直径 5～20 mm 团块状结构；2%～5%铁锰斑点，中等石灰反应，平直逐渐过渡。

Br2：46～100 cm，浊黄橙色（10YR 7/3，干），棕色（10YR 4/4，湿）；粉砂壤土，发育强的直径 10～50 mm 团块状结构，松；水平层理构造清楚，5%～15%铁锰斑点，强石灰反应。

兴隆系代表性单个土体物理性质

土层	深度 /cm	砾石（>2 mm，体积分数）/%	细土颗粒组成（粒径：mm）/（g/kg）			质地	容重 /（g/cm³）
			砂粒 2～0.05	粉粒 0.05～0.002	黏粒<0.002		
Ap1	0～16	—	106	747	147	粉砂壤土	0.99
Ap2	16～28	—	62	802	136	粉砂壤土	1.50
Br1	28～46	—	37	818	145	粉砂壤土	1.33
Br2	46～100	—	32	805	163	粉砂壤土	1.21

兴隆系代表性单个土体化学性质

深度 /cm	pH (H₂O)	有机质 /(g/kg)	全氮(N) /(g/kg)	全磷(P₂O₅) /(g/kg)	全钾(K₂O) /(g/kg)	全铁(Fe₂O₃) /(g/kg)	阳离子交换量 /(cmol/kg)	游离氧化铁 /(g/kg)	有效磷(P) /(mg/kg)	速效钾(K) /(mg/kg)
0～16	8.0	29.6	2.07	0.90	16.1	50.2	14.2	14.7	2.01	49
16～28	8.1	6.8	0.52	0.62	16.2	52.3	8.2	17.3	6.20	36
28～46	8.2	5.9	0.44	0.63	16.3	55.4	7.7	16.3	1.55	36
46～100	8.2	7.0	0.50	0.64	16.6	60.5	9.9	19.9	1.95	40

5.9.43　下原系（Xiayuan Series）

土　族：壤质云母混合型石灰性热性-普通简育水耕人为土
拟定者：黄　标，杜国华

分布与环境条件　分布于南通
如皋市中部地区。属于长江三
角洲平原区的高沙平原。区域
地势起伏较小，且海拔较低，
在 5 m 左右，低于郭园系和磨
头系土壤所在位置。气候上属
北亚热带湿润季风气候区，年
均气温 14.6℃，无霜期 216 d。
10℃的积温 4576℃。年均降雨
量 1060 mm。土壤起源于古江
淮冲积物上，土层深厚。以水
稻-小麦轮作一年两熟为主。

下原系典型景观

土系特征与变幅　诊断层包括水耕表层、水耕氧化还原层；诊断特性包括人为滞水土壤
水分状况、氧化还原特征、石灰性、热性土壤温度。该土系种植水稻大约三十多年，长
期水旱轮作，其剖面氧化还原特征已明显出现。剖面发育 2%～5%铁锰锈纹锈斑，剖面
有碳酸钙淋溶现象，下部常有<2%碳酸钙结核。土壤质地通体为粉砂壤质，黏粒含量上
下变化较小，但仍有细微差别，黏粒含量在 60 cm 左右有增加，反映不同时期沉积作用。
土壤肥力低下，有机质和氮磷钾全量及有效态均较低。土体呈碱性，pH 为 7.71～8.43，
石灰反应自上而下逐渐增强。

对比土系　磨头系，不同土类，为普通铁渗水耕人为土。

利用性能综述　土壤上层土质疏松，孔隙度大，易通气、透水、增温。下部较高的黏粒
含量具有一定保水保肥性能。但土壤养分较缺。利用过程中注意培育耕作层和犁底层，
可通过增施有机肥或加强秸秆还田实现，施肥管理过程中，注意磷钾肥的补充。

参比土种　壤心高砂土。

代表性单个土体　采自南通如皋市下原镇野树村（编号 32-097，野外编号 RG-023）
32°15′25.92″N，120°37′58.872″E。海拔 4.5 m，小麦-水稻水旱轮作。当前作物为小麦。
50 cm 土层年均温度 17.5C。野外调查时间 2010 年 12 月。

下原系代表性单个土体剖面

Ap1：0～18 cm，灰黄色（2.5Y 6/2，干），黑棕色（2.5Y 4/2，润）；粉砂壤土，发育弱的直径2～5 mm团粒状结构，较疏松；2%～5%锈纹锈斑，中等石灰反应，清晰平滑过渡。

Ap2：18～30 cm，灰黄色（2.5Y 7/2，干），浊黄橙色（2.5Y 5/2，润）；粉砂壤土，发育强的直径2～10 mm块状结构，稍紧实；2%～5%锈纹锈斑，中等石灰反应，清晰平滑过渡。

Br2：30～53 cm，浅黄色（2.5Y 7/4，干），浊黄橙色（2.5Y 6/4，润）；粉砂壤土，发育中等的直径5～20 mm块状结构，稍紧实；2%～5%锈纹锈斑，强石灰反应，清晰平滑过渡。

Br3：53～80 cm，灰黄色（2.5Y 7/2，干），浊黄橙色（2.5Y 5/2，润）；粉砂壤土，发育中等的厚度2～10 mm沉积层理，坚实；2%～5%锈纹锈斑，见<2%碳酸钙结核，强石灰反应，清晰平滑过渡。

Cr：80～140 cm，浅灰色（2.5Y 7/1，干），棕灰色（10YR 6/1，润）；粉砂壤土，发育中等的厚度2～10 mm沉积层理，坚实；见2%～5%锈纹锈斑，强石灰反应，清晰平滑过渡。

下原系代表性单个土体物理性质

土层	深度 /cm	砾石（>2 mm，体积分数）/%	细土颗粒组成（粒径：mm）/（g/kg）			质地	容重 /（g/cm³）
			砂粒 2～0.05	粉粒 0.05～0.002	黏粒<0.002		
Ap1	0～18	—	172	746	82	粉砂壤土	1.35
Ap2	18～30	—	167	750	83	粉砂壤土	1.50
Br2	30～53	—	293	612	95	粉砂壤土	1.52
Br3	53～80	—	161	708	131	粉砂壤土	1.52
Cr	80～140	—	122	774	104	粉砂壤土	1.52

下原系代表性单个土体化学性质

深度 /cm	pH (H₂O)	有机质 /（g/kg）	全氮(N) /（g/kg）	全磷(P₂O₅) /（g/kg）	全钾(K₂O) /（g/kg）	全铁(Fe₂O₃) /（g/kg）	阳离子交换量 /（cmol/kg）	游离氧化铁 /（g/kg）	有效磷(P) /（mg/kg）	速效钾(K) /（mg/kg）
0～18	7.8	17.2	1.16	0.78	16.7	29.5	8.5	6.2	13.79	56
18～30	7.9	4.0	0.33	0.65	16.6	31.6	5.6	10.0	1.66	36
30～53	8.1	2.1	0.20	0.70	16.5	30.2	4.5	8.8	1.33	20
53～80	8.4	1.8	0.14	0.65	15.6	28.8	3.8	6.6	0.98	18
80～140	8.3	1.8	0.13	0.61	17.3	31.0	3.8	8.8	1.18	22

5.9.44 营防系（Yingfang Series）

土　族：壤质云母混合型石灰性热性-普通简育水耕人为土
拟定者：黄　标，杜国华

分布与环境条件　分布于南通如皋市南部，沿长江分布。属于长江三角洲平原区的沿江平原区。区域地势起伏较小，海拔仅 2 m 左右。气候上属北亚热带湿润季风气候区，年均气温 14.6℃，无霜期216 d。10℃的积温4576℃。年均降雨量 1 060 mm。土壤起源于长江新冲积物母质上，土层深厚。以水稻-小麦轮作一年两熟为主。

营防系典型景观

土系特征与变幅　诊断层包括水耕表层、水耕氧化还原层；诊断特性包括人为滞水土壤水分状况、氧化还原特征、石灰性、热性土壤温度。该土系土壤在母质形成之后，主要受人为耕作影响，长期水旱轮作，经历水耕氧化还原过程，最终形成水耕人为土。剖面中水耕表层（耕作层和犁底层）和水耕氧化还原层发育。剖面 0～38 cm 发育 2%～5%直径 2～6 mm 铁锰锈纹锈斑，38 cm 以下有 5%～15%明显的锈斑纹。在剖面土表至 60 cm 范围内，土壤质地较黏，其下沉积层理发育。土壤质地通体为粉砂壤土，土体呈中性-碱性，pH 为 7.39～8.1。

对比土系　张黄港系，同一土族，土壤耕作层质地较砂。

利用性能综述　土壤质地适中，易耕易种，但地势低，地下水位高，排水困难。养分偏低，尤其土壤钾素养分严重偏低。因此，对于这种土壤，应加强基础灌溉设施建设，注意排水，适当深耕，调节水气。作物生产过程中，注意补充钾素，可通过加强秸秆还田调节，一方面补充钾素，另一方面可增加土壤有机质以提高地力。

参比土种　厚层黄泥土。

代表性单个土体　采自如皋市九华镇营防村（编号 32-101，野外编号 RG-071），32°06′50.112″N，120°39′48.06″E。海拔 3.4 m，小麦-水稻水旱轮作，当前作物小麦。50 cm 土层年均温度 17.5℃。野外调查时间 2010 年 12 月。

　　Ap1：0～11 cm，灰棕色（7.5YR 5/2，干），灰棕色（7.5YR 4/2，润）；粉砂壤土，发育强的直径 2～10 mm 团粒状或次棱块状结构，较疏松；2%～5%直径 2～6 mm 锈纹锈斑，中等石灰反应，清晰平滑过渡。

营防系代表性单个土体剖面

Ap2：11～20 cm，灰棕色（7.5YR 6/2，干），灰棕色（7.5YR 5/2，润）；粉砂壤土，发育强的直径 10～20 mm 块状结构，坚实；2%～5%直径 2～6 mm 锈斑纹，强石灰反应，清晰平滑过渡。

Br1：20～38 cm，灰棕色（7.5YR 6/2，干），灰棕色（7.5Y 5/2，润）；粉砂壤土，发育强的直径 20～50 mm 块状结构，坚实；2%～5%模糊锈纹锈斑，强石灰反应，平直渐变过渡。

Br2：38～70 cm，浊棕色（7.5YR 6/3，干），浊棕色（7.5YR 5/3，润）；粉砂壤土，发育中等的直径 20～50 mm 块状结构，坚实；5%～15%边界模糊锈纹锈斑，强石灰反应，明显平直过渡。

Cr：70～110 cm，黄灰色（2.5Y6/1，干），黄灰色（2.5Y5/1，润）；粉砂壤土，发育中等的厚度 2～10 mm 沉积层理，为原生沉积层理，以沙层为主，砂黏相间，5%～15%边界模糊的锈纹锈斑，强石灰反应。

营防系代表性单个土体物理性质

土层	深度/cm	砾石（>2 mm，体积分数）/%	细土颗粒组成（粒径：mm）/（g/kg）			质地	容重/（g/cm³）
			砂粒 2～0.05	粉粒 0.05～0.002	黏粒<0.002		
Ap1	0～11	—	180	674	146	粉砂壤土	1.20
Ap2	11～20	—	153	698	149	粉砂壤土	1.39
Br1	20～38	—	97	746	156	粉砂壤土	1.45
Br2	38～70	—	123	751	126	粉砂壤土	1.49
Cr	70～110	—	85	775	140	粉砂壤土	1.52

营防系代表性单个土体化学性质

深度/cm	pH（H₂O）	有机质/（g/kg）	全氮(N)/（g/kg）	全磷(P₂O₅)/（g/kg）	全钾(K₂O)/（g/kg）	全铁(Fe₂O₃)/（g/kg）	阳离子交换量/（cmol/kg）	游离氧化铁/（g/kg）	有效磷(P)/（mg/kg）	速效钾(K)/（mg/kg）
0～11	7.4	22.2	1.45	0.92	18.7	46.0	12.3	12.1	11.55	46
11～20	7.8	13.8	0.93	0.79	18.6	43.1	11.5	12.6	5.17	48
20～38	7.7	8.3	0.59	0.70	19.0	45.7	10.5	12.5	3.55	48
38～70	7.9	4.9	0.37	0.58	19.8	46.2	9.6	16.1	3.06	50
70～110	8.1	2.1	0.13	0.57	16.8	30.9	4.3	7.6	5.23	22

5.9.45 王兴系（Wangxing Series）

土　族：壤质云母混合型石灰性温性-普通简育水耕人为土
拟定者：黄　标，王培燕，杜国华

分布与环境条件　主要分布于宿迁市沭阳县沂河北岸地区，龙庙最多。属于沂沭丘陵平原区的河谷与冲沟平原。区域地势起伏较小，海拔较低，约 6 m。气候上属暖温带季风气候区，年均气温 13.8℃，无霜期 203 d。全年总日照时数为 2363.7 h，年日照百分率53%。年均降雨量 937.6 mm。土壤起源于河流冲积物母质，土层深厚。以水稻-小麦轮作一年两熟为主。

王兴系典型景观

土系特征与变幅　诊断层包括水耕表层、水耕氧化还原层；诊断特性包括人为滞水土壤水分状况、氧化还原特征、石灰性、温性土壤温度。该土系土壤母质为质地偏砂的河流冲积物，由于透水性强，石灰反应强烈，所以氧化还原特征不太明显，在土体内见 2%～5%直径 2～6 mm 的模糊铁锰斑纹，含量不高。土壤质地整个剖面较砂，仅 20 cm 深度的水耕表层为粉砂壤土。水耕表层内土壤有机质较高，氮磷钾养分适中，尤其速效磷含量较高，但之下速效磷钾迅速降低。土体呈碱性，pH 为 7.84～8.20，石灰反应强烈。

对比土系　塘东系，同一土族，土壤质地相对偏砂。邱庄系，同一土族，黄泛冲积物母质，水耕表层之下有 10 cm 厚的黏土层，耕作层有机质含量相对较高。小园系，同一土族，分布位置邻近，母质相似，底部有埋藏层。徐圩系，同一亚类不同土族，矿物学类型为硅质混合型。

利用性能综述　通气性和透水性好，易耕，但犁底层很薄，且水耕表层之下砂质层发育，保水保肥性差。养分中存在缺钾的风险。今后利用过程中，要注意犁底层的培育，耕作不宜太深，可通过推广秸秆还田提高土壤团聚性，增加犁底层厚度；施肥时应根据作物反应增施钾肥，保障高产。

参比土种　漏砂土。

代表性单个土体　采自宿迁市沭阳县东小店乡王兴庄（编号 32-129，野外编号 SY58P），34°02′25.512″N，118°52′37.236″E。海拔 6.6 m，平坦地块，排水通畅。当前作物为水稻。50 cm 土层年均温度 15.6℃。野外调查时间 2011 年 11 月。

王兴系代表性单个土体剖面

Ap1：0～12 cm，灰棕色（7.5YR 6/2，干），黑棕色（7.5YR 3/2，润）；粉砂壤土，发育强的直径 2～10 mm 粒状或次棱块状结构，松；有蚯蚓粪粒，强石灰反应，平直明显过渡。

Ap2：12～20 cm，浊橙色（7.5YR 7/3，干），棕色（7.5YR 4/4，润）；粉砂壤土，发育强的直径 5～20 mm 块状结构，紧；根孔内及土体内有 2%～5% 直径 2～6 mm 的铁锰斑点，边界模糊，强石灰反应，平直逐渐过渡。

Br1：20～40 cm，浊棕色（7.5YR 6/3，干），棕色（7.5YR 4/3，润）；粉砂土，发育强的直径 20～100 mm 团块状结构，稍紧；土体内有 2%～5% 直径 2～6 mm 的模糊铁锰斑点，强石灰反应，平直逐渐过渡。

Br2：40～120 cm，浊橙色（7.5YR 7/3，干），棕色（7.5YR 4/4，润）；粉砂土，单粒状结构，松；土体内有 2%～5% 直径 2～6 mm 的模糊铁锰斑点，强石灰反应。

王兴系代表性单个土体物理性质

土层	深度/cm	砾石（>2 mm，体积分数）/%	细土颗粒组成（粒径：mm）/（g/kg）			质地	容重/（g/cm³）
			砂粒 2～0.05	粉粒 0.05～0.002	黏粒<0.002		
Ap1	0～12	—	104	772	124	粉砂壤土	1.24
Ap2	12～20	—	115	732	153	粉砂壤土	1.42
Br1	20～40	—	82	854	64	粉砂土	1.57
Br2	40～120	—	156	824	20	粉砂土	1.51

王兴系代表性单个土体化学性质

深度/cm	pH（H₂O）	有机质/（g/kg）	全氮(N)/（g/kg）	全磷(P₂O₅)/（g/kg）	全钾(K₂O)/（g/kg）	全铁(Fe₂O₃)/（g/kg）	阳离子交换量/（cmol/kg）	游离氧化铁/（g/kg）	有效磷(P)/（mg/kg）	速效钾(K)/（mg/kg）
0～12	7.8	38.6	2.41	3.10	25.7	30.9	18.0	11.1	56.88	186
12～20	8.1	7.7	0.56	1.41	25.1	26.8	10.7	10.1	3.02	114
20～40	7.9	3.4	0.24	1.35	23.8	19.0	5.2	6.4	0.84	64
40～120	8.2	2.0	0.14	1.25	22.3	17.0	3.4	6.4	1.07	38

5.9.46　小园系（Xiaoyuan Series）

土　族：壤质云母混合型石灰性温性-普通简育水耕人为土
拟定者：王培燕，黄　标，杜国华

分布与环境条件　主要分布于宿迁市沭阳县庙头大区，韩山、龙庙、官墩等地区也有分布。属于沂沭丘陵区内的河谷与冲沟平原。区域地势起伏较小，海拔较低。气候上属暖温带季风气候区，年均气温 13.8℃，无霜期 203 d。全年总日照时数为 2363.7 h，年日照百分率 53%。年均降雨量 937.6 mm。土壤起源于河流冲积物母质，土层深厚。以种植小麦-水稻一年两熟为主。

小园系典型景观

土系特征与变幅　诊断层包括水耕表层、水耕氧化还原层；诊断特性包括人为滞水土壤水分状况、氧化还原特征、石灰性、温性土壤温度状况。该土系土壤母质石灰性较强，尽管长期人为水旱轮作，但水耕氧化还原特征不甚明显。水耕表层之下土层中仅见模糊的铁锰斑纹。剖面耕作层内见 5%左右贝壳侵入体，60～83 cm 可见原生片状层理。其下为湖相沉积物发育的埋藏层。土壤耕作层较浅，仅 10 cm 左右。土壤有机质较高，氮磷钾养分充足。土壤质地壤夹砂，20～80 cm 深度土壤偏粉砂。土体呈碱性，pH 为 7.60～8.10，石灰反应强烈。

对比土系　王兴系，同一土族，分布位置邻近，母质相似，土壤质地更偏砂，剖面底部未见埋藏层。徐圩系，同一亚类不同土族，矿物学类型为硅质混合型。

利用性能综述　土壤质地适中，水气协调，土壤耕性良好，水旱皆宜，但水耕表层之下出现较厚的粉砂土层，易漏水漏肥。水耕表层养分充足，尤其土壤速效磷较高。所以，今后利用过程中，应注意保护犁底层，耕作不宜太深；注意配方施肥，在麦季可考虑减施磷肥。

参比土种　底黑棕黄土。

代表性单个土体　采自宿迁市沭阳县吴集镇张小园村（编号 32-122，野外编号 SY30P），34°11′10.794″N，118°59′9.6″E。海拔 2.3 m，平坦地块。当前作物为水稻。50 cm 土层年均温度 15.6℃。野外调查时间 2011 年 11 月。

Ap1：0～15 cm，浊棕色（7.5YR 5/3，干），棕色（7.5YR 4/3，湿）；粉砂壤土，发育强的直径 2～10 mm 粒状结构，5%～15%贝壳侵入体，极强石灰反应，平直明显过渡。

Ap2：15～25 cm，浊橙色（7.5YR 7/3，干），浊棕色（7.5YR 5/4，湿）；粉砂壤土，发育强的直径 10～20 mm 块状结构，50～200 根/cm² 直径 0.5～2 mm 禾本科根系，5%～15%贝壳侵入体，极强石灰反应，波状明显过渡。

Br1：25～60 cm，浊橙色（7.5YR 7/3，干），浊棕色（7.5YR 5/4，湿）；粉砂土，发育强的直径 20～50 mm 团块状结构，50～200 根/cm² 直径 0.5～2 mm 禾本科根系，极强石灰反应，波状逐渐过渡。

Br2：60～83 cm，橙白色（7.5YR 8/2，干），浊棕色（7.5YR 5/3，湿）；粉砂土，发育中等的直径 20～50 mm 团块状结构，土体内 5%～15%铁锰斑点，极强石灰反应，平直明显过渡。

Brb：83～110 cm，棕灰色（7.5YR 5/1，干），黑棕色（7.5YR 3/1，湿）；粉砂质黏壤土，发育弱的直径 20～100 mm 团块状结构，弱石灰反应。

小园系代表性单个土体剖面

小园系代表性单个土体物理性质

土层	深度/cm	砾石（>2 mm，体积分数）/%	细土颗粒组成（粒径：mm）/（g/kg）			质地	容重/（g/cm³）
			砂粒 2～0.05	粉粒 0.05～0.002	黏粒<0.002		
Ap1	0～15	—	131	758	111	粉砂壤土	1.27
Ap2	15～25	—	179	702	118	粉砂壤土	1.51
Br1	25～60	—	68	890	42	粉砂土	1.45
Br2	60～83	—	102	818	80	粉砂土	1.44
Brb	83～110	—	128	474	399	粉砂质黏壤土	1.17

小园系代表性单个土体化学性质

深度/cm	pH（H₂O）	有机质/（g/kg）	全氮(N)/（g/kg）	全磷(P₂O₅)/（g/kg）	全钾(K₂O)/（g/kg）	全铁(Fe₂O₃)/（g/kg）	阳离子交换量/（cmol/kg）	游离氧化铁/（g/kg）	有效磷(P)/（mg/kg）	速效钾(K)/（mg/kg）
0～15	7.6	31.1	1.79	3.40	26.2	33.9	21.2	17.3	71.75	182
15～25	8.1	7.2	0.56	1.34	25.8	36.4	14.0	18.5	0.82	126
25～60	8.1	2.5	0.22	1.40	23.8	38.8	5.2	20.0	1.09	56
60～83	8.0	3.0	0.20	1.41	24.4	38.0	6.0	18.9	1.34	80
83～110	7.7	14.6	0.89	0.89	21.0	33.9	26.1	17.3	1.74	146

5.9.47 张黄港系（Zhanghuanggang Series）

土　族：壤质云母混合型石灰性热性-普通简育水耕人为土
拟定者：黄　标，杜国华

分布与环境条件　分布于南通如皋市南部，沿长江分布。属于长江三角洲平原区的沿江平原。区域地势起伏较小，且海拔更低，约 2 m，低于江淮冲积物和浅湖相冲积物母质上发育的土壤所在位置。气候上属北亚热带湿润季风气候区，年均气温 14.6℃，无霜期 216 d。10℃的积温 4576℃。年均降雨量 1060 mm。土壤起源于长江新冲积物母质上，土层

张黄港系典型景观

深厚。以水稻-小麦轮作一年两熟为主。

土系特征与变幅　诊断层包括水耕表层、水耕氧化还原层；诊断特性包括人为滞水土壤水分状况、氧化还原特征、石灰性、热性土壤温度。该土系土壤水耕氧化还原特征明显，尤其剖面耕作层 0～18 cm 及下部 84～117 cm 发育较多（15%～40%）铁锰锈纹锈斑，中间部位铁锰斑纹较少（<5%）。由于沉积物形成时间较短，所以石灰的淋溶不强烈。从养分看，该土系较为缺乏，无论是有机质，还是氮磷钾都明显偏低。土壤质地除表层砂质壤土外，其下均为粉砂壤土，土体呈碱性，pH 为 7.67～8.25，全剖面呈现强石灰反应。

对比土系　长青沙系，同一土族，通体为粉砂壤土，色调 5YR。营防系，同一土族，土壤质地整体偏黏，表层无砂质壤土。

利用性能综述　土壤耕作方便，适耕期长，通透性好，下部土壤相对较黏，不易漏水漏肥。但水耕表层有机质和养分含量较少，应加强耕层培育，可通过秸秆还田等措施提高耕层有机质，施肥时注意钾肥的补充。

参比土种　薄层黄夹砂土。

代表性单个土体　采自南通如皋市江安镇余圩村（编号 32-100；野外编号 RG062），32°07′59.988″N，120°27′3.852″E。海拔 3.8 m，小麦-水稻水旱轮作，当前作物为小麦苗期。50 cm 土层年均温度 17.5℃。野外调查时间 2010 年 12 月。

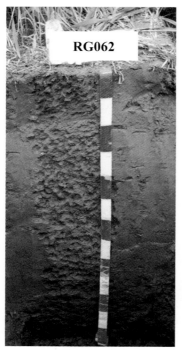

张黄港系代表性单个土体剖面

Ap1：0～18 cm，浊棕色（7.5YR 5/3，干），暗棕色（7.5YR 3/3，润）；砂质壤土，发育直径 2～5 mm 团粒状结构或次棱块状结构，较疏松；15%～40%清楚明显直径 6～20 mm 的斑纹，强石灰反应，渐变波状过渡。

Ap2：18～28 cm，浊棕色（7.5YR 6/3，干），棕色（7.5YR 4/3，润）；粉砂壤土，发育强的直径 50～100 mm 块状结构，坚实；2%～5%少量清楚明显直径 6～20 mm 的铁锰斑纹，强石灰反应，渐变平直过渡。

Br1：28～84 cm，浊棕色（7.5YR 6/3，干），棕色（7.5YR 4/4，润）；粉砂壤土，发育中等的直径 20～50 mm 块状结构，坚实；<2%直径 6～20 mm 的铁锰斑纹，<2%螺丝，强石灰反应，渐变平直过渡。

Br2：84～117 cm，浊棕色（7.5YR 6/3，干），棕色（7.5YR 4/4，润）；粉砂壤土，发育厚度 2～10 mm 原生沉积层理，较疏松；15%～40%清楚明显直径 6～20 mm 的斑纹，<2%螺丝，强石灰反应。

张黄港系代表性单个土体物理性质

| 土层 | 深度/cm | 砾石（>2 mm，体积分数）/% | 细土颗粒组成（粒径：mm）/（g/kg） | | | 质地 | 容重/（g/cm³） |
			砂粒 2～0.05	粉粒 0.05～0.002	黏粒<0.002		
Ap1	0～18	—	544	409	47	砂质壤土	1.26
Ap2	18～28	—	128	742	130	粉砂壤土	1.43
Br1	28～84	—	129	720	151	粉砂壤土	1.44
Br2	84～117	—	72	760	169	粉砂壤土	1.45

张黄港系代表性单个土体化学性质

深度/cm	pH（H₂O）	有机质/（g/kg）	全氮(N)/（g/kg）	全磷(P_2O_5)/（g/kg）	全钾(K_2O)/（g/kg）	全铁(Fe_2O_3)/（g/kg）	阳离子交换量/（cmol/kg）	游离氧化铁/（g/kg）	有效磷(P)/（mg/kg）	速效钾(K)/（mg/kg）
0～18	7.7	14.6	0.91	0.81	17.4	40.3	9.6	10.7	13.66	62
18～28	8.1	4.8	0.31	0.65	16.8	35.0	6.6	8.7	3.34	24
28～84	8.3	5.5	0.41	0.68	16.9	37.5	7.2	8.4	3.65	24
84～117	8.0	6.0	0.43	0.70	16.9	35.9	7.2	9.0	5.17	30

5.9.48 官庄系（Guanzhuang Series）

土　族：壤质硅质混合型石灰性温性-普通铁聚水耕人为土
拟定者：潘剑君，黄　标，杜国华

分布与环境条件　官庄系分布
于宿迁市的东南部各个乡镇，以
双庄、卓圩、仰化、丁咀等乡镇
最多。属于徐淮平原区沂沭河堤
内滩地。区域地势平坦，海拔在
22 m。气候上属暖温带季风气候
区，年均气温 14.1℃，无霜期
211d，年均日照时数为 2314.8h，
日照率为 52%，年均降雨量
927.2 mm。土壤起源于冲积物母
质上，土层深厚。以水稻-小麦
轮作一年两熟为主。

官庄系典型景观

土系特征与变幅　诊断层包括水耕表层、水耕氧化还原层；诊断特性包括人为滞水土壤
水分状况、氧化还原特征、石灰性、温性土壤温度。该土系土壤的人为水耕作历史并不
太长，但已形成耕作层和犁底层，剖面各层次中出现氧化还原特征，但发育较弱，隐约
可见<5%的锈纹锈斑，55～68 cm 处的黏土层游离铁含量明显高，为原始沉积的黏土层所
致。耕作层土壤有机质含量适中，但土壤养分中钾素偏低，仅黏土层稍高。磷素也较缺
乏。土壤质地除黏土层为粉砂质黏壤土外，其余均为粉砂壤土，土体呈碱性，pH 为 8.10～
8.18，由于成土时间不长，土壤石灰的淋溶不强，全剖面均表现强石灰反应。

对比土系　洋北系，同一土族，黏土层在 50 cm 以上。振丰系，同一土族，土壤剖面中
无黏土层，无铁聚现象。

利用性能综述　土壤结构适中，有利于耕种，但养分中全钾和有效钾均偏低，所以，改
良利用中应注意钾素的补充，可推广秸秆还田，一方面熟化耕作层，另一方面补充一定
量的钾素。

参比土种　黏心两合土。

代表性单个土体　采自宿迁市宿豫区陆集镇官庄村（编号 32-287，野外编号 32131101），
33°53′32.64″N，118°22′53.724″E，海拔 17 m。当前作物为水稻。50 cm 土层年均温度 15.5℃。
野外调查时间 2011 年 10 月。

　　Ap1：0～15 cm，浊黄橙色（10YR 7/2，干），浊黄棕色（10YR 4/3，润）；粉砂壤土，发育弱的
直径 2～10 mm 团粒状结构，疏松；极强石灰反应，渐变波状过渡。

32131101

官庄系代表性单个土体剖面

Ap2：15～25 cm，浊黄橙色（10YR 7/3，干），浊黄棕色（10YR 5/4，润）；粉砂壤土，发育中等的直径 10～50 mm 块状结构，紧实；见少量模糊锈纹锈斑，极强石灰反应，渐变波状过渡。

Br1：25～55 cm，浊黄橙色（10YR 7/3，干），浊黄棕色（10YR 5/4，润）；粉砂壤土，发育中等的直径 10～50 mm 块状结构，稍紧实；少量模糊锈纹锈斑，极强石灰反应，清晰平直过渡。

Br2：55～68 cm，浊橙色（7.5YR 7/3，干），浊棕色（7.5YR 5/4，润）；粉砂质黏壤土，发育强的直径 10～50 mm 块状结构，紧实；少量模糊锈纹锈斑，极强石灰反应，清晰平直过渡。

Br3：68～110 cm，浊黄橙色（10YR 7/3，干），浊黄棕色（10YR 5/4，润）；粉砂壤土，发育中等的直径 10～50 mm 块状结构，稍紧实；少量模糊锈纹锈斑，极强石灰反应，渐变平直过渡。

Br4：110～125 cm，浊黄橙色（10YR 7/3，干），浊黄棕色（10YR 5/4，润）；粉砂壤土，发育弱的直径 10～50 mm 块状结构，少量模糊锈纹锈斑，极强石灰反应。

官庄系代表性单个土体物理性质

| 土层 | 深度/cm | 砾石（>2 mm，体积分数）/% | 细土颗粒组成（粒径：mm）/（g/kg） | | | 质地 | 容重/（g/cm³） |
			砂粒 2～0.05	粉粒 0.05～0.002	黏粒<0.002		
Ap1	0～15	—	148	736	116	粉砂壤土	1.24
Ap2	15～25	—	168	715	117	粉砂壤土	1.53
Br1	25～55	—	154	732	114	粉砂壤土	1.57
Br2	55～68	—	27	655	318	粉砂质黏壤土	1.52
Br3	68～110	—	236	700	65	粉砂壤土	1.60
Br4	110～125	—	278	653	69	粉砂壤土	1.59

官庄系代表性单个土体化学性质

深度/cm	pH（H₂O）	有机质/（g/kg）	全氮(N)/（g/kg）	全磷(P₂O₅)/（g/kg）	全钾(K₂O)/（g/kg）	全铁(Fe₂O₃)/（g/kg）	阳离子交换量/（cmol/kg）	游离氧化铁/（g/kg）	有效磷(P)/（mg/kg）	速效钾(K)/（mg/kg）
0～15	8.2	21.5	0.83	1.71	14.4	31.8	4.1	5.0	22.12	61
15～25	8.1	5.4	0.26	1.36	17.6	34.3	5.1	5.9	20.01	46
25～55	8.1	3.8	0.19	1.38	16.3	37.2	5.1	6.2	3.15	43
55～68	8.1	5.9	0.24	1.32	22.1	45.2	6.5	10.6	1.12	98
68～110	8.2	2.8	0.09	1.54	14.0	29.1	1.7	3.8	1.39	21
110～125	8.1	3.2	0.09	1.23	17.9	30.8	10.1	4.6	4.58	32

5.9.49 蹲门北系（Dunmenbei Series）

土　族：壤质硅质混合型石灰性热性-普通简育水耕人为土
拟定者：王培燕，杜国华，黄　标

分布与环境条件 分布于盐城东台市东部及北部地区，属于苏北滨海平原区的半脱盐平原。海拔很低，紧邻沿海滩涂。气候上属北亚热带湿润季风气候区，年均气温 14.6℃，常年均太阳辐射总量 117.23 kcal/cm²，年均降雨量 1042.3 mm。该地区地形整体属于平原，地势平坦，海拔约 8 m。土壤起源于海相沉积物母质上。土层深厚。以水稻-小麦轮作一年两熟为主。

蹲门北系典型景观

土系特征与变幅 诊断层包括水耕表层、水耕氧化还原层；诊断特性包括人为滞水土壤水分状况、氧化还原特征、石灰性、热性土壤温度。该土系土壤发育一定的氧化还原特征，主要在剖面 30 cm 以下，有 2%～5%铁锰斑纹。由于植稻时间不长，土壤仍有一定盐分，含量大于 1 g/kg，为半脱盐状态。土壤养分较为充足，尤其土壤有效钾含量相对较高。土壤质地通体为粉砂壤土，土体呈中性-碱性，pH 为 7.42～8.68，全剖面石灰反应强烈。

对比土系 新曹系，不同土纲，分布位置邻近，母质相同，旱作，无水耕表层，为雏形土。

利用性能综述 土壤有轻微盐积现象，在旱季容易返盐。土壤粉粒含量高，水耕时容易淀浆，影响插秧，对作物生产和生长不利。今后改良应注意培肥土壤，增加土壤有机质，注意灌溉压盐；而水稻种植时掌握插秧时机，随耕随插，或发展直播稻。

参比土种 壤性脱盐土。

代表性单个土体 采自盐城东台市蹲门北（编号 32-268，野外编号 32098101），32°58′8.688″N，120°51′48.456″E，海拔 4.7 m，地势平坦，当前作物为小麦。50 cm 土层年均温度 16.1℃。野外调查时间 2011 年 11 月。

32098101

蹲门北系代表性单个土体剖面

Ap1：0～18 cm，浊黄橙色（10YR 7/2，干），浊黄棕色（10Y5/3，润）；粉砂壤土，发育强的直径 5～10 mm 团粒状结构，松散；极强石灰反应，平滑突变过渡。

Ap2：18～30 cm，浊黄橙色（10YR 7/3，干），浊黄棕色（10YR 5/4，润）；粉砂壤土，发育中等的直径 10～50 mm 棱块状结构，坚实；极强石灰反应，平滑清晰过渡。

Br1：30～75 cm，浊黄橙色（10YR 7/3，干），棕色（10YR 4/4，湿）；粉砂壤土，发育中等的直径 20～100 mm 棱块状结构，坚实；2%～5%直径 2～6 mm 的铁锰斑纹，见贝壳侵入体，极强石灰反应，波状清晰过渡。

Br2：75～120 cm，浊黄橙色（10YR 7/3，干），浊黄棕色（10YR 5/3，湿）；潮，粉砂壤土，发育弱的直径 20～100 mm 块状结构，坚实；2%～5%直径＜2 mm 铁锰斑纹，极强石灰反应。

蹲门北系代表性单个土体物理性质

土层	深度/cm	砾石（>2 mm，体积分数）/%	细土颗粒组成（粒径：mm）/（g/kg）			质地	容重/（g/cm³）
			砂粒 2～0.05	粉粒 0.05～0.002	黏粒<0.002		
Ap1	0～18	—	101	776	123	粉砂壤土	1.23
Ap2	18～30	—	110	750	140	粉砂壤土	1.41
Br1	30～75	—	126	724	151	粉砂壤土	1.51
Br2	75～120	—	188	720	92	粉砂壤土	1.50

蹲门北系代表性单个土体化学性质

深度/cm	pH（H₂O）	有机质/（g/kg）	全氮（N）/（g/kg）	全磷（P₂O₅）/（g/kg）	全钾（K₂O）/（g/kg）	全铁（Fe₂O₃）/（g/kg）	阳离子交换量/（cmol/kg）	游离氧化铁/（g/kg）	含盐量/（g/kg）	有效磷（P）/（mg/kg）	速效钾（K）/（mg/kg）
0～18	7.4	17.7	0.91	1.62	17.1	—	8.1	5.7	1.21	17.05	183
18～30	7.9	10.4	0.52	0.07	19.8	—	8.8	7.1	1.19	5.35	173
30～75	7.5	4.3	0.27	0.16	16.5	—	4.7	5.7	1.02	1.18	169
75～120	8.7	2.7	0.18	0.43	16.7	—	3.4	4.9	1.01	2.79	118

5.9.50 季桥系（Jiqiao Series）

土　族：壤质硅质混合型石灰性温性-普通简育水耕人为土
拟定者：王培燕，潘剑君，黄　标

分布与环境条件　遍布于
淮安市楚州区的各个乡镇，
其区域多处地势低洼处，
位于近期洪积扇的扇缘地
带。属于徐淮黄泛平原区
苏北灌溉总渠北侧的堤侧
微斜平原。地形平坦，海拔
约 19 m。气候上属北亚热
带和暖温带的过渡地区，年
均气温 14.1℃。全年≥0℃
积温 5091.4℃，≥12℃积
温 4217.1℃，无霜期 208 d，
年均降雨量 945.2 mm。土
壤起源于河流冲积物母质

季桥系典型景观

上，土层深厚。土地利用类型为水田，以水稻-小麦轮作一年两熟为主。

土系特征与变幅　诊断层包括水耕表层（Ap1 耕作层，Ap2 犁底层）；诊断特性包括人
为滞水土壤水分状况、氧化还原特征、石灰性、温性土壤温度。该土系土壤母质为不同
时期河流冲积物母质，长期受人为水耕作用影响，明显发育水耕表层。其下出现水耕氧
化还原层，土层中出现 2%～5%锈纹锈斑。虽然表层土壤有机质有一定积累，但土壤磷
钾有效态含量很低。受母质影响，水耕表层质地较黏，以下均较砂。土体呈中性-微碱性，
pH 为 7.14～7.88，通体石灰反应强。

对比土系　里仁系，同一土族，水耕表层质地为壤土。振丰系，同一土族，水耕表层质
地为壤土。

利用性能综述　土壤砂层出现部位较浅，通气透水性好，土性暖，养分容易分解，但会
出现漏水漏肥，保肥性差。同时土壤磷钾养分偏低。改良过程中应防止盲目深耕，注意
保护犁底层，增加土壤保水保肥能力，采取少量多次施肥，施用有机肥等提高肥料利用
率，注意增施磷钾肥。

参比土种　砂底两合土。

代表性单个土体　采自位于江苏省淮安市楚州区季桥镇长流庄（编号 32-235，野外编号
32080301），33°34′3.648″N，119°13′47.568″E，海拔 6 m。当前作物为水稻。50 cm 土层
年均温度 15.4℃。野外调查时间 2010 年 10 月。

32080301

Ap1：0～18 cm，浊黄橙色（10YR 6/3，干），棕色（10YR 4/4，润）；粉砂质黏壤土，发育强的直径 2～10 mm 粒状结构，中石灰反应，突然波状过渡。

Ap2：18～30 cm，浊黄橙色（10YR 7/3，干），浊黄棕色（10YR 5/4，润）；粉砂壤土，发育中等的直径 2～20 mm 片状结构，稍坚实；10%～15%锈纹锈斑，强石灰反应，渐变平滑过渡。

Br1：30～110 cm，浊黄橙色（10YR 7/3，干），浊黄棕色（10YR 5/3，湿）；砂质壤土，发育中等的直径 2～10 mm 块状结构，坚实；2%～5%锈纹锈斑，强石灰反应，清晰平滑过渡。

Br2：110～125 cm，浊黄橙色（10YR 7/3，干），棕色（10YR 4/6，湿），湿；砂质壤土，发育中等的厚度 2～10 mm 沉积层理，疏松；2%左右锈纹锈斑，强石灰反应。

季桥系代表性单个土体剖面

季桥系代表性单个土体物理性质

| 土层 | 深度/cm | 砾石（>2 mm，体积分数）/% | 细土颗粒组成（粒径：mm）/（g/kg） | | | 质地 | 容重/（g/cm³） |
			砂粒 2～0.05	粉粒 0.05～0.002	黏粒<0.002		
Ap1	0～18	—	164	533	303	粉砂质黏壤土	1.07
Ap2	18～30	—	454	331	215	粉砂壤土	1.47
Br1	30～110	—	490	402	108	砂质壤土	1.42
Br2	110～125	—	642	268	90	砂质壤土	1.64

季桥系代表性单个土体化学性质

深度/cm	pH(H₂O)	有机质/(g/kg)	全氮(N)/(g/kg)	全磷(P₂O₅)/(g/kg)	全钾(K₂O)/(g/kg)	全铁(Fe₂O₃)/(g/kg)	阳离子交换量/(cmol/kg)	游离氧化铁/(g/kg)	有效磷(P)/(mg/kg)	速效钾(K)/(mg/kg)
0～18	7.1	19.9	1.10	1.73	19.4	38.9	12.3	7.4	9.21	85
18～34	7.8	3.7	0.33	1.28	18.4	34.9	6.0	7.5	1.35	36
30～110	7.9	1.9	0.17	1.09	18.9	30.6	3.7	5.2	1.52	34
110～125	7.9	0.7	0.13	1.22	18.6	38.1	3.2	4.1	2.51	18

5.9.51　里仁系（Liren Series）

土　族：壤质硅质混合型石灰性温性-普通简育水耕人为土
拟定者：黄　标，潘剑君，杜国华

分布与环境条件　主要分
布在宿迁市泗阳县的废黄
河沿岸，以里仁、王集、
史集、八集等乡镇分布面
积较多。属于徐淮黄泛平
原区。区域地形平坦，海
拔十几米到三十多米。气
候上属暖温带湿润季风性
气候区，年均气温 14.1℃。
无霜期 208d。年均总辐射
量 114.04kcal/cm²。年均降
雨量 898.8 mm。土壤起源
于冲积物母质上，土层深

里仁系典型景观

厚。土地利用类型为水田，以水稻-小麦轮作一年两熟为主。

土系特征与变幅　诊断层包括水耕表层（Ap1 耕作层，Ap2 犁底层）；诊断特性包括人
为滞水土壤水分状况、氧化还原特征、石灰性、温性土壤温度。该土系土壤起源于冲积
物母质上，有效土层深厚。母质形成后，受人为水耕影响，氧化还原特征发育明显。土
壤有机质含量较高，但养分中速效钾含量很低。质地较轻，上部为壤质，剖面底部砂质。
土体呈碱性，pH 为 8.01～8.33，通体石灰反应强烈。

对比土系　季桥系，同一土族，水耕表层质地为黏壤土。振丰系，同一土族，通体为壤土。

利用性能综述　土壤质地适中，通气性好，易耕，但剖面下部偏砂，容易漏水漏肥。所
以，需要培育犁底层。同时，熟化耕作层，如种植绿肥，增施有机肥，秸秆还田等措施，
提高土壤肥力，保证高产稳产。

参比土种　飞沙土。

代表性单个土体　采自宿迁市泗阳县里仁工业园区（编号 32-289，野外编号 32132302），
33°53′22.74″N，118°45′33.588″E，海拔 12 m。50 cm 土层年均温度 15.3℃。野外调查时
间 2011 年 10 月。

Ap1：0～15 cm，浊黄橙色（10YR 7/2，干），暗棕色（10YR 4/3，润）；壤土，发育弱的直径 5～20 mm 次棱块状，疏松；极强石灰反应，清晰平滑过渡。

Ap2：15～25 cm，浊黄橙色（10YR 7/3，干），棕色（10YR 4/4，润）；砂质壤土，发育中等的直径 5～50 mm 块状结构，坚实；2%左右斑纹，极强石灰反应，清晰平滑过渡。

Br1：25～70 cm，浊黄橙色（10YR 7/3，干），棕色（10YR 4/4，润）；粉砂壤土，发育弱的直径 10～50 mm 块状结构，坚实；2%左右斑纹，极强石灰反应，清晰平滑过渡。

Br2：70～100 cm，浊黄橙色（10YR 7/2，干），棕色（10YR 4/3，润）；砂土，发育弱的直径 10～50 mm 块状结构，坚实；2%左右斑纹，极强石灰反应，清晰平滑过渡。

Br3：100～118 cm，浊黄橙色（10YR 7/2，干），棕色（10YR 4/3，润）；砂土，发育弱的直径 10～50 mm 块状结构，坚实；2%左右斑纹，极强石灰反应。

里仁系代表性单个土体剖面

里仁系代表性单个土体物理性质

| 土层 | 深度/cm | 砾石（>2 mm，体积分数）/% | 细土颗粒组成（粒径：mm）/（g/kg） | | | 质地 | 容重/（g/cm³） |
			砂粒 2～0.05	粉粒 0.05～0.002	黏粒<0.002		
Ap1	0～15	—	325	497	177	壤土	1.28
Ap2	15～25	—	495	384	122	砂质壤土	1.46
Br1	25～70	—	159	716	125	粉砂壤土	1.45
Br2	70～100	—	849	82	70	砂土	1.64
Br3	100～118	—	831	101	68	砂土	1.64

里仁系代表性单个土体化学性质

深度/cm	pH(H₂O)	有机质/(g/kg)	全氮(N)/(g/kg)	全磷(P₂O₅)/(g/kg)	全钾(K₂O)/(g/kg)	全铁(Fe₂O₃)/(g/kg)	阳离子交换量/(cmol/kg)	游离氧化铁/(g/kg)	有效磷(P)/(mg/kg)	速效钾(K)/(mg/kg)
0～15	8.2	29.7	1.05	1.89	20.2	43.3	8.4	5.5	26.39	76
15～25	8.2	8.2	0.35	1.31	19.4	32.7	3.7	4.8	2.91	35
25～70	8.3	2.9	0.16	1.16	19.3	34.4	5.0	4.7	1.37	33
70～100	8.2	1.2	0.05	0.92	18.9	27.0	3.7	3.6	1.75	24
100～118	8.0	1.0	0.05	1.08	18.4	36.7	3.4	3.8	1.73	30

5.9.52　徐圩系（Xuwei Series）

土　族：壤质硅质混合型石灰性温性-普通简育水耕人为土
拟定者：王培燕，黄　标，杜国华

分布与环境条件　主要分布于宿迁市沭阳县新沂河南岸地区，以龙庙为最多。属于沂沭丘陵平原区的山前倾斜平原。区域地势起伏较小，海拔较低。气候上属暖温带季风气候区，年均气温13.8℃，无霜期203 d。全年总日照时数为2363.7 h，年日照百分率53%。年均降雨量937.6 mm。土壤起源于不同沉积阶段的河流沉积物母质，土层深厚。以水稻-小麦轮作一年两熟为主。

徐圩系典型景观

土系特征与变幅　诊断层包括水耕表层、水耕氧化还原层；诊断特性包括人为滞水土壤水分状况、氧化还原特征、石灰性、温性土壤温度。该土系土壤母质在形成过程中，经历不同的沉积阶段，沉积物质地变化较大，壤黏相间。受人为水旱轮作后，水耕表层之下氧化还原特征逐渐明显。剖面土体结构内见<2%直径<2 mm新鲜铁锰斑纹。长期耕作使土壤熟化程度较高，表层有机质及氮磷钾养分含量已较高，土壤阳离子交换能力相对较强。土壤质地通体主要为粉砂质壤土，但下部60～80 cm深度出现一沙质层，其下又出现一层黏质层，土体呈碱性，pH为7.91～8.37，石灰反应很强烈。

对比土系　小园系，王兴系，同一亚类不同土族，矿物学类型为云母混合型。

利用性能综述　土壤质地适中，通气性和透水性好，易松易耕，且砂质层位置偏下，保水保肥能力强，对作物生产影响较小。同时耕层土壤有机质、氮磷钾养分及阳离子交换能力均较高，为一种高产土壤。利用过程中应注意养地，保持高产土壤肥力。

参比土种　砂底二合土。

代表性单个土体　采自宿迁市沭阳县七雄镇徐圩村（编号 32-141，野外编号 SY47P），34°08′26.7″N，118°54′28.404″E。海拔6.3 m，平坦地块，河流沉积物母质，排水通畅，潜水位1 m。当前作物为水稻。50 cm土层年均温度15.6℃。野外调查时间2011年11月。

徐圩系代表性单个土体剖面

Ap1：0～15 cm，灰棕色（7.5YR 6/2，干），灰棕色（7.5YR 4/2，湿）；粉砂壤土，发育中等的直径 2～10 mm 团粒状结构，松；土体内见<2%直径<2 mm 新鲜铁锰斑纹，有石灰反应，平直明显过渡。

Ap2：15～26 cm，浊棕色（7.5YR 6/3，干），棕色（7.5YR 4/3，湿）；粉砂壤土，发育中等的直径 5～20 mm 团块状结构，稍紧；土体内见<2%直径<2 mm 新鲜铁锰斑纹，强石灰反应，平直逐渐过渡。

Br1：26～60 cm，浊黄橙色（7.5YR 6/3，干），棕色（7.5YR 4/3，湿）；粉砂壤土，发育中等的直径 5～20 mm 块状结构，稍紧；强石灰反应，平直明显过渡。

Cr1：60～79 cm，浊橙色（7.5YR 7/3，干），浊棕色（7.5YR 6/3，湿）；粉砂土，发育中等的 5～20 mm 的片状或粒状结构，为原生沉积层理，松；强石灰反应，平直明显过渡。

Cr2：79～120 cm，浊橙色（5YR 7/3，干），浊红棕色（5YR 5/3，湿）；粉砂质黏壤土，发育厚度 2～5 mm 原生沉积层理，紧；强石灰反应。

徐圩系代表性单个土体物理性质

土层	深度/cm	砾石（>2 mm，体积分数）/%	细土颗粒组成（粒径：mm）/（g/kg）			质地	容重/（g/cm³）
			砂粒 2～0.05	粉粒 0.05～0.002	黏粒<0.002		
Ap1	0～15	—	108	756	136	粉砂壤土	1.14
Ap2	15～26	—	90	693	217	粉砂壤土	1.59
Br1	26～60	—	64	794	142	粉砂壤土	1.51
Cr1	60～79	—	76	893	31	粉砂土	1.60
Cr2	79～120	—	139	569	292	粉砂质黏壤土	1.20

徐圩系代表性单个土体化学性质

深度/cm	pH（H₂O）	有机质/（g/kg）	全氮(N)/（g/kg）	全磷(P₂O₅)/（g/kg）	全钾(K₂O)/（g/kg）	全铁(Fe₂O₃)/（g/kg）	阳离子交换量/（cmol/kg）	游离氧化铁/（g/kg）	有效磷(P)/（mg/kg）	速效钾(K)/（mg/kg）
0～15	7.9	25.4	1.67	2.33	26.3	33.2	18.5	12.9	31.89	236
15～26	8.2	7.3	0.54	1.35	25.6	30.2	13.4	9.6	0.33	130
26～60	8.2	4.0	0.32	1.32	25.0	24.4	7.4	10.3	0.42	88
60～79	8.4	2.2	0.18	1.46	24.2	20.2	4.7	8.7	2.13	56
79～120	8.0	6.8	0.53	1.46	28.4	37.2	16.7	17.9	6.48	190

5.9.53 赵湾系（Zhaowan Series）

土　族：壤质硅质混合型石灰性温性-普通简育水耕人为土
拟定者：黄　标，王培燕，杜国华

分布与环境条件　分布于
宿迁市沭阳县中部地区。属
于沂沭丘陵平原区的山前
倾斜平原。气候上属暖温带
季风气候区，年均气温
13.8℃，无霜期 203 d。全年
总日照时数为 2363.7 h，年
日照百分率 53%。年均降雨
量 937.6 mm。土壤起源于
河流冲积物母质，土层深
厚。以水稻-小麦轮作一年
两熟为主。

赵湾系典型景观

土系特征与变幅　诊断层包括水耕表层、水耕氧化还原层；诊断特性包括人为滞水土壤
水分状况、氧化还原特征、石灰性、温性土壤温度。该土系土壤母质主要由较松散的河
流冲积物组成，尽管土壤质地较砂，石灰性强，但长期人为水旱轮作，水耕表层氧化还
原特征已显现，剖面中见 2%～5%直径 2～6 mm 的锈纹锈斑和铁锰斑纹。从土壤肥力特
征看，水耕表层有机质含量不高，速效钾明显偏低。尤其是阳离子交换量极低，仅 3～
10 cmol/kg。土壤质地整体偏粉砂，即使粉砂质壤土，也已接近粉砂土，在土壤水分含量
较高的剖面底部，垂直面难以维持，出现坍塌现象，土体呈碱性，pH 为 7.68～8.54，显
示强石灰反应。

对比土系　塘东系，同一亚类不同土族，分布地理位置相近，地形部位相似，矿物学类
型为云母混合型。

利用性能综述　通气性和透水性好，易耕，但质地太砂，容易漏水漏肥。阳离子交换能
力极低，养分保持和供应能力弱，且速效磷钾含量偏低。今后改良应多施有机肥或加强
秸秆还田，不断培育耕作层，施肥时一次施肥量不宜太多，少量多次，以减少肥料损失。

参比土种　漏砂土。

代表性单个土体　采自宿迁市沭阳县七雄镇赵湾村（编号 32-145，野外编号 SY44P），
34°06′31.68″N，118°54′27.216″E。海拔 8 m，河流冲积物母质，平坦地块，排水通畅，
当前作物为水稻。50 cm 土层年均温度 15.6℃。野外调查时间 2011 年 11 月。

SY44P

赵湾系代表性单个土体剖面

Ap1：0～12 cm，灰棕色（7.5YR 6/2，干），灰棕色（7.5YR 4/2，润）；粉砂壤土，发育强的直径 2～10 mm 团粒状结构，松；土体内有 2%～5%直径 2～6 mm 铁锰斑纹，强石灰反应，平直明显过渡。

Ap2：12～21 cm，浊橙色（7.5YR 7/3，干），浊橙色（7.5YR 5/3，润）；粉砂壤土，发育弱的块状结构，稍紧；土体内见模糊铁锰斑纹，强石灰反应，平直明显过渡。

Br1：21～40 cm，浊橙色（7.5YR 7/3，干），浊橙色（7.5YR 5/4，润）；粉砂土，发育弱的块状结构，稍紧；见模糊铁锰斑纹，强石灰反应，波状逐渐过渡。

Br2：40～57 cm，淡棕灰色（7.5YR 7/2，干），灰棕色（7.5YR 5/2，润）；粉砂壤土，发育弱的块状结构，松；见模糊铁锰斑纹，强石灰反应。平直逐渐过渡。

Cr：57～100 cm，浊橙色（7.5YR 7/3，干），浊橙色（7.5YR 5/4，润）；粉砂壤土，发育强的单粒状结构，松；结构体内见铁锰斑点，强石灰反应。

赵湾系代表性单个土体物理性质

土层	深度/cm	砾石（>2 mm，体积分数）/%	细土颗粒组成（粒径：mm）/（g/kg）			质地	容重/（g/cm³）
			砂粒 2～0.05	粉粒 0.05～0.002	黏粒<0.002		
Ap1	0～12	—	150	783	67	粉砂壤土	1.29
Ap2	12～21	—	167	776	57	粉砂壤土	1.56
Br1	21～40	—	156	813	30	粉砂土	1.29
Br2	40～57	—	171	797	32	粉砂壤土	1.76
Cr	57～100	—	276	702	22	粉砂壤土	1.51

赵湾系代表性单个土体化学性质

深度/cm	pH（H₂O）	有机质/（g/kg）	全氮(N)/（g/kg）	全磷(P₂O₅)/（g/kg）	全钾(K₂O)/（g/kg）	全铁(Fe₂O₃)/（g/kg）	阳离子交换量/（cmol/kg）	游离氧化铁/（g/kg）	有效磷(P)/（mg/kg）	速效钾(K)/（mg/kg）
0～12	7.7	21.9	1.34	2.02	23.0	20.0	11.0	6.9	21.46	76
12～21	8.2	4.8	0.29	1.25	22.0	18.1	5.5	7.0	1.07	54
21～40	8.2	2.4	0.17	1.27	22.8	17.8	4.0	6.6	1.57	48
40～57	8.5	2.4	0.17	1.26	23.0	17.8	4.0	6.9	0.76	44
57～100	8.5	1.9	0.15	1.21	22.8	16.5	3.8	6.4	0.90	42

5.9.54　振丰系（Zhenfeng Series）

土　族：壤质硅质混合型石灰性温性-普通简育水耕人为土
拟定者：雷学成，黄　标，潘剑君

分布与环境条件　广泛分布
在淮安市涟水县的各个乡镇。
属于徐淮黄泛平原区的沂沭
河堤内滩地。气候上属暖温
带季风性气候区，年均气温
14.1℃。无霜期 213 d。太阳
年均总辐射量 121.6kcal/cm²。
年均降雨量 1014.6 mm。土壤
起源于河流冲积物母质上，
土层深厚。以小麦-玉米（水
稻）轮作一年两熟为主。

振丰系典型景观

土系特征与变幅　诊断层包括水耕表层、水耕氧化还原层；诊断特性包括人为滞水土壤
水分状况、氧化还原特征、石灰性、温性土壤温度。该土系是在黄泛时漫流条件下沉积
的物质上发育起来的。土壤中氧化还原不是特别明显，在耕作层见 2%～5%直径 2～6 mm
铁锰斑纹。尽管土壤全磷（1.38～1.80 g/kg）、全钾含量（21～24 g/kg）较高，但耕层土
壤有效磷钾明显偏低。剖面上部和底部土壤质地较沙，为砂壤土，中间为粉砂壤土，土
体呈微碱性，pH 为 7.63～7.94，有一定石灰淋溶，耕作层石灰反应弱，其余土层石灰反
应强烈。

对比土系　官庄系，同一土族，剖面土壤存在黏土层。洋北系，同一土族，剖面土壤存
在黏土层。里仁系，同一土族，剖面下部土壤质地为砂土。季桥系，同一土族，水耕表
层质地较黏，为粉砂质黏壤土。冯王系，不同土纲，两者母质相同，地域邻近，无明显
犁底层和水耕氧化还原层，为雏形土。

利用性能综述　土壤质地偏砂，砂粒含量高，透气性较好，水气协调，但保水保肥性差，
水田易漏水漏肥。土壤磷钾速效养分不高。今后改良应多施有机肥和其他有机物料，通
过增加土壤有机质含量，来提高土壤磷钾的有效性，施肥时应分期施肥，减少肥料损失。

参比土种　砂底两合土。

代表性单个土体　采自淮安市涟水县朱码镇振丰村（编号 32-244，野外编号 32082603），
33°48′45.792″N，119°13′48.54″E，海拔 8.5 m，农业利用类型为水田，种植作物为小麦-
水稻轮作，当前作物为水稻收获后的小麦。50 cm 土层年均温度 15.3℃。野外调查时间
2011 年 11 月。

振丰系代表性单个土体剖面

Ap1：0～18 cm，浊黄橙色（10YR 7/2，干），浊黄棕色（10YR 4/3，润）；壤土，发育直径 10～20 mm 次棱块状结构，疏松；<2%田螺侵入体，弱石灰反应，清晰波状过渡。

Ap2：18～30 cm，浊黄橙色（10YR 7/3，干），浊黄棕色（10YR 5/4，润）；砂质壤土，发育强的直径 20～50 mm 块状结构，坚实；结构体内有 2%～5%直径 2～6 mm 铁锰斑纹，边界模糊，极强石灰反应，清晰水平过渡。

Br1：30～78 cm，浊黄橙色（10YR 7/3，干），浊黄棕色（10YR 5/3，润）；粉砂壤土，发育中等的直径 20～50 mm 块状结构，很坚实；2%～5%直径 2～6 mm 模糊的铁斑纹，极强石灰反应，清晰水平过渡。

Br2：78～95 cm，浊黄橙色（10YR 7/3，干），浊黄棕色（10YR 5/3，润）；粉砂壤土，发育中等的直径 20～50 mm 块状结构，坚实；2%～5%直径 2～6 mm 模糊的锰斑纹，极强石灰反应，清晰水平过渡。

Br3：95～120 cm，浊黄橙色（10YR 7/3，干），浊黄棕色（10YR 5/3，润）；砂质壤土，发育弱的直径 20～50 mm 块状结构，坚实；见 2%～5%直径 2～6 mm 模糊的锰斑纹，极强石灰反应。

振丰系代表性单个土体物理性质

土层	深度/cm	砾石（>2 mm，体积分数）/%	砂粒 2～0.05	粉粒 0.05～0.002	黏粒<0.002	质地	容重/（g/cm³）
Ap1	0～18	—	374	482	144	壤土	1.36
Ap2	18～30	—	543	277	180	砂质壤土	1.70
Br1	30～78	—	317	530	153	粉砂壤土	1.50
Br2	78～95	—	270	593	137	粉砂壤土	1.60
Br3	95～120	—	466	425	109	砂质壤土	1.62

振丰系代表性单个土体化学性质

深度/cm	pH(H₂O)	有机质/(g/kg)	全氮(N)/(g/kg)	全磷(P₂O₅)/(g/kg)	全钾(K₂O)/(g/kg)	全铁(Fe₂O₃)/(g/kg)	阳离子交换量/(cmol/kg)	游离氧化铁/(g/kg)	有效磷(P)/(mg/kg)	速效钾(K)/(mg/kg)
0～18	7.6	18.2	1.15	1.80	21.2	35.0	5.8	6.2	10.98	54
18～30	7.7	3.7	0.27	1.49	21.1	37.1	4.1	5.7	1.55	37
30～78	7.8	5.0	0.27	1.50	23.6	37.8	3.2	5.8	1.57	38
78～95	7.9	2.6	0.18	1.44	22.4	40.3	4.1	5.7	0.96	37
95～120	7.9	1.1	0.16	1.38	22.2	36.5	3.1	5.6	1.57	37

5.10　斑纹肥熟旱耕人为土

5.10.1　金庭系（Jinting Series）

土　族：黏质高岭石型非酸性热性-斑纹肥熟旱耕人为土
拟定者：黄　标，王　虹，杜国华

分布与环境条件　分布于
苏州市吴中区环太湖一带。
属于太湖水网平原区的低
山丘陵区。气候上属北亚热
带湿润季风气候区，年均气
温 15.7℃，无霜期 229 d，
年日照时数 1940.3 h，年日
照百分率为 45%。年均降
雨量 1088.5 mm。土壤剖面
下部为第四纪红色黏土，
但当地农民在种植柑橘的
过程中，不断地堆垫农家
肥，已形成约 50 cm 厚的堆
垫层，其内常见煤渣、木

金庭系典型景观

炭、砖瓦碎片、陶瓷片等人为侵入物，土壤则发育于这类物质之上。整个剖面构成二元
母质。土层厚度在 1 m 以上。长期以来一直种植柑橘、枇杷等果类作物。

土系特征与变幅　诊断层包括肥熟表层、磷质耕作淀积层；诊断特性包括氧化还原特征、
热性土壤温度、湿润土壤水分状况。该土系土壤在第四纪红色黏土形成之后，母质经过
淋溶淀积形成淋溶土，后开辟柑橘园后，经历了人为的堆垫过程，由于深耕和大量有机
肥施用等精耕细作，土壤高度熟化，其中表层全磷积累明显，达 1.42 g/kg，速效磷较高，
达 80 mg/kg 以上，形成肥熟表层。但该土壤缺钾较为严重，土壤全钾和速效钾均很低。
土壤质地 0～15 为砂质黏壤土，其下均为粉砂质黏土，土体表层呈酸性，pH 为 5.72～6.24。

对比土系　洋溪系、安丰系，同一亚类不同土族，颗粒大小级别为壤质，矿物学类型为
云母型。

利用性能综述　土壤耕作层熟化程度较高；土壤结构适中，供肥保肥性好，但钾素储量
和有效态均很低，影响水果品质，生产中应注意钾素补充，如施用草木灰或施用钾肥。

参比土种　红棕壤。

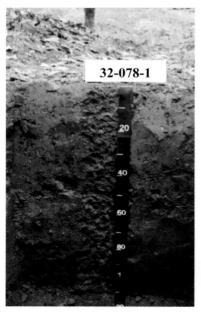

32-078-1

金庭系代表性单个土体剖面

代表性单个土体　采自苏州市吴中区金庭镇东蔡村东里（编号 32-078-1），31°06′11.70″N，120°16′4.44″E。海拔 52.5 m。母质为堆垫物，当前土壤利用方式为柑橘园。50 cm 土层年均温度为 18.1℃。野外调查时间 2010 年 4 月。

A：0～15 cm，浊黄棕色（10YR 5/4，干），暗棕色（10YR 3/4，湿）；砂质黏壤土，发育强的直径 2～10 mm 粒状结构，稍紧；50～200 个/cm² 直径 0.5～2 mm 根孔、<2%蚯蚓，<2% 木炭、陶瓷，无石灰反应，平直逐渐过渡。

Br1：15～36 cm，浊黄橙色（10YR 6/3，干），暗棕色（10YR 3/3，湿）；粉砂质黏土，发育强的直径 10～50 mm 团块状结构，紧；20～50 个/cm² 直径 0.5～2 mm 根孔，<2%蚯蚓，2%～5%黏粒胶膜，<2%砖瓦，无石灰反应，波状逐渐过渡。

Br2：36～46 cm，浊黄橙色（10YR 6/3，干），暗棕色（10YR 3/3，湿）；粉砂质黏土，发育强的直径 20～100 mm 块状结构，紧；20～50 个/cm² 直径 0.5～2 mm 根孔，<2%砖瓦，无石灰反应，平直突然过渡。

C：46～100 cm，亮棕色（7.5YR 5/6，干），棕色（7.5YR 4/6，湿）；粉砂质黏土，发育强的直径 20～100 mm 块状结构，很紧；2%～5%铁锰锈纹，无石灰反应。

金庭系代表性单个土体物理性质

土层	深度/cm	砾石（>2 mm，体积分数）/%	细土颗粒组成（粒径：mm）/（g/kg）			质地	容重/（g/cm³）
			砂粒 2～0.05	粉粒 0.05～0.002	黏粒<0.002		
A	0～15	—	567	100	333	砂质黏壤土	1.40
Br1	15～36	—	109	493	398	粉砂质黏土	1.45
Br2	36～46	—	92	437	471	粉砂质黏土	1.48
C	46～100	—	57	463	480	粉砂质黏土	1.58

金庭系代表性单个土体化学性质

深度/cm	pH（H₂O）	有机质/（g/kg）	全氮(N)/（g/kg）	全磷(P₂O₅)/（g/kg）	全钾(K₂O)/（g/kg）	全铁(Fe₂O₃)/（g/kg）	阳离子交换量/（cmol/kg）	游离氧化铁/（g/kg）	有效磷(P)/（mg/kg）	速效钾(K)/（mg/kg）
0～15	5.7	24.0	2.07	1.40	10.9	28.0	11.3	—	80.57	116
15～36	6.2	16.3	1.25	1.22	10.9	29.2	11.3	—	54.63	56
36～46	6.2	12.9	0.98	1.08	11.6	29.2	10.3	—	54.63	58
46～100	6.0	6.1	0.63	0.75	15.4	51.2	15.1	—	57.95	102

5.10.2 安丰系（Anfeng Series）

土　族：壤质云母型非酸性热性-斑纹肥熟旱耕人为土
拟定者：黄　标，王　虹，杜国华

分布与环境条件　分布于泰州兴化市东北部地区。该地区属于里下河浅洼平原区的水网平原。气候上属北亚热带湿润季风气候区，年均气温 15℃，无霜期 229 d，年均太阳辐射总量 119.6kcal/cm²，年均降雨量 1000 mm。该地区地形整体属于平原，但相对于里下河平原的西部地区地势稍高，海拔 1.4 m 左右。土壤起源于海积、湖相沉积物上，土层深厚，多年前以水稻-小麦轮作一年两熟为

安丰系典型景观

主，由于靠近镇区，近几年已改种蔬菜。

土系特征与变幅　诊断层包括肥熟表层、磷质耕作淀积层；诊断特性包括氧化还原特征、热性土壤温度、潮湿土壤水分状况。该土系土壤在母质形成之后，经历了两个主要的成土过程。首先是经长期的人为水稻-小麦轮作，导致剖面中氧化还原特征明显，发育有 2%～40%铁锰斑纹，且越向下越多。但近年来已改种蔬菜，由于深耕和大量有机肥施用等精耕细作，犁底层已遭到破坏，土壤高度熟化，其中表层全磷积累明显，达 1.51 g/kg，速效磷异常高达 230 mg/kg 以上，土表下 50～100 cm 有强烈的氧化还原特征，发育有 15%～40%铁锰斑块，游离铁（Fe_2O_3）含量达 22 g/kg。该土系主要分布于城市和集镇周边或设施农业发展较发达的地区。土壤质地通体为粉砂壤土，土体表层呈酸性，其下均为碱性，pH 为 4.75～7.98。

对比土系　金庭系，同一亚类不同土族，颗粒大小级别为黏质，矿物学类型为高岭石型。洋溪系，同一土族，母质不同，为河流冲积物母质，质地相对较砂一些。小宋庄系，不同土纲，均为菜地，表层虽有有机质和磷素积累，但积累厚度较薄，无磷质耕作淀积层，为雏形土纲。

利用性能综述　土壤耕作层熟化程度较高；土壤结构适中，供肥保肥性好，养分含量较好，生产性能较佳。但土壤表层酸化现象严重，磷素积累强烈，会影响土壤的肥力和环境质量，在利用过程中必须加以注意。

参比土种　缠脚土。

安丰系代表性单个土体剖面

代表性单个土体　采自兴化市安丰镇北东塘港边（编号 32-036，野外编号 B36），33°05′57.12″N，120°06′2.448″E。海拔 1 m，为村庄边缘的平坦地块。当前作物为蔬菜。50 cm 土层年均温度 17.08℃。野外调查时间 2010 年 4 月。

A：0～18 cm，灰黄棕色（10YR 6/2，干），灰黄棕色（10YR 4/2，湿）；粉砂壤土，发育强的直径 2～10 mm 团粒状结构，疏松；有直径 5～20 mm 孔隙，无石灰反应，平直明显过渡。

AB：18～32 cm，灰黄棕色（10YR 6/2，干），浊黄棕色（10YR 4/3，湿）；粉砂壤土，发育强的直径 5～20 mm 块状结构，紧；有直径 5～20 mm 孔隙，2%～5%铁锰斑纹，无石灰反应，平直逐渐过渡。

Br1：32～50 cm，灰黄色（2.5Y 6/2，干），暗灰色（2.5YR 4/2，湿）；粉砂壤土，发育强的直径 20～50 mm 棱柱状结构，紧；有直径 5～20 mm 孔隙，2%～5%铁锰菌丝状体，无石灰反应，平直明显过渡。

Br2：50～100 cm，灰白色（2.5Y 8/1，干），灰黄色（2.5YR 6/2，湿）；粉砂壤土，发育强的直径 20～50 mm 块状结构，稍紧；有直径 5～20 mm 孔隙，15%～40%铁锰斑块，强石灰反应。

安丰系代表性单个土体物理性质

土层	深度/cm	砾石（>2 mm，体积分数）/%	细土颗粒组成（粒径：mm）/（g/kg）			质地	容重/（g/cm³）
			砂粒 2～0.05	粉粒 0.05～0.002	黏粒<0.002		
A	0～18	—	67	702	231	粉砂壤土	1.22\
AB	18～32	—	22	765	214	粉砂壤土	1.40
Br1	32～50	—	38	791	172	粉砂壤土	1.58
Br2	50～100	—	95	813	92	粉砂壤土	1.43

安丰系代表性单个土体化学性质

深度/cm	pH(H₂O)	有机质/(g/kg)	全氮(N)/(g/kg)	全磷(P₂O₅)/(g/kg)	全钾(K₂O)/(g/kg)	全铁(Fe₂O₃)/(g/kg)	阳离子交换量/(cmol/kg)	游离氧化铁/(g/kg)	有效磷(P)/(mg/kg)	速效钾(K)/(mg/kg)
0～18	4.8	17.8	1.46	1.51	18.7	35.3	21.3	8.8	230.75	228
18～32	7.8	8.9	0.78	0.61	18.5	37.5	15.3	8.0	25.63	106
32～50	8.0	4.3	0.36	0.53	18.5	34.3	10.0	6.1	5.55	78
50～100	7.8	3.5	0.28	0.54	17.3	46.8	7.1	21.8	5.86	68

5.10.3 洋溪系（Yangxi Series）

土　　族：壤质云母型非酸性热性-斑纹肥熟旱耕人为土
拟定者：黄　标，王　虹，杜国华

分布与环境条件　分布于无锡宜兴市东部太湖之滨。属于太湖水网平原区滨湖圩田平原。气候上属北亚热带湿润季风气候区，年均气温15.6℃，无霜期240 d，常年积温5418℃，年均降雨量1177 mm。土壤起源于河流冲积物上，土层厚度在1 m以上。该土系上自然植被已不多见，20世纪80年代以前以水稻-小麦轮作一年两熟为主，之后开始种植蔬菜，直至目前。

洋溪系典型景观

土系特征与变幅　诊断层包括肥熟表层、磷质耕作淀积层；诊断特性包括氧化还原特征、热性土壤温度、潮湿土壤水分状况。该土系土壤曾经长期人为水旱轮作，剖面氧化还原特征明显，27 cm以下见40%锈纹锈斑，其丰度随剖面向下增加底部15%～40%。改种蔬菜后，由于深耕，犁底层已遭到破坏，大量有机肥施用等精耕细作，土壤已高度熟化，其中表层全磷积累明显，达1.82 g/kg，速效磷异常高，达270 mg/kg以上，土壤已转变成肥熟旱耕人为土。因此，土壤层次主要由肥熟表层、水耕氧化还原层组成。该土系主要分布于城市和集镇周边或设施农业发展较发达的地区。土壤质地除肥熟表层为粉砂质黏壤土外，其下均为粉砂壤土，土体表层呈酸性，其下均为中性，pH为5.81～6.72。

对比土系　安丰系，同一土族，母质不同，为海积、湖相沉积物母质，质地明显偏黏。小宋庄系，不同土纲，均为菜地，表层虽有有机质和磷素积累，但积累厚度较薄，无磷质耕作淀积层，为雏形土纲。

利用性能综述　土壤耕作层熟化程度较高，土壤结构适中，供肥保肥性好，养分含量较好，生产性能较佳。但土壤表层有一定酸化现象，磷素积累强烈，尤其该区位于太湖之滨，这些变化既影响土壤肥力，也可通过体表径流影响湖水环境质量，在利用过程中必须加以注意。

参比土种　乌黄泥土。

代表性单个土体　采自无锡宜兴市洋溪镇（编号32-093，野外编号32-010），31°23′14.532″N，119°57′54.00″E。海拔4 m，当前作物为大棚蔬菜。50 cm土层年平均

洋溪系代表性单个土体剖面

温度为 18.09℃。野外调查时间 2010 年 5 月。

A：0～27 cm，灰黄色（2.5Y 6/2，干），暗灰黄色（2.5Y 4/2，润）；粉砂质黏壤土，发育强的直径 2～10 mm 粒状结构，疏松；有直径 0.5～2 mm 孔隙，无石灰反应，平直明显过渡。

AB：27～48 cm，浊黄色（2.5Y 6/3，干），橄榄棕色（2.5Y 4/3，润）；粉砂壤土，发育强的直径 5～50 mm 块状结构，紧；有直径 5～20 mm 孔隙，2%～5%铁锰锈纹锈斑，无石灰反应，平直逐渐过渡。

Br1：48～68 cm，淡黄色（2.5Y 7/3，干），黄棕色（2.5Y 5/3，润）；砂质壤土，发育强的直径 10～50 mm 块状结构，稍紧；有直径 5～20 mm 孔隙，5%～15%铁锰锈纹锈斑，无石灰反应，平直明显过渡。

Br2：68～90 cm，淡灰色（2.5Y 6/1，干），暗灰黄色（2.5YR 4/2，润）；砂质壤土，发育强的直径 20～100 mm 块状结构，紧；有直径 5～20 mm 孔隙，5%～15%铁锰锈纹锈斑，无石灰反应，平直明显过渡。

Br3：90～110 cm，黄棕色（2.5Y 7/4，干），黄棕色（2.5YR 5/4，润）；粉砂壤土，发育强的直径 20～100 mm 块状结构，稍紧；有直径 5～20 mm 孔隙，15%～40%铁锰锈纹锈斑，无石灰反应。

洋溪系代表性单个土体物理性质

土层	深度/cm	砾石（>2 mm，体积分数）/%	细土颗粒组成（粒径：mm）/（g/kg）			质地	容重/（g/cm³）
			砂粒 2～0.05	粉粒 0.05～0.002	黏粒 <0.002		
A	0～27	—	87	638	275	粉砂质黏壤土	0.96
AB	27～48	—	339	598	63	粉砂壤土	1.53
Br1	48～68	—	612	366	22	砂质壤土	1.00
Br2	68～90	—	573	401	26	砂质壤土	1.51
Br3	90～110	—	208	758	34	粉砂壤土	1.59

洋溪系代表性单个土体化学性质

深度/cm	pH（H₂O）	有机质/（g/kg）	全氮(N)/（g/kg）	全磷(P₂O₅)/（g/kg）	全钾(K₂O)/（g/kg）	全铁(Fe₂O₃)/（g/kg）	阳离子交换量/（cmol/kg）	游离氧化铁/（g/kg）	有效磷(P)/（mg/kg）	速效钾(K)/（mg/kg）
0～27	5.8	28.3	1.93	1.82	13.9	25.3	15.7	8.8	273.87	124
27～48	6.7	5.5	0.42	0.32	14.1	30.0	11.0	10.7	19.27	56
48～68	6.6	26.6	1.64	0.94	21.4	43.7	16.5	11.9	35.37	116
68～90	6.7	6.3	0.43	0.29	13.5	22.2	12.2	5.3	3.33	44
90～110	6.7	2.9	0.20	0.47	12.2	76.3	13.6	51.5	7.16	44

第6章 盐 成 土

6.1 海积潮湿正常盐成土

6.1.1 东坝头系（**Dongbatou Series**）

土　族：壤质硅质混合型石灰性温性-海积潮湿正常盐成土
拟定者：王培燕，潘剑君，黄　标

分布与环境条件　主要分布在盐城市大丰区斗龙港以东地区。属于苏北滨海平原条田化平原。气候上属北亚热带湿润季风气候区，年均气温 14.1℃，无霜期 217.1 d，年均太阳辐射总量 118kcal/cm^2，年均降雨量 1068 mm。该地区地形整体属于平原，地势平坦，海拔在 1～5 m。土壤起源于江、淮、黄冲积、浅海相沉积物母质上。土层厚度在 1 m以上。该土系自然植被为芦苇及一些盐生植物，土地利用类型为林地。

东坝头系典型景观

土系特征与变幅　诊断层包括盐积层；诊断特性包括氧化还原特征、石灰性、温性土壤温度、潮湿土壤水分状况。该土系在浅海相沉积物母质形成之后，受自然植被成土作用影响，形成该土壤。土壤表层为盐积层，含盐量达 41.7 g/kg。剖面有效土层深厚，受地下水影响，在 75 cm 以下发育有 15%～40%直径 2～6 mm 铁锰斑纹。土壤有机质、全氮含量和阳离子交换量极低，全磷稍高，但有效态较低，土壤钾素水平相对较高。土壤质地通体为粉砂壤土，土体呈碱性，pH 为 7.98～9.00，通体有强石灰反应。

对比土系　王港系，分布地理位置邻近，同一亚类不同土族，矿物学类型为硅质型。

利用性能综述　土壤盐分含量高，不利于利用。在江苏土地资源紧缺的情况下，该土系是今后利用的重点。可从两方面着手改良土壤：首先是建立引水、排水、灌溉的水利工程；其次，在保证灌溉的条件下，从种植耐盐绿肥或作物开始培肥土壤，增加有机物料投入，通过提高有机质减少盐分影响；逐步提高土壤肥力后，可种植豆类、玉米、大麦等，水源充足的地方可种植水稻压盐。目前，已开发出不少盐碱土的改良剂，也可在生产中加以应用。

参比土种　壤性重盐土。

代表性单个土体　采自盐城大丰区东坝头农场（编号 32-279，野外编号 32098204），33°12′25.272″N，120°36′45.576″E，海拔 1.9 m。植被为芦苇等盐生植物。50 cm 土层年均温度 15.6℃。野外调查时间 2011 年 5 月。

东坝头系单个土体剖面

Az：0～22 cm，浊黄橙色（10YR 7/2，干），灰黄棕色（10YR 4/2，润）；粉砂壤土，发育中等的直径 10～50 mm 次棱块状结构，疏松；1～20 根/cm² 直径 0.5～2 mm 须根系，结构体内、外都有 1～20 个/cm² 直径 0.5～2 mm 粒间间隙，孔隙度低，极强石灰反应，渐变平直过渡。

AB：22～75 cm，浊黄橙色（10YR 7/3，干），浊黄棕色（10YR 5/3，润）；粉砂壤土，发育强的直径 20～100 mm 棱块状结构，坚实；1～20 根/cm² 直径 5～20 mm 须、主根系，极强石灰反应，清晰平直过渡。

Br1：75～118 cm，浊黄橙色（10YR 7/2，干），浊黄棕色（10YR 5/4，润）；粉砂壤土，发育强的直径≥100 mm 棱块状结构，坚实；1～20 根/cm² 直径 5～20 mm 粗的须、主根系，在结构体表面有 15%～40%直径 2～6 mm 铁锰斑纹，对比度明显，边界扩散，极强石灰反应，渐变平直过渡。

Br2：118～140 cm，灰黄棕色（10YR 7/3，干），浊黄棕色（10YR 5/4，润）；粉砂壤土，发育强的直径≥100 mm 棱块状结构，坚实；在结构体表面有 15%～40%直径 2～6 mm 铁锰斑纹，对比度明显，边界扩散，极强石灰反应。

东坝头系代表性单个土体物理性质

| 土层 | 深度/cm | 砾石（>2 mm，体积分数）/% | 细土颗粒组成（粒径：mm）/（g/kg） | | | 质地 | 容重/（g/cm³） |
			砂粒 2～0.05	粉粒 0.05～0.002	黏粒<0.002		
Az	0～22	—	106	786	109	粉砂壤土	1.32
AB	22～75	—	195	685	120	粉砂壤土	1.37
Br1	75～118	—	133	775	92	粉砂壤土	1.49
Br2	118～140	—	293	569	137	粉砂壤土	1.43

东坝头系代表性单个土体化学性质

深度/cm	pH（H₂O）	有机质/（g/kg）	全氮(N)/（g/kg）	全磷(P₂O₅)/（g/kg）	全钾(K₂O)/（g/kg）	全铁(Fe₂O₃)/（g/kg）	阳离子交换量/（cmol/kg）	游离氧化铁/（g/kg）	含盐量/（g/kg）	有效磷(P)/（mg/kg）	速效钾(K)/（mg/kg）
0～22	8.0	5.7	0.23	1.27	17.4	—	3.2	5.4	41.17	1.78	113
22～75	8.1	4.3	0.16	1.18	16.1	—	2.0	4.9	0.89	3.93	153
75～118	8.2	3.6	0.11	0.88	19.7	—	3.0	5.1	0.58	2.53	64
118～140	9.0	4.4	0.17	1.27	22.1	—	4.4	7.6	0.90	3.97	242

6.1.2　王港系（Wanggang Series）

土　族：壤质硅质型石灰性温性–海积潮湿正常盐成土
拟定者：雷学成，潘剑君，黄　标

分布与环境条件　主要分布在盐城市大丰县的沿海地区。该地区属于苏北滨海平原区的盐土平原。气候上属北亚热带湿润季风气候区，年均气温 14.1℃，无霜期 217.1 d，年均太阳辐射总量 118kcal/cm^2，年均降雨量 1068 mm。该地区地形整体属于平原，地势平坦，海拔在 1～5 m。土壤起源于浅海相沉积物母质上。土层深厚。该土系为沿海滩涂，自然植被类型为茅草、高盐蒿等，覆盖度不高，约 30%。

王港系典型景观

土系特征与变幅　诊断层包括盐积层；诊断特性包括氧化还原特征、石灰性、温性土壤温度、潮湿土壤水分状况。浅海相沉积物长时间累积形成了该土壤的母质，经自然植被逐步演变而成，成土时间不长，由于地下水位浅，地表常干湿交替，所以表层土壤氧化还原特征明显。土壤剖面 0～40 cm 发育有<5%直径 2～6 mm 的铁锰斑纹，整个剖面含盐量均较高，3.35 g/kg 以上，亚表层高达 19 g/kg 以上。土壤肥力性质中，除速效钾较高外，其余如有机质、阳离子交换量、全磷、速效磷等都很低。质地较砂，砂粒含量在 300～600 g/kg。土体呈碱性，pH 为 7.46～8.19，通体呈极强石灰反应。

对比土系　东坝头系，同一亚类不同土族，分布地理位置邻近，矿物学类型为硅质混合型。

利用性能综述　一直是沿海土壤改良的对象，尤其近年来土地资源紧缺的情况下，更是重点开发区。基本上是采用排盐增肥的方式，即以水利工程配套，引淡水洗盐，将表土盐分降至 2 g/kg 以下，种植耐盐作物逐步提高土壤有机质至 8 g/kg 以上。然后采用养分管理措施，如有机无机配合施肥增加作物产量和地下生物量，不断增加土壤有机质含量，提高肥力。也可应用各种土壤调理剂抑制土壤盐分，增加作物产量，同时达到改良土壤的作用。

参比土种　砂性重盐土。

代表性单个土体　采自盐城市大丰区王港二期码头（编号 32-278，野外编号 32098203），33°12′58.14″N，120°49′17.076″E，海拔 0 m。自然植被为茅草和高盐蒿等。50 cm 土层年均温度为 15.6℃。野外调查时间 2011 年 5 月。

王港系代表性单个土体剖面

Azr：0～18 cm，浊黄橙色（10YR 6/3，干），浊黄棕色（10YR 4/3，润）；砂质壤土，发育中等的直径 10～50 mm 块状结构，坚实；结构体表面有 5%～10%直径 2～6 mm 铁锰斑纹，斑纹边界清楚、对比度明显，强石灰反应，渐变平直过渡。

Bzr：18～40 cm，灰黄棕色（10YR 6/2，干），灰黄棕色（10YR 4/2，润）；粉砂壤土，发育弱的直径 10～50 mm 块状结构，坚实；结构体表面有 <2%直径 2～6 mm 铁锰斑纹，斑纹边界清楚、对比度明显，强石灰反应，渐变平直过渡。

Bz：40～65 cm，灰黄色（2.5YR 7/2，干），暗灰黄色（2.5YR 5/2，润）；壤土，发育弱的直径 10～50 mm 块状结构，稍坚实；极强石灰反应，渐变平直过渡。

Cz1：65～82 cm，灰黄色（2.5YR 7/2，干），暗灰黄色（2.5YR 5/2，润），湿；粉砂壤土，粒状结构，松；强石灰反应，渐变波状过渡。

Cz2：82～100 cm，淡灰色（2.5YR 7/1，干），灰黄棕（2.5YR 5/1，润）；粉砂壤土，粒状结构，松；强石灰反应。

王港系代表性单个土体物理性质

| 土层 | 深度/cm | 砾石（>2 mm，体积分数）/% | 细土颗粒组成（粒径：mm）/（g/kg） | | | 质地 | 容重/（g/cm³） |
			砂粒 2～0.05	粉粒 0.05～0.002	黏粒<0.002		
Azr	0～18	—	617	330	53	砂质壤土	1.41
Bzr	18～40	—	304	537	160	粉砂壤土	1.50
Bz	40～65	—	502	421	77	壤土	1.45
Cz1	65～82	—	337	596	68	粉砂壤土	1.55
Cz2	82～100	—	261	676	63	粉砂壤土	1.66

王港系代表性单个土体化学性质

深度/cm	pH (H₂O)	有机质/（g/kg）	全氮(N)/（g/kg）	全磷(P₂O₅)/（g/kg）	全钾(K₂O)/（g/kg）	全铁(Fe₂O₃)/（g/kg）	阳离子交换量/（cmol/kg）	游离氧化铁/（g/kg）	含盐量/（g/kg）	有效磷(P)/（mg/kg）	速效钾(K)/（mg/kg）
0～18	7.5	2.5	0.12	1.34	15.3	32.9	2.4	4.9	3.35	5.00	242
18～40	7.7	3.6	0.11	1.49	18.4	35.8	3.0	4.3	19.34	10.99	569
40～65	8.1	3.1	0.17	1.24	16.4	27.9	2.8	4.7	4.54	3.34	244
65～82	8.1	1.0	0.14	1.18	18.8	28.7	2.5	4.0	4.56	8.09	266
82～100	8.2	0.3	0.12	1.25	15.3	29.9	1.9	4.9	4.38	5.81	233

第7章 淋 溶 土

7.1 斑纹铁质干润淋溶土

7.1.1 李埝系（Linian Series）

土　族：黏壤质混合型非酸性温性-斑纹铁质干润淋溶土
拟定者：雷学成，潘剑君，黄　标

分布与环境条件　主要分布在海拔
14～77.7 m，坡度5°以上的丘陵坡
地上。连云港市东海县除浦南、张
湾等乡镇外均有分布。该地区属沂
沭丘陵平原区的高岗地。土壤由洪
积物和片麻岩残积坡积物发育而成，
气候上属暖温带半湿润季风气候区，
年均气温13.7℃，无霜期218 d，年
均降雨量912.3 mm。该土系土层深
厚，现大部分被开垦或种植人工林，
以小麦、花生、玉米为主。

李埝系典型景观

土系特征与变幅　诊断层包括黏化层、漂白层；诊断特性包括半干润土壤水分状况、氧
化还原特征、铁质特性、温性土壤温度。该土系土壤起源于黄土性曝露堆积物母质上，
酸性片麻岩风化物与碱性黄土混合发育，使土体中性，且铁锰和黏粒强烈移动，形成黏
化层。在母质形成之后，长期受人为耕作的影响，耕作层发育。土体深厚，17 cm以下
土壤有2%～15%铁锰锈纹锈斑、2%～40%铁锰结核出现，出现黏粒胶膜，所有B层游
离铁含量≥20 g/kg，通体无石灰反应。土体呈酸性-中性，pH为5.38～6.65。

对比土系　庙东系，同一亚类不同土族，颗粒大小级别为壤质。

利用性能综述　上部土层较壤，耕性较好，但下部很黏，土体容易滞水。尽管土壤全钾较
高，达29～31 g/kg，但速效钾偏低，低于100 mg/kg，养分失调。今后改良应搞好农田水利
配套工程，保证灌排；水源充足的地块可因地制宜实现旱改水，而缺水的地区可采用开深坑、
高培土的方法种植果树；注重培肥土壤，加强测土配方施肥，平衡土壤养分。

参比土种　棕白土。

代表性单个土体　采自连云港市东海县李埝乡（编号32-232，野外编号32072203），
34°40′9.552″N，118°35′32.784″E，海拔59 m。农业利用以旱作小麦、玉米为主，一般一
年两熟。50 cm土层年均温度15.1℃。野外调查时间2010年7月。

32072203

李埝系代表性单个土体剖面

Ap：0～17 cm，浊黄橙色（10YR 6/3，干），暗棕色（10YR 3/3，润）；砂质黏壤土，发育强的直径2～10 mm粒状结构，松散，20～50根/cm² 根系，无石灰反应，平滑渐变过渡。

AE：17～33 cm，浊黄橙色（10YR 7/3，干），浊黄橙色（10YR 6/3，润）；壤土，发育弱的直径2～50 mm次棱块状结构，稍硬；20～50根/cm² 根系，2%～5%直径5～20 mm岩石碎屑，无石灰反应，波状渐变过渡。

Er：33～62 cm，橙白色（10YR 8/2，干），浊黄橙色（10YR 7/3，润）；粉砂质黏壤土，发育强的直径2～50 mm块状结构，极坚实；5%～15%岩石碎屑，5%～15%铁锰锈纹锈斑、铁锰结核和黏粒胶膜出现，无石灰反应，波状渐变过渡。

Btr1：62～90 cm，亮黄棕色（10YR 6/6，干），黄棕色（10YR 5/6，润）；砂质黏土，发育强的直径2～50 mm块状结构，极坚实；5%～15%岩石碎屑，5%～15%铁锰锈纹锈斑和黏粒胶膜出现，15%～20%铁锰结核，无石灰反应，波状渐变过渡。

Btr2：90～115 cm，亮黄棕色（10YR 6/6，干），黄棕色（10YR 5/6，润）；黏土，发育强的直径2～50 mm块状结构，极坚实；15%～30%岩石碎屑，有2%～5%铁锰锈纹锈斑和铁锰结核出现，无石灰反应。

李埝系代表性单个土体物理性质

| 土层 | 深度/cm | 砾石（>2 mm，体积分数）/% | 细土颗粒组成（粒径：mm）/（g/kg） | | | 质地 | 容重/（g/cm³） |
			砂粒 2～0.05	粉粒 0.05～0.002	黏粒<0.002		
Ap	0～17	—	589	141	270	砂质黏壤土	1.42
AE	17～33	—	487	331	182	壤土	1.57
Er	33～62	—	522	149	330	粉砂质黏壤土	1.66
Btr1	62～90	—	559	77	364	砂质黏土	1.75
Btr2	90～115	—	458	122	421	黏土	1.59

李埝系代表性单个土体化学性质

深度/cm	pH（H₂O）	有机质/（g/kg）	全氮(N)/（g/kg）	全磷(P₂O₅)/（g/kg）	全钾(K₂O)/（g/kg）	全铁(Fe₂O₃)/（g/kg）	阳离子交换量/（cmol/kg）	游离氧化铁/（g/kg）	有效磷(P)/（mg/kg）	速效钾(K)/（mg/kg）
0～17	5.4	35.4	0.52	1.08	31.3	42.6	13.5	14.3	29.86	40
17～33	6.4	4.1	0.22	0.41	29.5	57.2	22.3	21.6	6.56	82
33～62	6.7	7.6	0.14	0.22	28.9	47.7	23.6	21.1	1.64	89
62～90	6.3	3.7	0.11	0.10	30.1	68.0	18.8	20.6	1.18	78
90～115	6.3	3.3	0.10	0.14	30.5	70.7	21.6	27.6	1.58	93

7.1.2 庙东系（Miaodong Series）

土　族：壤质混合型非酸性温性–斑纹简育干润淋溶土
拟定者：雷学成，潘剑君

分布与环境条件　主要分布
于连云港市赣榆区马站、九
里、石桥、黑林、厉庄、金
山、城头、夹山、吴山、徐
山、塔山、欢墩等乡镇均有
分布。属于沂沭丘陵平原区
的山前岗地。地势波状起伏，
为丘陵地区。气候上属暖温
带半湿润气候区，年均气温
13.1℃，无霜期213.9 d，年
均日照2646.2 h，年均降雨量
952.6 mm。土壤起源于黄土
性母质上，土层厚度在1 m
以上。海拔较高，约55 m。

庙东系典型景观

土地利用类型为旱地，种植作物为花生、玉米等。

土系特征与变幅　诊断层包括黏化层；诊断特性包括半干润土壤水分状况、氧化还原特
征、温性土壤温度。该土系土壤发育于黄土性母质上，母质形成之后，经历过强烈的铁
锰和黏粒淋溶淀积，土壤中氧化还原反应强烈，见大量铁锰结核，25 cm以下黏粒淀积
明显，黏粒含量超过表层的1.2倍，形成黏化层，受人为耕作影响不强，耕作层发育较
薄，有效土层较浅，50 cm以下便为半风化母岩，质地较砂，通体有风化矿物碎屑，无
石灰反应。土体呈酸性，pH为5.66～6.32。

对比土系　李埝系，同一亚类不同土族，颗粒大小级别为黏壤质。

利用性能综述　土壤有效土层浅薄，水土流失严重。肥力低，质地粗，含有风化碎屑，
保水保肥性能差，高亢易旱，且无水源保障。今后改良，应适当发展林地，植树种草，
护坡保土，减轻水土流失；耕地应多施有机肥，逐年加深活土层，用养结合，平整土地，
建造梯田，保持水土，发展灌溉。

参比土种　岭砂土。

代表性单个土体　采自连云港市赣榆区夹山乡庙东村（编号32-220，野外编号32072104），
34°54′23.868″N，118°53′4.164″E，海拔47 m。旱地，当前作物为花生和玉米等。50 cm
土层年均温度15℃。野外调查时间2011年9月。

32072104

A：0～10 cm，亮黄棕色（10YR 6/6，干），暗棕色（10YR 4/6，润）；砂质壤土，发育强的直径 2～10 mm 屑粒状结构，稍硬；1～20 根/cm² 根系，1～20 个/cm² 孔隙，5%直径 5～20 mm 角状强风化岩石碎屑，无石灰反应，明显平滑过渡。

Br：10～25 cm，浊黄棕色（10YR 6/3，干），暗棕色（10YR 3/4，润）；砂质壤土，发育中等的直径 10～50 mm 块状结构，硬；2%～5%直径 5～20 mm 次圆形强风化矿物碎屑，有 15% 左右铁锰结核，无石灰反应，渐变平滑过渡。

Btr：25～50 cm，黄棕色（10YR 5/6，干），黑棕色（7.5YR 5/6，润）；砂质壤土，发育中等的直径 10～50 mm 棱块状结构，很硬；15%～40%直径 5～20 mm 次圆形强风化矿物碎屑，有 15% 左右铁锰结核和铁锰胶膜，无石灰反应。

庙东系代表性单个土体剖面

庙东系代表性单个土体物理性质

土层	深度/cm	砾石（>2 mm，体积分数）/%	细土颗粒组成（粒径：mm）/（g/kg）			质地	容重/（g/cm³）
			砂粒 2～0.05	粉粒 0.05～0.002	黏粒<0.002		
A	0～10	—	505	374	121	砂质壤土	1.49
Br	10～25	—	534	319	147	砂质壤土	1.49
Btr	25～50	—	496	344	161	砂质壤土	1.59

庙东系代表性单个土体化学性质

深度/cm	pH（H₂O）	有机质/（g/kg）	全氮(N)/（g/kg）	全磷(P₂O₅)/（g/kg）	全钾(K₂O)/（g/kg）	全铁(Fe₂O₃)/（g/kg）	阳离子交换量/（cmol/kg）	游离氧化铁/（g/kg）	有效磷(P)/（mg/kg）	速效钾(K)/（mg/kg）
0～10	5.7	11.9	0.40	0.87	29.8	51.3	12.9	16.7	0.45	87
10～25	6.3	12.5	0.58	0.51	29.1	27.2	9.8	11.7	1.45	31
25～50	5.7	5.7	0.37	0.39	27.9	57.0	21.3	27.9	1.79	116

7.2　斑纹简育干润淋溶土

7.2.1　青龙系（Qinglong Series）

土　族：黏质伊利石型非酸性温性-斑纹简育干润淋溶土
拟定者：王培燕，潘剑君，黄　标

分布与环境条件　分布于徐
州市铜山区石灰岩低山丘陵
的山前丘岗地和低山谷地。
属于沂沭丘陵平原区的山前
缓岗地，地形有一定起伏。
海拔较高，约 56 m。气候上
属暖温带半湿润季风气候区，
年均气温 14℃，无霜期 209 d，
常年均日照 2400 h，年均降
雨量 869 mm。土壤起源于黄
土性母质，土层厚度在 1 m
以上。自然植被类型为草地。
农业利用为旱耕地。

青龙系典型景观

土系特征与变幅　诊断层包括黏化层；诊断特性包括氧化还原特征、温性土壤温度状况、
半干润土壤水分状况。该土系母质受地表水下渗影响，土壤中黏粒和铁锰物质发生淋溶
下移，土层内见 2%～40%黏粒胶膜、铁锰斑纹，自上而下渐增。黏粒在约 80 cm 以下发
生淀积，形成黏化层，所以，土壤质地在 79 cm 以上为粉砂质黏壤土，其下为黏土。土
壤有机质和氮磷钾养分相对较高。土体呈中性-碱性，pH 为 7.41～7.81。
对比土系　宋山系，同一亚类不同土族，颗粒大小级别为壤质，矿物学类型为硅质混合
型。山左口系，同一亚类不同土族，颗粒大小级别为黏壤质，矿物学类型为混合型。
利用性能综述　上部土壤质地较壤，耕性好，适耕期长。肥力高，保水保肥力强。排水
较好，不易受涝渍，但易受旱，在水源不足的地区，应注意开辟水源，发展水浇地，保
持稳产高产。
参比土种　山黄土。
代表性单个土体　采自徐州市铜山区青山泉镇青龙山（编号 32-203，野外编号 32032303），
34°25′55.292″N，117°21′54.765″E，海拔 40 m。当前作物为小麦。50 cm 土层年均温度
15.5℃。野外调查时间 2010 年 5 月。

青龙系代表性单个土体剖面

Ap: 0～21 cm, 浊黄棕色 (10YR 5/4, 干), 暗棕色 (10YR 3/4, 润); 粉砂质黏壤土, 发育中等的直径 5～20 mm 次棱角状结构, 稍坚实; 结构体外有 2%～5% 直径 2～6 mm 铁锰氧化物斑纹, 斑纹边界鲜明, 2%～5% 黏粒胶膜, 胶膜对比度明显, 无石灰反应, 清晰平直过渡。

Br1: 21～33 cm, 浊黄棕色 (10YR 5/4, 干), 棕色 (10YR 4/6, 润); 粉砂质壤黏土, 发育强的直径 10～50 mm 块状结构, 坚实; 结构体外有 5%～15% 直径 2～6 mm 铁锰氧化物斑纹, <2% 黏粒胶膜, 无石灰反应, 渐变平直过渡。

Br2: 33～79 cm, 浊黄橙色 (10YR 6/4, 干), 棕色 (10YR 4/4, 润); 粉砂质壤黏土, 发育强的直径 20～100 mm 块状结构, 坚实; 有 15%～40% 直径 2～6 mm 铁锰氧化物斑纹, 15%～40% 黏粒胶膜, 无石灰反应, 渐变平直过渡。

Btr1: 79～102 cm, 黄棕色 (10YR 5/6, 干), 黄棕色 (10YR 5/8, 润); 黏土, 发育强的直径 ≥100 mm 块状结构, 很坚实; 15%～40% 直径 2～6 mm 铁锰氧化物斑纹, 15%～40% 黏粒胶膜, 无石灰反应, 渐变平直过渡。

Btr2: 102～110 cm, 黄棕色 (10YR 5/8, 干), 棕色 (10YR 4/6, 润); 黏土, 发育强的直径 ≥100 mm 块状结构, 发育铁锰斑纹和黏粒胶膜, 无石灰反应。

青龙系代表性单个土体物理性质

土层	深度/cm	砾石 (>2 mm, 体积分数) /%	细土颗粒组成 (粒径: mm) / (g/kg)			质地	容重 / (g/cm³)
			砂粒 2～0.05	粉粒 0.05～0.002	黏粒<0.002		
Ap	0～21	—	157	480	363	粉砂质黏壤土	1.47
Br1	21～33	—	104	538	359	粉砂质黏壤土	1.38
Br2	33～79	—	111	528	361	粉砂质黏壤土	1.61
Btr1	79～102	—	135	379	486	黏土	1.53
Btr2	102～110	—	160	376	465	黏土	1.58

青龙系代表性单个土体化学性质

深度 /cm	pH (H₂O)	有机质 / (g/kg)	全氮(N) / (g/kg)	全磷(P₂O₅) / (g/kg)	全钾(K₂O) / (g/kg)	全铁(Fe₂O₃) / (g/kg)	阳离子交换量 / (cmol/kg)	游离氧化铁 / (g/kg)	有效磷(P) / (mg/kg)	速效钾(K) / (mg/kg)
0～21	7.8	36.1	0.43	1.14	22.6	41.2	13.0	15.5	19.93	112
21～33	7.5	10.5	0.26	0.65	25.1	41.6	22.7	13.1	0.60	115
33～79	7.5	6.3	0.16	0.48	25.4	51.3	25.9	12.9	1.18	138
79～102	7.4	7.1	0.43	0.45	24.7	70.3	35.4	20.2	1.01	188
102～110	7.4	6.1	0.18	0.57	22.9	63.8	30.4	22.5	0.60	168

7.2.2　山左口系（Shanzuokou Series）

土　　族：黏壤质混合型非酸性温性-斑纹简育干润淋溶土
拟定者：王培燕，潘剑君，黄　标

分布与环境条件　分布于
连云港市东海县自然河流
两岸较远处，黄川、白搭、
石榴、驼峰、青湖、安峰等
乡镇均有大面积分布。土壤
区划上，该地区属黄淮海平
原东南缘地区。地貌上属于
倾斜平原缓岗地带，地势较
平坦。气候上属暖温带半湿
润季风气候区，年均气温
13.7℃。无霜期 218 d，年均
降雨量 912.3 mm。土壤起
源于黄土性母质上，土层深
厚。土地利用类型为旱地，

山左口系典型景观

种植小麦、黄豆、玉米、花生等，一年两熟。

土系特征与变幅　诊断层包括淡薄表层、黏化层；诊断特性包括半干润土壤水分状况、
氧化还原特征、温性土壤温度。该土系土壤发育于黄土性母质，受地表水下渗影响，黏
粒和铁锰物质下移，在约 90 cm 以下淀积，形成黏化层，土体内铁锰斑纹和结核发育，
耕作层之下有 5%～15%的铁锰斑纹；58～92 cm 铁锰结核聚集，可达 10%。质地上壤下
较黏。有效土层较深。土体呈中性，pH 为 6.53～6.99。

对比土系　青龙系，同一亚类不同土族，颗粒大小级别为黏质，矿物学类型为伊利石型。
宋山系，同一亚类不同土族，颗粒大小级别为壤质，矿物学类型为硅质混合型。

利用性能综述　土壤环境条件良好，地势平坦，几乎无水土侵蚀现象。土体结构良好，
物理性状好。土层较深，耕层较厚，保水保肥且有利于作物生长。但土壤养分状况不佳。
今后改良，应注意培肥土壤，提高土壤生产力。

参比土种　黄土。

代表性单个土体　采自连云港市东海县山左口乡（编号 32-230，野外编号 32072201），
34°36′15.012″N，118°27′48.60″E，海拔 42.6 m。当前作物为玉米。50 cm 土层年均温度
15.1℃。野外调查时间 2010 年 7 月。

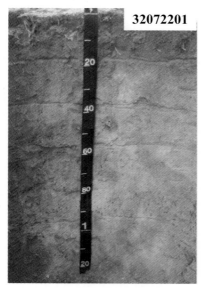

32072201

Ap：0～18 cm，浊黄橙色（10YR 6/4，干），浊黄棕色（10YR 4/3，润）；壤土，发育强的直径 2～10 mm 粒状结构，松散，无石灰反应，清晰平滑过渡。

Br1：18～37 cm，浊黄橙色（10YR 6/4，干），棕色（10YR 4/4，润）；砂质壤土，发育中等的直径 20～50 mm 次棱块状结构，松散；结构体表面有 5%～15% 的铁锰斑纹，无石灰反应，清晰平滑过渡。

Br2：37～58 cm，浊黄橙色（10YR 6/3，干），暗棕色（10YR 3/4，润）；黏壤土，发育强的直径 20～50 mm 块状结构，坚实；结构体表面有 5%～15% 的铁锰斑纹，无石灰反应，清晰波状过渡。

Br3：58～92 cm，浊黄橙色（10YR 6/4，干），棕色（10YR 4/6，润）；黏壤土，发育强的直径 20～100 mm 块状结构，坚实；结构体表面有 5%～15% 的铁锰斑纹，10% 左右直径 <2 mm 的黑色球状铁锰结核，无石灰反应，清晰平滑过渡。

山左口系代表性单个土体剖面

Btr：92～120 cm，浊黄橙色（10YR 7/4，干），黄棕色（10YR 5/6，润）；润，黏壤土，发育弱的直径 20～100 mm 块状结构，坚实；见少量铁锰斑纹，无石灰反应。

山左口系代表性单个土体物理性质

土层	深度/cm	砾石（>2 mm，体积分数）/%	细土颗粒组成（粒径：mm）/（g/kg）			质地	容重/（g/cm³）
			砂粒 2～0.05	粉粒 0.05～0.002	黏粒 <0.002		
Ap	0～18	—	336	417	247	壤土	1.59
Br1	18～37	—	434	368	198	砂质壤土	1.52
Br2	37～58	—	244	475	282	黏壤土	1.66
Br3	58～92	—	376	349	275	黏壤土	1.54
Btr	92～120	—	204	417	380	黏壤土	1.52

山左口系代表性单个土体化学性质

深度/cm	pH（H₂O）	有机质/（g/kg）	全氮(N)/（g/kg）	全磷(P₂O₅)/（g/kg）	全钾(K₂O)/（g/kg）	全铁(Fe₂O₃)/（g/kg）	阳离子交换量/（cmol/kg）	游离氧化铁/（g/kg）	有效磷(P)/（mg/kg）	速效钾(K)/（mg/kg）
0～18	6.6	7.7	0.27	0.63	28.9	32.3	13.9	9.1	5.07	54
18～37	6.5	6.8	0.20	0.38	28.5	27.2	13.2	8.8	3.39	50
37～58	6.5	6.9	0.18	0.49	33.1	31.7	13.2	8.9	2.57	51
58～92	6.6	3.6	0.18	0.35	29.3	32.3	12.6	9.4	3.95	58
92～120	7.0	3.7	0.10	0.19	27.7	39.8	18.7	14.1	1.42	112

7.2.3 欢墩系（Huandun Series）

土　族：壤质硅质混合型非酸性温性-斑纹简育干润淋溶土
拟定者：王培燕，杜国华

分布与环境条件　主要分布于连云港市赣榆区北部、西北以及西部低丘缓坡地带。属于沂沭丘陵平原区山前倾斜平原。气候上属暖温带半湿润季风气候区，年均气温13.1℃，无霜期213.9 d，年均日照2646.2 h，年均降雨量952.6 mm。土壤起源于黄土性洪冲积物，土层厚度较厚。海拔较高，约27 m。土地利用类型为旱地，种植作物有花生、玉米等。

欢墩系典型景观

土系特征与变幅　诊断层包括黏化层、淡薄表层；诊断特性包括氧化还原特征、铁质特性、温性土壤温度、半干润土壤水分状况。该土系土壤在母质形成之后，主要受地表水下渗影响，土壤物质发生铁锰和黏粒淋溶，曾经历过水耕作用，土壤剖面铁锰斑纹和结核发育非常明显，后改为旱耕，犁底层已消失。表土层之下各土层内见2%～40%黏粒胶膜和铁锰斑，通体皆有铁锰结核，且下层较多。土壤质地通体为壤土，亚表层出现黏粒淀积，黏粒含量超过耕作层的1.2倍，为黏化层。土体呈中性，pH为6.65～6.91。
对比土系　郑梁系，同一土族，黏化层位置偏下。夏村系，不同土纲，分布区域相邻，母质相似，黏化作用不明显，为雏形土。
利用性能综述　是低产土壤，主要是水源缺乏，灌溉保证不高，加上养分贫乏，钾素有效性极低。今后改良要强调配方施肥，注意补充钾肥。
参比土种　棕白土。
代表性单个土体　采自连云港市赣榆区欢墩镇（编号 32-224，野外编号 32072108），34°48′51.264″N，118°50′27.06″E，海拔26 m。当前作物为黄豆等旱作。50 cm土层年均温度15℃。野外调查时间2011年9月。

欢墩系代表性单个土体剖面

Ap: 0～17 cm，浊黄橙色（10YR 7/3，干），浊黄棕色（10YR 4/3，润）；壤土，发育强的直径 5～20 mm 团粒状结构，疏松；结构体内有 2%～5%直径 2～6 mm 铁斑纹，斑纹边界清楚，2%～5%黑色球形小锰结核，平直清晰过渡。

Btr: 17～40 cm，浊黄橙色（10YR 7/3，干），棕色（10YR 4/4，润）；壤土，发育强的直径 10～50 mm 棱块状结构，坚实；结构体内有 2%～5%直径<2 mm 的铁斑纹，斑纹边界清楚，有 2%～5%黑色球形小铁锰结核，结构面有黏粒胶膜，渐变波状过渡。

Br1: 40～62 cm，浊黄橙色（10YR 8/2，干），浊黄橙色（10YR 6/3，润）；砂质壤土，发育强的直径 20～100 mm 棱块状结构，很坚实；结构体内有 15%～40%直径 2～6 mm 铁斑纹，结构面上有 15%～40%模糊黏粒胶膜，15%～20%小的球形黑色锰结核，平直渐变过渡。

Br2: 62～102 cm，亮黄棕色（10YR 6/6，干），黄棕色（10YR 5/6，润）；壤土，发育强的直径 20～100 mm 棱块状结构，很坚实；结构体内有 15%～40%直径 2～6 mm 铁斑纹，结构面上有 15%～40%模糊的黏粒胶膜，2%～5%黑色球形小锰结核。

欢墩系代表性单个土体物理性质

土层	深度/cm	砾石（>2 mm，体积分数）/%	细土颗粒组成（粒径：mm）/（g/kg）			质地	容重/（g/cm³）
			砂粒 2～0.05	粉粒 0.05～0.002	黏粒<0.002		
Ap	0～17	—	481	359	160	壤土	1.62
Btr	17～40	—	409	378	213	壤土	1.61
Br1	40～62	—	582	255	164	砂质壤土	1.69
Br2	62～102	—	428	382	190	壤土	1.61

欢墩系代表性单个土体化学性质

深度/cm	pH（H₂O）	有机质/（g/kg）	全氮(N)/（g/kg）	全磷(P₂O₅)/（g/kg）	全钾(K₂O)/（g/kg）	全铁(Fe₂O₃)/（g/kg）	阳离子交换量/（cmol/kg）	游离氧化铁/（g/kg）	有效磷(P)/（mg/kg）	速效钾(K)/（mg/kg）
0～17	6.9	5.8	0.43	0.64	30.5	25.3	7.5	10.0	25.30	25
17～40	6.8	8.2	0.34	0.47	30.1	27.9	7.6	10.9	3.60	29
40～62	6.7	3.0	0.28	0.34	28.9	28.3	8.3	14.1	1.84	25
62～102	6.7	4.6	0.27	0.24	30.1	58.7	24.8	24.7	1.85	133

7.2.4 宋山系（Songshan Series）

土　族：壤质硅质混合型非酸性温性-斑纹简育干润淋溶土
拟定者：雷学成，潘剑君，黄　标

分布与环境条件　分布
于徐州新沂市河流两侧
距河道稍远的开阔平原
上，是沿河平原地区分布
面积较大的土壤类型。属
于沂沭丘陵平原区鲁南
丘陵南缘山前平原。地势
相对平坦，海拔较高。气
候上属暖温带半湿润季
风气候区，年均气温
13.7℃，无霜期201 d，年
均降雨量904.4 mm，但年
际变化较大。土壤起源于

宋山系典型景观

黄土性洪冲积物，土层厚度在1 m以上。多种植旱地农作物。
土系特征与变幅　诊断层包括黏化层；诊断特性包括温性土壤温度、氧化还原特征、半
干润土壤水分状况。该土系土壤在母质形成之后，受淋溶淀积作用影响明显，包括铁锰
和黏粒的淋溶在剖面都较为明显，在约70 cm以下形成黏化层。受人为耕作影响，表层
形成耕作层，耕作层之下有铁锰锈纹锈斑、胶膜和铁锰结核。土壤有机质和速效钾特别
低，但阳离子交换量较高。剖面上部土壤质地为粉砂壤土，下部为黏壤土，土体上层呈
弱酸性，下层呈弱碱性，pH为6.05～8.57。土体深厚，通体无石灰反应。
对比土系　青龙系，同一亚类不同土族，颗粒大小级别为黏质，矿物学类型为伊利石型。
山左口系，同一亚类不同土族，颗粒大小级别为黏壤质，矿物学类型为混合型。
利用性能综述　质地适中，排水良好，疏松保潮，干湿调和，水气协调，土性温暖。养
分转化快，肥效显著，适耕期长，易耕作，保水保肥性能好，肥效稳长。今后应增施磷
钾肥，提倡秸秆还田，解决好灌溉问题。
参比土种　山黄土。
代表性单个土体　采自徐州新沂市王庄镇宋山村（编号32-213，野外编号32038107），
34°14′2.94″N，118°24′23.40″E，海拔30 m。农业利用以旱作小麦、玉米为主，一般一年
两熟，当前作物为小麦。50 cm土层年均温度15.2℃。野外调查时间2010年6月。

32038107

宋山系代表性单个土体剖面

Ap：0～15 cm，浊黄橙色（10YR 7/3，干），棕色（10YR 4/4，润）；粉砂壤土，次棱块状结构，松；无石灰反应，平直渐变过渡。

Abr：15～34 cm，浊黄橙色（10YR 7/2，干），浊黄棕色（10YR 5/3，润）；粉砂壤土，次棱块状结构，松；5%～15%胶膜和铁锰结核，无石灰反应，平直清晰过渡。

Br：34～72 cm，浊黄橙色（10YR 7/3，干），浊黄棕色（10YR 5/4，润）；粉砂壤土，发育强的直径20～100 mm块状结构，紧实；5%～15%铁锰锈纹锈斑，5%～15%胶膜，5%～15%铁锰结核，无石灰反应，平直渐变过渡。

Btr1：72～111 cm，浊黄橙色（10YR 6/4，干），浊黄棕色（10YR 5/4，润）；黏壤土，发育强的直径20～100 mm块状结构，紧实；15%～40%铁锰锈纹锈斑，无石灰反应，波状清晰过渡。

Btr2：111～133 cm，亮黄棕色（10YR 7/6，干），亮黄棕色（10YR 6/8，润）；粉砂质黏壤土，发育强的直径20～100 mm块状结构，很硬；有铁锰斑点，5%～15%风化状态的石英岩石块。

宋山系代表性单个土体物理性质

| 土层 | 深度/cm | 砾石（>2 mm，体积分数）/% | 细土颗粒组成（粒径：mm）/（g/kg） | | | 质地 | 容重/（g/cm³） |
			砂粒 2～0.05	粉粒 0.05～0.002	黏粒<0.002		
Ap	0～15	—	216	647	137	粉砂壤土	1.48
Abr	15～34	—	333	535	132	粉砂壤土	1.74
Br	34～72	—	204	688	108	粉砂壤土	1.67
Btr1	72～111	—	244	485	271	黏壤土	1.55
Btr2	111～133	—	36	644	320	粉砂质黏壤土	1.60

宋山系代表性单个土体化学性质

深度/cm	pH(H₂O)	有机质/(g/kg)	全氮(N)/(g/kg)	全磷(P₂O₅)/(g/kg)	全钾(K₂O)/(g/kg)	全铁(Fe₂O₃)/(g/kg)	阳离子交换量/(cmol/kg)	游离氧化铁/(g/kg)	有效磷(P)/(mg/kg)	速效钾(K)/(mg/kg)
0～15	6.2	10.0	0.83	0.53	14.7	24.3	9.4	7.7	18.35	11
15～34	6.1	6.5	0.44	0.26	19.2	23.7	10.5	6.8	18.44	19
34～72	6.3	3.3	0.39	0.28	15.7	47.0	9.8	14.1	7.80	29
72～111	8.6	3.5	0.35	0.24	16.6	51.8	24.4	13.1	5.09	42
111～133	7.7	2.7	1.25	0.16	17.5	78.1	28.4	38.9	20.83	47

7.2.5 郑梁系（Zhengliang Series）

土　族：壤质硅质混合型非酸性温性-斑纹简育干润淋溶土
拟定者：雷学成，潘剑君，黄　标

分布与环境条件　分布于徐州新沂市东北部地区。属于沂沭丘陵平原区的鲁南丘陵南缘，淮北平原北部地区。位于低山丘陵前倾斜平原地带，地势平坦。气候上属暖温带半湿润季风气候区，年均气温 13.7℃，无霜期 201 d，年均降雨量 904.4 mm，但年际变化较大。土壤起源于黄土性洪冲积物，土层深厚。海拔较高，约 47 m。原生植被少见，多为种植农作物的旱耕地，种植作物有花生、玉米小麦等，一年两熟。

郑梁系典型景观

土系特征与变幅　诊断层包括黏化层、漂白层、淡薄表层；诊断特性包括氧化还原特征、铁质特性、温性土壤温度、半干润土壤水分状况。该土系土壤母质形成较老，长期受地表水下渗影响，土壤物质发生淋溶，包括黏粒和铁锰物质的下移。土层 20 cm 以下见 5%～40%铁锰锈纹锈斑和铁锰结核，5%～15%胶膜黏粒胶膜和铁锰斑，越往下层越多。75 cm 左右处出现漂白特征，之下出现黏化层，其黏粒含量达漂白层的 1.5 倍，且游离铁含量很高，达 30 g/kg。Ap 层土壤有机质和全氮和速效磷等养分含量较高，而全钾和速效钾养分含量低。土壤质地通体为粉砂壤土，土体呈微酸性-微碱性，pH 为 6.03～7.53。

对比土系　欢墩系，黏化层较浅，耕作层之下即为黏化层，淋溶过程的铁锰分异显著。

利用性能综述　质地适中，宜耕，保水保肥能力较好，但由于地势高，水源较缺乏。土壤养分中钾素储量和有效性很低，需要重点补充。宜种植小麦、玉米、花生等。也可栽种果树，提高经济效益。

参比土种　棕白土。

代表性单个土体　采自新沂市棋盘镇郑梁村（编号 32-208，野外编号 32038102），34°13′45.430″N，118°15′58.673″E，海拔 42 m，成土母质为黄土性洪积冲积物。农业利用以旱作小麦、玉米为主，当前作物为小麦。50 cm 土层年均温度 15.2℃。野外调查时间 2010 年 6 月。

32038102

郑梁系代表性单个土体剖面

Ap：0～20 cm，浊黄橙色（10YR 6/4，干），棕色（10YR 4/4，润）；粉砂壤土，发育强的直径2～10 mm粒状结构，土体疏松，20～50 根/cm² 根系，无石灰反应，平滑清晰过渡。

Br：20～60 cm，亮黄棕色（10YR 6/6，干），棕色（10YR 4/6，润）；粉砂壤土，发育强的直径5～20 mm粒状结构，松散；2%～5%铁锰锈纹锈斑和铁锰结核，无石灰反应，平滑清晰过渡。

Er1：60～73 cm，橙白色（10YR 8/2，干），浊黄棕色（10YR 5/3，润）；粉砂壤土，发育强的直径20～50 mm块状结构，稍硬；5%～15%铁锰锈纹锈斑和铁锰结核，有胶膜，无石灰反应，波状平滑过渡。

Er2：73～94 cm，橙白色（10YR 8/1，干），浊黄橙色（10YR 6/3，润）；粉砂壤土，发育强的直径20～100 mm块状结构，稍硬；15%～40%铁锰锈纹锈斑和铁锰结核，5%～15%胶膜，无石灰反应，平滑清晰过渡。

Btr：94～130 cm，黄棕色（10YR 5/6，干），棕色（10YR 5/6，润）；粉砂壤土，发育强的直径20～100 mm块状结构，稍硬；湿态紧实，15%～40%铁锰锈纹锈斑和铁锰结核，5%～15%胶膜，无石灰反应。

郑梁系代表性单个土体物理性质

| 土层 | 深度/cm | 砾石（>2 mm，体积分数）/% | 细土颗粒组成（粒径：mm）/（g/kg） | | | 质地 | 容重/（g/cm³） |
			砂粒 2～0.05	粉粒 0.05～0.002	黏粒<0.002		
Ap	0～20	—	360	469	171	粉砂壤土	1.43
Br	20～60	—	315	530	154	粉砂壤土	1.70
Er1	60～73	—	224	643	132	粉砂壤土	1.45
Er2	73～94	—	165	672	164	粉砂壤土	1.65
Btr	94～130	—	59	690	251	粉砂壤土	1.40

郑梁系代表性单个土体化学性质

深度/cm	pH(H₂O)	有机质/(g/kg)	全氮(N)/(g/kg)	全磷(P₂O₅)/(g/kg)	全钾(K₂O)/(g/kg)	全铁(Fe₂O₃)/(g/kg)	阳离子交换量/(cmol/kg)	游离氧化铁/(g/kg)	有效磷(P)/(mg/kg)	速效钾(K)/(mg/kg)
0～20	6.0	22.4	1.29	1.36	16.0	28.8	11.3	10.3	47.01	26
20～60	7.5	6.1	0.54	0.39	16.4	26.4	11.0	11.0	17.22	19
60～73	7.3	5.1	0.45	0.36	12.8	25.2	14.6	9.7	18.74	15
73～94	6.6	3.4	0.31	0.21	15.3	27.6	18.2	8.7	13.71	16
94～130	6.6	3.1	0.34	0.24	17.1	69.0	34.1	30.2	7.54	73

7.3 普通钙质湿润淋溶土

7.3.1 茅山系 (Maoshan Series)

土　族：黏质高岭石混合型非酸性热性-普通钙质湿润淋溶土
拟定者：王　虹，黄　标

分布与环境条件　分布于南京市、镇江市一带丘陵地区的石灰岩分布区。属于宁镇扬丘陵区的丘陵岗地上。气候上属北亚热带湿润季风气候区，年均气温 15℃，无霜期 230～240 d，年均总辐射量 115.6kcal/cm²，年均降雨量 1102 mm。土壤起源于石灰岩和第四纪红色黏土混合母质，母质主要出现在山坡的低洼处，土层可以较厚。植被以次生的针叶林或针阔叶混交林为主。

茅山系典型景观

土系特征与变幅　诊断层包括黏化层；诊断特性包括碳酸盐岩性特性、石灰性、热性土壤温度、湿润土壤水分状况。该土系土壤在母质形成之后，主要受地表水下渗影响，发生黏粒淋溶淀积，黏粒在剖面下部淀积，30 cm 以下土层黏粒含量达到上部土层的 1.2 倍以上。剖面土层中含 15%～25%石灰岩碎屑，土壤颜色很红，达 5YR。可能为第四纪红色黏土，土层质地为黏壤土-粉砂质黏土。土壤为弱酸-弱碱性，pH 为 6.0～7.6，上部石灰反应较强，向下逐渐减弱。

对比土系　湖汊系，不同土类，分布位置邻近，母质相似，为酸性湿润淋溶土。

利用性能综述　尽管该土系细土部分黏粒含量较高，但土壤中砾石含量较高，对树木根系下扎影响较小。此外，茅山系地势稍高，灌溉困难，有一定侵蚀，除有机质和全氮含量较高外，其他养分含量低，土层较厚处开辟为果园和林地时，一方面要防止水土流失，另一方面注意磷、钾元素的补充。

参比土种　黏棕土。

代表性单个土体　采自镇江句容市茅山镇东进村（编号 32-067，野外编号 B-67），31°45′59.625″N，119°17′53.925″E。海拔 66.4 m，植被以灌丛为主。50 cm 土层年均温度 17.08℃。野外调查时间 2010 年 5 月。

茅山系代表性单个土体剖面

Ah1：0～18 cm，浊红棕色（5YR 4/4，干），红棕色（5YR 4/6，湿）；黏壤土，发育中等的直径 2～10 mm 团粒状结构，松；土体内见碳酸盐岩屑，强烈石灰反应，波状模糊过渡。

Ah2：18～32 cm，浊红棕色（5YR 5/3，干），亮红棕色（5YR 5/6，润）；粉砂质黏壤土，发育中等的直径 5～20 mm 团粒状结构，松；土体内见碳酸盐岩屑，强烈石灰反应，波状明显过渡。

Bt1：32～50 cm，浊橙色（5YR 6/4，干），亮红棕色（5YR 5/8，润）；粉砂质黏壤土，发育中等的直径 5～50 mm 块状结构，稍紧实；土体内见碳酸盐岩屑，弱石灰反应，波状明显过渡。

Bt2：50～110 cm，亮红棕色（5YR 5/6，干），亮红棕色（5YR 5/8，湿）；粉砂质黏土，发育中等的直径 5～50 mm 块状结构，紧实；土体内见碳酸盐岩屑，无石灰反应。

茅山系代表性单个土体物理性质

| 土层 | 深度/cm | 砾石（>2 mm，体积分数）/% | 细土颗粒组成/(g/kg)（粒径：mm） | | | 质地 | 容重/(g/cm³) |
			砂粒 2～0.05	粉粒 0.05～0.002	黏粒<0.002		
Ah1	0～18	15	217	527	256	黏壤土	—
Ah2	18～32	25	76	620	304	粉砂质黏壤土	—
Bt1	32～50	25	98	547	355	粉砂质黏壤土	—
Bt2	50～100	10	35	562	402	粉砂质黏土	—

茅山系代表性单个土体化学性质

深度/cm	pH (H₂O)	有机质/(g/kg)	全氮(N)/(g/kg)	全磷(P₂O₅)/(g/kg)	全钾(K₂O)/(g/kg)	全铁(Fe₂O₃)/(g/kg)	阳离子交换量/(cmol/kg)	游离氧化铁/(g/kg)	有效磷(P)/(mg/kg)	速效钾(K)/(mg/kg)
0～18	7.5	36.6	2.03	0.94	16.3	55.5	20.7	—	4.26	156
18～32	7.6	22.7	1.12	0.74	13.9	47.0	14.7	—	2.65	92
32～50	7.5	7.7	0.51	0.59	13.3	49.9	13.5	—	1.12	138
50～100	6.0	7.1	0.62	0.57	17.9	79.9	28.5	—	0.70	176

7.4 表蚀黏磐湿润淋溶土

7.4.1 晶桥系（Jingqiao Series）

土　族：黏质高岭石混合型酸性热性-表蚀黏磐湿润淋溶土
拟定者：王　虹，黄　标

分布与环境条件　分布于南京市一带丘陵地区的安山质火山岩上。在土壤区划上，属于宁镇扬丘陵区。区域地势有一定起伏，海拔可从 5～20 m 至 200～400 m。气候上属北亚热带湿润季风气候区，年均气温 15℃，无霜期 230～240 d，年均总辐射量 115.6kcal/cm^2，年均降雨量 1102 mm。土壤起源于安山质火山岩母岩上，土层浅薄。该土系上自然植被已不多见，以次生的针叶林或针阔叶混交林为主。

晶桥系典型景观

土系特征与变幅　诊断层包括黏化层、黏磐层、淡薄表层；诊断特性包括氧化还原特征、热性土壤温度、湿润土壤水分状况。该土系土壤在母质形成之后，主要受地表水下渗影响，土壤物质发生淋溶淀积，由于剖面位于坡中，有一定侵蚀，导致淋溶层被侵蚀，淀积层出露地表，土体中黏粒胶膜和铁锰斑发育。在下部还出现黏磐层，土体呈酸性，pH为 4.43～4.75。

对比土系　六合平山系，同一亚类不同土族，母质不同，矿物学类型为伊利石混合型，酸碱性为非酸性。

利用性能综述　表下层质地较黏，坚硬紧实；有效土层较薄，养分含量较低，供肥保肥性能差，中性-酸性反应。且灌溉困难，不适宜稻麦等农作物的种植。在适宜地区可以发展茶树、果树等的种植。

参比土种　栗色土。

代表性单个土体　采自南京市溧水区晶桥镇（编号 32-074，野外编号 B74），31°26′39.69″N，119°03′32.868″E。海拔 77 m，母质为火山岩半风化的坡积物。植被马尾松林。50 cm 土层年均温度 17.08℃。野外调查时间 2010 年 4 月。

Ah：0~15 cm，浊橙色（7.5YR 6/4，干），棕色（7.5YR 4/6，润）；粉砂质黏壤土，发育中等的直径 10~30 mm 次棱块状结构，松；无石灰反应，波状明显过渡。

Bt1：15~30 cm，橙色（2.5YR 6/6，干），红棕色（2.5YR 4/6，润）；粉砂质黏壤土，发育中等的直径 10~50 mm 棱块状结构，紧；15%~40%黏粒胶膜，无石灰反应，平直逐渐过渡。

Bt2：30~60 cm，浅淡橙色（5YR 8/3，干），浊橙色（5YR 6/3，润）；粉砂质黏壤土，发育中等的直径 10~50 mm 棱块状结构，紧；15%~40%黏粒胶膜，无石灰反应，平直逐渐过渡。

Btm：60~100 cm，橙白色（7.5YR 8/2，干），淡棕灰色（7.5YR 7/2，润）；黏土，发育中等的直径 10~50 mm 块状结构，紧；15%~40%黏粒胶膜，无石灰反应。

晶桥系代表性单个土体剖面

晶桥系代表性单个土体物理性质

土层	深度/cm	砾石（>2 mm，体积分数）/%	细土颗粒组成（粒径：mm）/（g/kg）			质地	容重/（g/cm³）
			砂粒 2~0.05	粉粒 0.05~0.002	黏粒<0.002		
Ah	0~15	5	106	532	362	粉砂质黏壤土	—
Bt1	15~30	10	105	554	341	粉砂质黏壤土	—
Bt2	30~60	5	141	570	289	粉砂质黏壤土	—
Btm	60~100	5	133	253	615	黏土	—

晶桥系代表性单个土体化学性质

深度/cm	pH（H₂O）	有机质/（g/kg）	全氮(N)/（g/kg）	全磷(P₂O₅)/（g/kg）	全钾(K₂O)/（g/kg）	全铁(Fe₂O₃)/（g/kg）	阳离子交换量/（cmol/kg）	游离氧化铁/（g/kg）	有效磷(P)/（mg/kg）	速效钾(K)/（mg/kg）
0~15	4.8	21.6	0.94	0.38	9.4	62.1	10.0	—	1.48	50
15~30	4.6	9.5	0.55	0.42	13.3	61.0	15.6	—	0.94	56
30~60	4.4	9.1	0.48	0.29	15.3	79.0	33.2	—	0.27	94
60~100	4.6	4.5	0.32	0.26	21.2	72.0	25.4	—	0.50	76

7.4.2 六合平山系（Luhepingshan Series）

土　族：黏质伊利石混合型非酸性热性-表蚀黏盘湿润淋溶土
拟定者：王　虹，黄　标

分布与环境条件　分布于南京市六合区西北部一带的丘陵岗地的中上部。属于宁镇扬低山丘陵区的丘岗地上。区域地势有一定起伏，海拔可从5～20 m至200～400 m。气候上属北亚热带湿润季风气候区，年均气温 15℃，无霜期 230～240 d，年均总辐射量 115.6kcal/cm^2，年均降雨量 1102 mm。土壤起源于第四纪下蜀黄土母质上，土层深厚。该土系上植被以次生的针叶林或针阔叶林为主，人为利用种植茶树。

六合平山系典型景观

土系特征与变幅　诊断层包括黏磐层、淡薄表层；诊断特性包括氧化还原特征、热性土壤温度、湿润土壤水分状况。该土系土壤在母质形成之后，主要受地表水下渗影响，土壤物质淋溶淀积强烈，包括黏粒和铁锰物质的下移，形成黏磐层，土层 10 cm 以下即见 5%～15%黏粒胶膜和铁锰胶膜。可见该黏盘层由于地表侵蚀已出露地表。土壤肥力指标中，仅表层有机质和速效钾含量较高，其余均较低或很低。土壤质地除 26～61 cm 粉砂质黏壤土外，其余均为粉砂质黏土，土体呈酸性，pH 为 4.95～6.53。

对比土系　晶桥系，同一亚类不同土族，母质不同，矿物学类型为高岭石混合型，酸碱性为酸性。丁岗系，不同土类，分布位置邻近，地形部位相似，母质相同，植被类型不同，受人为耕作影响，为简育湿润淋溶土。燕子矶系，不同土类，分布位置邻近，无黏磐层，为简育湿润淋溶土。

利用性能综述　质地黏，紧实的黏盘层出露地表，作物生长根系伸展受限，存在侵蚀风险，因此，在适宜地区发展茶树种植时，一方面要深耕，打破黏盘层，另一方面要配套水土保持措施，防治水土流失。

参比土种　死黄土。

代表性单个土体 采自南京市六合区平山林场（编号 32-053，野外编号 B53），32°27′54.972″N，118°51′17.028″E。低丘的中部，平坦处种植茶树，剖面点海拔 127 m，为次生马尾松林。母质为下蜀黄土。50 cm 土层年均温度 17.08℃。野外调查时间 2010 年 11 月。

A：0～10 cm，亮棕色（7.5YR 5/6，干），棕色（7.5YR 4/6，润）；粉砂质黏土，发育强的直径 5～20 mm 团块状结构，松；平直明显过渡。

Btmr1：10～26 cm，亮棕色（7.5YR 5/6，干），棕色（7.5YR 4/6，润）；粉砂质黏土，发育强的直径 10～50 mm 团块状结构，紧实；5%～15%黏粒胶膜，结构体或裂隙表面见铁锰胶膜，平直逐渐过渡。

Btmr2：26～61 cm，浊棕色（7.5YR 5/4，干），棕色（7.5YR 4/4，润）；粉砂质黏壤土，发育强的直径 20～100 mm 团块状结构，紧实；5%～15%黏粒胶膜，见铁锰胶膜，平直逐渐过渡。

Btmr3：61～100 cm，浊棕色（7.5YR 5/4，干），棕色（7.5YR 4/4，润）；粉砂质黏土，发育强的直径≥100 mm 棱柱状结构，紧实；5%～15%黏粒胶膜，大量铁锰胶膜。

六合平山系代表性单个土体剖面

六合平山系代表性单个土体物理性质

土层	深度/cm	砾石（>2 mm，体积分数）/%	细土颗粒组成（粒径：mm）/（g/kg）			质地	容重/（g/cm³）
			砂粒 2～0.05	粉粒 0.05～0.002	黏粒<0.002		
A	0～10	—	26	551	424	粉砂质黏土	1.32
Btmr1	10～26	—	24	498	478	粉砂质黏土	1.36
Btmr2	26～61	—	31	582	387	粉砂质黏壤土	1.54
Btmr3	61～100	—	29	532	440	粉砂质黏土	1.57

六合平山系代表性单个土体化学性质

深度/cm	pH（H₂O）	有机质/（g/kg）	全氮(N)/（g/kg）	全磷(P₂O₅)/（g/kg）	全钾(K₂O)/（g/kg）	全铁(Fe₂O₃)/（g/kg）	阳离子交换量/（cmol/kg）	游离氧化铁/（g/kg）	有效磷(P)/（mg/kg）	速效钾(K)/（mg/kg）
0～10	5.0	39.7	1.79	0.33	13.8	47.3	21.1	18.6	2.57	142
10～26	5.7	10.4	0.68	0.25	15.4	56.0	19.7	19.5	1.43	130
26～61	6.3	6.4	0.46	0.31	15.9	54.2	18.3	17.7	4.24	122
61～100	6.5	6.2	0.46	0.35	16.0	38.7	19.2	17.7	4.97	126

7.5 饱和黏磐湿润淋溶土

7.5.1 十里营系（Shiliying Series）

土　族：黏质伊利石型非酸性热性-饱和黏盘湿润淋溶土
拟定者：王培燕，潘剑君，黄　标

分布与环境条件　主要分布于淮安市盱眙县东部丘陵岗地的缓坡上。属于宁镇扬丘陵岗地区的缓岗地。区域地势有一定起伏，海拔 20～50 m。气候上属北亚热带湿润季风气候区，年均气温 14.7℃，无霜期 219 d，年均总辐射量 114.67kcal/cm^2，年均降雨量 981.5 mm。土壤起源于黄土性母质上，土层深厚。土地利用类型为旱地、林地，主要种植作物有小麦、玉米等。

十里营系典型景观

土系特征与变幅　诊断层包括黏磐、淡薄表层；诊断特性包括氧化还原特征、热性土壤温度、湿润土壤水分状况。该土系土壤曾经历过一定时间的水耕人为作用，后改为旱耕，其犁底层已消失。剖面氧化还原特征和黏粒胶膜发育，系土壤母质长期受淋溶作用影响所致，包括黏粒和铁锰物质的下移。20～38 cm 土层颜色明显变淡，并在之下形成较大厚度的黏磐层，其黏粒含量达腐殖质层的 1.2 倍以上，在孔隙壁和结构体内粘粒胶膜发育明显。土壤剖面 20 cm 以下见 15%～40%黏粒胶膜，5%～15%铁锰斑和 2%～5%直径 0.5～2 mm 铁锰结核。可能由于植被受到人为破坏，土壤表层产生侵蚀，导致黏磐层接近地表。土壤养分中全磷钾较低，耕作层速效磷钾也较低。土壤质地 38 cm 以上为黏壤质，以下为黏土，土体呈中性，pH 为 6.81～7.42。

对比土系　周郢系，同一土族，分布区域邻近，母质相似，40 cm 以下出现黏磐层，表层有机质、全磷全钾含量相对稍高。

利用性能综述　土壤耕层质地相对较轻，砂粒含量较高，耕性好，适耕期长，但耕后遇雨或遇淡水后易淀浆板结，不利种子发芽和根系生长。而下部质地黏，易滞水受渍。有机质含量较低，土壤供磷供钾能力低。改良利用应因地制宜，合理轮作，在水利条件较好的地方，宜推广稻麦轮作；在施氮肥的基础上，要注意施磷肥和钾肥。

参比土种　岗白土。

代表性单个土体　采自淮安市盱眙县十里营乡毛庄村高东组（编号 32-257，野外编号 32083005），坐标 33°00′42.372″N，118°33′4.212″E，海拔 32 m，黄土母质。当前作物为小麦。50 cm 土层年均温度 16.9℃。野外调查时间 2011 年 3 月。

十里营系代表性单个土体剖面

Ap：0～20 cm，浊橙橙色（10YR 7/3，干），浊黄棕色（10YR 5/3，润）；稍润，黏壤土，发育强的直径 5～20 mm 团粒状结构，疏松；无石灰反应，渐变波状过渡。

Br：20～38 cm，浅淡黄色（2.5Y 8/3，干），浊黄色（2.5Y 6/3，润）；稍润，黏壤土，发育强的直径 20～50 mm 块状结构，坚实；结构体内有 5%～15%直径 2～6 mm 的铁锰斑纹，斑纹边界清楚、对比度显著，5%～15%球形黑色直径 2～6 mm 铁锰结核，无石灰反应，清晰平直过渡。

Btmr1：38～57 cm，浊黄橙色（10YR 6/4，干），黄棕色（10YR 5/6，润）；黏土，发育强的直径 50～100 mm 棱柱状结构，很坚实；结构体内有铁锰斑点，结构面上有 15%～40%明显的铁锰和黏粒胶膜，无石灰反应，渐变平直过渡。

Btmr2：57～100 cm，浊黄橙色（10YR 6/4，干），黄棕色（10YR 5/6，润）；黏土，发育强的直径≥100 mm 棱柱状结构，很坚实；结构面上有 15%～40%明显的黏粒胶膜，含 2%～5%直径 0.5～2 mm 的黑色球形铁锰结核，无石灰反应，清晰平直过渡。

Btmr3：100～105 cm，浊黄棕色（10YR 5/4，干），浊黄棕色（10YR 4/3，润）；黏土，发育强的直径≥100 mm 棱柱状结构，很坚实；有 2%～5%直径 0.5～2 mm 的黑色球形铁锰结核，无石灰反应。

十里营系代表性单个土体物理性质

土层	深度/cm	砾石（>2 mm，体积分数）/%	细土颗粒组成（粒径：mm）/（g/kg）			质地	容重/（g/cm³）
			砂粒 2～0.05	粉粒 0.05～0.002	黏粒<0.002		
Ap	0～20	—	389	332	279	黏壤土	—
Br	20～38	—	277	444	279	黏壤土	—
Btmr1	38～57	—	164	270	567	黏土	—
Btmr2	57～100	—	255	234	511	黏土	—
Btmr3	100～105	—	216	307	477	黏土	—

十里营系代表性单个土体化学性质

深度/cm	pH（H₂O）	有机质/（g/kg）	全氮(N)/（g/kg）	全磷(P₂O₅)/（g/kg）	全钾(K₂O)/（g/kg）	全铁(Fe₂O₃)/（g/kg）	阳离子交换量/（cmol/kg）	游离氧化铁/（g/kg）	有效磷(P)/（mg/kg）	速效钾(K)/（mg/kg）
0～20	6.8	20.1	0.88	0.70	9.3	29.0	13.9	10.8	17.07	84
20～38	7.0	3.8	0.76	0.33	11.4	29.6	18.8	10.4	4.23	53
38～57	7.3	4.8	0.24	0.02	13.9	31.0	33.0	17.5	3.20	167
57～100	7.4	6.8	0.31	0.39	14.6	62.1	47.2	19.9	2.47	195
100～105	7.4	5.6	0.27	0.31	15.4	46.5	31.6	16.4	3.91	147

7.5.2　周郢系（Zhouying Series）

土　族：黏质伊利石型非酸性热性-饱和黏盘湿润淋溶土
拟定者：王培燕，潘剑君，黄　标

分布与环境条件　主要分布于淮安市盱眙县坡度较大的岗坡地上。属于宁镇扬丘陵区的山麓平原，地势略起伏，海拔 20～50 m。气候上属北亚热带湿润季风气候区，年均气温 14.7℃，无霜期 219 d，年均总辐射量 114.67kcal/cm^2，年均降雨量 981.5 mm。土壤起源于黄土性母质上，土层深厚。该土系大部分被开垦利用，或为旱地或为次生林地，主要种植作物有小麦、玉米等，一年两熟。

周郢系典型景观

土系特征与变幅　诊断层包括黏磐层；诊断特性包括氧化还原特征、热性土壤温度、湿润土壤水分状况。该土系土壤黏粒和铁锰物质淋溶强烈，耕层以下常见 2%～40%黏粒胶膜，黏粒在约 40 cm 以下强烈淀积，形成黏盘层。60 cm 以下出现铁锰斑纹和 2%～5% 直径<2 mm 铁锰结核。该土系土壤有机质含量较高，氮磷钾等养分储量和有效性均较高。土壤质地 39 cm 以上为黏壤土，其下为黏土，土体呈中性，pH 为 6.64～7.42。

对比土系　十里营系，同一土族，分布区域邻近，母质相似，植被人为破坏，土壤表层产生侵蚀，导致黏磐层接近地表。北泥系，不同土类，空间位置相近，无黏磐层。

利用性能综述　土壤质地黏重，土体较为紧实，耕作困难。但耕作历史较长，耕层熟化程度高和肥力高，保肥能力也强。下部的黏盘层对深根作物生产有较大影响，同时也阻碍水分上下运动，在旱季易发生干旱。利用中应增施有机肥或增加有机物料投入，改善土壤结构，培肥土壤。

参比土种　黄刚土。

代表性单个土体　采自淮安市盱眙县仇集镇周郢村（编号 32-256，野外编号 32083004），32°49′20.928″N，118°19′16.32″E，海拔 42 m，黄土性母质。当前作物为小麦。50 cm 土层年均温度 16.9℃。野外调查时间 2011 年 3 月。

32083004

周郢系代表性单个土体剖面

Ap: 0~11 cm，浊黄橙色（10YR 6/3，干），浊黄棕色（10YR 4/3，润）；黏壤土，发育强的直径 5~20 mm 团粒状结构，疏松；无石灰反应，清晰平直过渡。

B: 11~39 cm，浊黄橙色（10YR 6/3，干），灰黄棕色（10YR 4/2，润）；黏壤土，发育强的直径 20~100 mm 棱块状结构，坚实；结构面上有 2%~5%模糊的黏粒胶膜，无石灰反应，清晰波状过渡。

Btmr1: 39~60 cm，浊黄橙色（10YR 6/3，干），浊黄棕色（10YR 5/3，润）；黏土，发育强的直径 20~100 mm 棱柱状结构，坚实；结构面上有 5%~15%明显的黏粒胶膜，无石灰反应，渐变波状过渡。

Btmr2: 60~101 cm，浊黄橙色（10YR 6/4，干），黄棕色（10YR 5/6，润）；黏土，发育强的直径≥100 mm 棱柱状结构，很坚实；结构体内有 2%~5%直径 2~6 mm 的铁锰斑纹，斑纹边界鲜明，结构面上有 15%~40%显著的黏粒胶膜，2%~5%直径<2 mm 的黑色球形铁锰结核，无石灰反应，渐变平直过渡。

Btmr3: 101~125 cm，浊黄棕色（10YR 6/4，干），浊黄棕色（10YR 5/4，润）；黏土，发育强的直径≥100 mm 棱柱状结构，很坚实；2%~5%直径<2 mm 的铁锰斑纹，15%~40%显著的黏粒胶膜，2%~5%直径<2 mm 的黑色球形铁锰结核。

周郢系代表性单个土体物理性质

土层	深度/cm	砾石 (>2 mm，体积分数) /%	细土颗粒组成（粒径：mm）/（g/kg）			质地	容重 /（g/cm³）
			砂粒 2~0.05	粉粒 0.05~0.002	黏粒<0.002		
Ap	0~11	——	356	272	372	黏壤土	1.24
B	11~39	——	325	303	372	黏壤土	1.52
Btmr1	39~60	——	210	289	501	黏土	1.57
Btmr2	60~101	——	237	243	519	黏土	1.60
Btmr3	101~125	——	157	339	504	黏土	1.62

周郢系代表性单个土体化学性质

深度 /cm	pH (H₂O)	有机质 /（g/kg）	全氮(N) /（g/kg）	全磷(P₂O₅) /（g/kg）	全钾(K₂O) /（g/kg）	全铁(Fe₂O₃) /（g/kg）	阳离子交换量 /（cmol/kg）	游离氧化铁 /（g/kg）	有效磷(P) /（mg/kg）	速效钾(K) /（mg/kg）
0~11	6.6	22.0	0.85	1.62	19.7	60.4	31.6	13.1	34.59	182
11~39	6.7	10.2	0.61	1.59	20.3	61.7	26.2	12.8	15.05	180
39~60	6.9	6.7	0.35	1.15	19.1	67.3	34.1	14.5	13.12	208
60~101	7.2	4.9	0.33	0.73	20.8	68.3	35.3	16.8	7.81	224
101~125	7.4	4.2	0.27	0.41	14.8	60.6	20.9	18.2	8.59	180

7.6 普通黏磐湿润淋溶土

7.6.1 横山系（Hengshan Series）

土　族：黏壤质硅质混合型非酸性热性-普通黏磐湿润淋溶土
拟定者：王　虹，黄　标

分布与环境条件　分布于南京市一带丘陵地区丘陵岗地的下部。属于宁镇扬丘陵区。区域地势有一定起伏，海拔可从 5～20 m 至 200～400 m。气候上属北亚热带湿润季风气候区，年均气温 15℃，无霜期 230 ～ 240 d，年 均 总 辐 射 量 115.6kcal/cm^2，年均降雨量 1102 mm。土壤起源于下蜀黄土母质，土层深厚。该土系上自然植被已不多见，以次生的针叶林或针阔叶混交林为主，或者被人为利用于植茶。

横山系典型景观

土系特征与变幅　诊断层包括黏磐层、淡薄表层；诊断特性包括氧化还原特征、热性土壤温度、湿润土壤水分状况。该土系土壤母质受地表水下渗影响，黏粒和铁锰物质向下淋溶，并在 40 cm 左右黏粒淀积，形成黏磐层，土层 20～40 cm 范围内见 5% 左右的铁锰胶膜，其下见 5%～10% 黏粒胶膜及 15%～40% 铁锰胶膜，黏粒含量明显高于上部土层，达上部土层的 1.2 倍以上，结构发育强烈，为紧实的块状或棱柱状。土壤质地 20 cm 以上为粉砂壤土外，其下均为粉砂质黏壤土，土体呈酸性，pH 为 5.78～6.34。

对比土系　燕子矶系，空间位置相邻，不同土类，无黏磐层，为简育湿润淋溶土。

利用性能综述　分布于坡脚，黏盘层偏下，表层土壤适耕性好，可种植旱作。但土壤偏酸性，磷、钾供应严重不足，需要增施有机肥，补充磷钾养分。也可适宜种植茶树或苗木等。

参比土种　岗黄土。

横山系代表性单个土体剖面

代表性单个土体　采自南京市溧水区石湫横山村（编号 32-075a，野外编号 B75-1），31°38′4.308″N，118°51′26.244″E。位于山坡坡脚，海拔 44 m。当前作物为茶。50 cm 土层年均温度 17.08℃。野外调查时间 2010 年 11 月。

Ap：0～20 cm，浊橙色（7.5YR 6/4，干），棕色（7.5YR 4/4，润）；粉砂壤土，发育强的直径 5～20 mm 粒状结构，松；平直明显过渡。

Btr：20～38 cm，橙色（7.5YR 6/6，干），亮棕色（7.5YR 5/6，润）；粉砂质黏壤土，发育中等的直径 10～50 mm 块状结构，紧；5%黏粒胶膜、铁锰结核，平直明显过渡。

Btmr：38～100 cm，亮棕色（7.5YR 5/6，干），棕色（7.5YR 4/6，润）；粉砂质黏壤土，发育强的直径 20～100 mm 棱块状结构，紧；5%～10%黏粒胶膜，15%～40%铁锰结核。

横山系代表性单个土体物理性质

土层	深度/cm	砾石（>2 mm，体积分数）/%	细土颗粒组成（粒径：mm）/（g/kg）			质地	容重/（g/cm³）
			砂粒 2～0.05	粉粒 0.05～0.002	黏粒<0.002		
Ap	0～20	—	45	707	249	粉砂壤土	1.41
Btr	20～38	—	36	714	250	粉砂质黏壤土	1.50
Btmr	38～100	—	101	542	357	粉砂质黏壤土	1.58

横山系代表性单个土体化学性质

深度/cm	pH（H₂O）	有机质/（g/kg）	全氮(N)/（g/kg）	全磷(P₂O₅)/（g/kg）	全钾(K₂O)/（g/kg）	全铁(Fe₂O₃)/（g/kg）	阳离子交换量/（cmol/kg）	游离氧化铁/（g/kg）	有效磷(P)/（mg/kg）	速效钾(K)/（mg/kg）
0～20	5.8	22.4	1.24	0.25	13.3	38.7	24.9	19.8	0.92	76
20～38	5.8	11.9	0.75	0.19	14.3	49.6	16.6	22.9	1.00	82
38～100	6.3	6.1	0.55	0.16	14.7	51.3	16.5	22.7	0.98	94

7.7　红色酸性湿润淋溶土

7.7.1　湖氽系（Hufu Series）

土　族：黏质高岭石混合型非酸性热性-红色酸性湿润淋溶土
拟定者：王　虹，黄　标

分布与环境条件　分布于
江苏省南部宜兴、溧阳和高
淳等地，发育在丘陵地区坡
岗地上的第四纪红色黏土
母质上。属于宁镇扬丘陵区
的丘陵岗地。区域地势有一
定起伏，海拔可从 5～20 m
至 200～400 m。气候上属北
亚热带湿润季风气候区，年
均气温 15.6℃，无霜期 240 d，
年日照时数 1848 h，年均降
雨量 1177 mm。土壤起源于
第四纪红色黏土搬运物母

湖氽系景观照湖

质上，土层较厚。该土系上植被以次生的针叶林或针阔叶混交林为主。人为利用条件下，
一般种植竹和茶。

土系特征与变幅　诊断层包括淡薄表层、黏化层；诊断特性包括热性土壤温度、湿润土
壤水分状况。该土系土壤在母质形成之后，由于分布区水热状况较高，土壤存在一定的
富铁铝化作用，土壤质地较黏，色调为 5YR，游离铁含量较高，Fe_2O_3 含量≥20 g/kg，
但是土层黏粒 CEC 较高，经测定各土层黏粒 CEC 在 28.54～34.87 cmol（+）/kg，>24 cmol
（+）/kg，所以不符合低活性富铁层的诊断特点。但同时剖面黏粒移动明显，B 层黏粒
含量达 A 层的 1.2 倍以上，为黏化层。土壤 pH 在 A 层>5.5，但 B 层<5.5。土壤有机
质适中，但氮磷钾储量和有效性很低。土壤质地通体为壤土。

对比土系　茅山系，不同土类，分布位置邻近，母质相似，为钙质湿润淋溶土。仙坛系，
不同土类，分布位置邻近，母质相似，可能由于底部的红色黏土风化剥蚀时混入了黄土
所致，土壤 pH 较高，为铁质湿润淋溶土。

利用性能综述　表层质地较砂，有机质含量高，下层质地偏黏，有的基岩裸露。大多为
荒山草坡，少数为疏林。土壤偏酸，适宜种植茶、果树等树木。利用时，应注意防止水
土流失。

参比土种　棕红土。

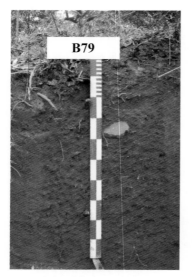

湖汶系单个土体剖面

代表性单个土体　采自无锡宜兴市湖汶镇（编号 32-079，野外编号 B79），31°13′43.68″N，119°47′58.668″E。海拔 85 m，植被为人工竹林。50 cm 土层年均温度 18.08℃。野外调查时间 2010 年 3 月。

Ah1：0～11 cm，浊橙色（5YR 6/4，干），浊棕色（5YR 4/4，润）；壤土，发育强的直径 2～5 mm 粒状结构，紧；波状明显过渡。

Ah2：11～20 cm，橙色（5YR 6/6，干），红棕色（5YR 4/8，润）；壤土，发育中等的直径 2～10 mm 块状结构，紧；平直逐渐过渡。

Bt1：20～73 cm，亮红棕色（5YR 5/8，干），红棕色（5YR 4/8，润）；壤土，发育弱的直径 5～20 mm 块状结构，紧；平直逐渐过渡。

Bt2：73～100 cm，橙色（5YR 6/8，干），红棕色（5YR 4/8，润）；壤土，发育弱的直径 5～20 mm 块状结构，紧。

湖汶系代表性单个土体物理性质

| 土层 | 深度/cm | 砾石（>2 mm，体积分数）/% | 细土颗粒组成（粒径：mm）/（g/kg） | | | 质地 | 容重/（g/cm³） |
			砂粒 2～0.05	粉粒 0.05～0.002	黏粒<0.002		
Ah1	0～11	5	567	100	333	壤土	—
Ah2	11～20	5	109	493	398	壤土	—
Bt1	20～73	5	92	437	471	壤土	—
Bt2	73～100	5	57	463	480	壤土	—

湖汶系代表性单个土体化学性质

深度/cm	pH(H₂O)	有机质/(g/kg)	全氮(N)/(g/kg)	全磷(P₂O₅)/(g/kg)	全钾(K₂O)/(g/kg)	全铁(Fe₂O₃)/(g/kg)	阳离子交换量/(cmol/kg)	游离氧化铁/(g/kg)	有效磷(P)/(mg/kg)	速效钾(K)/(mg/kg)
0～11	6.3	22.2	1.35	0.32	12.3	46.2	11.1	24.2	2.08	88
11～20	6.1	9.7	0.72	0.26	12.8	57.1	12.4	27.1	1.55	74
20～73	4.5	5.1	0.51	0.25	13.9	56.1	12.6	28.7	1.19	74
73～100	4.5	5.2	0.49	0.25	14.0	33.8	13.8	32.1	0.93	80

7.8 红色铁质湿润淋溶土

7.8.1 仙坛系（Xiantan Series）

土 族：壤质硅质混合型非酸性热性-红色铁质湿润淋溶土
拟定者：王 虹，黄 标

分布与环境条件 分布于南京市南部一带的丘陵地区坡中部位。属于宁镇扬丘陵区的丘岗地。区域地势有一定起伏，海拔可从 5～20 m 至 200～400 m。气候上属北亚热带湿润季风气候区，年均气温15℃，无霜期230～240 d，年均总辐射量115.6kcal/cm^2，年均降雨量 1102 mm。土壤起源于第四纪下蜀黄土，但剖面下部又出现早期的第四纪红色黏土，土层较厚。在两个时期的沉积物之间有砾石层，其成分与丘陵

仙坛系典型景观

地顶部的岩性一致，为沉积间断，砾石层基质质地较黏，该土系上的植被以次生的针叶林或针阔叶混交林为主，利于种植茶和园艺植物。

土系特征与变幅 诊断层包括黏化层、淡薄表层；诊断特性包括氧化还原特征、铁质特性、热性土壤温度、湿润土壤水分状况。该土系土壤在母质形成之后，主要受地表水下渗影响，土壤物质发生淋溶，包括黏粒和铁锰物质的下移，形成黏化层，土层 30 cm 以下见 15%～40%黏粒胶膜和铁锰斑纹，形成黏化层。同时所有 B 层细土部分的游离铁（Fe$_2$O$_3$）含量较高，大于 20 g/kg，游离度均在 50%以上。该土系土壤有机质和全氮较高，但全磷全钾很低。土壤质地 30 cm 以上为壤土，其下为砂质壤土，土体呈酸性-中性，pH 为 5.74～6.95。

对比土系 湖泆系，不同土类，分布位置邻近，母质相似，为酸性湿润淋溶土。

利用性能综述 土壤分布区植被较好，黏化层埋藏较深，对耕作影响不大。但土壤养分含量不佳，有机质、磷、钾含量均不高，又由于分布位置位于坡中部，不适宜农业耕作，适宜种植果树林木。同时，应注意预防水土流失。

参比土种 棕红土。

代表性单个土体　采自南京市溧水区晶桥镇仙坛村（编号 32-074 a，野外编号 32-74-1），31°27′16.20″N，119°03′40.032″E。海拔 49.8 m，母质为黄土，目前进行苗木生产。50 cm 土层年均温度 17.08℃。野外调查时间 2010 年 3 月。

Ap：0～13 cm，黄橙色（7.5YR 5/6，干），暗红棕色（7.5YR 4/6，湿）；壤土，发育强的直径 5～20 mm 粒状结构，稍紧；20～50 根/cm² 根孔，<2%蚯蚓，无石灰反应，平直逐渐过渡。

AB：13～30 cm，橙色（7.5YR 5/8，干），红棕色（7.5YR 4/8，湿）；壤土，发育强的直径 10～50 mm 粒状结构，稍紧；20～50 根/cm² 根孔，<2%蚯蚓，无石灰反应，波状明显过渡。

Btr1：30～55 cm，棕色（7.5YR 7/4，干），浊红棕色（7.5YR 5/4，湿）；砂质壤土，发育强的直径 20～100 mm 块状结构，坚实；15%～40%黏粒胶膜与铁锰锈纹锈斑，见大量大小不等的磨圆砾石，无石灰反应，波状明显过渡。

Btr2：55～100 cm，红棕色（5YR 5/8，干），亮红棕色（5YR 5/8，湿）；砂质壤土，发育强的直径 20～100 mm 块状结构，坚实；15%～40%黏粒胶膜与铁锰锈纹锈斑，无石灰反应。

仙坛系代表性单个土体剖面

仙坛系代表性单个土体物理性质

土层	深度/cm	砾石（>2 mm，体积分数）/%	细土颗粒组成（粒径：mm）/（g/kg）			质地	容重/（g/cm³）
			砂粒 2～0.05	粉粒 0.05～0.002	黏粒<0.002		
Ap	0～13	5	411	392	197	壤土	1.43
AB	13～30	5	347	432	222	壤土	1.53
Btr1	30～55	30	541	292	167	砂质壤土	—
Btr2	55～100	—	662	206	133	砂质壤土	1.62

仙坛系代表性单个土体化学性质

深度/cm	pH（H₂O）	有机质/（g/kg）	全氮(N)/（g/kg）	全磷(P₂O₅)/（g/kg）	全钾(K₂O)/（g/kg）	全铁(Fe₂O₃)/（g/kg）	阳离子交换量/（cmol/kg）	游离氧化铁/（g/kg）	有效磷(P)/（mg/kg）	速效钾(K)/（mg/kg）
0～13	7.0	17.9	1.12	0.48	12.8	44.7	16.2	23.7	33.43	176
13～30	6.0	9.6	0.67	0.19	12.6	47.2	14.2	24.5	2.51	82
30～55	6.5	4.4	0.43	0.14	12.0	45.2	14.0	24.3	1.46	68
55～100	5.7	3.8	0.35	0.19	10.0	78.3	26.3	43.6	1.14	94

7.9　斑纹简育湿润淋溶土

7.9.1　北泥系（Beini Series）

土　　族：黏壤质混合型非酸性热性-斑纹简育湿润淋溶土
拟定者：王培燕，潘剑君，黄　标

分布与环境条件　多分布于淮安市盱眙县岗坡地上，属于宁镇扬丘陵区丘陵岗地。区域地势有一定起伏，海拔20～50 m。气候上属北亚热带湿润季风气候区，年均气温14.7℃，无霜期219 d，年均总辐射量 114.67kcal/cm²，年均降雨量981.5 mm。土壤起源于堆积黄土性母质上，土层深厚。土地利用类型为旱地，主要种植作物有小麦、豆类、油菜、玉米等，一年两熟。

北泥系典型景观

土系特征与变幅　诊断层包括黏化层、淡薄表层；诊断特性包括湿润土壤水分状况、氧化还原特征、热性土壤温度。该土系土壤发育于黄土性母质上，母质形成之后，受地表水下渗影响，黏粒和铁锰物质下移，形成黏化层。土体39 cm以下有5%～15%铁锰斑纹、黏粒胶膜和铁锰结核。有效土层较深，土体呈中性，pH 为6.84～6.99。

对比土系　周郢系，空间位置相近，出现黏盘层，为黏磐湿润淋溶土。姚宋系，同一亚类不同土族，颗粒大小级别为壤质。龙泉系，不同土纲，分布位置相邻，母质相似，发育弱，无黏粒胶膜，为雏形土。

利用性能综述　土壤肥力不高，但土壤结构良好，保水保肥能力好。土壤养分含量均不是很高，今后改良，应注意水土保持，增施有机肥，培肥土壤；同时，应增施磷肥、配合施用钾肥，以协调土壤供肥能力。

参比土种　黄岗土。

代表性单个土体　采自淮安市盱眙县仇集镇南山村北泥组（编号 32-255，野外编号32083003），32°49′20.928″N，118°19′16.212″E，海拔27 m。当前作物为小麦。50 cm土层年均温度16.9℃。野外调查时间2011年3月。

北泥系代表性单个土体剖面

Ap：0～18 cm，浊黄棕色（10YR 5/4，干），暗棕色（10YR 3/4，润）；黏壤土，发育强的直径 2～20 mm 粒状结构，疏松；无石灰反应，渐变波状过渡。

Btr1：18～39 cm，浊黄棕色（10YR 5/4，干），棕色（10YR 4/4，润）；黏土，发育强的直径 10～100 mm 棱柱状结构，坚实；结构面上有 2%～5%模糊的黏粒胶膜，无石灰反应，清晰波状过渡。

Br：39～81 cm，浊黄橙色（10YR 6/4，干），棕色（10YR 4/6，润）；壤土，发育强的直径 10～100 mm 棱柱状结构，坚实；结构体内有 5%～15%直径<2 mm 铁锰斑纹，斑纹边界清楚、对比度显著，结构面上有 5%～15%明显的黏粒胶膜，有 5%～15%球形直径 2～6 mm 铁锰结核，无石灰反应，清晰波状过渡。

Btr2：81～102 cm，浊黄橙色（10YR 6/4，干），黄棕色（10YR 5/6，湿）；黏土，发育强的直径 10～100 mm 棱柱状结构，很坚实；结构体内有 5%～15%直径<2 mm 的铁锰斑纹，结构面上有 15%～40%对比度显著的黏粒胶膜，有 5%～15%球形直径 2～6 mm 铁锰结核，无石灰反应。

北泥系代表性单个土体物理性质

土层	深度/cm	砾石（>2 mm，体积分数）/%	细土颗粒组成（粒径：mm）/（g/kg）			质地	容重/（g/cm³）
			砂粒 2～0.05	粉粒 0.05～0.002	黏粒<0.002		
Ap	0～18	—	318	346	336	黏壤土	1.42
Btr1	18～39	—	211	360	429	黏土	1.62
Br	39～81	—	431	298	271	壤土	1.51
Btr2	81～102	—	283	305	411	黏土	1.62

北泥系代表性单个土体化学性质

深度/cm	pH（H₂O）	有机质/（g/kg）	全氮(N)/（g/kg）	全磷(P₂O₅)/（g/kg）	全钾(K₂O)/（g/kg）	全铁(Fe₂O₃)/（g/kg）	阳离子交换量/（cmol/kg）	游离氧化铁/（g/kg）	有效磷(P)/（mg/kg）	速效钾(K)/（mg/kg）
0～18	6.9	19.9	1.16	1.06	18.0	64.0	33.0	17.7	9.42	137
18～39	6.9	3.9	0.52	0.99	19.1	67.6	33.2	17.4	6.35	128
39～81	6.8	10.8	0.52	0.72	17.5	53.7	18.8	18.2	5.15	110
81～102	7.0	4.1	0.28	0.56	19.7	74.6	37.9	25.1	3.27	188

7.9.2　燕子矶系（Yanziji Series）

土　族：黏壤质硅质混合型非酸性热性-斑纹简育湿润淋溶土
拟定者：王　虹，黄　标

分布与环境条件　分布于南京市、镇江市一带丘陵地区的黄土母质上。属于宁镇扬丘陵区。区域地势有一定起伏，海拔可从20～400 m。气候上属北亚热带湿润季风气候区，年均气温15℃，无霜期230～240 d，年均总辐射量 115.6kcal/cm^2，年均降雨量1102 mm。土壤起源于第四纪下蜀黄土母质，土层相对较厚。植被以次生的针叶林或针阔叶混交林为主。

燕子矶系典型景观

土系特征与变幅　诊断层包括黏化层、淡薄表层；诊断特性包括氧化还原特征、热性土壤温度、湿润土壤水分状况。该土系土壤的形成主要受地表水下渗影响，黏粒和铁锰等土壤物质发生淋溶下移，形成具有黏粒胶膜的黏化层。黏化层中黏粒和铁锰胶膜越向下越发育。土壤质地除47～70 cm 为粉砂质壤土外，其余均为粉砂质黏壤土，土体呈酸性，pH 为4.51～5.74。

对比土系　横山系，空间位置相邻，不同土类，40 cm 以下发育黏盘层。为黏磐湿润淋溶土。六合平山系，不同土类，分布位置邻近，有黏磐层，为黏磐湿润淋溶土。

利用性能综述　土壤质地较黏，难耕难种，尽管表层有机质含量较高，但养分含量偏低，土壤整体偏酸性。适宜发展茶树或林地等，但应注意深耕，同时，配套水土保持措施。

参比土种　岗黄土。

代表性单个土体　采自南京市栖霞区燕子矶附近的幕府山中（编号 32-060 a，野外编号 32-60-1），32°08′16.836″N，118°48′9.18″E。海拔 60 m，母质为黄土，剖面位置位于山地的坡脚部位。植被为针阔叶混交林。50 cm 土层年均温度 17.08℃。野外调查时间 2010 年 12 月。

燕子矶系代表性单个土体剖面

A：0～15 cm，浊黄橙色（7.5YR 6/4，干），红棕色（7.5YR 5/4，润）；粉砂质黏壤土，发育强的直径 5～20 mm 块状结构，稍紧；平直明显过渡。

Bt1：15～32 cm，亮黄棕色（7.5YR 6/6，干），红棕色（7.5YR 4/6，润）；粉砂质黏壤土，发育强的直径 10～50 mm，块状结构，稍紧；见少量黏粒和铁锰胶膜，波状明显过渡。

Bt2：32～47 cm，亮黄棕色（7.5YR 6/6，干），棕色（7.5YR 4/6，润）；粉砂质黏壤土，发育强的直径 20～100 mm 块状结构，紧；见 5%～10%黏粒和铁锰胶膜，平直明显过渡。

Bt3：47～70 cm，亮黄棕色（7.5YR 7/4，干），棕色（7.5YR 5/4，润）；粉砂壤土，发育强的直径 20～100 mm 块状结构，紧；见 10%～15%黏粒和铁锰胶膜，平直渐变过渡。

Bt4：70～100 cm，亮黄棕色（7.5YR 5/6，干），亮红棕色（7.5YR 4/6，润）；粉砂质黏壤土，发育强的直径 20～100 mm 块状结构，紧；见 15%～20%黏粒和铁锰胶膜。

燕子矶系代表性单个土体物理性质

土层	深度/cm	砾石 (>2 mm，体积分数) /%	细土颗粒组成（粒径：mm）/（g/kg）			质地	容重 /（g/cm³）
			砂粒 2～0.05	粉粒 0.05～0.002	黏粒<0.002		
A	0～15	—	44	578	378	粉砂质黏壤土	1.42
Bt1	15～32	—	65	574	362	粉砂质黏壤土	1.57
Bt2	32～47	—	109	524	367	粉砂质黏壤土	1.61
Bt3	47～70	—	65	658	276	粉砂壤土	1.62
Bt4	70～100	—	66	563	372	粉砂质黏壤土	1.62

燕子矶系代表性单个土体化学性质

深度 /cm	pH (H₂O)	有机质 /(g/kg)	全氮(N) /(g/kg)	全磷(P₂O₅) /(g/kg)	全钾(K₂O) /(g/kg)	全铁(Fe₂O₃) /(g/kg)	阳离子交换量 /(cmol/kg)	游离氧化铁 /(g/kg)	有效磷(P) /(mg/kg)	速效钾(K) /(mg/kg)
0～15	4.5	20.4	1.07	0.45	16.1	44.7	22.5	17.7	7.90	98
15～32	5.1	6.9	0.57	0.49	17.2	54.0	17.8	21.2	13.31	86
32～47	5.4	4.5	0.42	0.60	17.7	54.7	15.0	21.0	24.34	84
47～70	5.6	4.0	0.48	0.73	17.0	49.8	12.7	20.6	25.83	74
70～100	5.7	3.8	0.43	0.45	16.6	50.1	13.6	18.5	19.32	90

7.9.3 丁岗系（Dinggang Series）

土　族：壤质硅质混合型非酸性热性-斑纹简育湿润淋溶土
拟定者：王　虹，黄　标

分布与环境条件　分布于
南京市、镇江市的低丘岗地
的中上部。属于宁镇扬低山
丘陵区。区域地势有起伏，
海拔可从 5～20 m 至 200～
400 m。气候上属北亚热带
湿润季风湿润气候区，年均
气温 15℃，无霜期为 230～
240 d，年均总辐射量
115.6kcal/cm^2，年均降雨量
1102 mm。土壤起源于第四
纪下蜀黄土母质上，土层深
厚。农业利用主要是水稻-

丁岗系典型景观

小麦（油菜）一年两熟轮作种植。同时，也见茶树种植。
土系特征与变幅　诊断层包括黏化层、淡薄表层；诊断特性包括氧化还原特征、热性土
壤温度、湿润土壤水分状况。该土系土壤在母质形成之后，主要受地表水下渗影响，土
壤物质发生淋溶，包括黏粒和铁锰物质的下移，形成黏化层，土层 10 cm 下见 5%～15%
黏粒胶膜，21 cm 下见 2%～40%铁锰斑纹。由于植被人为破坏，土壤表层产生侵蚀，导
致黏化层接近地表。尽管已被开辟为水田，但水耕作用并未改变土壤构型，只是在表层
由于耕作，质地变轻。耕作层和耕作亚层不甚明显。黏化层出现在 10 cm 深度，上部的
淋溶层和原始腐殖层已被侵蚀。土壤有机质含量偏低，养分中除速效磷较高外，其余
均很低，尤其速效钾含量极低。土壤质地 49 cm 以上为粉砂壤土，其下为粉砂土，土体
呈酸性，pH 为 4.63～6.1。
对比土系　六合平山系，不同土类，分布位置邻近，地形部位相似，母质相同，植被类
型为林地，为黏磐湿润淋溶土。
利用性能综述　分布于岗地中上部，侵蚀较重，黏化层浅，成为生产的障碍层次，影响
伸展下扎，一些深根植物会受影响，如茶树树干矮，冠幅小。同时黏化层影响水分上下
运移，导致土壤易受旱。所处地势稍高，灌溉较困难，养分含量较少。因此，利用时应
加强水利设施建设，保证灌溉，加强深耕，打破黏化层，在适宜地区可以发展茶树种植。
参比土种　死黄土。

丁岗系代表性单个土体剖面

代表性单个土体　采自镇江市新区丁岗镇（编号 32-094，野外编号 32-011），32°07'34.212″N，119°39'54.00″E。海拔 17 m，低丘的上部，母质为下蜀黄土。当前作物为小麦。50 cm 土层年均温度 17.08℃。野外调查时间 2010 年 5 月。

Ap：0～10 cm，浊橙色（7.5YR 6/4，干），棕色（7.5YR 4/4，润）；砂质壤土，发育强的直径 5～10 mm 团粒状结构，松；无石灰反应，平直明显过渡。

AB：10～21 cm，浊棕色（7.5YR 5/4，干），棕色（7.5YR 4/4，湿）；粉砂壤土，发育中等的直径 10～50 mm 块状结构，紧；2%～5%铁锰斑，5%～15%黏粒胶膜，无石灰反应，平直逐渐过渡。

Btr1：21～49 cm，亮棕色（7.5YR 5/6，干），棕色（7.5YR 4/6，湿）；粉砂壤土，发育中等的直径 20～50 mm 棱柱状结构，很紧；5%～15%黏粒胶膜，5%～15%铁锰斑，无石灰反应，平直逐渐过渡。

Btr2：49～100 cm，亮棕色（7.5YR 5/6，干），棕色（7.5YR 4/6，湿）；粉砂土，发育中等的直径 20～100 mm 棱柱状结构，紧；5%～15%黏粒胶膜，15%～40% 铁锰斑，无石灰反应。

丁岗系代表性单个土体物理性质

土层	深度/cm	砾石 (>2 mm, 体积 分数) /%	细土颗粒组成（粒径：mm）/（g/kg）			质地	容重 /（g/cm³）
			砂粒 2～0.05	粉粒 0.05～0.002	黏粒<0.002		
Ap	0～10	—	520	449	31	砂质壤土	1.56
AB	10～21	—	104	807	89	粉砂壤土	1.60
Btr1	21～49	—	120	797	83	粉砂壤土	1.61
Btr2	49～100	—	94	837	69	粉砂土	1.61

丁岗系代表性单个土体化学性质

深度 /cm	pH (H₂O)	有机质 /(g/kg)	全氮(N) /(g/kg)	全磷(P₂O₅) /(g/kg)	全钾(K₂O) /(g/kg)	全铁(Fe₂O₃) /(g/kg)	阳离子交换量 /(cmol/kg)	游离氧化铁 /(g/kg)	有效磷(P) /(mg/kg)	速效钾(K) /(mg/kg)
0～10	4.7	13.1	0.80	0.45	14.7	25.4	8.7	8.4	42.83	38
10～21	4.6	8.0	0.57	0.29	15.1	24.0	8.4	8.1	10.56	38
21～49	5.9	4.6	0.42	0.32	19.6	47.4	13.1	18.7	4.31	64
49～100	6.1	4.6	0.40	0.49	20.0	50.4	14.7	19.4	10.86	74

7.9.4 姚宋系（Yaosong Series）

土 族：壤质混合型非酸性热性-斑纹简育湿润淋溶土
拟定者：王培燕，黄 标

分布与环境条件 主要分布于宿迁市泗洪县。属于宁镇扬丘陵区的微起伏的平原岗地，海拔 24～29 m，成土母质为下蜀黄土。气候上属北亚热季风带气候区，年均气温 14～15℃。年均降雨量 700～900 mm。年均日照总时数 2326.7h，无霜期 213d。土层深厚，以小麦-黄豆（西瓜）轮作等旱作为主。

姚宋系典型景观

土系特征与变幅 诊断层包括黏化层、淡薄表层；诊断特性包括氧化还原特征、热性土壤温度、湿润土壤水分状况。该土系土体表层浅薄，一般 10 cm 左右，表层仅见铁锰结核，其下即为黏化层，有铁锰和黏粒胶膜，也见铁锰结核，且有向下增加的趋势。在剖面底部出现砂姜结核。表层土壤有机质含量不高，养分中氮磷含量很低，但钾素储量和有效态较高。细土质地黏化层为粉砂黏壤土，其下为壤土，各层土壤反应为中性-碱性，pH 为 7.21～7.72。

对比土系 北泥系，同一亚类不同土族，颗粒大小级别为黏壤质。

利用性能综述 由于侵蚀，耕层浅，黏化层接近地表，所以耕性稍差，尽管土壤易碎，但遇水容易板结，而旱季又容易受旱。地势高导致灌溉较为困难，以旱作为主。土壤肥力较低。今后改良，应因土种植、合理轮作，在灌溉设施和水源较好的地方可推广水稻-小麦轮作。增施有机肥和秸秆还田，以改良质地，培肥土壤，合理施用化肥，提高肥力水平。且在提高旱粮种植水平外，应有计划的播种草莓、西瓜等经济作物增加经济效益。

参比土种 岗白土。

代表性单个土体 采自宿迁市泗洪县天岗湖镇姚宋村（编号 32-310，野外编号 JB41），33°16′16.32″N，117°59′8.34″E，海拔 27.6 m，岗地，成土母质为黄土。当前作物为小麦。50 cm 深度土温 17.6℃。野外调查时间 2010 年 6 月。

姚宋系代表性单个土体剖面

Ap：0～13 cm，浊棕色（10YR 5/4，干），棕色（10YR 4/4，润）；粉砂质黏壤土，发育强的直径 5～10 mm 粒状结构，较松散；有铁锰结核，平直明显过渡。

Btr1：13～32 cm，浊黄橙色（10YR 6/4，干），浊棕色（10YR 5/4，润）；粉砂质黏壤土，发育强的直径 5～20 mm 块状结构，紧实；有 15%～20%铁锰胶膜和结核，见黏粒胶膜，平直渐变过渡。

Btr2：32～56 cm，浊黄橙色（10YR 6/4，干），浊棕色（10YR 5/4，润）；粉砂质黏壤土，发育强的直径 10～50 mm 棱块状结构，较紧实；有 15%～20%铁锰胶膜和结核，见黏粒胶膜，平直明显过渡。

Brk1：56～90 cm，浊黄橙色（10YR 7/3，干），浊黄橙色（10YR 6/3，润）；壤土，发育强的直径 20～100 mm 块状结构，紧实；有 15%～20%铁锰胶膜和结核，见黏粒胶膜，出现 5%～10%砂姜。平直明显过渡。

Brk2：90～120 cm，淡黄橙色（10YR 7/4，干），浊黄橙色（10YR 6/4，润）；粉砂壤土，发育强的直径 20～100 mm 棱块状结构，紧实；有 20%～40%铁锰胶膜和结核，见黏粒胶膜和砂姜。

姚宋系代表性单个土体物理性质

| 土层 | 深度/cm | 砾石（>2 mm，体积分数）/% | 细土颗粒组成（粒径：mm）/（g/kg） | | | 质地 | 容重/（g/cm³） |
			砂粒 2～0.05	粉粒 0.05～0.002	黏粒<0.002		
Ap	0～13	—	42	669	289	粉砂质黏壤土	1.47
Btr1	13～32	—	109	595	297	粉砂质黏壤土	1.59
Btr2	32～56	—	90	616	294	粉砂质黏壤土	1.62
Brk1	56～90	—	447	427	126	壤土	1.63
Brk2	90～120	—	249	664	87	粉砂壤土	1.64

姚宋系代表性单个土体化学性质

深度/cm	pH（H₂O）	有机质/（g/kg）	全氮(N)/（g/kg）	全磷(P₂O₅)/（g/kg）	全钾(K₂O)/（g/kg）	全铁(Fe₂O₃)/（g/kg）	阳离子交换量/（cmol/kg）	游离氧化铁/（g/kg）	有效磷(P)/（mg/kg）	速效钾(K)/（mg/kg）
0～13	7.2	14.2	1.12	0.89	18.6	46.5	29.0	17.6	6.88	146
13～32	7.4	5.4	0.40	0.60	21.3	47.3	29.4	16.2	1.08	160
32～56	7.2	4.0	0.35	0.52	14.8	44.3	28.7	13.7	0.98	172
56～90	7.4	3.5	0.33	0.62	21.6	54.4	30.2	11.4	0.80	172
90～120	7.7	2.9	0.36	0.92	23.3	48.0	22.8	14.4	1.10	168

第8章 雏 形 土

8.1 水耕砂姜潮湿雏形土

8.1.1 小新庄系（Xiaoxinzhuang Series）

土　族：壤质硅质混合型温性-水耕砂姜潮湿雏形土
拟定者：王培燕，潘剑君，黄　标

分布与环境条件　分布于徐州新沂市新店、阿湖、徐唐庄、高流、王庄、棋盘等乡镇。属于沂沭丘陵平原区鲁南低山丘陵南缘倾斜平原地带。气候上属暖温带半湿润季风气候区，年均气温13.7℃，无霜期 201 d，年均降雨量 904.4 mm，但年际变化较大。土壤起源于黄土性洪冲积物，土层厚度在 1 m 以上。海拔较高，约 36 m。现多种植农作物。土地利用类型为水田，种植作物为小麦-水稻，一年两熟。

小新庄系典型景观

土系特征与变幅　诊断层包括雏形层、暗沃表层；诊断特性包括人为滞水土壤水分状况、潮湿土壤水分状况、氧化还原特征、温性土壤温度；诊断现象包括水耕现象。该土系土体构型为 Ap-Br-Brk，具有耕作层，犁底层发育不明显。全剖面以粉砂壤土为主，土体深厚，土体中上部有黑土特性，有机质含量较高，但磷钾养分含量较低，60 cm 以下出现砂姜。土体 36 cm 以下有 2%～5%直径 2～6 mm 黑色球形铁锰结核。下部出现石灰结核（砂姜），体积达 75%以上。土体呈弱酸性-中性，pH 为 6.11～7.35。

对比土系　凤云系，不同亚类，母质相同，质地相近，分布区域相邻，土壤利用类型为旱地，为普通砂姜潮湿雏形土。

利用性能综述　质地适中，宜耕，保水保肥能力较好。钙磐层位置较低，对作物根系活动影响不大。改良上需完善排灌设施，保证水源，注意补充磷、钾肥。

参比土种　下位砂姜岗黑土。

代表性单个土体　采自徐州新沂市棋盘镇小新庄（编号 32-207，野外编号 32038101），34°13′47.024″N，118°13′47.972″E，海拔 33 m。当前作物为水稻。50 cm 土层年均温度 15.2℃。野外调查时间 2010 年 6 月。

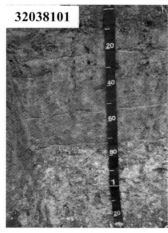

小新庄系代表性单个土体剖面

Ap：0～21 cm，浊黄棕色（10YR 5/3，干），黑棕色（10YR 3/2，润）；粉砂壤土，发育强的直径 2～10 mm 粒状结构，松散；5%～15%草木碳侵入体，清晰波状过渡。

Br1：21～53 cm，浊黄棕色（10YR 5/3，干），浊黄棕色（10YR 4/3，润）；砂质壤土，发育弱的直径 10～20 mm 块状结构，稍坚实；5%～15%直径 2～6 mm 铁锰斑纹，2%～5%直径 2～6 mm 黑色球形铁锰结核，渐变波状过渡。

Br2：53～72 cm，棕色（10YR 6/4，干），浊黄棕色（10YR 5/4，润）；粉砂壤土，发育强的直径 20～100 mm 块状，坚实；5%～15%直径 2～6 mm 铁锰斑纹，2%～5%直径 2～6 mm 黑色球形铁锰结核，明显平滑过渡。

Brk：72～120 cm，砂姜层，包括碳酸钙粉末和结核，极强石灰反应。

小新庄系代表性单个土体物理性质

土层	深度/cm	砾石（>2 mm，体积分数）/%	细土颗粒组成（粒径：mm）/（g/kg）			质地	容重/（g/cm³）
			砂粒 2～0.05	粉粒 0.05～0.002	黏粒<0.002		
Ap	0～21	—	232	613	156	粉砂壤土	1.01
Br1	21～53	—	597	277	126	砂质壤土	1.51
Br2	53～72	—	218	543	239	粉砂壤土	1.72

小新庄系代表性单个土体化学性质

深度/cm	pH（H₂O）	有机质/（g/kg）	全氮(N)/（g/kg）	全磷(P₂O₅)/（g/kg）	全钾(K₂O)/（g/kg）	全铁(Fe₂O₃)/（g/kg）	阳离子交换量/（cmol/kg）	游离氧化铁/（g/kg）	有效磷(P)/（mg/kg）	速效钾(K)/（mg/kg）
0～21	6.2	31.7	1.77	1.53	16.3	29.9	20.7	8.9	44.92	41
21～53	6.1	11.6	0.79	0.47	13.3	45.2	24.3	14.7	8.41	39
53～72	7.4	7.3	0.52	0.42	14.1	67.7	14.0	6.8	4.27	22

8.2　普通砂姜潮湿雏形土

8.2.1　潼阳系（Tongyang Series）

土　族：黏质蒙脱石型温性-普通砂姜潮湿雏形土
拟定者：王培燕，杜国华，黄　标

分布与环境条件　分布于宿迁市沭阳县西部地区。属于沂沭丘陵平原区河谷冲积平原，位置位于河谷高阶地上。土壤母质为黄土性湖相沉积物。气候上属暖温带季湿润风气候区，年均气温 13.8℃，无霜期 203 d。全年总日照时数为 2 363.7h，年日照百分率 53%。年均降雨量 937.6 mm。以小麦-玉米轮作一年两熟为主。

潼阳系典型景观

土系特征与变幅　诊断层包括雏形层、暗沃表层、钙积层；诊断特性包括潮湿土壤水分状况、氧化还原特征、温性土壤温度。该土系土壤成土母质系古河流搬运的黄土性沉积物。它在沼泽草甸的基础上，经过人们长期旱耕熟化发育而成。受人为活动影响，耕作层发育。耕作层之下，氧化还原特征明显。土体底部有砂姜层。受母质影响，加上人为耕作，该土系土壤地表下 40 cm 范围内，有机质积累明显，各种养分较充足。有效土层深厚，质地黏重，为黏土-黏壤土，土体呈弱酸-中性，pH 为 5.14～7.29。
对比土系　凤云系，同一亚类不同土族，颗粒大小级别为壤质，矿物学类型为硅质混合型。茆圩系，同一亚类不同土族，颗粒大小级别为黏壤质，矿物学类型为硅质混合型。
利用性能综述　土壤质地黏重，结构不良，适耕期短，表层失墒快，底层不能及时补给，所以易旱。而雨季水分难下渗，容易造成渍涝。土体砂姜层位置较低，对作物生长影响不大。今后改良应强调农田基本建设，保证能灌能排；加强配方施肥，合理补充养分。
参比土种　姜底岗黑土。
代表性单个土体　采自宿迁市沭阳县潼阳镇戴庄村（野外编号 SY2P），34°14′54.888″N，118°36′16.092″E，海拔 9 m，当前作物为玉米。50 cm 土层年均温度 15.6℃。野外调查时间 2011 年 5 月。

潼阳系代表性单个土体剖面

Ap: 0～14 cm, 灰黄棕色（10YR 4/2, 干）, 黑棕色（10YR 3/2, 润）; 粉砂质黏壤土, 发育强的直径 5～10 mm 粒状结构, 松散; 平直明显过渡。

ABr: 14～39 cm, 灰黄棕色（10YR 4/2, 干）, 黑棕色（10YR 3/2, 润）; 黏土, 发育中等的直径 10～50 mm 块状结构, 稍坚实; 见少量锈纹锈斑, 结构面见灰色胶膜, 平直明显过渡。

Br: 39～62 cm, 浊黄橙色（10YR 6/3, 干）, 浊黄棕色（10YR 5/3, 润）; 黏壤土, 发育强的直径 10～100 mm 块状结构, 很坚实; 结构体面见 10%～15%锈纹锈斑, 结构体内见铁锰结核, 平直渐变过渡。

Brk: 62～120 cm, 浊黄橙色（10YR 6/3, 干）, 浊黄棕色（10YR 5/3, 润）; 黏壤土, 发育强的直径 10～100 mm 块状结构, 很坚实; 结构面见 10%～15%锈纹锈斑, 结构体内见铁锰结核, 有 5%～15%砂姜结核。

潼阳系代表性单个土体物理性质

土层	深度/cm	砾石（>2 mm, 体积分数）/%	细土颗粒组成/(g/kg)（粒径: mm）			质地	容重/(g/cm³)
------	--------	------	砂粒 2～0.05	粉粒 0.05～0.002	黏粒<0.002		
Ap	0～14	—	154	424	422	粉砂质黏壤土	1.21
ABr	14～39	—	171	389	440	黏土	1.45
Br	39～62	—	230	430	340	黏壤土	1.50
Brk	62～120	—	253	423	324	黏壤土	1.64

潼阳系代表性单个土体化学性质

深度/cm	pH(H₂O)	有机质/(g/kg)	全氮(N)/(g/kg)	全磷(P₂O₅)/(g/kg)	全钾(K₂O)/(g/kg)	全铁(Fe₂O₃)/(g/kg)	阳离子交换量/(cmol/kg)	游离氧化铁/(g/kg)	有效磷(P)/(mg/kg)	速效钾(K)/(mg/kg)
0～14	5.1	30.3	1.60	1.53	19.1	49.2	—	15.3	45.49	202
14～39	6.9	13.5	0.79	0.78	19.0	42.2	—	15.4	0.97	136
39～62	7.3	6.2	0.47	0.65	21.5	53.3	—	17.9	0.07	134
62～120	7.3	4.1	0.30	0.61	23.3	39.1	—	16.6	痕迹	134

8.2.2　茆圩系（Maowei Series）

土　族：黏壤质硅质混合型温性-普通砂姜潮湿雏形土
拟定者：王培燕，杜国华，黄　标

分布与环境条件　分布于宿
迁市沭阳县西部地区。属于
沂沭丘陵平原区河谷冲积平
原，位置位于河谷高阶地上。
土壤母质为黄土性湖相沉积
物。气候上属暖温带湿润季
风气候区，年均气温 13.8℃，
无霜期 203 d。全年总日照时
数为 2363.7 h，年日照百分率
53%。年均降雨量 937.6 mm。
农业利用主要为小麦-玉米，
一年两熟。

茆圩系典型景观

土系特征与变幅　诊断层包括雏形层、淡薄表层、钙积层；诊断特性包括潮湿土壤水分
状况、氧化还原特征、温性土壤温度。该土系土壤成土母质系古河流搬运的黄土性沉积
物。母质形成时，沼泽草甸阶段地下水位很高，所以剖面氧化还原特征明显。后经过长
期旱耕熟化形成耕作层。该土系在沼泽草甸阶段有机质积累不太明显，颜色不太黑。其
他养分也较低，速效磷 22.32 g/kg，速效钾含量低于 100 g/kg。土体底部有砂姜层。有效
土层深厚，质地壤土-黏壤土，土体呈弱酸-中性，pH 为 5.31～7.33。
对比土系　潼阳系，同一亚类不同土族，颗粒大小级别为黏质，矿物学类型为蒙脱石型。
利用性能综述　土壤质地适中，耕作层为壤土，适耕期稍长。砂姜出露较深，对作物生
长和耕作影响不太大。今后改良应在完善农田基本建设的基础上，增加有机物料投入，
如种植绿肥、秸秆还田等，增强土壤肥力，注意补充磷肥、钾肥。
参比土种　湖黑土。
代表性单个土体　采自宿迁市沭阳县茆圩镇后刘庄村（野外编号 SY6P），34°18'42.408″N，
118°39'13.176″E，海拔 10 m，当前作物为玉米。50 cm 土层年均温度 15.6℃。野外调查
时间 2011 年 5 月。

　　Ap：0～12 cm，浊黄棕色（10YR 5/3，干），浊黄棕色（10YR 4/3，润）；壤土，发育强的直径 5～
10 mm 粒状结构，松散；平直明显过渡。

　　ABr：12～25 cm，浊黄棕色（10YR 5/4，干），暗棕色（10YR 3/4，润）；壤土，发育中等的直
径 10～20 mm 粒状或次棱块状结构，稍坚实；见少量锈纹锈斑，结构面见灰色胶膜，平直渐变过渡。

Br1：25～42 cm，浊黄橙色（10YR 6/3，干），浊黄棕色（10YR 4/3，润）；黏壤土，发育中等的直径 10～20 mm 块状结构，稍坚实；结构面见 10%～15%锈纹锈斑，结构体内见铁锰结核，平直渐变过渡。

Br2：42～56 cm，浊黄棕色（10YR 5/3，干），浊黄棕色（10YR 4/3，润）；黏壤土，发育中等的直径 10～50 mm 块状结构，很坚实；结构面见 10%～15%锈纹锈斑，结构体内见铁锰结核，平直渐变过渡。

Br3：56～70 cm，浊黄橙色（10YR 6/3，干），浊黄棕色（10YR 5/3，润）；黏壤土，发育强的直径 10～50 mm 块状结构，很坚实；结构面见 15%～40%锈纹锈斑，结构体内见铁锰结核。波状渐变过渡。

Brk：70～120 cm，浊黄橙色（10YR 6/4，干），浊黄棕色（10YR 5/4，润）；壤土，发育强的直径 10～50 mm 块状结构，很坚实；结构面见 15%～40%锈纹锈斑，结构体内见铁锰结核，

茆圩系代表性单个土体剖面有 5%～15%砂姜结核。

茆圩系代表性单个土体物理性质

| 土层 | 深度/cm | 砾石（>2 mm，体积分数）/% | 细土颗粒组成（粒径：mm）/（g/kg） | | | 质地 | 容重/（g/cm³） |
			砂粒 2～0.05	粉粒 0.05～0.002	黏粒<0.002		
Ap	0～12	—	313	462	225	壤土	1.55
ABr	12～25	—	284	474	242	壤土	1.60
Br1	25～42	—	312	370	318	黏壤土	1.53
Br2	42～56	—	347	325	328	黏壤土	1.50
Br3	56～70	—	335	344	321	黏壤土	1.56
Brk	70～120	—	319	397	284	壤土	1.56

茆圩系代表性单个土体化学性质

深度/cm	pH（H₂O）	有机质/（g/kg）	全氮(N)/（g/kg）	全磷(P₂O₅)/（g/kg）	全钾(K₂O)/（g/kg）	全铁(Fe₂O₃)/（g/kg）	阳离子交换量/（cmol/kg）	游离氧化铁/（g/kg）	有效磷(P)/（mg/kg）	速效钾(K)/（mg/kg）
0～12	5.3	20.6	1.18	1.20	19.5	48.0	—	36.7	22.32	89
12～25	6.7	13.1	0.80	0.75	19.7	53.5	—	33.0	2.47	80
25～42	7.1	10.9	0.62	0.44	19.8	61.5	—	42.1	0.81	114
42～56	7.2	8.8	0.56	0.35	20.7	50.9	—	42.4	痕迹	142
56～70	7.3	7.3	0.46	0.41	21.1	53.8	—	42.8	痕迹	136
70～120	7.3	4.3	0.32	0.47	21.6	62.2	—	40.0	0.07	128

8.2.3　凤云系（Fengyun Series）

土　族：壤质硅质混合型温性-普通砂姜潮湿雏形土
拟定者：王培燕，潘剑君，黄　标

分布于环境条件　主要分布于徐州新沂市新店、阿湖、徐唐庄、高流、王庄、棋盘、时集等乡镇。沂沭丘陵平原区鲁南丘陵山前倾斜平原地带。淮北平原北部地区。地势平坦。气候上属暖温带半湿润季风气候区，年均气温13.7℃，无霜期201 d，年均降雨量904.4 mm，但年际变化较大。土壤起源于黄土性洪冲积物，土层厚度在 1 m以上。海拔较高，约 47 m。原生植被基本全部遭到破坏，

凤云系典型景观

现多种植农作物。土地利用类型为旱地，种植作物有小麦、花生、玉米等。

土系特征与变幅　诊断层包括雏形层、钙积层、暗沃表层；诊断特性包括氧化还原特征、温性土壤温度、潮湿土壤水分状况。该土系土壤起源于河湖相黄土性洪冲积物母质上，母质形成过程中，经历过沼泽、草甸过程，所以，有机质含量较高的土层深厚，地表之下 69 cm，土层颜色较暗。受人为耕种影响，耕作层土壤有机质、全氮、全磷等明显高于其他土层，但全钾和速效钾明显偏低。36 cm 以下发育 2%～5%铁锰锈纹锈斑和结核，且有黏粒胶膜出现，底部 93～112 cm 有 5%～15%砂姜结核。土壤质地整体偏壤、偏砂，但在 70～90 cm 左右出现一黏化层，土体呈弱酸性-中性，pH 为 6.02～6.59。

对比土系　小新庄系，不同亚类，母质相同，质地相近，分布区域相邻，土壤利用类型为水田，为水耕砂姜潮湿雏形土。潼阳系，同一亚类不同土族，颗粒大小级别为黏质，矿物学类型为蒙脱石型。

利用性能综述　质地适中，宜耕，保肥供肥能力较好。但土壤速效养分稍低，尤其速效钾含量很低，作物生产中应注意补充。因剖面下部有黏化层，可保水保肥，在水源有保证的情况下，旱改水可能是一个发挥增产潜力的途径。于砂姜层埋藏较深，对农作物生长和耕作的影响不是很显著。宜种植小麦、玉米、花生等。

参比土种　姜底岗黑土。

代表性单个土体　采自徐州新沂市时集镇凤云村（编号 32-211，野外编号 32038105），34°14′6.18″N，118°29′27.6″E，海拔 28 m。当前作物为小麦。50 cm 土层年均温度 15.2℃。野外调查时间 2010 年 6 月。

凤云系代表性单个土体剖面

Ap: 0～16 cm, 灰黄棕色（10YR 4/2，干），黑棕色（10YR 3/2，润）；粉砂壤土，发育强的直径 2～10 mm 团粒状结构，疏松；无石灰反应，平滑渐变过渡。

AB: 16～36 cm, 灰黄棕色（10YR 4/2，干），黑棕色（10YR 3/2，润）；粉砂壤土，发育直径 2～20 mm 次棱块状结构，稍紧；无石灰反应，波状清晰过渡。

Br1: 36～69 cm, 棕灰色（10YR 4/1，干），黑棕色（10YR 3/1，润）；壤质砂土，发育强的直径 20～50 mm 块状结构，很硬；2%～5%铁锰锈纹锈斑，2%～5%铁锰结核，无石灰反应，波状清晰过渡。

Br2: 69～93 cm, 浊黄棕色（10YR 6/2，干），浊黄棕色（10YR 4/3，润）；粉砂质黏壤土，硬；发育强的直径 20～50 mm 块状结构，2%～5%铁锰锈纹锈斑，2%～5%铁锰结核，无石灰反应，波状清晰过渡。

Brk: 93～112 cm, 浊黄橙色（10YR 6/4，干），棕色（10Y 4/4，润）；砂质壤土，发育强的直径 20～100 mm 块状结构，硬；2%～5%铁锰锈纹锈斑，少量铁锰结核，5%～15%砂姜结核，无石灰反应。

凤云系代表性单个土体物理性质

土层	深度/cm	砾石（>2 mm，体积分数）/%	细土颗粒组成（粒径：mm）/（g/kg）			质地	容重/（g/cm³）
			砂粒 2～0.05	粉粒 0.05～0.002	黏粒<0.002		
Ap	0～16	—	67	724	209	粉砂壤土	0.97
AB	16～36	—	108	690	202	粉砂壤土	1.40
Br1	36～69	—	738	161	101	壤质砂土	1.58
Br2	69～93	—	38	651	311	粉砂质黏壤土	1.43
Brk	93～112	—	735	146	119	砂质壤土	1.53

凤云系代表性单个土体化学性质

深度/cm	pH（H₂O）	有机质/（g/kg）	全氮(N)/（g/kg）	全磷(P₂O₅)/（g/kg）	全钾(K₂O)/（g/kg）	全铁(Fe₂O₃)/（g/kg）	阳离子交换量/（cmol/kg）	游离氧化铁/（g/kg）	有效磷(P)/（mg/kg）	速效钾(K)/（mg/kg）
0～16	6.4	28.1	1.57	1.43	16.3	39.5	32.8	10.3	58.88	48
16～36	6.5	16.8	1.03	0.75	15.8	54.7	28.8	12.8	14.24	19
36～69	6.0	16.7	0.95	0.49	8.9	40.0	21.3	12.8	7.48	21
69～93	6.6	8.2	1.19	0.46	16.8	58.5	26.5	18.5	3.73	58
93～112	6.4	5.5	0.65	0.34	17.2	63.6	26.3	25.9	9.39	32

8.3 酸性暗色潮湿雏形土

8.3.1 夏村系（Xiacun Series）

土　族：壤质混合型温性-酸性暗色潮湿雏形土
拟定者：王培燕，潘剑君，黄　标

分布与环境条件　分布于
连云港市赣榆区金山、门河、
徐山、大岭等乡镇。属于沂
沭丘陵平原区岗地向平原
过渡的微斜平原，土系分布
在岭下坡脚处。气候上属暖
温带半干润气候区，年均气
温 13.1℃，无霜期 213.9 d，
年均日照 2646.2 h，年均降
雨量 952.6 mm。土壤起源
于山前洪冲积物母质，土层
厚度在 1 m 以上。土地利用
类型为旱地，种植作物有花

夏村系典型景观

生、玉米、大豆、小麦等，一般一年两熟。

土系特征与变幅　诊断层包括雏形层、暗瘠表层；诊断特性包括潮湿土壤水分状况、氧
化还原特征、温性土壤温度。该土系土壤在母质形成之后，早期受地表水下渗和地下水
上升影响，剖面出现明显铁锰移动，土体中氧化还原特征较为明显，但黏粒移动不甚明
显。后受人为耕作影响，形成耕作表层，并伴有腐殖质下移，耕作层和耕作亚层有机质
含量都较高。B 层发育较好，呈块状结构。土壤养分中，磷素养分和有效性一般。尽管
钾素养分全量很高，但有效态含量很低。土壤质地较为均匀，为粉砂壤土。土体呈酸性，
pH 为 4.55～5.43。

对比土系　欢墩系，不同土纲，分布区域相邻，母质相似，黏化作用明显，为淋溶土。

利用性能综述　土壤质地适中，耕性较好，适耕期长。但养分含量中磷钾有效态很缺乏。
今后改良应合理施肥，注意补充磷钾养分。

参比土种　白板土。

代表性单个土体　采自连云港市赣榆区厉庄镇西张夏村（编号 32-219，野外编号
32072103），34°58′5.34″N，119°02′4.992″E，海拔 14 m。当前为草地。50 cm 土层年均
温度 15℃。野外调查时间 2011 年 9 月。

夏村系代表性单个土体剖面

Ap: 0～18 cm, 浊黄橙色（10YR 5/3, 干）, 棕色（10YR 3/3, 润）; 砂质壤土, 发育直径 5～20 mm 粒状或次棱块状结构, 土体疏松; 平滑清晰过渡。

AB: 18～30 cm, 浊黄橙色（10YR 5/3, 干）, 棕色（10YR 3/3, 润）; 砂质壤土, 发育中等的直径 5～20 mm 块状结构, 疏松; 平滑清晰过渡。

Br1: 30～45 cm, 浊黄橙色（10YR 7/4, 干）, 棕色（10YR 4/6, 润）; 砂质壤土, 发育强的直径 10～50 mm 块状结构, 坚实; 结构体表面有 2%～5% 直径 2～6 mm 铁锰锈纹锈斑, 平滑清晰过渡。

Br2: 45～70 cm, 浊黄橙色（10YR 7/3, 干）, 黄棕色（10YR 5/6, 润）; 砂质壤土, 发育强的直径 10～50 mm 块状结构, 坚实; 结构体表面有 15%～40% 直径 2～6 mm 铁锰锈纹锈斑, 平滑清晰过渡。

Br3: 70～100 cm, 浊黄橙色（10YR 7/3, 干）, 黄棕色（10YR 5/6, 润）; 砂质壤土, 发育强的直径 10～50 mm 块状结构, 坚实; 结构体表面有 15%～40% 直径 2～6 mm 铁锰锈纹锈斑。

夏村系代表性单个土体物理性质

土层	深度/cm	砾石（>2 mm, 体积分数）/%	细土颗粒组成（粒径: mm）/（g/kg）			质地	容重/（g/cm³）
			砂粒 2～0.05	粉粒 0.05～0.002	黏粒<0.002		
Ap	0～18	—	554	329	117	砂质壤土	1.43
AB	18～30	—	625	256	120	砂质壤土	1.65
Br1	30～45	—	418	460	123	砂质壤土	1.53
Br2	45～70	—	251	629	120	砂质壤土	1.66
Br3	70～100	—	506	381	114	砂质壤土	1.43

夏村系代表性单个土体化学性质

深度/cm	pH (H₂O)	有机质/(g/kg)	全氮(N)/(g/kg)	全磷(P₂O₅)/(g/kg)	全钾(K₂O)/(g/kg)	全铁(Fe₂O₃)/(g/kg)	阳离子交换量/(cmol/kg)	游离氧化铁/(g/kg)	有效磷(P)/(mg/kg)	速效钾(K)/(mg/kg)
0～18	4.6	14.8	0.79	1.20	32.0	21.9	9.2	9.5	33.13	23
18～30	4.6	17.3	0.46	0.68	32.4	23.6	9.5	8.7	10.37	20
30～45	4.6	9.5	0.39	0.69	31.1	24.1	8.1	13.0	16.25	29
45～70	4.8	7.6	0.27	0.58	28.6	34.1	9.8	14.1	13.76	40
70～100	5.4	4.9	0.20	0.62	33.8	27.5	5.4	13.4	2.42	27

8.4　普通暗色潮湿雏形土

8.4.1　大娄系（Dalou Series）

土　族：黏质伊利石混合型非酸性温性-普通暗色潮湿雏形土
拟定者：王培燕，潘剑君，黄　标

分布与环境条件　分布于连云港市东海县的双店、桃林、石湖、安峰等乡镇。属于沂沭丘陵平原区的山前冲积平原。位于倾斜平原缓岗下部，地势略起伏。气候上属暖温带半湿润季风气候区，年均气温 13.7℃。无霜期 218 d，年均降雨量 912.3 mm。土壤起源于次生黄土性洪冲积物母质，土层深厚，海拔 5~64 m。土地利用类型为旱地，种植小麦、玉米、花生等，一年两熟。

大娄系典型景观

土系特征与变幅　诊断层包括雏形层、暗沃表层；诊断特性包括潮湿土壤水分状况、氧化还原特征、温性土壤温度。该土系土壤母质形成之后，受人为耕作影响，耕作层发育，其下 B 层有一定发育结构。土体下部 68 cm 以下有 5%~40%铁锰斑纹，5%~15%铁锰结核。耕层土壤有机质及氮磷钾养分较高。质地较黏，为黏土-粉砂质黏壤土。土体呈微酸性-中性，pH 为 6.27~6.66。

对比土系　黄甲系，同一亚类不同土族，颗粒级别大小为壤质，矿物学类型为混合型。赫湖系，同一亚类不同土族，颗粒级别大小为黏壤质，矿物学类型为混合型。

利用性能综述　土壤土层深厚，质地黏重，耕性较差，水气协调状况一般化，但保水保肥性能良好。今后改良应加强深耕，增加有机质投入，进一步改善其物理性能。在水源充足的地区可发展水旱轮作。调整施肥结构，注意磷钾肥的施用。

参比土种　青砂板土。

代表性单个土体　采自连云港市东海县石湖乡大娄村（编号 32-233，野外编号 32072204），34°29′18.06″N，118°39′16.668″E，海拔 33 m。当前作物为玉米。50 cm 土层年均温度 15.1℃。野外调查时间 2010 年 7 月。

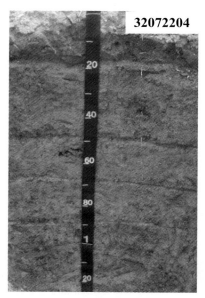

32072204

大娄系代表性单个土体剖面

Ap：0～18 cm，浊黄棕色（10YR 5/3，干），暗棕色（10YR 3/3，润）；黏壤土，发育强的直径 2～10 mm 粒状结构，疏松；清晰平滑过渡。

ABw：18～49 cm，浊黄棕色（10YR 5/3，干），浊黄棕色（10YR 4/3，润）；黏土，发育强的直径 2～20 mm 块状结构，松软；无石灰反应，渐变不规则过渡。

Br1：49～68 cm，浊黄橙色（10YR 6/3，干），棕色（10YR 4/4，润）；黏壤土，发育强的直径 20～50 mm 块状结构，坚实；见<1%铁锰斑纹，无石灰反应，渐变不规则过渡。

Br2：68～89 cm，浊黄橙色（10YR 6/4，干），棕色（10YR 4/4，润）；黏土，发育强的直径 20～100 mm 块状结构，坚实；结构体表面有 1%～2%直径 2～6 mm 铁锰斑纹，有 5%～15% 直径 2～6 mm 黑色球形铁锰结核，无石灰反应，渐变不规则过渡。

Br3：89～120 cm，亮黄棕色（10YR 6/6，干），浊黄棕色（10YR 5/4，润）；粉砂质黏壤土，发育强的直径 20～100 mm 团块状结构，坚实；结构体表面有 15%～40%直径 2～6 mm 铁锰斑纹，有 5%～15%直径 2～6 mm 黑色球形铁锰结核，无石灰反应。

大娄系代表性单个土体物理性质

土层	深度/cm	砾石（>2 mm，体积分数）/%	细土颗粒组成（粒径：mm）/（g/kg）			质地	容重/（g/cm³）
			砂粒 2～0.05	粉粒 0.05～0.002	黏粒<0.002		
Ap	0～18	—	337	264	399	黏壤土	1.28
ABw	18～49	—	259	331	411	黏土	1.60
Br1	49～68	—	344	312	345	黏壤土	1.62
Br2	68～89	—	328	259	413	黏土	1.45
Br3	89～120	—	350	351	298	粉砂质黏壤土	1.41

大娄系代表性单个土体化学性质

深度/cm	pH（H₂O）	有机质/（g/kg）	全氮(N)/（g/kg）	全磷(P₂O₅)/（g/kg）	全钾(K₂O)/（g/kg）	全铁(Fe₂O₃)/（g/kg）	阳离子交换量/（cmol/kg）	游离氧化铁/（g/kg）	有效磷(P)/（mg/kg）	速效钾(K)/（mg/kg）
0～18	6.3	31.2	0.73	1.04	15.9	46.3	25.3	17.7	38.95	219
18～49	6.3	14.7	0.49	0.40	20.4	37.5	28.7	18.1	2.42	86
49～68	6.5	11.8	0.31	0.24	21.1	72.4	18.2	17.5	3.32	68
68～89	6.6	6.7	0.23	0.17	22.1	56.5	34.8	22.5	1.85	99
89～120	6.7	5.8	0.17	0.38	21.5	77.5	27.3	24.4	0.21	91

8.4.2 赫湖系（Hehu Series）

土　族：黏壤质混合型非酸性温性-普通暗色潮湿雏形土
拟定者：雷学成，潘剑君，黄　标

分布与环境条件　分布于徐州新沂河北部、沂沭河东部的山区或岗地上。属于沂沭丘陵平原区的平缓岗间低洼平原，淮北平原北部地区。气候上属暖温带半干润季风气候区，年均气温 13.7℃，无霜期 201 d，年均降雨量 904.4 mm，但年际变化较大。土壤起源于古湖相黄土状静水沉积物母质，土层厚度深厚，海拔较高。原生植被基本全部遭到破坏，现多种植农作物。

赫湖系典型景观

土系特征与变幅　诊断层包括雏形层、暗沃表层；诊断特性包括氧化还原特征、温性土壤温度、潮湿土壤水分状况。母质形成后，主要受长期旱作影响，形成耕作层。在耕作亚层以下有明显的黑土层，有机质含量达 10.91 g/kg。33～111 cm 有 5%～15%铁锰锈纹锈斑，5%～15%铁锰结核。耕作层土壤养分含量较高，其余层次养分含量低，但阳离子交换能力较强。通体无石灰反应。土壤质地通体较壤，土体呈微酸性-中性，pH 为 6.32～6.74。

对比土系　大娄系，同一亚类不同土族，颗粒级别大小为黏质，矿物学类型为伊利石混合型。黄甲系，同一亚类不同土族，颗粒级别大小为壤质，矿物学类型为混合型。大魏系，不同土类，分布位置邻近，地形部位不同，无暗沃表层，为淡色雏形土。

利用性能综述　在一些地区生产条件较差，易渍易旱。尽管土壤养分储量低，但阳离子交换能力较强。所以，今后改良应将加强农田基础设施建设，增强抗灾能力，及时补充氮、磷、钾及有机肥，保证高产稳产。

参比土种　岗黑土。

代表性单个土体　采自徐州新沂市时集镇赫湖村（编号 32-212，野外编号 32038106），34°14′31.992″N，118°27′18.936″E，海拔 33.5 m。农业利用以旱作小麦、玉米为主，一般一年两熟。当前作物为小麦。50 cm 土层年均温度 15.2℃。野外调查时间 2010 年 6 月。

Ap：0～14 cm，浊黄棕色（10YR 5/3，干），黑棕色（10YR 3/2，润）；粉砂壤土，发育强的直径 5～10 mm 团粒状结构，土体疏松；无石灰反应，平直渐变过渡。

ABw：14～33 cm，浊黄棕色（10YR 5/3，干），黑棕色（10YR 3/2，润）；粉砂壤土，稍紧；发育次棱块状结构，无石灰反应，平直清晰过渡。

Br1：33～64 cm，灰黄棕色（10YR 4/2，干），暗棕色（10YR 3/3，润）；粉砂质黏壤土，发育强的直径 10～50 mm 块状，很硬；5%～15%铁锰锈纹锈斑，5%～15%铁锰结核，无石灰反应，平滑清晰过渡。

Br2：64～110 cm，黄棕色（10YR 5/6，干），棕色（10YR 4/6，润）；粉砂壤土，发育强的直径 20～100 mm 块状，很硬；15%～40%铁锰锈纹锈斑，5%～15%铁锰结核，见 5%～10%的直径 5～40 mm 石英岩碎屑，无石灰反应。

赫湖系代表性单个土体剖面

赫湖系代表性单个土体物理性质

土层	深度/cm	砾石（>2 mm，体积分数）/%	细土颗粒组成（粒径：mm）/（g/kg）			质地	容重/（g/cm³）
			砂粒 2～0.05	粉粒 0.05～0.002	黏粒<0.002		
Ap	0～14	—	199	603	199	粉砂壤土	1.44
ABw	14～33	—	183	580	237	粉砂壤土	1.55
Br1	33～64	—	114	598	288	粉砂质黏壤土	1.49
Br2	64～110	10	99	644	257	粉砂壤土	1.75

赫湖系代表性单个土体化学性质

深度/cm	pH（H₂O）	有机质/（g/kg）	全氮(N)/（g/kg）	全磷(P₂O₅)/（g/kg）	全钾(K₂O)/（g/kg）	全铁(Fe₂O₃)/（g/kg）	阳离子交换量/（cmol/kg）	游离氧化铁/（g/kg）	有效磷(P)/（mg/kg）	速效钾(K)/（mg/kg）
0～14	6.3	20.3	1.16	0.74	16.5	32.6	16.4	8.5	23.19	10
14～33	6.5	10.4	0.65	1.00	30.3	46.2	21.8	11.9	12.90	12
33～64	6.7	10.9	0.63	0.29	17.9	56.3	27.5	17.0	9.46	19
64～110	6.4	6.6	0.50	0.33	17.8	74.6	25.4	21.5	8.06	24

8.4.3　龙泉系（Longquan Series）

土　　族：黏壤质混合型非酸性热性–普通暗色潮湿雏形土
拟定者：王培燕，潘剑君，黄　标

分布与环境条件　广泛分布于淮安市盱眙县丘陵地区的河流两岸阶地上。属于宁镇扬丘陵岗地区的微缓岗地。区域地势较平坦，海拔 20～50 m。气候上属北亚热带湿润季风气候区，年均气温 14.7℃，无霜期 219 d，年均总辐射量 114.67kcal/cm^2，年均降雨量 981.5 mm。土壤起源于黄土性母质，土层深厚。土地利用类型为旱地，主要种植作物有小麦、玉米等，一年两熟。

龙泉系典型景观

土系特征与变幅　诊断层包括暗沃表层、雏形层；诊断特性包括潮湿土壤水分状况、氧化还原特征、热性土壤温度。该土系土壤发育于黄土性母质，长期受人为耕作影响，耕作层发育，雏形层有一定结构发育。土体 38 cm 以下有 1%～15%铁锰斑纹。耕层和亚耕层有机质和氮磷养分都较高，但速效钾偏低。质地上壤下较黏。土体呈中性，pH 为 6.65～7.56。

对比土系　北泥系，不同土纲，分布位置邻近，母质相似，发育强，有黏粒胶膜，为淋溶土。

利用性能综述　土壤耕层深厚，质地稍偏黏，可能影响耕作，但土壤保水保肥性能较强，作物生产的主要因素是钾素。今后改良要注意钾素补充，可通过推广秸秆还田，既增加土壤有机质，培肥地力，又可解决部分钾素来源。水源充足的地块可以考虑旱改水。

参比土种　潮岗土。

代表性单个土体　采自淮安市盱眙县河桥镇龙泉村周郢组（编号 32-254，野外编号 32083002），32°55'38.82″N，118°22'2.928″E，海拔 21.6 m。当前作物为小麦。50 cm 土层年均温度 16.9℃。野外调查时间 2011 年 3 月。

32083002

Ap: 0～16 cm，灰黄棕色（10YR 5/2，干），黑棕色（10YR 3/2，润）；砂质黏壤土，发育强的直径 2～10 mm 粒状结构，疏松；无石灰反应，明显平滑过渡。

AB: 16～38 cm，浊黄棕色（10YR 5/3，干），灰黄棕色（10YR 4/2，润）；黏壤土，发育中等的直径 10～50 mm 块状结构，疏松；无石灰反应，明显平滑过渡。

Br1: 38～86 cm，浊黄棕色（10YR 4/3，干），黑棕色（10YR 3/2，润）；黏壤土，发育中等的直径 10～50 mm 块状结构，坚实；结构体内有 1%～2%直径<2 mm 的铁锰斑纹，无石灰反应，清晰波状过渡。

Br2: 86～112 cm，浊黄棕色（10YR 5/3，干），浊黄棕色（10YR 4/3，润）；黏壤土，发育中等的直径 20～100 mm 块状结构，很坚实；结构体内有 5%～15%直径<2 mm 铁锰斑纹，无石灰反应。

龙泉系代表性单个土体剖面

龙泉系代表性单个土体物理性质

| 土层 | 深度/cm | 砾石（>2 mm，体积分数）/% | 细土颗粒组成（粒径：mm）/（g/kg） | | | 质地 | 容重/（g/cm³） |
			砂粒 2～0.05	粉粒 0.05～0.002	黏粒<0.002		
Ap	0～16	—	512	243	246	砂质黏壤土	1.37
AB	16～38	—	404	324	272	黏壤土	1.45
Br1	38～86	—	262	391	347	黏壤土	1.57
Br2	86～112	—	302	319	379	黏壤土	1.50

龙泉系代表性单个土体化学性质

深度/cm	pH（H₂O）	有机质/（g/kg）	全氮(N)/（g/kg）	全磷(P₂O₅)/（g/kg）	全钾(K₂O)/（g/kg）	全铁(Fe₂O₃)/（g/kg）	阳离子交换量/（cmol/kg）	游离氧化铁/（g/kg）	有效磷(P)/（mg/kg）	速效钾(K)/（mg/kg）
0～16	6.7	47.4	2.16	2.26	21.9	63.8	35.3	13.3	67.40	71
16～38	7.0	16.0	0.87	1.23	22.4	72.0	17.4	15.1	33.54	61
38～86	7.6	6.6	0.30	1.53	20.5	78.2	18.7	24.6	12.33	49
86～112	7.3	11.5	0.62	2.16	22.8	78.8	17.2	17.0	13.23	182

8.4.4 黄甲系（Huangjia Series）

土　族：壤质混合型非酸性温性-普通暗色潮湿雏形土
拟定者：王培燕，潘剑君，黄　标

分布与环境条件　　主要分布于徐州新沂市的唐店、高塘、高流、王庄、邵店等乡镇的河流两侧微地形低洼地带。属于沂沭丘陵平原区鲁南丘陵山前倾斜平原地带。地势相对较平坦。气候上属暖温带湿润季风气候区，年均气温 13.7℃，无霜期 201 d，年均降雨量 904.4 mm。土壤起源于古河湖相黄土状洪冲积物母质上，土层深厚度。海拔较高，约 45 m。原生植被

黄甲系典型景观

已不存在。土地利用类型转变为旱地，种植作物有小麦、花生、玉米等。

土系特征与变幅　　诊断层包括雏形层、暗沃表层；诊断特性包括潮湿土壤水分状况、氧化还原特征、温性土壤温度。该土系土壤起源于黄土性洪冲积物母质上，系钙质淋溶淀积，沼泽-草甸-旱耕熟化发育而成，腐泥黑土层出露地表，所以，土壤颜色较暗。剖面60 cm 以下发育 2%～5%的铁锰锈纹锈斑、铁锰结核。尽管土壤颜色较深，但土壤有机质并不是特别高，而其他养分含量均偏低。土壤质地变化较大，自壤质沙土，至砂质壤土，至粉砂壤土、壤土、粉砂质黏壤土均出现，60～90 cm 土层出现一黏土层。土体呈弱酸性-中性，pH 为 6.33～7.10。

对比土系　　大娄系，同一亚类不同土族，颗粒级别大小为黏质，矿物学类型为伊利石混合型。赫湖系，同一亚类不同土族，颗粒级别大小为黏壤质，矿物学类型为混合型。

利用性能综述　　分布位置较低，基本农田建设较好，有一定灌溉条件。但土壤养分储量和有效态均很低，无法满足农作物需要，如果能及时补充氮、磷、钾及有机肥，增产潜力大。由于土壤质地适中，黏化层存在黏化层，今后改良，可提倡旱改水，充分发挥土壤肥力，提高产量。

参比土种　　湖黑土。

代表性单个土体　　采自新沂市王庄镇黄甲村（编号 32-214，野外编号 32038108），34°12′42.912″N，118°23′14.964″E，海拔 20 m。当前作物为小麦。50 cm 土层年均温度15.2℃。野外调查时间 2010 年 6 月。

黄甲系代表性单个土体剖面

Ap：0～13 cm，灰黄棕色（10YR 4/2，干），黑棕色（10YR 2/2，润）；壤土，发育强的直径 2～10 mm 粒状结构，疏松；无石灰反应，波状清晰过渡。

ABw：13～34 cm，黑棕色（10YR 3/2，干），黑棕色（10YR 2/2，润）；粉砂壤土，发育中等的直径 2～20 mm 次棱块状结构，松散；无石灰反应，波状渐变过渡。

Br1：34～60 cm，黑棕色（10YR 3/1，干），黑色（10YR 2/1，润）；壤质砂土，发育强的直径 10～50 mm 块状结构，坚实；无石灰反应，波状渐变过渡。

Br2：60～90 cm，灰黄棕色（10YR 5/2，干），黑棕色（10YR 3/2，干）；粉砂质黏壤土，发育强的直径 20～100 mm 块状结构，坚实；2%～5%的铁锰锈纹锈斑、铁锰结核和黏粒胶膜等，无石灰反应，渐变平直过渡。

Br3：90～120 cm，灰黄棕色（10YR 5/2，干），灰黄棕色（10YR 3/2，润）；砂质壤土，发育强的直径 20～100 mm 块状，坚实；2%～5%铁锰锈纹锈斑、铁锰结核和黏粒胶膜等，无石灰反应。

黄甲系代表性单个土体物理性质

土层	深度/cm	砾石（>2 mm，体积分数）/%	细土颗粒组成（粒径：mm）/（g/kg）			质地	容重/（g/cm³）
			砂粒 2～0.05	粉粒 0.05～0.002	黏粒<0.002		
Ap	0～13	—	423	465	113	壤土	1.26
ABw	13～34	—	253	562	186	粉砂壤土	1.37
Br1	34～60	—	779	184	37	壤质砂土	1.52
Br2	60～90	—	50	648	302	粉砂质黏壤土	1.69
Br3	90～120	—	524	407	69	砂质壤土	1.71

黄甲系代表性单个土体化学性质

深度/cm	pH（H₂O）	有机质/（g/kg）	全氮(N)/（g/kg）	全磷(P₂O₅)/（g/kg）	全钾(K₂O)/（g/kg）	全铁(Fe₂O₃)/（g/kg）	阳离子交换量/（cmol/kg）	游离氧化铁/（g/kg）	有效磷(P)/（mg/kg）	速效钾(K)/（mg/kg）
0～13	6.3	16.6	1.00	0.79	16.9	—	22.3	7.7	11.97	51
13～34	7.1	14.9	0.83	0.75	18.8	41.3	22.4	6.2	15.35	34
34～60	6.4	9.8	0.63	0.53	18.1	44.9	6.3	8.5	5.23	45
60～90	7.1	5.3	0.42	0.47	21.4	47.6	21.2	11.8	14.82	43
90～120	6.5	4.2	0.35	0.49	16.7	51.5	7.9	13.0	21.77	31

8.5 水耕淡色潮湿雏形土

8.5.1 华冲系（Huachong Series）

土　族：黏质伊利石混合型石灰性温性-水耕淡色潮湿雏形土
拟定者：黄标，王培燕，杜国华

分布与环境条件　分布于宿迁市沭阳县东北部地区。属于沂沭丘陵平原区的沂沭河冲积平原。区域地势起伏较小，且海拔很低，仅 2～5 m。气候上属暖温带季风气候区，年均气温 13.8℃，无霜期 203 d。全年总日照时数为 2363.7 h，年日照百分率 53%。年均降雨量 937.6 mm。土壤起源于近代沂沭河冲积物沉积母质，土层深厚。以水稻-小麦轮作一年两熟为主。

华冲系典型景观

土系特征与变幅　诊断层包括雏形层、淡薄表层；诊断特性包括人为滞水土壤水分状况、潮湿土壤水分状况、氧化还原特征、石灰性、温性土壤温度；诊断现象包括水耕现象。该土系土壤在母质形成之后，虽受人为耕作影响，但耕作层发育不明显，耕作层之下氧化还原特征不明显，仅在剖面下部 80 cm 以下的湖积物埋藏层中，见 2%～5% 直径 2～6 mm 的铁锰斑点。由于人为管理影响，土壤耕作表层有机质含量较高，颜色较暗，氮磷钾养分含量也较高。土壤质地上壤下黏，土体呈碱性，pH 为 7.73～8.08，表层呈弱石灰反应，向下至湖积物母质为强石灰反应，底部湖积物母质无石灰反应。
对比土系　大李系，不同土纲，分布位置邻近，底部有湖积物母质，氧化还原特征明显，为人为土。长茂系，同一土纲不同土族，颗粒级别大小为黏壤质，矿物学类型为混合型。
利用性能综述　土壤质地黏重，保水保肥能力强，潜在肥力高，肥效长、后劲大。但耕性较差，适耕期短。土壤通透性差。改良利用要多施有机肥，深耕晒垡、深耕冻垡。
参比土种　淤土。
代表性单个土体　采自宿迁市沭阳县华冲镇丁庄村（编号 32-139，野外编号 SY66P），34°16′34.968″N，118°55′51.816″E。海拔 2 m，平坦地块，排水通畅。当前作物为水稻。50 cm 土层年均温度 15.6℃。野外调查时间 2011 年 11 月。

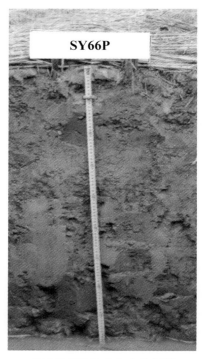

Ap：0～17 cm，灰棕色（5YR 5/2，干），暗红棕色（5YR 3/2，湿）；粉砂壤土，发育强的直径 5～10 mm 粒状结构，疏松；弱石灰反应，波状逐渐过渡。

Bw：17～44 cm，浊橙色（5YR 6/3，干），浊红棕色（5YR 4/3，湿）；粉砂壤土，发育强的直径 10～50 mm 块状结构，紧；强石灰反应，平直逐渐过渡。

Br1：44～82 cm，浊橙色（5YR 7/3，干），浊红棕色（5YR 5/3，湿）；粉砂质黏壤土，发育强的直径 10～50 mm 块状结构，紧；土体内有<2%直径 2～6 mm 的铁锰斑点，强石灰反应，平直明显过渡。

Br2：82～100 cm，棕灰色（5YR 6/1，干），棕灰色（7.5YR 4/1，湿）；黏土，发育强的直径 20～100 mm 块状结构，紧；土体内有 2%～5%直径 2～6 mm 的铁锰斑点，无石灰反应，平直逐渐过渡。

华冲系代表性单个土体剖面

华冲系代表性单个土体物理性质

土层	深度/cm	砾石（>2 mm，体积分数）/%	细土颗粒组成（粒径：mm）/（g/kg）			质地	容重/（g/cm³）
			砂粒 2～0.05	粉粒 0.05～0.002	黏粒<0.002		
Ap	0～17	—	129	650	221	粉砂壤土	0.89
Bw	17～44	—	147	639	214	粉砂壤土	1.34
Br1	44～82	—	132	557	310	粉砂质黏壤土	1.35
Br2	82～100	—	116	239	645	黏土	1.15

华冲系代表性单个土体化学性质

深度/cm	pH(H₂O)	有机质/（g/kg）	全氮(N)/（g/kg）	全磷(P₂O₅)/（g/kg）	全钾(K₂O)/（g/kg）	全铁(Fe₂O₃)/（g/kg）	阳离子交换量/（cmol/kg）	游离氧化铁/（g/kg）	有效磷(P)/（mg/kg）	速效钾(K)/（mg/kg）
0～17	7.7	42.3	2.54	2.45	25.2	40.9	28.3	15.3	20.32	218
17～44	8.0	10.9	0.74	1.28	26.8	39.2	21.7	14.5	1.61	174
44～82	8.1	8.8	0.62	1.28	29.1	40.7	20.2	16.8	3.70	184
82～100	8.1	13.4	0.76	1.11	24.1	32.6	25.5	10.2	9.27	196

8.5.2 小刘场系（Xiaoliuchang Series）

土　族：黏壤质混合型非酸性温性-水耕淡色潮湿雏形土
拟定者：王培燕，黄　标，杜国华

分布与环境条件　分布于宿
迁市沭阳县北部地区。属于
沂沭丘陵平原区的山前倾斜
平原。区域地势起伏较小，
海拔较低。气候上属暖温带
湿润季风气候区，年均气温
13.8℃，无霜期203 d。全年
总日照时数为2363.7 h，年日
照百分率 53%。年均降雨量
937.6 mm。土壤起源于黄土
性冲积物母质，土层深厚。
以水稻-小麦轮作一年两熟
为主。

小刘场系典型景观

土系特征与变幅　诊断层包括雏形层、淡薄表层；诊断特性包括人为滞水土壤水分状况、
潮湿土壤水分状况、氧化还原特征、温性土壤温度；诊断现象包括水耕现象。该土系土
壤经历水耕人为作用时间较短，犁底层发育不明显，表下层的氧化还原特征不明显，未
见铁锰淀积。但在剖面中部有地上水上下移动形成铁锰斑点，底部常见锈纹锈斑，且见
有沉积层理残留。土壤质地通体为粉砂质黏壤土，土体呈微酸性-中性，pH为5.60～7.09，
通体无石灰性。

对比土系　后庄系、许洪系，不同土纲，分布位置邻近，氧化还原特征明显，为人为土。

利用性能综述　土壤质地黏重，干耕时阻力大，易起大垡，湿耕黏犁，易搓泥条耙不碎。
土壤保水保肥能力强，但土壤通透性差。今后改良利用提倡深耕晒垡、深耕冻垡，应多
施用有机肥，加大秸秆还田力度。

参比土种　岗黑土。

代表性单个土体　采自宿迁市沭阳县桑墟镇友谊河村小刘场（编号 32-121，野外编号
SY31P），34°20′29.004″N，118°48′53.856″E。海拔4 m，平坦地块，地下水深度为1 m。
当前作物为水稻。50 cm土层年均温度15.6℃。野外调查时间2011年11月。

Ap：0～15 cm，浊黄棕色（10YR 5/4，干），暗棕色（10YR 3/3，润）；粉砂质黏壤土，发育强的直径 2～20 mm 团粒状结构，疏松；平直明显过渡。

Bw：15～30 cm，浊黄棕色（10YR 5/4，干），浊黄棕色（10YR 4/3，润）；粉砂质黏壤土，发育中等的直径 10～100 mm 块状结构，稍紧；平直模糊过渡。

Br：30～65 cm，棕色（10YR 4/4，干），暗棕色（10YR 3/4，润）；粉砂质黏壤土，发育强的直径 10～50 mm 块状结构，稍紧；结构面上有 2%～5%直径 2～6 mm 的黑色铁锰斑纹，平直模糊过渡。

Cr：65～100 cm，棕色（10YR 4/4，干），棕色（10YR 4/6，润）；粉砂质黏壤土，发育强的直径 10～50 mm 的块状结构稍紧；见 2%～5%直径 2～6 mm 的铁锰斑点。

小刘场系代表性单个土体剖面

小刘场系代表性单个土体物理性质

土层	深度/cm	砾石（>2 mm，体积分数）/%	细土颗粒组成（粒径：mm）/（g/kg）			质地	容重/（g/cm³）
			砂粒 2～0.05	粉粒 0.05～0.002	黏粒<0.002		
Ap	0～15	—	98	558	343	粉砂质黏壤土	0.96
Bw	15～30	—	88	562	350	粉砂质黏壤土	1.44
Br	30～65	—	101	547	352	粉砂质黏壤土	1.38
Cr	65～100	—	97	556	347	粉砂质黏壤土	1.34

小刘场系代表性单个土体化学性质

深度/cm	pH(H₂O)	有机质/(g/kg)	全氮(N)/(g/kg)	全磷(P₂O₅)/(g/kg)	全钾(K₂O)/(g/kg)	全铁(Fe₂O₃)/(g/kg)	阳离子交换量/(cmol/kg)	游离氧化铁/(g/kg)	有效磷(P)/(mg/kg)	速效钾(K)/(mg/kg)
0～15	5.6	32.8	1.72	1.63	25.7	33.9	21.5	17.3	20.90	140
15～30	6.8	13.8	0.86	1.11	26.5	36.4	20.6	18.5	2.21	132
30～65	7.1	9.4	0.62	1.11	26.5	38.8	22.2	20.0	2.45	136
65～100	7.1	8.0	0.56	1.17	27.1	38.0	22.1	18.9	3.05	140

8.5.3 长茂系（Changmao Series）

土　　族：黏壤质混合型石灰性温性-水耕淡色潮湿雏形土
拟定者：黄　标，王培燕

分布与环境条件　主要分布于盐城市响水县西部与灌南县东部地区。属于苏北滨海平原区的海湾平原，成土母质为河流冲积物，剖面底部为古湖相沉积物。该地区属暖温带湿润季风气候区，年均气温 14.1℃，年均降水量 1068 mm，无霜期 213 d。土体深厚，种植制度主要为小麦-水稻轮作。

长茂系典型景观

土系特征与变幅　诊断层为雏形层、淡薄表层；诊断特性包括人为滞水土壤水分状况、潮湿土壤水分状况、石灰性、温性土壤温度状况，诊断现象包括水耕现象。60 cm 以下有少量贝壳出现。该土系土壤虽然受人为水耕作用影响，但时间较短，犁底层不明显，仅在耕作层见氧化还原特征，其他土层不明显。该土系土壤肥力较好，有机质、阳离子交换量均较高，养分储量和有效态也较高。细土质地为粉砂质黏壤-粉砂壤土，碱性，pH 为 7.89～8.11。

对比土系　华冲系，同一土纲不同土族，颗粒级别大小为黏质，矿物学类型为伊利石型。纪大庄系，同一土族，母质不同，河流冲积物母质很厚，湖积物母质在 1 m 以下。

利用性能综述　土体质地很黏，干湿均耕性差，适耕期短，易涝易渍。今后改良，施肥上应注意施用有机肥，种植绿肥和推广秸秆还田等来改善土壤的理化性状。进一步完善农田水利设施，完善田间排灌系统，降低地下水位，保持高产稳产。

参比土种　底黑淤土。

代表性单个土体　采自盐城市灌南县长茂镇（编号 32-305，野外编号 JB16），119°34′32.484″E，34°13′48.290″N，海拔 1.5 m，平原地区，成土母质河流冲积物。当前作物为小麦。50 cm 土层年均温度 15.6℃。野外调查时间 2010 年 6 月。

长茂系代表性单个土体剖面

Ap：0～16 cm，浊橙色（7.5YR 6/3，干），棕色（7.5YR 4/3，润）；发育强的直径 2～20 mm 碎块状、团块状结构，粉砂质黏壤土，疏松；15%～40%锈斑，犁底层不明显，强石灰反应，平直明显过渡。

Bw：16～35 cm，浊橙色（7.5YR 7/4，干），棕色（7.5YR 4/4，润）；发育弱的直径 20～100 mm 棱块状结构，粉砂质黏壤土，强石灰反应，平直渐变过渡。

Br：35～60 cm，浊橙色（7.5YR 7/4，干），棕色（7.5YR 4/4，润）；发育强的直径 20～100 mm 弱棱块状结构，粉砂质黏壤土，见<2%锈纹锈斑，强石灰反应，波状明显过渡。

2Br：60～90 cm，灰棕色（7.5YR 6/2，干），棕灰色（7.5YR 4/2，润）；地下水已出露，发育弱的直径≥100 mm 棱块状结构，粉砂壤土，见 5%左右的铁锰斑点，有<2%贝壳出现。

长茂系代表性单个土体物理性质

土层	深度/cm	砾石（>2 mm，体积分数）/%	细土颗粒组成（粒径：mm）/（g/kg）			质地	容重/（g/cm³）
			砂粒 2～0.05	粉粒 0.05～0.002	黏粒<0.002		
Ap	0～16	—	1	622	377	粉砂质黏壤土	1.14
Bw	16～35	—	41	597	362	粉砂质黏壤土	1.56
Br	35～60	—	91	637	272	粉砂质黏壤土	1.55
2Br	60～90	—	147	643	210	粉砂壤土	1.42

长茂系代表性单个土体化学性质

深度/cm	pH（H₂O）	有机质/（g/kg）	全氮(N)/（g/kg）	全磷(P₂O₅)/（g/kg）	全钾(K₂O)/（g/kg）	全铁(Fe₂O₃)/（g/kg）	阳离子交换量/（cmol/kg）	游离氧化铁/（g/kg）	有效磷(P)/（mg/kg）	速效钾(K)/（mg/kg）
0～16	7.9	33.5	1.69	2.47	28.5	52.0	23.8	13.9	16.96	280
16～35	8.1	9.3	0.62	1.36	27.6	52.8	19.7	15.6	3.28	190
35～60	8.0	9.7	0.66	1.29	28.2	54.2	22.1	17.2	3.60	232
60～90	8.0	18.0	0.90	1.42	31.5	56.4	25.0	14.5	4.19	348

8.5.4 纪大庄系（Jidazhuang Series）

土　族：黏壤质混合型石灰性温性-水耕淡色潮湿雏形土
拟定者：黄　标，王培燕，杜国华

分布与环境条件　分布于宿迁市沭阳县中心偏东部地区。属于徐淮黄泛平原区的扇前低洼平原。区域地势起伏较小，且海拔较低，仅 7 m 左右。气候上属暖温带湿润季风气候区，年均气温 13.8℃，无霜期 203 d。全年总日照时数为 2363.7 h，年日照百分率53%。年均降雨量 937.6 mm。土壤起源于河流沉积物母质，1 m 以下为湖积物母质，土层深厚。以水稻-小麦轮作一年两熟为主。

纪大庄系典型景观

土系特征与变幅　诊断层包括雏形层、淡薄表层；诊断特性包括人为滞水土壤水分状况、潮湿土壤水分状况、氧化还原特征、石灰性、温性土壤温度；诊断现象包括水耕现象。该土系土壤受人为水耕作用影响，但耕作层之下氧化还原特征不明显未能见水耕氧化还原层，而下部常见由于地下水位影响形成的锈纹锈斑，底部富含有机质的埋藏层在 1 m以下出现。由于人为的管理影响，土壤耕作表层有机质含量较高，颜色较暗。土壤养分储量和有效态较充足。土壤质地壤黏互层，土体呈碱性，pH 为 7.87～8.28，1 m 以上土体均有石灰反应，但耕作层石灰反应较弱，其余反应强烈。

对比土系　长茂系，同一土族，母质不同，为古湖相沉积物母质。纪大庄系，同一土族，母质不同，为冲积物母质。

利用性能综述　质地黏重，耕性极差，水分下渗困难，物理性状不良。改良利用应注意增施有机肥，改善土壤性状，加强水利建设，完善田间排灌系统。

参比土种　淤土。

代表性单个土体　采自宿迁市沭阳县七雄镇纪大庄村（编号 32-142，野外编号 SY46P），34°07′24.456″N，118°56′3.516″E。海拔 7 m，平坦地块，当前作物为水稻。50 cm 土层年均温度 15.6℃。野外调查时间 2011 年 11 月。

纪大庄系代表性单个土体剖面

Ap：0～14 cm，灰棕色（5YR 6/2，干），灰棕色（5YR 4/2，润）；粉砂壤土，发育强的直径2～10 mm团粒状结构，松；弱石灰反应，平直明显过渡。

Bw：14～32 cm，浊橙色（5YR 7/3，干），浊红棕色（5YR 5/3，润）；粉砂壤土，发育强的直径5～20 mm块状结构，稍紧；强石灰反应，平直逐渐过渡。

Br：32～70 cm，浊橙色（5YR 7/3，干），浊红棕色（5YR 5/3，润）；粉砂质黏壤土，发育强的直径20～100 mm块状结构，见少量铁锰斑点，强石灰反应，平直逐渐过渡。

Cr：70～103 cm，浊橙色（7.5YR 7/3，干），浊棕色（7.5YR 5/3，润）；粉砂壤土，发育强的直径20～100 mm块状结构，紧，见少量铁锰斑点，强石灰反应，平直突然过渡。

2Cr：103～120 cm，棕灰色（5YR 4/1，干），黑棕色（5YR 3/3，润）；粉砂质黏壤土，发育强的直径20～100 mm块状结构，紧；见5%左右的铁锰斑点。

纪大庄系代表性单个土体物理性质

| 土层 | 深度/cm | 砾石（>2 mm，体积分数）/% | 细土颗粒组成（粒径：mm）/（g/kg） | | | 质地 | 容重/（g/cm³） |
			砂粒 2～0.05	粉粒 0.05～0.002	黏粒<0.002		
Ap	0～14	—	152	671	177	粉砂壤土	1.29
Bw	14～32	—	109	615	276	粉砂壤土	1.53
Br	32～70	—	123	552	324	粉砂质黏壤土	1.37
Cr	70～103	—	120	706	174	粉砂壤土	1.59
2Cr	103～120	—	62	518	420	粉砂质黏壤土	1.25

纪大庄系代表性单个土体化学性质

深度/cm	pH（H₂O）	有机质/（g/kg）	全氮(N)/（g/kg）	全磷(P₂O₅)/（g/kg）	全钾(K₂O)/（g/kg）	全铁(Fe₂O₃)/（g/kg）	阳离子交换量/（cmol/kg）	游离氧化铁/（g/kg）	有效磷(P)/（mg/kg）	速效钾(K)/（mg/kg）
0～14	7.9	37.8	2.18	2.63	28.6	39.8	24.1	14.6	24.33	240
14～32	8.2	9.3	0.67	1.28	27.9	37.0	19.1	15.7	1.04	172
32～70	8.1	8.7	0.65	1.29	28.9	39.4	20.4	16.4	1.84	196
70～103	8.3	4.6	0.32	1.36	25.8	29.1	11.7	12.6	1.69	114
103～120	7.9	10.5	0.57	0.70	19.9	27.6	26.0	14.0	痕迹	130

8.5.5 韩庄系（Hanzhuang Series）

土　　族：黏壤质混合型性石灰性温性-水耕淡色潮湿雏形土
拟定者：王培燕，潘剑君，黄　标

分布与环境条件　分布于
淮安市楚州区除徐杨镇以
外，渠北各乡镇均有分布，
其区域多处地势低洼处，
位于近期洪积扇的扇缘地
带。属于徐淮黄泛平原区
的堤侧微斜平原。气候上
属北亚热带和暖温带的过
渡地区，湿润季风气候带，
年均气温 14.1℃。全年≥0℃
积温 5091.4℃，≥12℃积
温 4217.1℃，无霜期 208 d，
年均降雨量 945.2 mm。土
壤起源于冲积物母质上，

韩庄系典型景观

土层深厚。以种植小麦、玉米/（水稻）一年两熟为主。

土系特征与变幅　诊断层包括雏形层、淡薄表层；诊断特性包括人为滞水土壤水分状况、
潮湿土壤水分状况、氧化还原特征、石灰性、温性土壤温度；诊断现象包括水耕现象。
该土系土壤起源于冲积物母质，土壤受人为水耕作用影响较弱，未形成水耕表层和水耕
氧化还原层，仅发育雏形层。下部出现弱的氧化还原特征。由于一定年限的水耕作用，
耕作层土壤有机质含量较高，各养分含量也较高，整体肥力较好。土体中部有黏土层，
底部为沙土层。土体呈微碱性，pH 为 7.57～7.77，石灰反应强烈。

对比土系　纪大庄系，同一土族，母质不同，起源于河流沉积物母质，1 m 以下为湖积
物母质。

利用性能综述　土壤养分含量较高，是一种较好的土壤。质地不沙不黏，耕性良好，中
部的黏土层可以保水保肥。适宜种植水、旱等多种作物。今后改良，应增施有机肥，加
强耕作层、扩大活土层，合理施用化肥。

参比土种　黏心两合土。

代表性单个土体　采自淮安市楚州区钦工镇韩庄村（编号 32-239，野外编号 32080305），
33°40′11.928″N，119°13′39.864″E，海拔 8 m。当前作物为水稻。50 cm 土层年均温度 15.4℃。
野外调查时间 2010 年 10 月。

Ap：0～18 cm，淡棕灰色（7.5YR 7/2，干），棕色（7.5YR 4/3，润）；壤土，发育中等的直径 2～10 mm 团粒状结构，疏松；强石灰反应，清晰波状过渡。

Bw：18～44 cm，浊橙色（7.5YR 7/3，干），浊棕色（7.5YR 5/4，润）；粉砂质黏壤土，发育中等的直径 10～20 mm 块状结构，坚实；强石灰反应，清晰波状过渡。

Br1：44～61 cm，浊橙色（7.5YR 6/4，干），棕色（7.5YR 4/6，润）；黏土，发育强的直径 20～50 mm 块状结构，坚实；强石灰反应，清晰波状过渡。

Br2：61～76 cm，浊橙色（7.5YR 7/3，干），浊棕色（7.5YR 5/4，润）；黏壤土，发育弱的直径 20～50 mm 块状结构，坚实；隐约见铁锰斑纹，强石灰反应，渐变平滑过渡。

Cr：76～134 cm，橙白色（7.5YR 8/2，干），浊棕色（7.5YR 5/3，润）；粉砂壤土，无结构，原生沉积层理发育，稍坚实；隐约见铁锰斑纹，强石灰反应。

韩庄系代表性单个土体剖面

韩庄系代表性单个土体物理性质

土层	深度/cm	砾石（>2 mm，体积分数）/%	细土颗粒组成（粒径：mm）/（g/kg）			质地	容重/（g/cm³）
			砂粒 2～0.05	粉粒 0.05～0.002	黏粒<0.002		
Ap	0～18	—	302	453	245	壤土	1.12
Bw	18～44	—	172	523	306	粉砂质黏壤土	1.43
Br1	44～61	—	352	220	428	黏土	1.37
Br2	61～76	—	371	332	297	黏壤土	1.46
Cr	76～134	—	275	636	89	粉砂壤土	1.43

韩庄系代表性单个土体化学性质

深度/cm	pH（H₂O）	有机质/（g/kg）	全氮(N)/（g/kg）	全磷(P₂O₅)/（g/kg）	全钾(K₂O)/（g/kg）	全铁(Fe₂O₃)/（g/kg）	阳离子交换量/（cmol/kg）	游离氧化铁/（g/kg）	有效磷(P)/（mg/kg）	速效钾(K)/（mg/kg）
0～18	7.8	24.7	1.38	2.35	26.0	46.5	15.0	7.5	20.61	160
18～44	7.8	6.6	0.47	1.40	25.5	51.6	11.2	9.0	2.37	124
44～61	7.8	6.9	0.48	1.12	26.2	57.4	35.8	13.7	3.49	117
61～76	7.6	4.5	0.30	1.31	24.4	44.6	19.7	8.6	1.76	84
76～134	7.6	0.9	0.18	1.39	21.2	35.8	3.3	5.1	1.96	32

8.5.6 杨墅系（Yangshu Series）

土 族：壤质混合型非酸性热性-水耕淡色潮湿雏形土
拟定者：黄 标，王 虹

分布与环境条件 主要分
布于扬州市江都区南部一
带，沿长江分布。属于长江
三角洲平原区的高砂平原。
区域地势起伏较小，海拔相
对较低，约 2 m。气候上属
北亚热带湿润季风气候区，
年均气温 14.9℃。年均降雨
量 1000 mm。土壤起源于长
江新冲积物母质上，土层深
厚。以水稻-小麦轮作一年
两熟为主。

杨墅系典型景观

土系特征与变幅 诊断层包括雏形层、淡薄表层；诊断特性包括人为滞水土壤水分状况、
潮湿土壤水分状况、氧化还原特征、热性土壤温度；诊断现象包括水耕现象。该土系土
壤由于土壤母质通体较砂，石灰反应强烈，铁的移动受到限制，未能形成水耕人为土。
剖面中耕作表层发育，且有锈纹锈斑。但犁底层不发育，紧邻其下未发育水耕氧化还原
层，剖面底部发育有 5%～15%锈纹锈斑，是由于地下水位升降影响形成，且见有沉积层
理残留。由于人为的管理影响，土壤耕作表层有机质含量较高，颜色较暗。但土壤阳离
子交换量水平较低，养分全量和有效态都很低。土壤质地 47 cm 以上为壤土，其下为粉
砂壤土，土体呈中性-碱性，pH 为 7.17～8.46，表层已无石灰反应，其余土层石灰反应
强烈。

对比土系 郭园系，不同土纲，分布位置邻近，母质不同，为人为土。梁徐系，同一亚
类不同土族，颗粒级别大小为砂质。

利用性能综述 土体通体较砂，上下均一，易耕，但易漏水漏肥，同时，土壤保肥保水
能力弱，氮磷钾养分缺乏。因此，要多施有机肥，种植绿肥，培肥土壤，注意养分补充，
施肥时少量多施。

参比土种 高砂土。

代表性单个土体 采自扬州市江都区大桥镇杨墅村（编号 32-051，野外编号 B51），
32°22′42.24″N, 119°45′24.012″E。海拔 4.5 m，当前作物为小麦。50 cm 土层年均温度 17.0℃。
野外调查时间 2010 年 4 月。

Ap：0～15，棕灰色（2.5YR 5/1，干），黑色（2.5Y 2/1，湿）；壤土，发育强的直径 2～10 mm 粒状结构，疏松；无石灰反应，平直明显过渡。

Br1：15～47 cm，浊黄色（2.5Y 6/3，干），橄榄棕色（2.5Y 4/3，润）；壤土，发育中等的直径 10～50 mm 块状结构，疏松；隐约可见锈纹锈斑，弱石灰反应，平直逐渐过渡。

Br2：47～70 cm，淡黄色（2.5Y 7/3，干），黄棕色（2.5Y 5/3，润）；粉砂壤土，发育弱的直径 20～100 mm 次棱块状结构，疏松；2%～5%铁锰结核，强石灰反应，平直逐渐过渡。

Cr：70～100 cm，灰黄色（2.5Y 7/2，干），黄棕色（2.5Y 5/3，润）；粉砂壤土，沉积层理，疏松；5%～15%锈纹锈斑，2%～5%铁锰结核，中等石灰反应。

杨墅系代表性单个土体剖面

杨墅系代表性单个土体物理性质

| 土层 | 深度/cm | 砾石（>2 mm，体积分数）/% | 细土颗粒组成（粒径：mm）/（g/kg） | | | 质地 | 容重/（g/cm³） |
			砂粒 2～0.05	粉粒 0.05～0.002	黏粒<0.002		
Ap	0～15	—	383	471	146	壤土	1.15
Br1	15～47	—	389	461	150	壤土	1.50
Br2	47～70	—	290	640	71	粉砂壤土	1.47
Cr	70～100	—	693	265	43	粉砂壤土	1.58

杨墅系代表性单个土体化学性质

深度/cm	pH（H_2O）	有机质/（g/kg）	全氮(N)/（g/kg）	全磷(P_2O_5)/（g/kg）	全钾(K_2O)/（g/kg）	全铁(Fe_2O_3)/（g/kg）	阳离子交换量/（cmol/kg）	游离氧化铁/（g/kg）	有效磷(P)/（mg/kg）	速效钾(K)/（mg/kg）
0～15	6.4	20.9	1.04	0.69	12.5	28.4	9.3	4.3	9.83	68
15～47	7.2	4.7	0.36	0.58	13.3	32.2	7.5	6.9	5.95	38
47～70	8.5	2.5	0.17	0.67	12.9	31.7	4.2	10.3	1.63	18
70～100	8.5	1.6	0.13	0.79	12.7	34.1	2.9	7.6	1.21	14

8.5.7　赵码系（Zhaoma Series）

土　族：壤质硅质混合型石灰性温性-水耕淡色潮湿雏形土
拟定者：雷学成，潘剑君

分布与环境条件　分布于淮安市楚州区的钦工镇和席桥镇，其他地区分布较少。属于徐淮黄泛平原区堤侧微斜平原。土系多处地势低洼处，位于近期洪积扇的扇缘地带。气候上属北亚热带和暖温带的过渡地带，湿润季风气候区，年均气温 14.1℃。全年 ≥0℃积温 5091.4℃，≥12℃积温 4217.1℃，无霜期 208 d，年均降雨量 945.2 mm。土壤起源于冲积物母质上，土层深厚。以种植小麦、玉米（水稻）一年两熟为主。

赵码系典型景观

土系特征与变幅　诊断层包括雏形层、淡薄表层；诊断特性包括人为滞水土壤水分状况、潮湿土壤水分状况、石灰性、温性土壤温度；诊断现象包括水耕现象。由于该土系为小麦、玉米（水稻）轮作，受人为水耕作用影响较弱，未形成水耕表层，耕作层之下犁底层不明显，其下水耕氧化还原层不发育，但结构发育相对较强，呈现块状结构。剖面下部受地下水影响，出现铁锰锈纹锈斑。受水耕作用影响，耕作层有机质积累较高，养分亦有明显提高，但表下层土壤养分受母质影响，含量较低，尤其土壤速效钾很低。土壤整个剖面质地均匀，黏沙适中。土体呈中性-微碱性，pH 为 7.41～7.86，土体通体强石灰反应。

对比土系　冯王系，同一土系，分布位置邻近，母质相同，剖面土壤质地上黏下壤。

生产性能描述　土壤质地均匀，不黏不沙，耐旱耐涝，好耕易耙。今后改良，应注意养用结合，增施有机肥，不断增加土壤有机质含量，逐步加深耕作层，注意加强水利配套设施，达到能灌能排，建立稳产高产农田。

参比土种　两合土。

代表性单个土体　采自淮安市楚州区钦工镇赵码村（编号 32-240，野外编号 32080306），33°41′2.04″N，119°12′31.176″E，海拔 8 m。当前作物为玉米。50 cm 土层年均温度 15.4℃。野外调查时间 2010 年 10 月。

赵码系代表性单个土体剖面

Ap：0～15 cm，淡棕灰色（7.5YR 7/2，干），棕色（7.5YR 4/3，润）；黏壤土，发育强的直径 2～10 mm 粒状结构，疏松；石灰反应强烈。平直明显过渡。

Bw：15～37 cm，浊橙色（7.5YR 7/3，干），棕色（7.5YR 4/4，润）；砂质黏壤土，发育中等的直径 10～20 mm 块状结构，坚实；石灰反应强烈，平直逐渐过渡。

Br1：37～67 cm，浊橙色（7.5YR 7/3，干），棕色（7.5YR 4/4，润）；壤土，发育中等的直径 20～50 mm 块状结构，稍坚实；2%～5%的铁锰锈纹锈斑，石灰反应强烈，平直渐变过渡。

Br2：67～98 cm，浊黄橙色（10YR 7/3，干），浊黄棕色（10YR 5/4，润）；壤土，发育中等的直径 20～50 mm 块状结构，稍坚实；2%～5%铁锰锈纹锈斑，石灰反应强烈，平直渐变过渡。

Br3：98～122 cm，浊黄橙色（10YR 7/3，干），棕色（10YR 4/4，润）；砂质黏壤土，发育中等的直径 20～50 mm 块状结构，坚实；2%～5%铁锰锈纹锈斑，石灰反应强烈。

赵码系代表性单个土体物理性质

土层	深度/cm	砾石（>2 mm，体积分数）/%	细土颗粒组成（粒径：mm）/（g/kg）			质地	容重/（g/cm³）
			砂粒 2～0.05	粉粒 0.05～0.002	黏粒<0.002		
Ap	0～15	—	340	348	312	黏壤土	1.51
Bw	15～37	—	489	278	234	砂质黏壤土	1.47
Br1	37～67	—	301	456	243	壤土	1.47
Br2	67～98	—	480	416	104	壤土	1.51
Br3	98～122	—	628	137	236	砂质黏壤土	1.35

赵码系代表性单个土体化学性质

深度/cm	pH（H₂O）	有机质/（g/kg）	全氮(N)/（g/kg）	全磷(P₂O₅)/（g/kg）	全钾(K₂O)/（g/kg）	全铁(Fe₂O₃)/（g/kg）	阳离子交换量/（cmol/kg）	游离氧化铁/（g/kg）	有效磷(P)/（mg/kg）	速效钾(K)/（mg/kg）
0～15	7.4	24.0	1.06	2.16	23.6	46.2	17.4	6.0	29.72	107
15～37	7.9	9.0	0.43	1.57	21.7	43.3	9.1	7.2	1.59	71
37～67	7.8	6.4	0.37	1.04	21.8	24.4	7.0	4.5	0.97	59
67～98	7.8	3.0	0.16	1.69	20.0	37.6	4.3	4.1	0.98	20
98～122	7.8	4.0	0.36	1.44	22.4	47.2	9.7	8.3	2.35	80

8.5.8　冯王系（Fengwang Series）

土　族：壤质硅质混合型石灰性温性-水耕淡色潮湿雏形土
拟定者：雷学成，潘剑君

分布与环境条件　分布于淮
安市楚州区除席桥镇外，渠
北各个乡镇均有分布，其区
域多处地势低洼处，位于近
期洪积扇的扇缘地带。该地
区属于徐淮黄泛平原区的堤
侧微斜平原。区域地形平坦，
海拔约 12 m。气候上属北亚
热带和暖温带的过渡地带，
湿润季风气候区，年均气温
14.1 ℃。全年 ≥ 0 ℃ 积温
5091.4 ℃，≥ 12 ℃ 积温
4217.1℃，无霜期 208 d，年
均降雨量 945.2 mm。土壤起

冯王系典型景观

源于冲积物母质上，土层深厚。以水稻-小麦轮作一年两熟为主。

土系特征与变幅　诊断层包括雏形层、淡薄表层；诊断特性包括潮湿土壤水分状况、氧
化还原特征、温性土壤温度、石灰性；诊断现象包括水耕现象。该土系土壤在母质形成
之后，虽受水耕人为作用影响，但犁底层发育不明显，由于土壤质地偏砂，石灰性较强，
犁底层之下土层未见氧化还原反应特征。只在土体 72 cm 以下有 2%～5%锈纹锈斑出现，
但发育较弱。剖面土层石灰稍有淋溶，石灰反应自表层向下，有逐渐增强趋势。土系剖
面上层较黏，下层偏砂。土体呈中性-碱性，pH 为 7.34～7.92。

对比土系　赵码系，同一土系，分布位置邻近，母质相同，剖面土壤质地上黏壤相间。
振丰系，不同土纲，两者母质相同，地域邻近，有明显犁底层和水耕氧化还原层，为人
为土。张刘系，同一土族，分布地形部位不同，母质不同。

利用性能综述　土壤表层质地偏黏，耕性稍差，但下部壤土层保水保肥性能稍差。除表
层土外，各养分含量除全钾含量较高外，其余均较低，属肥力较低的土壤。今后改良应
注意不宜深耕，注意培肥土壤，增施有机肥，增加有机物料投入，推广秸秆还田，适量
施用化肥。

参比土种　沙底两合土。

代表性单个土体　采自淮安市楚州区宋集镇冯王村（编号 32-238，野外编号 32080304），
33°44′38.616″N，119°16′28.812″E，海拔 6 m。当前作物为水稻。50 cm 土层年均温度 15.4℃。
野外调查时间 2010 年 10 月。

32080304

Ap: 0~16 cm, 浊棕色 (7.5YR 6/3, 干), 棕色 (7.5YR 4/3, 润); 黏壤土, 发育强的直径 2~20 mm 团粒状结构, 疏松; 石灰反应强烈, 波状清晰过渡。

AB: 16~31 cm, 浊橙色 (7.5YR 7/3, 干), 棕色 (7.5YR 4/4, 润); 黏土, 发育弱的直径 10~50 mm 块状结构, 稍坚实; 石灰反应强烈, 清晰平滑过渡。

Br1: 31~72 cm, 浊黄橙色 (10YR 7/3, 干), 浊黄棕色 (10YR 5/4, 润); 壤土, 发育弱的直径 10~20 mm 块状结构, 稍坚实; 隐约见铁锰斑纹, 强烈石灰反应, 渐变波状过渡。

Cr1: 72~86 cm, 浊黄橙色 (10YR 7/3, 干), 浊黄棕色 (10R5/3, 润); 壤土, 见沉积层理, 无结构, 土体疏松, 2%~5%铁锰锈纹锈斑出现, 强烈石灰反应, 渐变波状过渡。

Cr2: 86~121 cm, 浊黄橙色 (10YR 7/3, 干), 浊黄棕色 (10YR 5/4, 润); 壤土, 土体疏松, 无结构, 有锈纹锈斑等新生体出现, 强烈石灰反应。

冯王系代表性单个土体剖面

冯王系代表性单个土体物理性质

土层	深度/cm	砾石 (>2 mm, 体积分数) /%	细土颗粒组成 (粒径: mm) / (g/kg)			质地	容重 / (g/cm³)
			砂粒 2~0.05	粉粒 0.05~0.002	黏粒<0.002		
Ap	0~16	—	264	421	315	黏壤土	1.13
AB	16~31	—	339	238	424	黏土	1.48
Br1	31~72	—	413	476	112	壤土	1.42
Cr1	72~86	—	435	377	188	壤土	1.46
Cr2	86~121	—	392	488	120	壤土	1.42

冯王系代表性单个土体化学性质

深度 /cm	pH (H₂O)	有机质 / (g/kg)	全氮(N) / (g/kg)	全磷(P₂O₅) / (g/kg)	全钾(K₂O) / (g/kg)	全铁(Fe₂O₃) / (g/kg)	阳离子交换量 / (cmol/kg)	游离氧化铁 / (g/kg)	有效磷(P) / (mg/kg)	速效钾(K) / (mg/kg)
0~16	7.7	21.6	1.14	2.13	24.8	53.2	16.9	9.9	15.73	144
16~31	7.3	10.1	0.60	1.41	25.0	48.3	15.7	9.6	1.38	90
31~72	7.9	2.5	0.18	1.13	20.6	30.4	4.3	5.7	0.77	20
72~86	7.9	5.6	0.19	1.45	22.6	40.3	4.5	7.0	1.59	41
86~121	7.7	2.5	0.16	1.43	21.7	33.4	3.6	6.8	1.53	30

8.5.9 张刘系（Zhangliu Series）

土　族：壤质硅质混合型石灰性温性-水耕淡色潮湿雏形土
拟定者：王培燕，黄　标，杜国华

分布与环境条件　分布于宿迁市沭阳县东南部地区。属于徐淮黄泛平原区的低洼平原。区域地势起伏较小，且海拔较低，气候上属暖温带季风气候区，年均气温13.8℃，无霜期203 d。全年总日照时数为2363.7 h，年日照百分率53%。年均降雨量937.6 mm。土壤起源于近代黄河夺淮泛滥冲积母质，土层深厚。以水稻-小麦轮作一年两熟为主。

张刘系典型景观

土系特征与变幅　诊断层包括雏形层、淡薄表层；诊断特性包括人为滞水土壤水分状况、潮湿土壤水分状况、氧化还原特征、石灰性、温性土壤温度状况；诊断现象包括水耕现象。该土系土壤种植水稻时间不长，加之质地较砂，所以犁底层发育不明显，但土壤中出现了氧化还原特征，B 层有弱的块状结构发育，40 cm 以下见有沉积层理残留，结构不发育。土壤耕作表层有机质含量较低，颜色较淡，养分也缺乏。土壤质地通体较砂，土体呈碱性，pH 为 8.08～8.54，通体石灰反应强烈。

对比土系　冯王系，同一土族，分布地形部位不同，母质不同。

利用性能综述　土壤耕性好，适耕期长，但种植水稻时容易漏水漏肥严重，保肥性差，影响作物产量。另外，土壤粉粒含量高，人为滞水时，容易淀浆，影响水稻栽插。改良上，因其漏水严重，应防止盲目深耕，增加有机物料投入，提高有机质含量，熟化土壤，合理施用化肥，注意分期施肥，提高肥料的利用率。

参比土种　砂底两合土。

代表性单个土体　采自宿迁市沭阳县章集镇张刘村（编号 32-133，野外编号 SY36P），34°04′52.68″N，118°55′13.80″E。海拔 5.7 m，平坦地块，排水通畅。当前作物为水稻。50 cm 土层年均温度 15.6℃。野外调查时间 2011 年 11 月。

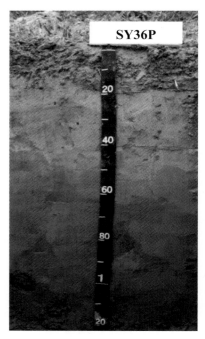

Ap：0~10 cm，浊棕色（7.5YR 6/3，干），浊棕色（7.5YR 5/4，润）；粉砂土，发育强的直径 5~20 mm 粒状结构，疏松；强烈石灰反应，平直明显过渡。

Br1：10~20 cm，浊橙色（7.5Y 7/3，干），浊棕色（7.5YR 6/3，润）；粉砂壤土，发育弱的直径 5~20 mm 块状结构，稍紧；见 2%~5%铁锰斑纹，强烈石灰反应，平直明显过渡。

Br2：20~40 cm，橙白色（7.5Y 8/2，干），浊棕色（7.5Y 5/3，润）；粉砂土，发育弱的直径 10~50 mm 块状结构，稍紧；见 2%~5%铁锰斑纹，强烈石灰反应，平直逐渐过渡。

Cr1：40~80 cm，橙白色（7.5Y 8/2，干），浊棕色（7.5Y 5/3，润）；粉砂土，发育强的直径 2~10 mm 单粒状结构，稍紧；见 2%~5%铁锰斑纹，强烈石灰反应，平直逐渐过渡。

Cr2：80~120 cm，橙白色（10Y 8/2，干），浊黄橙色（10Y 6/3，润）；粉砂壤土，发育强的直径 2~10 mm 单粒状结构，稍紧；见 5%~10%铁锰斑纹，强烈石灰反应。

张刘系代表性单个土体剖面

张刘系代表性单个土体物理性质

土层	深度/cm	砾石（>2 mm，体积分数）/%	细土颗粒组成（粒径：mm）/（g/kg）			质地	容重/（g/cm³）
			砂粒 2~0.05	粉粒 0.05~0.002	黏粒<0.002		
Ap	0~10	—	80	890	31	粉砂土	1.50
Br1	10~20	—	13	794	77	粉砂壤土	1.48
Br2	20~40	—	72	884	44	粉砂土	1.49
Cr1	40~80	—	107	869	24	粉砂土	1.49
Cr2	80~120	—	184	798	18	粉砂壤土	1.48

张刘系代表性单个土体化学性质

深度/cm	pH（H₂O）	有机质/（g/kg）	全氮(N)/（g/kg）	全磷(P₂O₅)/（g/kg）	全钾(K₂O)/（g/kg）	全铁(Fe₂O₃)/（g/kg）	阳离子交换量/（cmol/kg）	游离氧化铁/（g/kg）	有效磷(P)/（mg/kg）	速效钾(K)/（mg/kg）
0~10	8.3	2.6	0.16	1.40	21.8	18.3	4.8	7.0	1.01	46
10~20	8.1	7.5	0.51	1.33	24.0	24.7	10.0	10.0	2.48	100
20~40	8.4	2.3	0.18	1.37	22.9	19.4	4.4	7.0	0.49	42
40~80	8.5	1.7	0.13	1.36	22.6	16.8	3.7	6.7	1.05	40
80~120	8.4	1.6	0.13	1.30	22.4	16.6	3.7	6.3	1.51	38

8.5.10 梁徐系（Liangxu Series）

土　族：砂质混合型非酸性热性-水耕淡色潮湿雏形土
拟定者：王　虹，黄　标

分布与环境条件　分布于泰州市姜堰区中部地区。该地区属于长江三角洲平原区的高沙平原。区域地势起伏较小，海拔相对较高，约5 m。气候上属北亚热带湿润季风气候区，年均气温14.5℃，无霜期215 d。年均日照时数2205.9 h。年均降雨量991.7 mm。土壤母质为江淮冲积物母质，土层深厚。以水稻-小麦轮作一年两熟为主。

梁徐系典型景观

土系特征与变幅　诊断层包括雏形层、淡薄表层；诊断特性包括人为滞水土壤水分状况、潮湿土壤水分状况、氧化还原特征、热性土壤温度；诊断现象包括水耕现象。该土系土壤在母质形成之后，后期水利工程中再次堆垫，其上水耕耕作，种植水稻。由于种植时间不长，土壤质地非常砂，石灰性很强，所以，水耕表层之下氧化还原特征不明显。剖面中耕作表层有<2%锈纹锈斑。B 层发育弱的块状结构发育，剖面底部见 5%～15%锈纹锈斑，由于地下水位升降影响形成。土壤有机质及养分含量极低。土壤质地壤夹砂，土体呈碱性，pH 为 7.90～8.86，除表层无石灰反应外，其余土层为强石灰反应。

对比土系　杨墅系，同一亚类不同土族，颗粒级别大小为壤质。

利用性能综述　土壤耕层质地较砂，易耕，但易漏水漏肥。因此，要多施有机肥，种植绿肥，推广秸秆还田，培肥土壤，注意养分的补充；同时，施肥时应少施多施，减少养分淋失。

参比土种　泡砂土。

代表性单个土体　采自泰州姜堰市梁徐镇（编号 32-050，野外编号 B50），32°27′35.712″N，120°08′55.752″E。海拔 6.5 m，小麦-水稻水旱轮作。当前作物为小麦。50 cm 土层年均温度 16.6℃。野外调查时间 2010 年 4 月。

梁徐系代表性单个土体剖面

Ap1：0～10 cm，灰黄棕色（10YR 5/2，干），灰黄棕色（10YR 4/2，湿）；砂质壤土，发育强的直径2～10 mm 粒状结构，松；<2%铁锰斑点，无石灰反应，平直明显过渡。

ABr：10～19 cm，灰黄棕色（10YR 6/2，干），灰黄棕色（10YR 4/2，湿）；砂质壤土，发育弱的直径2～20 mm 块状结构，稍紧；<2%铁锰斑点，弱石灰反应，平直明显过渡。

Bw：19～72 cm，灰黄色（2.5Y 6/2，干），灰黄棕色（10YR 4/2，湿）；壤质砂土，发育弱的直径20～100 mm 次棱块状结构，松；强石灰反应，平直明显过渡。

Br：72～100 cm，灰黄色（2.5Y 6/2，干），灰黄棕色（10YR 5/2，湿）；砂质壤土，发育弱的直径20～100 mm 块状结构，松；5%～15%铁锰斑块，强石灰反应。

梁徐系代表性单个土体物理性质

土层	深度/cm	砾石（>2 mm，体积分数）/%	细土颗粒组成（粒径：mm）/（g/kg）			质地	容重/（g/cm³）
			砂粒 2～0.05	粉粒 0.05～0.002	黏粒<0.002		
Ap1	0～10	—	456	481	63	砂质壤土	1.42
ABr	10～19	—	696	274	30	砂质壤土	1.42
Bw	19～72	—	848	115	38	壤质砂土	1.44
Br	72～100	—	472	491	37	砂质壤土	1.63

梁徐系代表性单个土体化学性质

深度/cm	pH（H₂O）	有机质/（g/kg）	全氮(N)/（g/kg）	全磷(P₂O₅)/（g/kg）	全钾(K₂O)/（g/kg）	全铁(Fe₂O₃)/（g/kg）	阳离子交换量/（cmol/kg）	游离氧化铁/（g/kg）	有效磷(P)/（mg/kg）	速效钾(K)/（mg/kg）
0～10	7.9	8.7	0.57	0.90	16.3	33.5	5.6	6.3	36.45	74
10～19	8.7	1.8	0.12	0.63	12.5	29.6	3.1	6.2	9.79	26
19～72	8.9	1.6	0.09	0.65	15.0	32.2	3.0	5.7	3.08	30
72～100	8.4	1.4	0.09	0.63	13.1	33.1	3.6	7.1	1.80	34

8.6 弱盐淡色潮湿雏形土

8.6.1 蹲门系（Dunmen Series）

土　族：壤质硅质混合型非酸性热性-弱盐淡色潮湿雏形土
拟定者：王培燕，潘剑君，黄　标

分布与环境条件　零星分布在盐城东台市的黄海公路东侧。该地区属于苏北滨海平原区的半脱盐平原。气候上属北亚热带湿润季风气候区，年均气温 14.6℃，年均太阳辐射总量 117.23kcal/cm^2，年均降雨量 1042.3 mm。该地区地形整体属于平原，地势平坦，海拔约 8 m。土壤起源于海相沉积物母质。土层深厚。土地利用类型为旱地，种植作物有（油菜）小麦、玉米、西瓜等。

蹲门系典型景观

土系特征与变幅　诊断层包括雏形层、淡薄表层；诊断特性包括潮湿土壤水分状况、氧化还原特征、热性土壤温度；诊断现象包括盐积现象。该土系土壤母质形成经历两个阶段，早期出露海面后，发生沼泽、草甸过程，积累了大量有机质，而后又被海相沉积物覆盖，然后再经过人为耕作，形成目前的土壤土层深厚，除表层外，其他土层还有盐积现象。由于地下水位较浅，土壤中氧化还原特征发育。土壤肥力质量较高，耕作层有机质积累明显，养分含量高。土壤质地通体为粉砂壤土，土体呈碱性，pH 为 7.76～7.93，石灰反应强烈。

对比土系　柘汪系，同一亚类不同土族，为壤质混合型非酸性温性。浦港系，不同亚类，含盐量相对较低，为石灰淡色潮湿雏形土。陈洋系，不同亚类，土系 40 cm 以下出现埋藏层，土壤无盐分积累，为石灰雏形土。射阳港系，不同亚类，荒地，为弱盐雏形土。

利用性能综述　土壤养分含量低，土壤板结紧实，通气性差，肥力低下。盐分含量高，影响作物生长，产量较低。今后改良，应重点采取措施降低其盐分，同时合理耕作施肥，改善土壤结构，培肥土壤。

参比土种　壤性脱盐土。

蹲门系代表性单个土体剖面

代表性单个土体 采自盐城东台市蹲门镇（编号 32-270，野外编号 32098103），32°58′10.164″N，120°52′1.236″E，海拔 4 m。当前作物为油菜。50 cm 土层年均温度 16.1℃。野外调查时间 2012 年 3 月。

Ap：0～14 cm，灰黄棕色（10YR 6/2，干），灰黄棕色（10YR 4/2，润）；粉砂壤土，发育强的直径 2～20 mm 粒状结构，疏松；极强石灰反应，清晰平滑过渡。

Br：14～43 cm，浊黄橙色（10YR 7/3，干），浊黄棕色（10YR 5/3，润）；粉砂壤土，发育中等的直径 20～100 mm 块状结构，坚实；结构体内有 5%～15%直径 2～6 mm 铁锰斑纹，极强石灰反应，清晰波状过渡。

Brh：43～76 cm，灰黄棕色（10YR 4/2，干），黑色（10YR 2/1，润）；粉砂壤土，发育中等的直径≥100 mm 块状结构，坚实；结构体内有 5%～15%直径 2～6 mm 铁锰斑纹，弱石灰反应，模糊波状过渡。

Bh：76～110 cm，灰黄棕色（10YR 4/2，干），黑色（10YR 2/1，润）；粉砂壤土，发育强的直径≥100 mm 棱块状结构，坚实；稍黏着，极可塑，无石灰反应。

蹲门系代表性单个土体物理性质

土层	深度/cm	砾石（>2 mm，体积分数）/%	细土颗粒组成（粒径：mm）/（g/kg）			质地	容重/（g/cm³）
			砂粒 2～0.05	粉粒 0.05～0.002	黏粒<0.002		
Ap	0～14	—	248	650	102	粉砂壤土	1.28
Br	14～43	—	126	778	96	粉砂壤土	1.26
Brh	43～76	—	148	743	109	粉砂壤土	—
Bh	76～110	—	184	701	115	粉砂壤土	1.10

蹲门系代表性单个土体化学性质

深度/cm	pH（H₂O）	有机质/（g/kg）	全氮(N)/（g/kg）	全磷(P₂O₅)/（g/kg）	全钾(K₂O)/（g/kg）	全铁(Fe₂O₃)/（g/kg）	阳离子交换量/（cmol/kg）	游离氧化铁/（g/kg）	含盐量/（g/kg）	有效磷(P)/（mg/kg）	速效钾(K)/（mg/kg）
0～14	7.8	22.1	0.90	1.40	16.6	31.0	5.2	5.4	1.96	33.04	193
14～43	7.8	12.6	0.52	1.30	16.1	29.8	3.6	4.9	2.00	26.32	226
43～76	7.8	7.0	0.48	2.91	15.9	33.4	6.6	5.1	2.17	23.04	213
76～110	7.9	15.3	0.73	1.59	18.4	37.2	3.6	7.6	2.09	35.48	263

8.6.2 柘汪系（Zhewang Series）

土　　族：壤质混合型非酸性温性-弱盐淡色潮湿雏形土
拟定者：王培燕，潘剑君，黄　标

分布与环境条件　分布于连云港市赣榆区沿海海堤内侧。属于苏北滨海平原区的半脱盐平原。气候上属暖温带湿润气候区，年均气温13.1℃，无霜期213.9 d，年均日照2646.2 h，年均降雨量952.6 mm。土壤起源于海岸沉积物上，海拔很低，只有几米。该土系分布在沿海岸线以内地区，自然植被为芦苇等禾本科植物。

柘汪系典型景观

土系特征与变幅　诊断层包括雏形层、淡薄表层；诊断特性包括潮湿土壤水分状况、氧化还原特征、温性土壤温度；诊断现象包括盐积现象。该土系土壤位于沿海海堤内侧，在海岸沉积物母质形成后，有植被生长的同时，随地表抬升，经历一定脱盐，土壤盐分含量有所降低，低至5g/kg左右。剖面底部由于地下水位升降出现15%～40%直径6～20 mm铁锰斑纹。土壤通体有盐积现象。肥力性质中主要是有机质含量很低，其他养分较充足。土壤质地27 cm以上为壤土，其下均为粉砂壤土，土体呈中性，pH为6.53～7.23。

对比土系　蹲门系，同一亚类不同土族，壤质硅质混合型石灰性热性。浦港系，不同亚类，含盐量相对较低，为石灰淡色潮湿雏形土。

利用性能综述　土壤盐分含量高，质地偏砂，不适宜农作物耕种。今后利用应建设水利设施，完善排水系统，引淡水洗盐，或种稻洗盐；增加有机物料投入，逐步培育和熟化耕作层。

参比土种　壤质重盐土。

代表性单个土体　采自连云港市赣榆区柘汪镇（编号32-222，野外编号32072106），35°03′27.828″N，119°14′2.364″E，海拔0.3 m。自然植被为芦苇、茅草等。50 cm土层年均温度15℃。野外调查时间2011年9月。

Az：0～27 cm，灰黄色（2.5Y 7/2，干），橄榄棕色（2.5Y 4/3，润），潮；壤土，发育弱的直径5～20 mm块状结构，疏松；渐变波状过渡。

Bzr：27～65 cm，灰黄色（2.5YR 6/2，干），暗橄榄棕色（2.5Y 3/3，润）；粉砂壤土，发育弱的直径20～50 mm块状结构，疏松；15%～40%直径6～20 mm铁锰斑纹，斑纹边界清楚，无石灰反应，渐变波状过渡。

Cz：65～80 cm，灰黄棕色（2.5Y 6/2，干），暗橄榄棕色（2.5Y 3/3，润）；粉砂壤土，发育弱的直径50～100 mm块状结构，疏松；15%～40%直径6～20 mm铁锰斑纹。

柘汪系代表性单个土体剖面

柘汪系代表性单个土体物理性质

| 土层 | 深度/cm | 砾石（>2 mm，体积分数）/% | 细土颗粒组成（粒径：mm）/（g/kg） | | | 质地 | 容重/（g/cm³） |
			砂粒 2～0.05	粉粒 0.05～0.002	黏粒<0.002		
Az	0～27	—	455	399	147	壤土	1.37
Bzr	27～65	—	295	547	158	粉砂壤土	1.31
Cz	65～80	—	307	567	127	粉砂壤土	1.58

柘汪系代表性单个土体化学性质

深度/cm	pH（H₂O）	有机质/（g/kg）	全氮(N)/（g/kg）	全磷(P₂O₅)/（g/kg）	全钾(K₂O)/（g/kg）	全铁(Fe₂O₃)/（g/kg）	阳离子交换量/（cmol/kg）	游离氧化铁/（g/kg）	含盐量/（g/kg）	有效磷(P)/（mg/kg）	速效钾(K)/（mg/kg）
0～27	6.5	5.2	0.19	1.44	29.5	36.4	5.3	4.8	5.73	14.82	425
27～65	6.9	6.2	0.25	1.19	29.3	29.9	6.9	5.6	7.16	17.18	547
65～80	7.2	3.5	0.18	1.33	26.1	86.7	4.1	2.9	5.16	17.71	419

8.7　石灰淡色潮湿雏形土

8.7.1　青罗系（Qingluo Series）

土　　族：黏质伊利石混合型温性-石灰淡色潮湿雏形土
拟定者：王培燕，潘剑君，黄　标

分布与环境条件　分布于连云港市赣榆区罗阳、宋庄、城东乡以东的滨海地区。属于沂沭丘陵平原区的海湾低平原，地势平坦。气候上属暖温带半湿润气候区，年均气温 13.1℃，无霜期 213.9 d，年均日照 2646.2 h，年均降雨量 952.6 mm。土壤起源于海相沉积物，土层厚度在 1 m以上。海拔较低。土地利用类型为旱地，种植作物有花生、大豆、小麦等。

青罗系典型景观

土系特征与变幅　诊断层包括雏形层、淡薄表层；诊断特性包括潮湿土壤水分状况、氧化还原特征、石灰性、温性土壤温度。该土系土壤在母质形成之后，主要受人为耕作影响，剖面中耕作表层和耕作亚层发育。B 层发育较好。心土层质地黏重，盐分含量较高，但未达到积盐现象。土壤质地壤夹黏，土体呈碱性，pH 为 7.83～8.69。
对比土系　浦港系，同一亚类不同土族，颗粒大小级别为壤质，矿物学类型为硅质混合型。友爱系同一亚类不同土族，颗粒大小级别为黏壤质，矿物学类型为混合型。
利用性能综述　土壤基本养分含量充足。已经基本脱盐，只有心土层盐分含量较高。这可能是因为该层质地黏重，阻碍盐分的淋洗。今后改良采取措施，防止地表返盐，采用深耕深翻，打破黏土层。
参比土种　黏质轻盐土。
代表性单个土体　采自连云港市赣榆区宋庄镇青罗路北（编号 32-227，野外编号 32072111），34°47′27.384″N，119°08′14.028″E，海拔 0.3 m。当前作物是黄豆。50 cm 土层年均温度 15℃。野外调查时间 2010 年 9 月。

Ap: 0～15 cm，灰黄棕色（10YR 6/2，干），黑棕色（10Y 3/2，润）；黏壤土，发育强的直径2～10 mm团粒状结构，疏松；中度石灰反应，清晰平滑过渡。

AB：15～32 cm，浊黄橙色（10YR 6/3，干），浊黄棕色（10YR 4/3，润）；黏壤土，发育弱的直径2～20 mm块状结构，稍坚实；结构面有5%～15%灰色胶膜，强石灰反应，清晰平滑过渡。

Br1：32～62 cm，浊黄橙色（10YR 7/3，干），棕色（10YR 4/4，润）；粉砂质黏土，发育强的直径10～50 mm棱块状结构，坚实；见锈纹锈斑，强石灰反应，清晰平滑过渡。

Br2：62～90 cm，浊黄橙色（10YR 7/3，干），棕色（10YR 4/4，润）；黏土，发育中等的直径10～50 mm块状结构，坚实；见锈纹锈斑，强石灰反应，突然平滑过渡。

Br3：90～100 cm，浊黄橙色（10YR 7/2，干），浊黄棕色（10YR 5/3，润）；黏壤土，发育弱的直径10～50 mm块状结构，坚实；见锈纹锈斑，中度石灰反应。

青罗系代表性单个土体剖面

青罗系代表性单个土体物理性质

| 土层 | 深度/cm | 砾石（>2 mm，体积分数）/% | 细土颗粒组成（粒径：mm）/（g/kg） | | | 质地 | 容重/（g/cm³） |
			砂粒 2～0.05	粉粒 0.05～0.002	黏粒<0.002		
Ap	0～15	—	231	457	312	黏壤土	1.24
AB	15～32	—	266	393	341	黏壤土	1.54
Br1	32～62	—	110	401	489	粉砂质黏土	1.51
Br2	62～90	—	98	393	510	黏土	1.39
Br3	90～100	—	347	333	320	黏壤土	1.64

青罗系代表性单个土体化学性质

深度/cm	pH(H₂O)	有机质/（g/kg）	全氮(N)/（g/kg）	全磷(P₂O₅)/（g/kg）	全钾(K₂O)/（g/kg）	全铁(Fe₂O₃)/（g/kg）	阳离子交换量/（cmol/kg）	游离氧化铁/（g/kg）	有效磷(P)/（mg/kg）	速效钾(K)/（mg/kg）
0～15	7.8	38.9	1.63	1.60	29.2	47.5	12.9	10.1	26.72	130
15～32	8.5	15.2	0.33	1.13	26.2	42.6	11.0	9.9	6.08	121
32～62	8.7	8.3	0.06	0.83	32.8	49.1	11.6	13.4	77.16	238
62～90	8.7	18.5	0.37	1.02	33.6	54.3	13.7	12.6	25.40	368
90～100	8.6	1.0	0.27	1.96	33.2	42.8	13.1	8.8	37.00	355

8.7.2 陈洋系（Chenyang Series）

土 族：黏壤质混合型温性-石灰淡色潮湿雏形土
拟定者：王培燕，潘剑君，黄 标

分布与环境条件 分布在盐城市射阳县各地。位于苏北滨海平原区的脱盐平原。土壤母质为河流冲积和海相沉积双重母质。地势平坦，海拔很低。气候上属北亚热带和暖温带的过渡地带，季风湿润气候区。年均气温13.9℃。无霜期224 d。太阳年均总辐射量 117.5kcal/cm²。年均降雨量 1034.8 mm。自然植被见芦苇、牛筋草、狗尾巴草等。农业利用主要为旱作。

陈洋系典型景观

土系特征与变幅 诊断层包括雏形层、淡薄表层；诊断特性包括潮湿土壤水分状况、氧化还原特征、石灰性、温性土壤温度状况。该土系土壤在母质形成之后，土壤盐分已淋失脱盐，植被生长导致表层有机质少有积累，B 层结构发育程度较强。剖面 36 cm 以下有 15%～40%直径 2～6 mm 铁锰斑纹。质地为粉砂壤与粉砂黏壤土互层。通体极强石灰反应。土体呈碱性，pH 为 7.63～8.31。

对比土系 蹲门系，不同亚类，土系 40 cm 以下未出现埋藏层，土壤有盐分积累，为弱盐雏形土。沟浜系，同一土族，水田，受人为耕作影响，土壤有机质积累更为明显，各种养分含量稍高，且铁锰斑纹特征发育显著。

利用性能综述 土壤已经脱盐，但受地下水影响，若管理不当，仍会返盐。质地轻壤-中壤，耕性好，耕层较疏松。养分水平较低，今后要注意排水，防止返盐，加强有机物料投入，不断培育熟化耕作层，合理轮作，有条件的地方可以考虑旱改水。

参比土种 黄沙土。

代表性单个土体 采自盐城市射阳县陈洋镇桃园村（编号 32-267，野外编号 32092408），33°45′5.184″N，120°05′1.212″E，海拔 0 m。50 cm 土层年均温度 15.3℃。野外调查时间 2011 年 9 月。

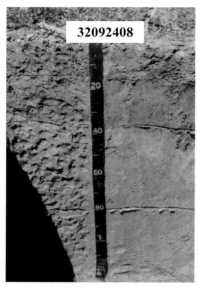

Ap：0～15 cm，浊黄橙色（10YR 7/3，干），浊棕色（10YR 5/4，润）；粉砂壤土，发育弱的直径 2～20 mm 次棱块状结构，疏松；1～20 根/cm² 直径 0.5～2 mm 须根系，极强石灰反应，渐变平滑过渡。

Bw：15～36 cm，浊黄橙色（10YR 6/3，干），棕色（10YR 4/4，润）；粉砂质黏壤土，发育中等的直径 5～20 mm 块状结构，坚实；极强石灰反应，清晰波状过渡。

Br1：36～80 cm，浊黄橙色（10YR 7/3，干），浊黄棕色（10YR 5/4，润）；粉砂壤土，发育强的直径 10～100 mm 块状结构，坚实；15%～40%直径 2～6 mm 铁锰斑纹，对比度明显，边界清楚，极强石灰反应，渐变平滑过渡。

Br2：80～125 cm，浊黄橙色（10YR 7/3，干），浊黄棕色（10YR 5/4，湿）；粉砂质黏壤土，发育强的直径 10～100 mm 块状结构，坚实；15%～40%直径 2～6 mm 铁锰斑纹，极强石灰反应。

陈洋系代表性单个土体剖面

陈洋系代表性单个土体物理性质

土层	深度/cm	砾石（>2 mm，体积分数）/%	细土颗粒组成（粒径：mm）/（g/kg）			质地	容重/（g/cm³）
			砂粒 2～0.05	粉粒 0.05～0.002	黏粒<0.002		
Ap	0～15	—	120	622	259	粉砂壤土	1.46
Bw	15～36	—	124	605	271	粉砂质黏壤土	1.56
Br1	36～80	—	167	656	177	粉砂壤土	1.52
Br2	80～125	—	137	590	273	粉砂质黏壤土	1.57

陈洋系代表性单个土体化学性质

深度/cm	pH（H₂O）	有机质/（g/kg）	全氮(N)/（g/kg）	全磷(P₂O₅)/（g/kg）	全钾(K₂O)/（g/kg）	全铁(Fe₂O₃)/（g/kg）	阳离子交换量/（cmol/kg）	游离氧化铁/（g/kg）	有效磷(P)/（mg/kg）	速效钾(K)/（mg/kg）
0～15	7.6	8.1	0.49	1.42	18.5	42.6	9.3	8.2	2.00	141
15～36	7.5	7.4	0.62	1.32	21.1	38.4	13.3	9.2	2.22	159
36～80	7.7	3.3	0.24	0.07	15.6	39.8	5.7	7.7	2.57	100
80～125	8.3	3.9	0.27	1.20	20.2	40.4	6.9	8.8	3.54	184

8.7.3 沟浜系（Goubang Series）

土　族：黏壤质混合型温性-石灰淡色潮湿雏形土
拟定者：王培燕，潘剑君，黄　标

分布与环境条件　分布在盐城市射阳县的各地区。属于苏北滨海平原区的脱盐平原。土壤母质为河流冲积海相沉积物双重母质。地势平坦，海拔很低。气候上属北亚热带和暖温带的过渡地带，湿润季风气候区。年均气温13.9℃。无霜期 224 d。太阳年均总辐射量 117.5kcal/cm²。年均降雨量 1034.8 mm。土地利用类型为旱地，种植类型为棉花、大豆、小麦等。

沟浜系典型景观

土系特征与变幅　诊断层包括雏形层、淡薄表层；诊断特性包括潮湿土壤水分状况、氧化还原特征、石灰性、温性土壤温度状况。该土系土壤长期受人为耕作影响，耕作层及耕作亚层发育。受地表水下渗影响，剖面自上而下有氧化还原特征，18 cm 氧化还原特征。表层土壤有机质积累不太明显，养分中仅速效钾含量稍高，其余则偏低。土壤质地上部位粉砂质壤土，下部稍黏，为粉砂质黏壤土，土体呈碱性，pH 为 7.59～8.01，通体有极强石灰反应。

对比土系　陈洋系，同一土族，旱作，有机质积累相对稍弱，铁锰斑纹特征发育不显著。

利用性能综述　土壤质地适中，耕性较好。虽然土壤已经脱盐，但地下水位较高，若管理不当，仍会返盐。养分水平稍高，但仍未达到高产要求，今后要注意完善排灌设施，做到排水通畅，有条件的地区，可以推广旱改水。管理过程中仍需增加有机物料投入，增加土壤有机质，不断熟化土壤，注意合理施肥。

参比土种　黄沙土。

代表性单个土体　采自盐城市射阳县海通镇沟浜村（编号 32-265，野外编号 32092406），33°49′8.436″N，120°22′19.02″E，海拔 1.5 m。当前作物为棉花。50 cm 土层年均温度 15.3℃。野外调查时间 2011 年 9 月。

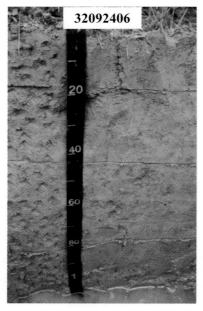

Ap: 0～18 cm，浊橙色（7.5YR 7/3，干），浊棕色（7.5YR 5/3，润）；粉砂壤土，发育强的直径 5～20 mm 粒状结构和次棱块状结构，疏松；极强石灰反应，清晰平滑过渡。

Br1: 18～44 cm，浊橙色（7.5YR 7/3，干），灰黄棕色（7.5YR 5/3，润）；粉砂壤土，发育强的直径 10～50 mm 块状结构，稍坚实；出现 2%～5% 斑纹，极强石灰反应，清晰平滑过渡。

Br2: 44～82 cm，浊橙色（7.5YR 7/4，干），棕色（7.5YR 4/4，润）；粉砂质黏壤土，发育强的直径 20～100 mm 块状结构，坚实；出现 5%～10% 斑纹，极强石灰反应，清晰平滑过渡。

Br3: 82～110 cm，浊黄橙色（10YR 7/4，干），棕色（7.5YR 4/4，润）；粉砂质黏壤土，发育中等的直径 20～100 mm 块状结构，坚实；出现 2%～5% 斑纹，并有铁锰斑点出现，极强石灰反应。

沟浜系代表性单个土体剖面

沟浜系代表性单个土体物理性质

土层	深度/cm	砾石（>2 mm，体积分数）/%	细土颗粒组成（粒径：mm）/（g/kg）			质地	容重/（g/cm³）
			砂粒 2～0.05	粉粒 0.05～0.002	黏粒<0.002		
Ap	0～18	—	142	675	184	粉砂壤土	1.45
Br1	18～44	—	189	627	184	粉砂壤土	1.31
Br2	44～82	—	104	621	275	粉砂质黏壤土	1.38
Br3	82～110	—	100	570	330	粉砂质黏壤土	1.53

沟浜系代表性单个土体化学性质

深度/cm	pH（H₂O）	有机质/（g/kg）	全氮(N)/（g/kg）	全磷(P₂O₅)/（g/kg）	全钾(K₂O)/（g/kg）	全铁(Fe₂O₃)/（g/kg）	阳离子交换量/（cmol/kg）	游离氧化铁/（g/kg）	有效磷(P)/（mg/kg）	速效钾(K)/（mg/kg）
0～18	7.8	11.9	0.71	1.61	14.2	30.8	6.6	6.5	14.68	131
18～44	7.6	6.7	0.44	1.48	16.0	34.4	4.4	6.9	6.36	91
44～82	7.6	4.1	0.31	1.18	16.3	35.9	12.5	6.4	4.42	142
82～110	8.0	5.3	0.42	1.31	18.0	47.8	16.7	10.9	5.32	250

8.7.4　射阳港系（Sheyanggang Series）

土　族：黏壤质混合型温性-石灰淡色潮湿雏形土
拟定者：雷学成，潘剑君

分布与环境条件　零散分布
在盐城市射阳县的各个乡镇。
位于苏北滨海平原的沿海滩
涂。河流冲积和海相沉积双
重作用下形成的土壤母质独
具特征。地势平坦，海拔很
低。气候上属北亚热带和暖
温带的过渡地带，属季风性
湿润气候区。年均气温
13.9℃。无霜期 224 d。太阳
年均总辐射量 117.5kcal/cm²。
年均降雨量 1034.8 mm。土层
较深厚。土壤有一定脱盐，
植被类型为矮草，植被覆盖
度低，10%～20%，无农业利用影响。

射阳港系典型景观

土系特征与变幅　诊断层包括雏形层、淡薄表层；诊断特性包括潮湿土壤水分状况、氧化还原特征、石灰性、温性土壤温度。该土系土壤在母质形成之后，首先经历很长时间的自然淋洗，盐分含量减少到 1～2 g/kg，但仍有季节性返盐，植被生长仍受限。所以，表层土壤有机质积累不明显，B 层有一定结构发育，为弱的块状结构，受地下水升降影响，剖面下部出现氧化还原特征。本土系表层土壤有机质含量低，养分中除速效钾较高之外，其余均很低。土体深厚，通体极强石灰反应。土壤质地通体为粉砂壤土，土体呈碱性，pH 为 7.69～8.21。

对比土系　蹲门系，不同亚类，土壤盐分含量相对较高，有人为耕作影响，为淡色雏形土。

利用性能综述　土壤质地适中，适耕期长，宜浅耕。土壤盐分含量不高，对作物生长影响小，但存在季节返盐的风险。农业利用粮棉均能正常生长，有条件进行水耕，可能有利于淋盐。改良利用中应注意排水洗盐，同时要增加有机物料投入，改良土壤结构，提高有机质含量。

参比土种　壤性轻盐土。

代表性单个土体　采自盐城市射阳县射阳港电厂（编号 32-264，野外编号 32092405），33°49′22.26″N，120°28′10.128″E，海拔 2 m。荒地。50 cm 土层年均温度 15.3℃。野外调查时间 2011 年 9 月。

射阳港系代表性单个土体剖面

A：0~18 cm，浊黄橙色（10YR 7/2，干），灰黄棕色（10YR 5/2，润）；粉砂壤土，发育弱的直径 10~50 mm 团块状结构，疏松；极强石灰反应，清晰波状过渡。

Bw1：18~32 cm，浊黄橙色（10YR 7/3，干），棕色（10YR 4/4，润）；粉砂壤土，发育弱的直径 10~50 mm 棱块状结构，坚实；极强石灰反应，清晰不规则过渡。

Br1：32~64 cm，浊黄橙色（10YR 7/3，干），浊黄棕色（10YR 5/3，润）；粉砂壤土，发育弱的直径 10~50 mm 棱块状结构，坚实；结构体内有 5%~15%直径 2~6 mm 铁锰斑纹，斑纹边界清楚、对比度显著，有腐烂的根系，极强石灰反应，渐变不规则过渡。

Br2：64~95 cm，浊黄橙色（10YR 7/2，干），灰黄棕色（10YR 5/2，润）；粉砂壤土，发育弱的直径 20~100 mm 棱块状结构，坚实；结构体内有 2%~5%直径 2~6 mm 铁锰斑纹，斑纹边界清楚、对比度显著，有腐烂的根系，极强石灰反应，清晰平滑过渡。

Bw2：95~105 cm，浊黄橙色（10YR 7/2，干），灰黄棕色（10YR 5/2，润）；粉砂壤土，发育弱的直径 20~100 mm 棱块状结构，坚实；极强石灰反应。

射阳港系代表性单个土体物理性质

土层	深度/cm	砾石（>2 mm，体积分数）/%	细土颗粒组成（粒径：mm）/（g/kg）			质地	容重/（g/cm³）
			砂粒 2~0.05	粉粒 0.05~0.002	黏粒<0.002		
A	0~18	—	313	552	135	粉砂壤土	1.51
Bw1	18~32	—	167	541	292	粉砂壤土	1.74
Br1	32~64	—	231	565	204	粉砂壤土	1.69
Br2	64~95	—	258	557	185	粉砂壤土	1.59
Bw2	95~105	—	160	681	160	粉砂壤土	1.50

射阳港系代表性单个土体化学性质

深度/cm	pH（H₂O）	有机质/（g/kg）	全氮(N)/（g/kg）	全磷(P₂O₅)/（g/kg）	全钾(K₂O)/（g/kg）	全铁(Fe₂O₃)/（g/kg）	阳离子交换量/（cmol/kg）	游离氧化铁/（g/kg）	含盐量/（g/kg）	有效磷(P)/（mg/kg）	速效钾(K)/（mg/kg）
0~18	7.7	2.4	0.19	1.33	13.0	28.2	3.2	5.2	1.42	9.49	154
18~32	8.2	7.8	0.52	1.29	21.3	40.8	8.8	7.4	1.20	9.14	358
32~64	8.1	3.7	0.27	1.50	15.0	38.1	3.2	6.9	1.16	12.41	291
64~95	8.2	3.2	0.26	1.31	13.3	30.4	4.8	6.3	1.11	10.26	249
95~105	8.2	6.5	0.25	1.50	15.5	35.7	4.7	5.8	1.12	7.87	241

8.7.5　友爱系（Youai Series）

土　族：黏壤质混合型温性-石灰淡色潮湿雏形土
拟定者：王培燕，黄　标

分布与环境条件　主要分布于盐城市射阳县的中部地区。属于苏北滨海平原区的海湾低平原。成土母质为海相沉积物。气候属北亚热带和暖温带过渡湿润季风气候区，年均气温 14.0℃。年均降水量 1000 mm。农业利用为旱耕，大蒜-玉米轮作。

友爱系典型景观

土系特征与变幅　诊断层为雏形层、淡薄表层，诊断特性包括潮湿土壤水分状况、氧化还原特征、石灰性、温性土壤温度。由于该土系海拔低，地下水位高，所以剖面氧化还原特征明显，耕作层之下有 15%～40%锈纹锈斑。土体结构较为发育，为强发育的块状结构，土体厚度在 1 m 以上。该土系耕层有机质积累不明显，全磷含量较高，但速效磷很低，全钾和有效钾均较高。细土质地为粉砂壤土，碱性，pH 为 7.79～8.39，所有土层均显示强石灰反应。

对比土系　浦港系，同一亚类不同土族，颗粒大小级别为壤质，矿物学类型为硅质混合型。

利用性能综述　土壤质地适中，适耕期长，易耕易耙。但耕作层肥力不高，有机质积累弱，磷素水平低。今后改良应增加有机物投入，如增施有机肥，推广秸秆还田，不断培肥土壤，提高地力水平，同时注意磷肥施用。

参比土种　黏性脱盐土。

友爱系代表性单个土体剖面

代表性单个土体　采自盐城市射阳县藕耕镇友爱村（编号 32-307，野外编号 JB23），33°51′26.22″N，120°13′36.36″E，海拔 0 m，当前作物为玉米。50 cm 深度土温 15.6 ℃。野外调查时间 2010 年 06 月。

Ap：0～20 cm，淡棕灰色（7.5YR 7/3，干），棕色（7.5YR 4/3，润）；粉砂壤土，发育强的直径 5～20 mm 粒状或次棱块状结构，较松散；强石灰反应，平直明显过渡。

Br1：20～55 cm，橙白色（7.5YR 8/2，干），浊棕色（7.5YR 5/4，润）；粉砂壤土，发育强的直径 10～100 mm 块状结构，紧实；有大量锈纹锈斑，强石灰反应，平直渐变过渡。

Br2：55～75 cm，橙白色（7.5YR 8/2，干），浊棕色（7.5YR 5/4，润）；粉砂壤土，发育强的直径 10～100 mm 块状结构，较紧实；15%～40%锈纹锈斑，强石灰反应，平直渐变过渡。

Br3：75～100 cm，橙白色（7.5YR 8/2，干），浊棕色（7.5YR 5/4，润）；粉砂壤土，发育强的直径 10～100 mm 块状结构，较紧实，10%～15%锈纹锈斑，强石灰反应。

友爱系代表性单个土体物理性质

土层	深度/cm	砾石（>2 mm，体积分数）/%	细土颗粒组成（粒径：mm）/（g/kg）			质地	容重/（g/cm³）
			砂粒 2～0.05	粉粒 0.05～0.002	黏粒<0.002		
Ap	0～20	—	103	742	155	粉砂壤土	1.39
Br1	20～55	—	91	676	233	粉砂壤土	1.51
Br2	55～75	—	108	669	223	粉砂壤土	1.43
Br3	75～100	—	78	700	222	粉砂壤土	1.55

友爱系代表性单个土体化学性质

深度/cm	pH（H₂O）	有机质/（g/kg）	全氮(N)/（g/kg）	全磷(P₂O₅)/（g/kg）	全钾(K₂O)/（g/kg）	全铁(Fe₂O₃)/（g/kg）	阳离子交换量/（cmol/kg）	游离氧化铁/（g/kg）	有效磷(P)/（mg/kg）	速效钾(K)/（mg/kg）
0～20	7.8	11.1	0.76	1.69	25.4	37.0	11.4	10.5	4.65	150
20～55	8.3	6.2	0.45	1.53	23.3	34.2	8.4	9.2	3.10	120
55～75	8.3	9.6	0.68	1.79	24.0	37.2	11.1	10.4	11.78	158
75～100	8.4	4.6	0.32	1.48	24.5	35.1	9.0	10.1	12.80	166

8.7.6 爱园系（Aiyuan Series）

土　族：壤质硅质混合型温性-石灰淡色潮湿雏形土
拟定者：王培燕，潘剑君，黄　标

分布与环境条件　零星分布于宿迁市泗阳县的爱园、穿城、三庄、黄圩、裴圩、高渡、新袁、李庄、卢集、城厢、郑楼、临河等 13 个乡镇。属于徐淮黄泛平原区的河流阶地上。区域地形平坦，海拔从十几米到三十多米。气候上属暖温带半湿润季风气候区，年均气温 14.1℃。无霜期 208 d。年均总辐射量 114.04kcal/cm²。年均降雨量 898.8 mm。土壤起源于冲积

爱园系典型景观

物母质上，土层深厚。土地利用类型为旱地，种植小麦、果树、玉米、花生、黄豆。人为活动影响有灌溉、人工排水、耕翻、施肥等。

土系特征与变幅　诊断层包括雏形层、淡薄表层；诊断特性包括潮湿土壤水分状况、氧化还原特征、石灰性、温性土壤温度。该土系起源于黄泛冲积物母质上，土壤结构发育程度较强，为强的块状结构，土体中见少量铁锰斑纹。质地属粉砂质壤土，但下部土壤黏粒含量稍低，并见模糊沉积层理，有效土层深厚，通体强石灰反应。有机质、氮磷储量和有效性较高，尽管全钾水平较高，但有效性钾偏低。土体呈碱性，pH 为 7.86～8.89，通体强石灰反应。

对比土系　安国系，同一土族，分布地形部位不同，色调为 7.5YR，雏形层发育较弱。临海系，同一亚类不同土族，矿物学类型为混合型。

利用性能综述　质地偏砂适耕期长，犁时阻力小，但干时疏松，湿时板结，保水保肥能力差。土壤养分含量较低，主要是钾缺乏明显。今后施肥应增施有机肥，提倡秸秆还田，及时增施钾肥，提高土壤肥力。

参比土种　沙土。

代表性单个土体　采自宿迁市泗阳县爱园镇（编号 32-288，野外编号 32132301），33°56′55.068″N，118°43′31.08″E，海拔 8.8 m。50 cm 土层年均温度 15.3℃。野外调查时间 2011 年 10 月。

爱园系代表性单个土体剖面

Ap：0～12 cm，浊黄橙色（10YR 7/2，干），浊黄棕色（10YR 5/3，润），润；粉砂壤土，发育强的直径 5～20 mm 次棱块状结构，疏松；极强石灰反应，清晰平滑过渡。

Br1：12～38 cm，浊黄橙色（10YR 7/3，干），棕色（10YR 4/4，润）；粉砂壤土，发育强的直径 10～50 mm 块状结构，坚实；2%～5%的铁锰斑纹，极强石灰反应，清晰平滑过渡。

Br2：38～60 cm，浊黄橙色（10YR 7/3，干），浊黄棕色（10YR 5/4，润）；粉砂壤土，发育强的直径 10～50 mm 块状结构，坚实；2%～5%的铁锰斑纹，极强石灰反应，清晰平滑过渡。

Br3：60～90 cm，浊黄橙色（10YR 7/3，干），浊黄棕色（10YR 5/3，润）；粉砂壤土，发育中等的直径 10～50 mm 块状结构，坚实；5%～10%的铁锰斑纹，极强石灰反应，清晰平滑过渡。

Br4：90～120 cm，浊黄橙色（10YR 7/3，干），浊黄棕色（10YR 5/3，润）；粉砂壤土，发育中等的直径 10～50 mm 块状结构，坚实；5%～10%的铁锰斑纹，极强石灰反应。

爱园系代表性单个土体物理性质

土层	深度/cm	砾石（>2 mm，体积分数）/%	细土颗粒组成（粒径：mm）/（g/kg）			质地	容重/（g/cm³）
			砂粒 2～0.05	粉粒 0.05～0.002	黏粒<0.002		
Ap	0～12	—	207	686	108	粉砂壤土	1.33
Br1	12～38	—	262	628	137	粉砂壤土	1.39
Br2	38～60	—	273	617	110	粉砂壤土	1.39
Br3	60～90	—	167	743	90	粉砂壤土	—
Br4	90～120	—	276	634	90	粉砂壤土	—

爱园系代表性单个土体化学性质

深度/cm	pH(H₂O)	有机质/(g/kg)	全氮(N)/(g/kg)	全磷(P₂O₅)/(g/kg)	全钾(K₂O)/(g/kg)	全铁(Fe₂O₃)/(g/kg)	阳离子交换量/(cmol/kg)	游离氧化铁/(g/kg)	有效磷(P)/(mg/kg)	速效钾(K)/(mg/kg)
0～12	7.9	20.1	1.16	2.38	14.6	32.4	5.8	5.7	80.93	66
12～38	8.5	2.3	0.12	1.21	16.9	43.4	6.3	6.9	3.29	33
38～60	8.5	3.3	0.18	1.24	20.9	41.7	5.4	6.2	1.21	45
60～90	8.9	1.9	0.13	1.41	21.6	30.2	1.9	3.9	1.19	26
90～120	8.2	2.2	0.08	1.43	17.6	32.1	3.7	5.8	1.98	31

8.7.7 安国系（Anguo Series）

土　　族：壤质硅质混合型温性-石灰淡色潮湿雏形土
拟定者：黄　标，王培燕

分布与环境条件　主要分布
于徐州市沛县北部地区，海
拔 35～40 m，地处徐淮平原
区的山前低洼平原，成土母
质为河流冲积物。气候上属
暖温带半湿润季风气候区，
年均日照 2307.9 h，年均气温
14.2℃，年日照率为 54%，无
霜期 201 d，年均降水量 816.4
mm。以小麦-玉米（黄豆，西
瓜）轮作一年两熟为主。

安国系典型景观

土系特征与变幅　诊断层主要为雏形层、淡薄表层。诊断特性包括潮湿土壤水分状况、
氧化还原特征、石灰性、温性土壤温度。该土系土壤发育较弱，由于耕作形成耕作层，
其下为雏形层，仅发育弱的块状，底部见模糊铁锰斑纹。40 cm 以下可隐约见原始沉积
层理，60 cm 以下为清晰沉积层理。表层土壤有机质积累不太明显，但土壤磷钾储量较
高，有效态也较高，但耕作层之下，迅速降低。土壤剖面通体质地较粗，尤其剖面底部，
已无结构。细土质地为粉砂壤土-砂质壤土，碱性-强碱性，pH 为 8.22～8.93，通体石灰
反应强烈。
对比土系　爱园系，同一土族，分布地形部位不同，色调为 10YR，雏形层发育较强。
范楼系，同一土族，砂质层出现在 60 cm 以上。
利用性能综述　土体整体偏砂，通透性强，适耕期长。但保水保肥能力较差，种旱作物
易受旱。改良利用应多施有机肥，进一步加强农田水利建设，健全田间排灌系统，做到
旱能灌，涝能排，在保证粮食生产的前提下，可发展山药、西瓜等经济作物。
参比土种　砂土。
代表性单个土体　采自徐州市沛县安国镇朱王庄村（编号 32-301，野外编号 JB05），
34°50′33.171″N，116°45′37.810″E，海拔 35 m，当前作物为小麦。50 cm 深度土温 15.0℃。
野外调查时间 2010 年 6 月。

Ap: 0～19 cm，淡棕灰色（7.5YR 7/2，干），棕色（7.5YR 4/3，润）；壤土，发育中等的直径2～10 mm粒状结构，疏松；强石灰反应，模糊平滑过渡。

Bw: 19～41 cm，浊橙色（7.5YR 7/3，干），浊棕色（7.5YR 5/3，润）；粉砂壤土，较紧实，发育弱的直径2～10 mm块状结构，强石灰反应，模糊平滑过渡。

BCr: 41～60 cm，浊橙色（7.5YR 7/3，干），浊棕色（7.5YR 5/3，润）；粉砂壤土，润，发育弱的直径2～10 mm弱块状结构，较紧实；见模糊铁锰斑纹，强石灰反应，模糊平滑过渡。

Cr: 60～100 cm，浊棕色（7.5YR 6/3，干），灰棕色（7.5YR 5/2，润）；砂质壤土，疏松；无结构，冲积层理，见模糊铁锰斑纹，强石灰反应。

安国系代表性单个土体剖面

安国系代表性单个土体物理性质

土层	深度/cm	砾石（>2 mm，体积分数）/%	细土颗粒组成（粒径：mm）/（g/kg）			质地	容重/（g/cm³）
			砂粒 2～0.05	粉粒 0.05～0.002	黏粒<0.002		
Ap	0～19	—	427	474	99	壤土	1.37
Bw	19～41	—	299	598	103	粉砂壤土	1.54
BCr	41～60	—	144	754	102	粉砂壤土	1.58
Cr	60～100	—	675	252	73	砂质壤土	1.63

安国系代表性单个土体化学性质

深度/cm	pH（H₂O）	有机质/（g/kg）	全氮(N)/（g/kg）	全磷(P₂O₅)/（g/kg）	全钾(K₂O)/（g/kg）	全铁(Fe₂O₃)/（g/kg）	阳离子交换量/（cmol/kg）	游离氧化铁/（g/kg）	有效磷(P)/（mg/kg）	速效钾(K)/（mg/kg）
0～19	8.7	11.8	0.68	2.87	23.6	28.1	6.7	6.9	67.71	216
19～41	8.2	5.1	0.33	1.48	23.3	26.1	5.6	6.8	2.70	62
41～60	8.6	3.4	0.24	1.33	23.8	25.9	5.5	8.0	1.70	82
60～100	8.9	1.4	0.09	1.35	22.9	33.0	2.9	6.3	1.94	56

8.7.8 草庙系（Caomiao Series）

土　　族：壤质硅质混合型温性-石灰淡色潮湿雏形土
拟定者：王培燕，潘剑君，黄　标

分布与环境条件　零星分布于盐城市大丰区的东部地区。属于苏北滨海平原区的条田化平原。气候上属北亚热带湿润季风气候区，年均气温 14.1℃，无霜期 217.1 d，年均太阳辐射总量 118kcal/cm^2，年均降雨量 1068 mm。该地区地形整体属于平原，地势平坦，海拔约 12 m。土壤起源于海相沉积物母质。土层厚度在 1 m 以上。土地利用类型为旱地、林地，

草庙系典型景观

植被类型为小麦、油菜、玉米、大棚、杨树、落叶阔叶林。

土系特征与变幅　诊断层包括雏形层、淡薄表层；诊断特性包括潮湿土壤水分状况、氧化还原特征、石灰性、温性土壤温度。该土系土壤母质和成土时间短，土壤发育程度较弱，仅发育雏形层，表层有机质积累也弱。剖面下部见铁锰斑纹。尽管耕作层土壤有机质和全氮含量不高，但土壤速效磷钾含量非常高，与蔬菜种植高量施肥有关。质地通体为粉砂壤土，土体呈碱性，pH 为 8.07～8.80，通体强石灰反应。

对比土系　川东系，同一土族，分布邻近，旱地，土壤色调为 2.5Y。

利用性能综述　土壤质地适中，透气透水性能较好，易耕作。今后改良应注意排灌设施建设，注意排水，降低地下水位，防止返盐。

参比土种　壤性轻盐土。

代表性单个土体　采自盐城市大丰区草庙镇（编号 32-277，野外编号 32098202），33°03′39.996″N，120°39′58.932″E，海拔 3 m。当前作物为蔬菜地。50 cm 土层年均温度 15.1℃。野外调查时间 2011 年 5 月。

草庙系代表性单个土体剖面

Ap：0～18 cm，浊黄橙色（10YR 6/3，干），棕色（10YR 4/4，润）；粉砂壤土，发育强的直径5～20 mm粒状结构，疏松；强石灰反应，渐变平滑过渡。

Bw：18～42 cm，浊黄橙色（10YR 7/2，干），棕色（10YR 4/4，润）；粉砂壤土，发育弱直径5～10 mm块状结构，稍坚实；强石灰反应，渐变平滑过渡。

Br1：42～78 cm，浊黄橙色（10YR 7/2，干），灰黄棕色（10YR　5/2，润）；粉砂壤土，发育弱的直径20～100 mm块状结构，坚实；2%～5%直径<2 mm铁锰斑纹，对比度模糊，强石灰反应，渐变平滑过渡。

Br2：78～135 cm，浊黄橙色（10YR 7/3，干），浊黄棕色（10YR 5/4，润）；粉砂壤土，发育弱的直径20～100 mm块状结构，坚实；2%～5%直径<2 mm铁锰斑纹，强石灰反应。

草庙系代表性单个土体物理性质

土层	深度/cm	砾石（>2 mm，体积分数）/%	细土颗粒组成（粒径：mm）/（g/kg）			质地	容重/（g/cm³）
			砂粒 2～0.05	粉粒 0.05～0.002	黏粒<0.002		
Ap	0～18	—	164	731	105	粉砂壤土	1.23
Bw	18～42	—	119	751	131	粉砂壤土	1.35
Br1	42～78	—	166	722	112	粉砂壤土	1.57
Br2	78～135	—	117	767	116	粉砂壤土	—

草庙系代表性单个土体化学性质

深度/cm	pH（H₂O）	有机质/（g/kg）	全氮(N)/（g/kg）	全磷(P₂O₅)/（g/kg）	全钾(K₂O)/（g/kg）	全铁(Fe₂O₃)/（g/kg）	阳离子交换量/（cmol/kg）	游离氧化铁/（g/kg）	有效磷(P)/（mg/kg）	速效钾(K)/（mg/kg）
0～18	8.4	16.1	0.65	1.97	16.7	32.0	6.1	5.3	106.76	403
18～42	8.1	10.0	0.39	1.60	16.2	33.2	7.0	5.7	11.67	173
42～78	8.6	2.8	0.12	1.37	17.0	33.6	3.9	6.0	1.72	103
78～135	8.8	2.3	0.13	1.01	16.3	27.1	3.8	5.8	2.36	128

8.7.9 川东系（Chuandong Series）

土　族：壤质硅质混合型温性-石灰淡色潮湿雏形土
拟定者：雷学成，潘剑君，黄　标

分布与环境条件　零星分布在盐城大丰区的各个地区。属于苏北滨海平原区的脱盐平原。气候上属北亚热带湿润季风气候区，年均气温 14.1℃，无霜期 217.1 d，年均太阳辐射总量 118kcal/cm^2，年均降雨量 1068 mm。该地区地形整体属于平原，地势平坦，海拔约 12 m。土壤起源于海相沉积物母质，处于海岸平原河堤。土层厚度在

川东系典型景观

1 m 以上。该土系土地利用类型为旱地或林地，种植作物主要为小麦、玉米、苗木等。

土系特征与变幅　诊断层包括雏形层、淡薄表层；诊断特性包括潮湿土壤水分状况、氧化还原特征、石灰性、温性土壤温度。该土系土壤成土时间短，土壤发育程度较弱。发育雏形层，在剖面下部受地下水影响，出现微弱的氧化还原特征。土壤肥力偏低，除表层全钾和速效钾稍高外，其余肥力参数均较低。土壤质地 0~10 cm 为砂质壤土，其下均为粉砂壤土，剖面底部土壤黏粒含量明显高。土体呈碱性，pH 为 7.76~8.44，通体强石灰反应。

对比土系　草庙系，同一土族，分布邻近，旱地、林地，土壤质地偏壤，色调稍偏红，为 10YR，耕作层土壤养分含量很高。新曹系，同一亚类不同土族，土温为热性。临海系，同一亚类不同土族，矿物学类型为混合型。

利用性能综述　土壤质地较轻，透气透水性能较好，易耕作，但保水保肥性较差。仍存在返盐的风险。今后改良应加强农田基础设施建设，注意排水，降低地下水位，防止返盐。合理施用化肥，宜少施多次施肥，减少养分流失。

参比土种　壤性轻盐土。

代表性单个土体　位于盐城大丰市川东镇港闸（编号 32-276，野外编号 32098201），33°03′7.164″N，120°45′0.324″E，海拔 1 m。旱地，当前为杨树林地。50 cm 土层年均温度 15.1℃。野外调查时间 2011 年 5 月。

川东系代表性单个土体剖面

Ap: 0～15 cm，浊黄橙色（10YR 6/3，干），浊黄棕色（10YR 4/3，润）；砂质壤土，发育强的直径2～10 mm粒状结构或弱的块状结构，松散；强石灰反应，清晰平滑过渡。

Bw1: 15～40 cm，浊黄橙色（10YR 7/3，干），浊黄棕色（10YR 5/3，润）；粉砂壤土，发育弱的直径20～50 mm块状结构，松散；强石灰反应，模糊过渡。

Br1: 40～88 cm，浊黄橙色（10YR 7/3，干），浊黄棕色（10YR 5/3，润）；砂质壤土，发育弱的直径20～100 mm块状结构，稍坚实；见模糊铁斑纹，强石灰反应，清晰波状过渡。

Br2: 88～120 cm，浊黄橙色（10YR 7/2，干），浊黄浊色（10YR 4/3，润）；粉砂壤土，发育中等的直径20～100 mm块状结构，坚实；见模糊铁斑纹，强石灰反应。

川东系代表性单个土体物理性质

| 土层 | 深度/cm | 砾石（>2 mm，体积分数）/% | 细土颗粒组成（粒径：mm）/（g/kg） | | | 质地 | 容重/（g/cm³） |
			砂粒 2～0.05	粉粒 0.05～0.002	黏粒<0.002		
Ap	0～15	—	468	445	87	砂质壤土	1.25
Bw1	15～40	—	324	597	79	粉砂壤土	1.39
Br1	40～88	—	454	475	72	砂质壤土	1.47
Br2	88～120	—	167	647	187	粉砂壤土	1.42

川东系代表性单个土体化学性质

深度/cm	pH(H_2O)	有机质/（g/kg）	全氮(N)/（g/kg）	全磷(P_2O_5)/（g/kg）	全钾(K_2O)/（g/kg）	全铁(Fe_2O_3)/（g/kg）	阳离子交换量/（cmol/kg）	游离氧化铁/（g/kg）	有效磷(P)/（mg/kg）	速效钾(K)/（mg/kg）
0～15	7.8	20.0	0.36	1.21	32.0	36.8	5.0	5.4	9.78	150
15～40	8.2	7.8	0.18	1.08	19.0	29.4	2.4	5.2	4.04	100
40～88	8.2	1.2	0.13	1.25	19.5	31.6	3.2	5.1	0.96	76
88～120	8.4	3.2	0.19	1.38	18.6	40.9	4.6	7.7	8.79	327

8.7.10 斗龙系（Doulong Series）

土　族：壤质硅质混合型温性-石灰淡色潮湿雏形土
拟定者：王培燕，潘剑君，黄　标

分布与环境条件　主要分布在盐城市大丰区东部地区各乡镇。属于苏北滨海平原的条田化平原，海拔较低，6～16 m，地下水位较浅。属北亚热带和暖温带交界的湿润季风气候区，年均气温 14.1℃，无霜期 217.1 d，年均太阳辐射总量 118kcal/cm^2，年均降雨量 1068 mm。土壤起源于海相沉积物母质上。土地利用类型为旱地，植被类型为小麦、玉米、棉花。

斗龙系典型景观

土系特征与变幅　诊断层包括雏形层、淡薄表层；诊断特性包括潮湿土壤水分状况、氧化还原特征、石灰性、温性土壤温度。该土系土壤在母质成土时间较短，在海相沉积物基础上，经历盐分自然淋洗，然后人为耕作，逐渐形成雏形层。剖面中耕作层发育，B层有一定块状结构发育。由于海拔低，地下水位高，所以，剖面氧化还原特征明显，铁锰斑纹可占结构体表面的 5%～15%。受人为耕作影响，表层土壤有机质、全氮和全磷积累明显，且有效磷钾极高，尤其速效钾，全剖面在约 200 g/kg 以上。该土系土壤质地适中，有效土层深厚，通体为粉砂壤土，土体呈碱性，pH 为 7.97～8.78，通体强石灰反应。

对比土系　三龙系，同一土族，45 cm 以下为一埋藏层，下部土壤偏砂，为不同时期形成的埋藏土壤。

利用性能综述　土壤质地适中，适耕期长，通气透水性能较好。表层养分含量较高。今后改良应注意，健全排灌设施，防止地下水位升高导致返盐，合理施用化肥，养用结合。

参比土种　壤性轻盐土。

代表性单个土体　采自盐城大丰区三龙镇斗龙村（编号 32-281，野外编号 32098206），33°27′6.120″N，120°33′7.452″E，海拔 1 m。当前作物为小麦。50 cm 土层年均温度 15.1℃。野外调查时间 2011 年 5 月。

32098206

斗龙系代表性单个土体剖面

Ap：0～16 cm，浊黄橙色（10YR 7/2，干），浊黄棕色（10YR 5/3，润）；粉砂壤土，发育强的直径 2～10 mm 粒状结构，疏松；强石灰反应，清晰平滑过渡。

Br1：16～32 cm，浊黄橙色（10YR 7/3，干），浊黄棕色（10YR 5/4，润）；粉砂壤土，发育强的直径 5～20 mm 块状结构，坚实；强石灰反应，渐变平滑过渡。

Br2：32～65 cm，浊黄橙色（10YR 7/3，干），浊黄棕色 10YR 5/3，润）；粉砂壤土，发育中等的直径 10～50 mm 块状结构，坚实；5%～15%直径 2～6 mm 铁锰斑纹，对比度清楚，强石灰反应，渐变平滑过渡。

Br3：65～93 cm，浊黄橙色（10YR 7/3，干），棕色（10YR 4/4，润）；粉砂壤土，发育中等的直径 10～30 mm 块状结构，坚实；15%～20%直径 2～6 mm 铁锰斑纹，强石灰反应，清晰平滑过渡。

Br4：93～120 cm，浊黄橙色（10YR 7/2，干），浊黄棕色（10YR 5/3，润）；粉砂壤土，发育弱的直径 10～20 mm 块状结构，疏松；5%～15%直径 2～6 mm 铁锰斑纹，强石灰反应。

斗龙系代表性单个土体物理性质

土层	深度/cm	砾石（>2 mm，体积分数）/%	细土颗粒组成（粒径：mm）/（g/kg）			质地	容重/（g/cm³）
			砂粒 2～0.05	粉粒 0.05～0.002	黏粒<0.002		
Ap	0～16	—	313	531	156	粉砂壤土	1.33
Br1	16～32	—	195	624	181	粉砂壤土	1.65
Br2	32～65	—	178	631	192	粉砂壤土	1.59
Br3	65～93	—	153	666	181	粉砂壤土	1.46
Br4	93～120	—	24	779	198	粉砂壤土	1.55

斗龙系代表性单个土体化学性质

深度/cm	pH（H₂O）	有机质/（g/kg）	全氮(N)/（g/kg）	全磷(P₂O₅)/（g/kg）	全钾(K₂O)/（g/kg）	全铁(Fe₂O₃)/（g/kg）	阳离子交换量/（cmol/kg）	游离氧化铁/（g/kg）	有效磷(P)/（mg/kg）	速效钾(K)/（mg/kg）
0～16	8.2	26.4	1.12	2.25	17.6	20.8	7.2	6.2	75.17	527
16～32	8.4	4.3	0.27	1.27	20.0	38.3	7.9	6.0	7.17	339
32～65	8.5	4.0	0.31	0.80	16.2	25.1	5.6	8.4	1.37	196
65～93	8.7	3.9	0.21	0.38	20.6	57.9	5.2	7.4	3.16	333
93～120	8.8	4.6	0.19	1.34	16.8	34.9	6.2	8.1	7.74	393

8.7.11 范楼系（Fanlou Series）

土　族：壤质硅质混合型温性-石灰淡色潮湿雏形土
拟定者：黄　标，王培燕

分布与环境条件　主要分
布于徐州市丰县南部。属
于徐淮黄泛平原区的决口
扇形平原，区域地势平坦，
海拔 39～41 m，成土母质
为河流冲积物。气候上属
暖温带半湿润季风气候区，
年均气温 14.0～15.0℃。
年均降水量 630 mm，无
霜期 200 d。农业利用为旱
耕，种植制度主要为小麦-
玉米轮作。

范楼系典型景观

土系特征与变幅　诊断层包括雏形层、淡薄表层；诊断特性包括潮湿土壤水分状况、氧
化还原特征、石灰性、温性土壤温度。土壤发育时间很短，仅在耕作层之下发育雏形层，
发育较弱，呈弱的块状。48 cm 以下可见清晰层理。该土壤表层有机质积累较弱，其他
养分很低，速效钾均低于 100 g/kg。土体厚度在 1 m 以上，细土质地为粉砂壤土，碱性-
强碱性，pH 为 8.25～8.51，土壤石灰反应强烈。
对比土系　安国系，同一土族，质地整体偏砂，砂质层出现在 60 cm 以下。首羡系，同
一土族，分布位置邻近，发育较强，耕层有机质、氮磷养分较高，尤其土壤全钾和速效
钾明显高。
利用性能综述　土壤通气透水性好。质地较轻，通体壤土，较砂，土性松散，排水好，
因而易耕，适耕期长。土壤养分含量不好，不耐肥，不保肥，应采取少量多次施肥。施
用有机肥，增加有机物料投入，如秸秆还田等，不断熟化耕作层。
参比土种　飞砂土。

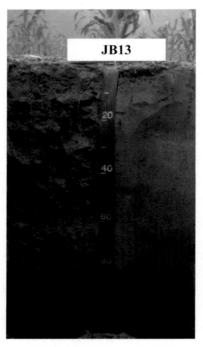

范楼系代表性单个土体剖面

代表性单个土体　采自徐州市丰县范楼镇金陵村（编号 32-303，野外编号 JB13），34°32′47.88″N，116°46′56.88″E，海拔 41 m，平原地区，当前作物为玉米。50 cm 深度土温 15.0℃。野外调查时间 2010 年 6 月。

Ap：0～15 cm，淡棕灰色（7.5YR 7/2，干），浊棕色（7.5YR 5/3，润）；粉砂壤土，疏松；50～200 根/cm² 细根，弱块状结构，强石灰反应，模糊渐变过渡。

Br：15～48 cm，浊橙色（7.5YR 7/3，干），浊棕色（7.5YR 5/4，润）；砂质壤土，稍坚实；弱块结构，见铁锰斑纹，强石灰反应，渐变过渡。

Cr：48～120 cm，浊橙色（7.5YR 7/3，干），浊棕色（7.5YR 5/4，润）；粉砂壤土，疏松；呈单粒状，无结构，下部湿润，见铁锰斑纹，可辨沉积层理，强石灰反应。

范楼系代表性单个土体物理性质

土层	深度/cm	砾石（>2 mm，体积分数）/%	细土颗粒组成（粒径：mm）/（g/kg）			质地	容重/（g/cm³）
			砂粒 2～0.05	粉粒 0.05～0.002	黏粒<0.002		
Ap	0～15	—	229	643	128	粉砂壤土	1.45
Br	15～48	—	528	401	72	砂质壤土	1.56
Cr	48～120	—	193	692	115	粉砂壤土	1.63

范楼系代表性单个土体化学性质

深度/cm	pH（H₂O）	有机质/（g/kg）	全氮(N)/（g/kg）	全磷(P₂O₅)/（g/kg）	全钾(K₂O)/（g/kg）	全铁(Fe₂O₃)/（g/kg）	阳离子交换量/（cmol/kg）	游离氧化铁/（g/kg）	有效磷(P)/（mg/kg）	速效钾(K)/（mg/kg）
0～15	8.3	8.7	0.54	2.03	22.3	27.5	5.5	6.8	14.53	74
15～48	8.3	4.1	0.31	1.37	22.9	28.9	8.5	8.1	3.37	72
48～120	8.5	1.6	0.11	1.25	22.1	24.6	3.5	6.2	1.96	48

8.7.12 浦港系（Pugang Series）

土　　族：壤质硅质混合型温性-石灰淡色潮湿雏形土
拟定者：王培燕，黄　标

分布与环境条件　主要
分布于盐城市东部。属于
苏北滨海平原区的脱盐
平原，成土母质为海相沉
积物。海边滩涂荒地，植
被为海英菜和芦苇。气候
上属暖温带湿润季风气
候区，年均气温 14.1℃。
年均降水量 1068 mm。

浦港系典型景观

土系特征与变幅　诊断层包括雏形层、淡薄表层；诊断特性包括潮湿土壤水分状况、温
性土壤温度状况。该土系是由海相沉积物脱盐形成，其上植被较发育，表层有机质积累
明显，其下土壤有弱的发育。土壤养分中速效钾含量特别高，达 800 mg/kg 以上。土体
厚度在 1 m 以上，细土质地为粉砂壤土，碱性-强碱性，pH 为 8.26～8.66，全剖面均显
示强石灰反应。

对比土系　蹲门系，不同亚类，含盐量相对较高，为弱盐淡色潮湿雏形土。友爱系，同
一亚类不同土族，颗粒大小级别为黏壤质，矿物学类型为混合型。

利用性能综述　土壤有一定脱盐，盐分含量不高，但地势较低，有季节性返盐的风险。
质地适中，表层有机质含量高。今后利用中，可以在排灌设施完善的基础上，进一步排
水脱盐，同时，加强有机物料的投入，逐步熟化耕作层，在水源充足的地区，可考虑通
过植稻排盐。

参比土种　黏性脱盐土。

浦港系代表性单个土体剖面

代表性单个土体　采自盐城市响水县陈家港镇浦港村（编号 32-306，野外编号 JB18），34°25′44.610″N，119°53′14.505″E，海拔 1.4 m，滨海平原地区海边滩涂荒地，植被为海英菜和芦苇。50 cm 深度土温 15.6 ℃。野外调查时间 2010 年 6 月。

Ah：0～20 cm，淡棕灰色（7.5YR 7/2，干），浊棕色（7.5YR 5/2，润）；粉砂质黏壤土，发育弱的直径 10～50 mm 碎块状结构，海英菜丛生，强石灰反应，模糊渐变过渡。

Br：20～50 cm，浊橙色（7.5YR 7/3，干），浊棕色（7.5YR 5/3，润）；粉砂壤土，发育弱的直径 20～100 mm 次棱块状或烂糊状结构，见模糊铁锰斑纹，强石灰反应，模糊渐变过渡。

BCr：50～100 cm，浊橙色（7.5YR 7/3，干），浊棕色（7.5YR 5/4，润）；粉砂壤土，积水，局部青灰色，发育弱的直径 20～100 mm 次棱块状或烂糊状结构，见模糊铁锰斑纹，强石灰反应。

浦港系代表性单个土体物理性质

土层	深度/cm	砾石（>2 mm，体积分数）/%	细土颗粒组成（粒径：mm）/（g/kg）			质地	容重/（g/cm³）
			砂粒 2～0.05	粉粒 0.05～0.002	黏粒<0.002		
Ah	0～20	—	85	640	275	粉砂质黏壤土	1.38
Br	20～50	—	100	717	183	粉砂壤土	1.51
BCr	50～100	—	91	731	178	粉砂壤土	1.52

浦港系代表性单个土体化学性质

深度/cm	pH（H₂O）	有机质/（g/kg）	全氮(N)/（g/kg）	全磷(P₂O₅)/（g/kg）	全钾(K₂O)/（g/kg）	全铁(Fe₂O₃)/（g/kg）	阳离子交换量/（cmol/kg）	游离氧化铁/（g/kg）	含盐量/（g/kg）	有效磷(P)/（mg/kg）	速效钾(K)/（mg/kg）
0～20	8.3	11.4	0.67	1.60	29.4	45.8	16.6	12.5	0.45	26.27	990
20～50	8.7	6.3	0.40	1.49	26.1	38.9	10.9	10.3	0.25	11.82	800
50～100	8.5	5.7	0.36	1.48	27.4	45.5	13.7	12.3	0.34	15.62	910

8.7.13 青林系（Qinglin Series）

土　族：壤质硅质混合型温性-石灰淡色潮湿雏形土
拟定者：黄　标，王培燕

分布与环境条件　主要分布
于徐州市丰县中部地区。属
于徐淮平原区的决口扇形平
原，区域地势平坦，海拔 40～
42 m，成土母质为河流冲积
物。气候属暖温带半湿润气
候区，年均气温 14.0～15.0℃，
年均降水量 630 mm。农业利
用为旱耕，种植制度主要为
小麦-玉米轮作。

青林系典型景观

土系特征与变幅　诊断层包括雏形层、淡薄表层。诊断特性包括潮湿土壤水分状况、氧
化还原特征、石灰性、温性土壤温度。本土系发育程度稍强，在约 90 cm 以下才出现清
晰沉积层理。剖面见模糊铁锰斑纹。耕作层有机质积累较明显，磷钾养分储量和有效性
均较高。细土质地为壤土和粉砂壤土，碱性-强碱性，pH 为 7.9～9.0，剖面通体显示强
石灰反应。

对比土系　首羡系，同一土族，分布区域邻近，母质相似，表下层隐约可见腐殖质下移，
心土层有机质含量相对较高

利用性能综述　土壤质地较轻，通体壤土，因而易耕，适耕期长。通气透水性好，土性
暖，养分容易分解。尽管土壤表层养分含量较高，但耕层很浅，仅 13 cm 左右，而下部
养分很低，种植深根作物可能会有影响。所以改良应完善农田基本设施，保证灌溉，通
过增施有机肥和加强有机物料投入，不断培育耕作层。

参比土种　砂土。

代表性单个土体　采自徐州市丰县赵庄镇青林村（编号 32-302，野外编号 JB06），
34°43′31.578″N，116°28′58.356″E，海拔 40 m，种植制度主要为小麦-玉米轮作。当前作
物为小麦。50 cm 深度土温 15.0℃。野外调查时间 2010 年 6 月。

Ap：0～12 cm，淡棕灰色（7.5YR 7/2，干），灰棕色（7.5YR 4/2，润）；粉砂壤土，发育弱的直径2～10 mm颗粒状、碎块状结构，疏松；强石灰反应，平直明显过渡。

Br1：12～31 cm，浊橙色（7.5YR 7/3，干），浊棕色（7.5YR 5/4，湿）；粉砂壤土，发育弱的直径2～20 mm块状结构，稍坚实；2%左右锈纹锈斑，强石灰反应，平直明显过渡。

Br2：31～92 cm，浊橙色（7.5YR 7/3，干），浊棕色（10YR 5/3，润）；粉砂壤土，发育弱的直径2～20 mm块状结构，疏松；2%左右锈纹锈斑，强石灰反应，平直明显过渡

BCr：92～100 cm，浊橙色（7.5YR 7/3，干），浊棕色（7.5YR 5/4，润）；壤土，发育弱的直径2～20 mm块状结构，隐约见沉积层理，紧实；2%左右锈纹锈斑，强石灰反应，平直明显过渡。

Cr：100～120 cm，浊橙色（7.5YR 7/3，干），浊棕色（7.5YR 5/3，润）；粉砂壤土，原生沉积层理发育，无结构，紧实，2%左右锈纹锈斑，强石灰反应。

青林系代表性单个土体剖面

青林系代表性单个土体物理性质

| 土层 | 深度/cm | 砾石（>2 mm，体积分数）/% | 细土颗粒组成（粒径：mm）/（g/kg） | | | 质地 | 容重/（g/cm³） |
			砂粒 2～0.05	粉粒 0.05～0.002	黏粒<0.002		
Ap	0～12	—	231	665	104	粉砂壤土	1.08
Br1	12～31	—	194	698	109	粉砂壤土	1.52
Br2	31～92	—	241	667	91	粉砂壤土	1.62
BCr	92～100	—	402	498	100	壤土	1.55
Cr	100～120	—	370	533	97	粉砂壤土	1.61

青林系代表性单个土体化学性质

深度/cm	pH (H₂O)	有机质/(g/kg)	全氮(N)/(g/kg)	全磷(P₂O₅)/(g/kg)	全钾(K₂O)/(g/kg)	全铁(Fe₂O₃)/(g/kg)	阳离子交换量/(cmol/kg)	游离氧化铁/(g/kg)	有效磷(P)/(mg/kg)	速效钾(K)/(mg/kg)
0～12	7.9	23.5	1.24	3.08	23.8	28.8	9.2	6.3	125.04	232
12～31	8.6	5.8	0.35	1.48	23.6	30.1	5.8	7.3	5.91	90
31～92	9.0	1.9	0.14	1.70	21.6	26.6	3.6	7.0	2.37	54
92～100	8.8	4.6	0.34	1.41	25.4	37.5	7.3	9.2	3.21	86
100～120	8.9	2.4	0.17	1.36	23.9	25.3	4.2	5.7	6.12	78

8.7.14　首羡系（Shouxian Series）

土　　族：壤质硅质混合型温性-石灰淡色潮湿雏形土
拟定者：王培燕，黄　标

分布与环境条件　主要分布于徐州市丰县北部。属于徐淮黄泛平原区的决口扇形平原，区域地势平坦，海拔 37～39 m，成土母质为冲积物。气候上属暖温带半湿润气候区，年均气温 14.0～15.0℃，年均降雨量 630 mm。农业利用为旱耕，种植制度主要为小麦-玉米轮作。

首羡系典型景观

土系特征与变幅　诊断层包括雏形层、淡薄表层。诊断特性包括潮湿土壤水分状况、石灰性、温性土壤温度。土壤在母质形成之后，受人为耕作影响，形成耕作层，其下土壤结构发育，形成弱的块状结构。85 cm 以下沉积层理清晰，其内隐约见 2%左右的铁斑纹。土体厚度在 1 m 以上，细土质地为粉砂壤土，在 85 cm 深处见一层厚约 8 cm 的黏土层，质地为粉砂质黏壤土，土体呈碱性，pH 为 8.02～8.5，石灰反应极强烈。

对比土系　范楼系，同一土族，分布位置邻近，发育较弱，表层有机质明显低，全量氮磷钾及有效态含量也偏低。青林系，同一土族，分布区域邻近，母质相似，未见胶泥层。

利用性能综述　土壤质地偏砂，土壤保水保肥性不好，黏土层较深，保水作用有限。这是该土系最主要的障碍。今后改良利用上要不断完善田间水利配套工程，保证灌溉。施肥上应注意增加有机肥投入，秸秆还田，扩大绿肥种植面积，施用化肥时，应坚持少量多次施用，提高利用率。

参比土种　黏底砂土。

代表性单个土体　采自徐州市丰县首羡镇王小庄村（编号 32-304，野外编号 JB14），34°49′09.814″N，116°26′59.824″E，海拔 38 m，当前作物为小麦。50 cm 深度土温 15.0℃。野外调查时间 2010 年 6 月。

Ap：0～19 cm，浊棕灰（7.5YR　7/2，干），棕色（7.5YR 4/3，润）；发育强的直径 2～10 mm 颗粒状、碎块状结构，粉砂壤土，疏松；根系多，细孔多，强石灰反应，波状明显过渡。

AB：19～38 cm，浊橙色（7.5YR 7/3，干），浊棕色（7.5YR 5/3，润）；粉砂壤土，疏松，发育中等的直径 2～20 mm 块状结构，稍坚实；强石灰反应，波状明显过渡。

Br1：38～72 cm，浊橙色（7.5YR 7/3 干），浊棕色（7.5YR 5/3，润）；粉砂壤土，发育弱的直径 2～20 mm 块状结构，疏松；见模糊铁锰斑纹，强石灰反应，模糊渐变过渡。

Br2：72～85 cm，淡黄橙色（7.5YR 8/3，干），灰棕色（7.5YR 5/2，润）；粉砂壤土，发育弱的直径 2～20 mm 弱块状结构，疏松；2%左右斑纹，强石灰反应，平直明显过渡。

Cr1：85～92 cm，浊橙色（7.5YR 7/4，干），浊棕色（7.5YR 5/4，润）；粉砂质黏壤土，薄的沉积层理明显，无结构，紧实；2%左右斑纹，胶泥层，强石灰反应，平直明显过渡。

Cr2：92～115 cm，淡黄橙色（7.5YR 8/3，干），灰棕色（7.5YR 5/2，润）；粉砂壤土，冲积层理，强石灰反应。

首羡系代表性单个土体剖面

首羡系代表性单个土体物理性质

土层	深度/cm	砾石（>2 mm，体积分数）/%	细土颗粒组成（粒径：mm）/（g/kg）			质地	容重/（g/cm³）
			砂粒 2～0.05	粉粒 0.05～0.002	黏粒<0.002		
Ap	0～19	—	180	697	123	粉砂壤土	1.29
AB	19～38	—	243	675	81	粉砂壤土	1.47
Br1	38～72	—	200	718	83	粉砂壤土	1.58
Br2	72～85	—	304	652	44	粉砂壤土	1.61
Cr1	85～92	—	79	609	312	粉砂质黏壤土	1.49
Cr2	92～115	—	326	646	28	粉砂壤土	1.60

首羡系代表性单个土体化学性质

深度/cm	pH（H₂O）	有机质/（g/kg）	全氮(N)/（g/kg）	全磷(P₂O₅)/（g/kg）	全钾(K₂O)/（g/kg）	全铁(Fe₂O₃)/（g/kg）	阳离子交换量/（cmol/kg）	游离氧化铁/（g/kg）	有效磷(P)/（mg/kg）	速效钾(K)/（mg/kg）
0～19	8.1	15.3	0.88	4.07	24.2	30.1	9.5	7.4	55.63	256
19～38	8.0	8.1	0.56	2.01	23.8	30.9	8.4	7.3	20.51	130
38～72	8.5	3.5	0.23	1.23	22.1	29.4	5.1	7.5	1.83	98
72～85	8.4	2.1	0.17	1.75	21.7	29.8	4.3	7.9	1.68	64
85～92	8.1	7.3	0.24	1.37	27.3	48.7	17.9	15.3	2.26	248
92～115	8.5	2.6	0.22	1.35	22.7	28.0	4.8	7.2	1.54	44

8.7.15 三仓系（Sancang Series）

土　族：壤质硅质混合型温性-石灰淡色潮湿雏形土
拟定者：王培燕，潘剑君，黄　标

分布与环境条件　分布于盐城东台市的三仓、富东等乡镇。属于苏北滨海平原区的脱盐平原。气候上属北亚热带湿润季风气候区，年均气温 14.6℃，年均太阳辐射总量 117.23kcal/cm^2，年均降雨量 1042.3 mm。该地区地形整体属于平原，地势平坦，海拔在 8～14 m。土壤起源于海相沉积物母质上。土层厚度在 1 m 以上。土地利用类型为旱地，植被类型为蔬菜、小麦、油菜、玉米等。

三仓系典型景观

土系特征与变幅　诊断层包括雏形层、淡薄表层；诊断特性包括潮湿土壤水分状况、氧化还原特征、石灰性、热性土壤温度状况。该土系土壤在海相沉积物母质形成之后，已脱盐。形成雏形层。从 20 世纪 80 年代开始，该区开始大面积种植西瓜、蔬菜等，利用强度较大，大量施用有机肥，已导致耕作层深厚，达 30 cm，有机质和速效磷含量有明显提高。但有效态钾仍较低，耕作层之下低于 100 mg/kg。土壤质地通体为粉砂壤土，土体呈碱性，pH 为 8.09～8.81，通体石灰反应强烈。

对比土系　通商系，同一亚类不同土族，土温为温性。

利用性能综述　土壤质地偏砂，保水保肥性能差。养分含量不高，今后改良，应注意多施有机肥，采用少量多次的施肥方式，逐步改良培肥土壤，还注意采取措施防止返盐。

参比土种　浅位灰泥沙土。

代表性单个土体　采自盐城东台市三仓镇（编号 32-275，野外编号 32098107），32°45′22.464″N，120°40′35.436″E，海拔 3.5 m。当前作物为蔬菜。50 cm 土层年均温度 15.1℃。野外调查时间 2011 年 4 月。

三仓系代表性单个土体剖面

Ap：0～15 cm，棕灰色（10YR 6/2，干），黄灰色（10YR 4/2，润）；粉砂壤土，发育强的直径 2～10 mm 粒状结构，疏松；极强石灰反应，模糊平滑过渡。

AB：15～30 cm，棕灰色（10YR 6/2，干），黄灰色（10YR 4/2，润）；粉砂壤土，发育弱的直径 10～50 mm 次棱块状结构，稍坚实；极强石灰反应，清晰波状过渡。

Br1：30～73 cm，灰黄色（10YR 7/2，干），黄棕色（10YR 5/3，润）；粉砂壤土，发育弱的直径 20～100 mm 块状结构，坚实；10%左右直径 2～6 mm 铁锰斑纹，对比度模糊，边界扩散，极强石灰反应，模糊平滑过渡。

Br2：73～120 cm，灰黄色（10YR 7/2，干），黄棕色（10YR 5/3，润）；粉砂壤土，发育弱的直径 20～100 mm 块状结构，坚实；10%左右直径 2～6 mm 铁锰斑纹，极强石灰反应。

三仓系代表性单个土体物理性质

| 土层 | 深度/cm | 砾石（>2 mm，体积分数）/% | 细土颗粒组成（粒径：mm）/（g/kg） | | | 质地 | 容重/（g/cm³） |
			砂粒 2～0.05	粉粒 0.05～0.002	黏粒<0.002		
Ap	0～15	—	285	587	128	粉砂壤土	1.43
AB	15～30	—	256	589	146	粉砂壤土	1.54
Br1	30～73	—	187	706	107	粉砂壤土	1.49
Br2	73～120	—	199	720	81	粉砂壤土	—

三仓系代表性单个土体化学性质

深度/cm	pH（H₂O）	有机质/（g/kg）	全氮(N)/（g/kg）	全磷(P₂O₅)/（g/kg）	全钾(K₂O)/（g/kg）	全铁(Fe₂O₃)/（g/kg）	阳离子交换量/（cmol/kg）	游离氧化铁/（g/kg）	有效磷(P)/（mg/kg）	速效钾(K)/（mg/kg）
0～15	8.1	18.3	0.93	1.96	16.1	22.1	4.7	3.1	34.81	112
15～30	8.1	12.3	0.55	1.58	18.6	26.7	9.5	2.8	14.17	54
30～73	8.8	2.8	0.25	1.44	14.5	29.5	1.8	3.9	7.18	68
73～120	8.8	2.6	0.16	1.18	17.8	30.4	2.3	3.6	4.28	102

8.7.16　三龙系（Sanlong Series）

土　　族：壤质硅质混合型温性-石灰淡色潮湿雏形土
拟定者：王培燕，潘剑君，黄　标

分布与环境条件　主要分布在盐城市大丰区东部地区各乡镇。属于苏北滨海平原区的条田化平原。气候上属北亚热带与暖温带交界的季风气候区，年均气温 14.1℃，无霜期 217.1 d，年均太阳辐射总量 118kcal/cm²，年均降雨量 1068 mm。土壤起源于海相沉积物母质。有效土层较厚。土地利用类型为旱地，植被类型为油菜、小麦、大麦、玉米。

三龙系典型景观

土系特征与变幅　诊断层包括雏形层、淡薄表层；诊断特性包括潮湿土壤水分状况、氧化还原特征、石灰性、温性土壤温度。该土系土壤为二元母质，下部古土壤发育已较强，上部覆盖的海相沉积物，受耕作影响亦有一定发育，发育耕作层和雏形层。受较浅地下水位影响，剖面中氧化还原特征明显，可见 5%～15%直径 2～6 mm 铁锰斑纹。受古土壤和耕作影响，土壤有机质积累明显且深度很深，土体氮磷钾储量和有效性都较高。土壤质地通体为粉砂壤土，土体呈碱性，pH 为 8.41～8.70，通体强石灰反应。

对比土系　斗龙系，同一土族，剖面质地均匀。

利用性能综述　土壤质地适中，耕性好，通气透水性能较好。表层养分含量较高。今后改良应注意完善配套农田基础设施，注意排水，降低地下水位，防止返盐，合理施用化肥，养用结合。

参比土种　壤性轻盐土。

代表性单个土体　采自盐城市大丰区三龙镇南（编号 32-282，野外编号 32098207），33°25′0.12″N，120°31′8.616″E，海拔 1 m。50 cm 土层年均温度 15.1℃。野外调查时间 2011 年 5 月。

　　Ap：0～15 cm，淡棕灰色（7.5YR 7/2，干），棕色（7.5YR 4/3，润）；粉砂壤土，发育强的直径 5～20 mm 次棱块状结构，疏松；强石灰反应，渐变波状过渡。

32098207

三龙系代表性单个土体剖面

Br：15～45 cm，淡棕灰色（7.5YR 7/2，干），棕色（7.5YR 4/3，润）；粉砂壤土，发育中等的直径20～100 mm块状结构，稍坚实；5%～15%直径2～6 mm铁锰斑纹，强石灰反应，渐变不规则过渡。

2Abr：45～75 cm，灰棕色（10YR 6/2，干），黑棕色（10YR 3/2，润）；粉砂壤土，发育中等的直径20～100 mm块状结构，坚实；见少量铁锰斑纹，强石灰反应，清晰不规则过渡。

2Br1：75～105 cm，浅淡黄色（10YR 7/3，干），浊棕色（10YR 5/3，润）；粉砂壤土，发育中等的直径20～100 mm块状结构，坚实；强石灰反应，15%～40%直径2～6 mm铁锰斑纹，模糊渐变过渡。

2Br2：105～140 cm，灰白色（10YR 7/2，干），灰棕色（10YR 5/2，润）；粉砂壤土，弱发育块状结构，坚实；5%～15%直径2～6 mm铁锰斑纹，强石灰反应。

三龙系代表性单个土体物理性质

土层	深度/cm	砾石（>2 mm，体积分数）/%	细土颗粒组成（粒径：mm）/（g/kg）			质地	容重/（g/cm³）
			砂粒 2～0.05	粉粒 0.05～0.002	黏粒<0.002		
Ap	0～15	—	102	685	213	粉砂壤土	1.27
Br	15～45	—	101	693	206	粉砂壤土	1.34
2Abr	45～75	—	172	697	131	粉砂壤土	0.97
2Br1	75～105	—	176	691	133	粉砂壤土	1.40
2Br2	105～140	—	161	713	126	粉砂壤土	1.40

三龙系代表性单个土体化学性质

深度/cm	pH（H_2O）	有机质/（g/kg）	全氮(N)/（g/kg）	全磷(P_2O_5)/（g/kg）	全钾(K_2O)/（g/kg）	全铁(Fe_2O_3)/（g/kg）	阳离子交换量/（cmol/kg）	游离氧化铁/（g/kg）	有效磷(P)/（mg/kg）	速效钾(K)/（mg/kg）
0～15	8.4	17.0	0.83	1.71	18.4	41.7	17.9	9.4	25.19	165
15～45	8.5	19.8	1.15	0.90	19.1	27.7	19.3	9.7	21.51	280
45～75	8.4	35.7	1.11	0.63	20.5	6.2	5.8	7.9	32.96	304
75～105	8.7	3.9	0.25	1.10	19.5	30.9	18.4	7.8	3.83	133
105～140	8.7	3.9	0.23	0.93	15.7	29.3	5.2	5.9	3.56	163

8.7.17 通商系（Tongshang Series）

土　族：壤质硅质混合型温性-石灰淡色潮湿雏形土
拟定者：雷学成，潘剑君，黄　标

分布与环境条件　零星分布在盐城市大丰区的各个地区。属于苏北滨海平原区的半脱盐平原。气候上属北亚热带湿润季风气候区，年均气温 14.1℃，无霜期 217.1 d，年均太阳辐射总量 118kcal/cm^2，年均降雨量 1068 mm。该地区地形整体属于平原，地势平坦，海拔 1～5 m。土壤起源于海岸沉积物母质上，处于海岸平原河堤。土层深厚。土地利用类型为旱地，主要种植小麦、油菜、玉米、大蒜等。

通商系典型景观

土系特征与变幅　诊断层包括雏形层、淡薄表层；诊断特性包括潮湿土壤水分状况、氧化还原特征、石灰性、温性土壤温度。该土系起源于海岸沉积物母质上，母质形成之后，经历过沼泽草甸阶段，导致土壤表层土壤有机质积累较多，厚度达 35 cm，但成土时间短，土壤发育程度较弱，质地轻壤，仅发育弱的块状，原生的沉积层理还依稀可见，在表层仍有盐分残留。在剖面下部受地下水升降影响，出现氧化还原特征。土壤肥力指标中，除有机质外，阳离子交换能力，各种养分储量和有效态都较低。土壤质地通体为粉砂壤土，土体呈碱性，pH 为 7.97～8.90，各土层都呈强石灰反应。

对比土系　三仓系，同一亚类不同土族，土温为热性。

利用性能综述　土壤质地较轻，透气透水性能较好，易耕作，但如排水不畅，种植结构不合理会引起次生盐渍化。今后改良应加强开沟排水，降涝防渍，降低地下水位，抑制返盐。采取秸秆还田也有利于降盐。

参比土种　壤性轻盐土。

代表性单个土体　采自盐城大丰区南阳镇通商民心村（编号 32-284，野外编号 32098209），33°07′20.064″N，120°34′31.08″E，海拔 4 m，旱地，当前作物有小麦、油菜。50 cm 土层年均温度 15.6℃。野外调查时间 2011 年 5 月。

32098209

通商系代表性单个土体剖面

Ap: 0～15 cm, 灰黄棕色（10YR 6/2, 干）, 黑棕色（10YR 3/2, 润）; 粉砂壤土, 发育强的直径 2～5 mm 粒状结构, 松散; 强石灰反应, 清晰平直过渡。

AB: 15～35 cm, 灰黄棕色（10YR 6/2, 干）, 黑棕色（10YR 3/2, 润）; 粉砂壤土, 发育弱的直径 5～20 mm 块状结构, 稍坚; 强石灰反应, 清晰波状过渡。

Br1: 35～55 cm, 浊黄橙色（10YR 7/3, 干）, 浊黄棕色（10YR 5/4, 润）; 粉砂壤土, 发育弱的直径 10～50 mm 块状结构, 稍坚; 见模糊铁锰斑纹, 强石灰反应, 渐变平直过渡。

Br2: 55～95 cm, 浊黄橙色（10YR 7/3, 干）, 浊黄棕色（10YR 5/4, 润）; 粉砂壤土, 发育弱的直径 20～100 mm 块状结构, 稍坚; 见模糊铁锰斑纹, 强石灰反应, 与下层呈渐变的平滑过渡。

Cr: 95～120 cm, 浊黄橙色（10YR 7/3, 干）, 浊黄棕色（10YR 5/4, 润）; 粉砂壤土, 无结构, 为原生沉积层理, 稍硬; 强石灰反应。

通商系代表性单个土体物理性质

| 土层 | 深度/cm | 砾石（>2 mm, 体积分数）/% | 细土颗粒组成（粒径: mm）/（g/kg） | | | 质地 | 容重/（g/cm³） |
			砂粒 2～0.05	粉粒 0.05～0.002	黏粒<0.002		
Ap	0～15	—	148	722	130	粉砂壤土	1.21
AB	15～35	—	218	655	128	粉砂壤土	1.44
Br1	35～55	—	118	721	101	粉砂壤土	1.49
Br2	55～95	—	172	709	119	粉砂壤土	1.44
Cr	95～120	—	151	713	136	粉砂壤土	—

通商系代表性单个土体化学性质

深度/cm	pH (H₂O)	有机质/(g/kg)	全氮(N)/(g/kg)	全磷(P₂O₅)/(g/kg)	全钾(K₂O)/(g/kg)	全铁(Fe₂O₃)/(g/kg)	阳离子交换量/(cmol/kg)	游离氧化铁/(g/kg)	含盐量/(g/kg)	有效磷(P)/(mg/kg)	速效钾(K)/(mg/kg)
0～15	8.0	13.8	0.88	1.71	15.2	26.9	7.6	5.5	1.14	16.86	91
15～35	8.2	10.9	0.52	0.62	15.7	27.1	3.7	5.5	0.71	2.88	84
35～55	8.3	3.6	0.36	0.75	15.8	18.9	4.1	6.8	0.69	1.14	91
55～95	8.5	20.2	0.20	1.25	15.9	29.7	2.5	6.2	0.75	1.34	106
95～120	8.9	3.1	0.11	1.25	19.2	31.6	4.2	6.7	0.83	2.90	208

8.7.18 新曹系（Xincao Series）

土　族：壤质硅质混合型热性-石灰淡色潮湿雏形土
拟定者：雷学成，潘剑君，黄　标

分布与环境条件　零星分布于盐城东台市堤东地区各个乡镇，主要集中在东墩线东段和黄海公路两侧，四灶、新曹、八里、新农、新街等镇均有分布。属于苏北滨海平原的脱盐平原。地势平坦，海拔约 16 m。气候上属北亚热带湿润季风气候区，年均气温 14.6℃，年均太阳辐射总量 117.23kcal/cm^2，年均降雨量 1042.3 mm。土壤起源于海相沉积物母质上。土层厚

新曹系典型景观

度在 1 m 以上。土地利用类型为林地，植被类型为落叶阔叶林，农业利用为油菜、小麦、蔬菜、玉米等。

土系特征与变幅　诊断层包括雏形层、淡薄表层；诊断特性包括潮湿土壤水分状况、氧化还原特征、石灰性、热性土壤温度。该土系海相沉积物母质形成之后，成土时间短，土壤发育程度较弱，为弱的块状结构。有效土层深厚，64 cm 以下发育有 15%～40%直径 2～6 mm 铁锰斑纹。土壤有机质含量中等，全量磷钾含量较高，但有效态偏低。土壤质地通体为粉砂壤土，土体呈碱性，pH 为 7.54～8.34，通体石灰反应强烈。

对比土系　蹲门北系，不同土纲，分布位置邻近，母质相同，水耕人为作用，发育水耕表层和水耕氧化还原层，为人为土。川东系，同一亚类不同土族，土温为温性。

利用性能综述　质地适中，耕性较好，但湿时易板结。土壤有机质和养分含量低，加之有一定的盐分含量，且有返盐的风险。因此，改良时注意排水，降低地下水位，防止返盐。增施有机肥，种植绿肥，同时注意钾肥的补充。

参比土种　砂性轻盐土。

代表性单个土体　采自盐城东台市新曹镇（编号 32-272，野外编号 32098105），32°52′45.732″N，120°45′41.544″E，旱地，海拔 4.5 m。当前作物为小麦。50 cm 土层年均温度 16.1℃。野外调查时间 2011 年 3 月。

新曹系代表性单个土体剖面

Ap：0～15 cm，浊黄橙色（10YR 7/2，干），浊黄棕色（10YR 4/3，润）；粉砂壤土，发育强的直径 2～10 mm 粒状结构，松散；20～50 根/cm² 直径 0.5～2 mm 根系，孔隙度为 20%，极强石灰反应，清晰波状过渡。

Br1：15～48 cm，橙白色（10YR 8/2，干），浊黄棕色（10YR 5/3，润）；粉砂壤土，发育弱的直径 10～50 mm 块状结构，稍坚；20～50 根/cm² 直径 0.5～2 mm 根系，孔隙度为 20%，有模糊呈扩散状的铁锰锈纹锈斑，极强石灰反应，清晰平滑过渡。

Br2：48～75 cm，橙白色（10YR 8/2，干），浊黄橙色（10YR 5/3，润）；粉砂壤土，发育弱的直径 10～50 mm 块状结构，稍坚；有模糊的呈扩散状的铁锰锈纹锈斑，极强石灰反应，模糊平滑过渡。

Br3：75～110 cm，浊黄橙色（10YR 7/2，干），浊黄棕色（10YR 5/3，润）；粉砂壤土，发育弱的直径 10～50 mm 块状结构，稍坚；有模糊的呈扩散状的铁锰锈纹锈斑，极强石灰反应。

新曹系代表性单个土体物理性质

土层	深度/cm	砾石（>2 mm，体积分数）/%	细土颗粒组成（粒径：mm）/（g/kg）			质地	容重/（g/cm³）
			砂粒 2～0.05	粉粒 0.05～0.002	黏粒<0.002		
Ap	0～15	—	165	722	113	粉砂壤土	1.21
Br1	15～48	—	198	680	122	粉砂壤土	1.40
Br2	48～75	—	193	725	83	粉砂壤土	1.41
Br3	75～110	—	280	621	100	粉砂壤土	

新曹系代表性单个土体化学性质

深度/cm	pH（H₂O）	有机质/（g/kg）	全氮(N)/（g/kg）	全磷(P₂O₅)/（g/kg）	全钾(K₂O)/（g/kg）	全铁(Fe₂O₃)/（g/kg）	阳离子交换量/（cmol/kg）	游离氧化铁/（g/kg）	有效磷(P)/（mg/kg）	速效钾(K)/（mg/kg）
0～15	7.9	15.8	0.73	1.56	17.7	33.3	4.6	5.0	12.00	59
15～48	8.1	10.2	0.52	2.98	16.4	32.3	5.6	5.4	3.37	54
48～75	8.5	3.7	0.28	1.29	18.9	30.0	2.2	4.3	1.60	88
75～110	8.6	2.5	0.15	1.11	16.8	28.7	3.6	4.2	2.75	108

8.7.19 临海系（Linhai Series）

土　　族：壤质混合型温性-石灰淡色潮湿雏形土
拟定者：王培燕，潘剑君，黄　标

分布与环境条件　在盐城市射阳县东部均有分布，属于苏北滨海平原区的条田化平原。该区域系黄淮合流冲积、海相沉积作用形成。地势平坦，海拔很低。气候上属北亚热带和暖温带的过渡地带，属季风性湿润气候区。年均气温 13.9℃。无霜期 224 d。太阳年均总辐射量 117.5 kcal/cm^2。年均降雨量 1034.8 mm。土壤起源于冲积物母质，土层较深厚。利用类型为旱地，植被

临海系典型景观

类型为棉花、小麦、玉米、大蒜，人为活动影响有植被扰乱、人工排水、耕翻、施肥等。

土系特征与变幅　诊断层包括雏形层、淡薄表层；诊断特性包括潮湿土壤水分状况、氧化还原特征、石灰性、温性土壤温度。该土系起源于冲积物母质，受人为耕作影响，土壤耕作层和耕作亚层发育，其下发育较弱，基本为弱发育的块状。剖面下部出现氧化还原特征。该土系土壤有机质和全氮偏低，但磷钾全量和有效性较适中。土壤质地 0～15 cm 为粉砂质黏壤土，其下均为粉砂壤土，土体呈中性-碱性，pH 为 7.42～8.06，通体呈极强石灰反应。

对比土系　爱园系、川东系，同一亚类不同土族，矿物学类型为硅质混合型。

利用性能综述　土壤质地适中，适耕期长，养分也较充足，主要障碍是存在返盐的风险。今后改良应注意完善农田基础设施建设，保证排水，防止返盐，有条件的地块可以考虑旱改水。宜多施有机肥，增加有机物料投入，提高有机质含量，改善地力。

参比土种　壤性轻盐土。

代表性单个土体　采自盐城市射阳县临海农场（编号 32-263，野外编号 32092404），33°59′16.728″N，120°14′55.068″E，海拔 0.5 m。50 cm 土层年均温度 15.3℃。野外调查时间 2011 年 9 月。

32092404

Ap：0～15 cm，淡棕灰色（7.5YR 7/2，干），浊棕色（7.5YR 5/3，润）；粉砂质黏壤土，发育强的直径 2～10 mm 粒状结构，极强石灰反应，渐变平滑过渡。

AB：15～32 cm，淡棕灰色（7.5YR 7/2，干），浊棕色（7.5YR 5/3，润）；粉砂壤土，发育弱的直径 5～20 mm 块状结构，疏松；极强石灰反应，突然平滑过渡。

Br1：32～63 cm，浊橙色（7.5YR 7/3，干），浊棕色（7.5YR 5/4，润）；粉砂壤土，发育弱的直径 10～50 mm 块状结构，稍坚实；隐约可见铁锰斑纹，极强石灰反应，渐变平滑过渡。

Br2：63～90 cm，浊橙色（7.5YR 7/3，干），浊棕色（7.5YR 5/4，润）；粉砂壤土，发育弱的直径 10～50 mm 块状结构，稍坚实；隐约可见铁锰斑纹，极强石灰反应，突然平滑过渡。

Br3：90～115 cm，浊橙色（7.5YR 7/3，干），浊棕色（7.5YR 5/4，湿）；粉砂壤土，发育弱的直径 10～50 mm 团块状结构，稍坚实；隐约可见铁锰斑纹，强石灰反应。

临海系代表性单个土体剖面

临海系代表性单个土体物理性质

土层	深度/cm	砾石（>2 mm，体积分数）/%	细土颗粒组成（粒径：mm）/（g/kg）			质地	容重/（g/cm³）
			砂粒 2～0.05	粉粒 0.05～0.002	黏粒<0.002		
Ap	0～15	—	64	565	371	粉砂质黏壤土	1.32
AB	15～32	—	212	595	194	粉砂壤土	1.45
Br1	32～63	—	282	544	173	粉砂壤土	1.48
Br2	63～90	—	202	594	204	粉砂壤土	1.57
Br3	90～115	—	162	639	200	粉砂壤土	1.56

临海系代表性单个土体化学性质

深度/cm	pH（H₂O）	有机质/（g/kg）	全氮(N)/（g/kg）	全磷(P₂O₅)/（g/kg）	全钾(K₂O)/（g/kg）	全铁(Fe₂O₃)/（g/kg）	阳离子交换量/（cmol/kg）	游离氧化铁/（g/kg）	有效磷(P)/（mg/kg）	速效钾(K)/（mg/kg）
0～15	7.4	12.8	0.72	1.70	20.7	32.8	16.3	6.9	57.60	161
15～32	7.5	13.7	0.69	1.12	19.5	31.5	2.8	6.3	27.87	103
32～63	7.9	4.8	0.28	0.94	22.4	31.9	2.0	6.7	6.40	134
63～90	7.8	4.0	0.24	0.76	16.8	15.6	9.6	6.6	4.98	207
90～115	8.1	4.2	0.25	2.77	36.0	35.7	8.6	7.5	9.39	214

8.8 普通淡色潮湿雏形土

8.8.1 大魏系（Dawei Series）

土　族：黏壤质混合型非酸性温性-普通淡色潮湿雏形土
拟定者：雷学成，潘剑君

分布与环境条件　主要分布于徐州新沂市唐店、高唐、高流、王庄、邵店等乡镇河流两侧微低洼地带。属于沂沭丘陵平原区鲁南丘陵南缘的低山丘陵前平原。气候上属暖温带半湿润季风气候区，年均气温 13.7℃，无霜期 201 d，年均降雨量 904.4 mm，但年际变化较大。土壤起源于黄土性洪冲积物，土层厚度在 1 m 以上。海拔较高，46 m。多种植农

大魏系典型景观

作物，以旱作小麦、玉米为主，一般一年两熟。

土系特征与变幅　诊断层包括雏形层、淡薄表层；诊断特性包括潮湿土壤水分状况、氧化还原特征、温性土壤温度。该土系土壤发育于黄土性洪冲积物，人为耕作形成耕作层，耕作层之下，土壤呈较强的块状结构。土体 45～80 cm 出现黑土层，底部 45 cm 以下有 2%～15%铁锰斑纹出现。土壤质地为均质粉砂壤土，土体深厚，通体无石灰反应。土体呈中性，pH 为 6.49～7.10。

对比土系　赫湖系，不同土类，分布位置邻近，地形部位不同，有暗沃表层，为暗色雏形土。

利用性能综述　土壤质地适中，宜耕，保水保肥能力较好。土壤养分储量偏低，无法满足农作物生长需要，需大量补充氮、磷、钾及有机肥，增产潜力大。宜种植小麦、玉米、花生等。

参比土种　腰黑黄土。

代表性单个土体　采自新沂市王庄镇大魏村（编号 32-215，野外编号 32038109），34°14′43.008″N，118°23′44.160″E，海拔 26 m，当前作物为小麦。50 cm 土层年均温度 15.2℃。野外调查时间 2010 年 6 月。

Ap: 0～16 cm，浊黄棕色（10YR 5/3，干），浊黄棕色（10YR 4/3，润）；粉砂壤土，发育强的直径 2～20 mm 粒状结构，土体松散；无石灰反应，波状清晰过渡。

AB: 16～45 cm，浊黄棕色（10YR 5/4，干），浊黄棕色（10YR 4/3，润）；粉砂壤土，发育中等的直径 10～20 mm 次棱块结构，疏松；无石灰反应，波状渐变过渡。

Br1: 45～80 cm，浊黄棕色（10YR 5/4，干），棕色（10YR 4/4，润）；粉砂壤土，发育强的直径 10～50 mm 块状结构，2%～5%铁锰斑纹和铁锰结核出现，无石灰反应，波状渐变过渡。

Br2: 80～106 cm，浊黄橙色（10YR 6/3，干），浊黄棕色（10YR 5/4，润）；粉砂壤土，坚实；发育强的直径 20～100 mm 块状结构，5%～15%铁锰锈纹锈斑和铁锰结核，无石灰反应，平滑清晰过渡。

Br3: 106～119 cm，浊黄橙色（10YR 6/4，干），黄棕色（10YR 5/6，润）；粉砂壤土，发育强的直径 20～100 mm 大块状结构，5%～15%铁锰锈纹锈斑，2%～5%铁锰结核，无石灰反应。

大魏系代表性单个土体剖面

大魏系代表性单个土体物理性质

土层	深度/cm	砾石（>2 mm，体积分数）/%	细土颗粒组成（粒径：mm）/（g/kg）			质地	容重/（g/cm³）
			砂粒 2～0.05	粉粒 0.05～0.002	黏粒<0.002		
Ap	0～16	—	118	626	256	粉砂壤土	1.52
AB	16～45	—	129	586	286	粉砂壤土	1.66
Br1	45～80	—	117	639	244	粉砂壤土	1.57
Br2	80～106	—	139	613	248	粉砂壤土	1.42
Br3	106～119	—	194	566	240	粉砂壤土	1.59

大魏系代表性单个土体化学性质

深度/cm	pH(H₂O)	有机质/(g/kg)	全氮(N)/(g/kg)	全磷(P₂O₅)/(g/kg)	全钾(K₂O)/(g/kg)	全铁(Fe₂O₃)/(g/kg)	阳离子交换量/(cmol/kg)	游离氧化铁/(g/kg)	有效磷(P)/(mg/kg)	速效钾(K)/(mg/kg)
0～16	6.9	16.7	1.07	0.82	16.9	51.3	37.8	9.7	13.04	22
16～45	6.5	10.3	0.94	0.66	15.4	40.4	23.5	10.9	8.60	21
45～80	6.5	9.3	0.68	0.57	15.6	44.9	23.1	10.7	9.97	34
80～106	6.6	7.0	0.47	0.45	15.7	41.0	17.8	11.2	13.00	30
106～119	7.1	4.7	0.41	0.41	17.4	54.5	18.6	14.4	6.39	31

8.8.2 城头系（Chengtou Series）

土　族：壤质混合型非酸性温性-普通淡色潮湿雏形土
拟定者：王培燕，潘剑君，黄　标

分布与环境条件 在连云
港市赣榆区西部乡镇均有
分布。属于沂沭丘陵平原区
的山前冲积平原。气候上属
暖温带湿润气候区，年均气
温 13.1℃，无霜期 213.9 d，
年均日照 2646.2 h，年均降
雨量 952.6 mm。土壤起源
于黄土性洪冲积物，土层厚
度在 1 m 以上。海拔为约
39 m。土地利用类型为旱地，
种植作物有花生、玉米等。

城头系典型景观

土系特征与变幅 诊断层包括雏形层、淡薄表层；诊断特性包括潮湿土壤水分状况、氧
化还原特征、温性土壤温度。该土系土壤起源于年代较老的黄土性洪冲积物母质，受地
表水下渗和地下水影响，土体氧化还原特征较明显，剖面中见有 15%～40%直径 2～6 mm
铁锰锈纹锈斑和铁锰结核。地表之下 47 cm 范围内，有机质积累明显。土壤质地通体较
壤，为粉砂壤土-壤土，土体呈酸性，pH 为 5.36～6.33。
对比土系 沭西系，同一土族，母质不同，为河流冲积物。
利用性能综述 土壤质地适中，适耕期长，易耕易耙，保水保肥及供肥性能皆较好。氮、
磷、钾元素均缺乏，今后改良应合理施肥。
参比土种 底黑黄土。
代表性单个土体 采自连云港市赣榆区城头镇（编号 32-221，野外编号 32072105），
34°52'43.788″N，118°55'12.504″E，海拔 23 m，当前作物为玉米。50 cm 土层年均温度
15℃。野外调查时间 2011 年 9 月。

Apr：0～17 cm，浊黄棕色（10YR 6/3，干），暗棕色（10YR 3/3，润）；壤土，发育弱的直径2～10 mm次棱块状结构，稍坚实；2%～5%直径2～6 mm黑色球形铁锰结核，无石灰反应，平滑清晰过渡。

ABr：17～47 cm，浊黄棕色（10YR 5/4，干），暗棕色（10YR 3/3，润）；粉砂壤土，发育中等的直径5～20 mm次棱块状结构，坚实；15%～40%直径2～6 mm铁斑纹，5%～15%模糊的灰色胶膜，2%～5%直径1～2 mm黑色球形铁锰结核，无石灰反应，平滑清晰过渡。

Br1：47～72 cm，灰黄棕色（10YR 6/2，干），灰黄棕色（10YR 4/2，润）；壤土，发育强的直径5～50 mm块状结构，坚实；15%～40%直径2～6 mm铁斑纹，5%～15%黑色球形铁锰结核，无石灰反应，平滑清晰过渡。

Br2：72～104 cm，浊黄棕色（10YR 6/3，干），浊黄棕色（10YR 5/3，润）；粉砂壤土，发育强的直径5～50 mm块状结构，坚实；5%～15%黑色球形铁锰结核，无石灰反应。

城头系代表性单个土体剖面

城头系代表性单个土体物理性质

土层	深度/cm	砾石（>2 mm，体积分数）/%	细土颗粒组成（粒径：mm）/（g/kg）			质地	容重/（g/cm³）
			砂粒 2～0.05	粉粒 0.05～0.002	黏粒<0.002		
Apr	0～17	—	373	491	137	壤土	1.50
ABr	17～47	—	298	567	135	粉砂壤土	1.56
Br1	47～72	—	458	427	115	壤土	1.53
Br2	72～104	—	301	571	128	粉砂壤土	1.57

城头系代表性单个土体化学性质

深度/cm	pH（H₂O）	有机质/（g/kg）	全氮(N)/（g/kg）	全磷(P₂O₅)/（g/kg）	全钾(K₂O)/（g/kg）	全铁(Fe₂O₃)/（g/kg）	阳离子交换量/（cmol/kg）	游离氧化铁/（g/kg）	有效磷(P)/（mg/kg）	速效钾(K)/（mg/kg）
0～17	5.6	21.3	1.22	0.74	26.9	35.2	17.9	12.2	23.88	82
17～47	5.4	17.3	0.79	0.50	27.3	32.9	17.4	12.1	5.00	56
47～72	6.3	9.7	0.53	0.31	25.7	47.1	28.1	12.7	0.06	100
72～104	6.1	6.9	0.38	0.38	25.0	49.9	29.1	16.0	0.06	151

8.8.3 沭西系 (Shuxi Series)

土　族：壤质混合型非酸性温性-普通淡色潮湿雏形土
拟定者：黄　标，王培燕，杜国华

分布与环境条件　分布于
宿迁市沭阳县城西北部地
区。属于沂沭丘陵平原区
的河谷平原。土系分布于沂
沭河距河谷较远的阶地上。
气候上属暖温带湿润季风
气候区，年均气温 13.8℃，
无霜期 203 d。全年总日照
时数为 2363.7 h，年日照百
分率 53%。年均降雨量
937.6 mm。土壤起源于河
流冲积物母质，土层深厚。
以小麦-玉米轮作一年两
熟为主。

沭西系典型景观

土系特征与变幅　诊断层包括雏形层、淡薄表层；诊断特性包括潮湿土壤水分状况、氧
化还原特征、石灰性、温性土壤温度。该土系土壤利用为长期旱作，形成具有淡薄表层
特征的耕作层，B 层有一定结构发育，呈块状结构，下部发育较弱，隐约可见原始的沉
积层理，剖面下部受地下水影响，呈现氧化还原特征。剖面由壤黏相间的土层构成，50～
95 cm 存在砂质层，其上部为粉砂壤土，底部为粉砂质黏土，土体呈酸性-微碱性，pH
为 4.42～7.90，仅在耕作层之下、砂质层质地上土层显示弱的石灰反应，其余土层未见
石灰反应。

对比土系　城头系，同一土族，母质不同，为黄土性洪冲积物。黄泥埃系，同一土族，
分布地形部位不同，无砂质层。

利用性能综述　上部土壤质地适中，疏松易耕，但土壤钾素养分偏低，下部有一砂质层
可能影响保水保肥性。但作为旱地利用漏水漏肥影响不大。今后改良若进行旱改水，则
需要尽快培育犁底层，注意补充钾肥，因土壤钾素储量高，也可采取措施提高土壤钾素
有效性。

参比土种　砂心两合土。

代表性单个土体　采自宿迁市沭阳县沭城镇（编号 32-120，野外编号 SY69P），
34°05′21.876″N，118°46′38.208″E，海拔 9.5 m，平坦地块，当前作物为小麦。50 cm 土
层年均温度 15.6℃。野外调查时间 2011 年 11 月。

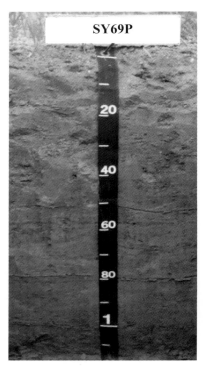

沭西系代表性单个土体剖面

Ap：0～17 cm，浊棕色（7.5YR 6/3，干），棕色（7.5YR 4/4，润）；粉砂壤土，发育强的直径 5～20 mm 次棱块状结构，稍坚实；无石灰反应，平直逐渐过渡。

Br1：17～50 cm，浊橙色（7.5YR 6/4，干），棕色（7.5YR 4/4，润）；粉砂壤土，发育中等的直径 10～50 mm 块状结构，坚实；弱石灰反应，平直明显过渡。

Br2：50～75 cm，浊橙色（7.5YR 7/3，干），浊棕色（7.5YR 6/3，润）；粉砂壤土，发育弱的直径 10～20 mm 块状结构，稍坚实；无石灰反应，平直逐渐过渡。

Br3：75～95 cm，浊橙色（7.5YR 7/3，干），浊棕色（7.5YR 5/4，润）；砂质壤土，发育弱的直径 10～20 mm 块状结构，稍坚实；2%～5%的铁锰斑纹，无石灰反应，平直明显过渡。

Br4：95～100 cm，浊棕色（7.5YR 6/3，干），棕色（7.5YR 4/4，润）；粉砂质黏壤土，发育弱的直径 10～50 mm 块状结构，坚实；2%～5%的铁锰斑纹，无石灰反应。

沭西系代表性单个土体物理性质

| 土层 | 深度/cm | 砾石（>2 mm，体积分数）/% | 细土颗粒组成（粒径：mm）/（g/kg） | | | 质地 | 容重/（g/cm³） |
			砂粒 2～0.05	粉粒 0.05～0.002	黏粒<0.002		
Ap	0～17	—	148	632	220	粉砂壤土	1.44
Br1	17～50	—	208	684	109	粉砂壤土	1.60
Br2	50～75	—	338	575	88	粉砂壤土	1.49
Br3	75～95	—	634	307	58	砂质壤土	1.42
Br4	95～100	—	134	580	286	粉砂质黏壤土	1.60

沭西系代表性单个土体化学性质

深度/cm	pH（H₂O）	有机质/（g/kg）	全氮(N)/（g/kg）	全磷(P₂O₅)/（g/kg）	全钾(K₂O)/（g/kg）	全铁(Fe₂O₃)/（g/kg）	阳离子交换量/（cmol/kg）	游离氧化铁/（g/kg）	有效磷(P)/（mg/kg）	速效钾(K)/（mg/kg）
0～17	4.4	18.8	1.29	1.26	26.7	24.7	15.7	13.0	19.97	96
17～50	7.9	6.2	0.42	1.02	26.4	28.6	15.6	16.0	0.68	112
50～75	7.7	2.2	0.16	0.96	26.6	16.2	7.2	9.1	1.90	46
75～95	7.5	1.4	0.13	1.00	26.4	15.3	6.0	8.6	5.16	38
95～100	7.7	6.4	0.45	1.16	25.7	32.7	18.9	17.3	5.02	120

8.8.4 黄泥埃系（Huangniai Series）

土　族：壤质混合型非酸性温性–普通淡色潮湿雏形土
拟定者：王培燕，潘剑君，黄　标

分布与环境条件　在连云港市赣榆区分布较广，基本与河流平行成带状分布。属于沂沭丘陵平原区的山前河流低洼平原。气候上属暖温带半湿润季风气候区，年均气温 13.1℃。无霜期 213.9 d，年均日照 2646.2 h，年均降雨量 952.6 mm。土壤起源于河流冲积物上，土层厚度在 1 m 以上。海拔约为 31 m。土地利用类型为旱地，植被类型为小麦、玉米、花生。

黄泥埃系典型景观

土系特征与变幅　诊断层包括雏形层、淡薄表层；诊断特性包括潮湿土壤水分状况、氧化还原特征、温性土壤温度。该土系是在丘陵区流出河流两岸沉积的粗沙上发育而成，剖面耕层发育，其下为弱的块状结构，32 cm 以下有 2%～5%的黑色球状铁锰结核。表层土壤有机质积累不高，全磷、有效磷和全钾含量较高，但有效钾含量很低。有效土层很深。土壤质地为壤土，土体呈酸性，pH 为 5.32～6.15。

对比土系　沭西系，同一土族，分布地形部位不同，50～95 cm 存在砂质层。徐福祠系，同一亚类不同土族，颗粒级别大小为砂质，矿物学类型为硅质混合型。

利用性能综述　土壤偏壤，适耕期长，易耕易耙。土壤保水保肥性能稍差，表层有机质积累不高。今后改良，应增施有机肥和有机物料投入，不断培肥土壤，提高其肥力水平，注意钾素补充，尤其需钾较高的作物。

参比土种　黄沙土。

　　代表性单个土体　采自连云港市赣榆区金山镇黄泥埃村（编号 32-229，野外编号 32072113），35°02′4.272″N，119°04′31.548″E，海拔 19 m，50 cm 土层年均温度 15℃。当前作物为玉米和花生套种。野外调查时间 2011 年 9 月。

Ap：0～15 cm，浊黄橙色（10YR 6/4，干），棕色（7.5YR 4/4，润）；壤土，发育强的直径 5～20 mm 粒状结构，疏松；无石灰反应，清晰平滑过渡。

AB：15～32 cm，浊黄橙色（10YR 6/4，干），棕色（7.5YR 4/4，润）；壤土，发育弱的直径 10～50 mm 块状结构，坚实；无石灰反应，清晰平滑过渡。

Br1：32～52 cm，黄棕色（10YR 5/6，干），棕色（7.5YR 4/6，润）；壤土，发育弱的直径 20～100 mm 块状结构，坚实；2%～5%的黑色球状铁锰结核，无石灰反应，清晰平滑过渡。

Br2：52～102 cm，浊黄橙色（10YR 6/4，干），棕色（7.5YR 4/4，润）；壤土，发育弱的直径 20～100 mm 块状结构，坚实；2%～5%的黑色球状铁锰结核，无石灰反应，清晰平滑过渡。

BCr：102～135 cm，亮黄棕色（10YR 6/8，干），棕色（7.5YR 4/6，润）；砂质黏壤土，发育弱的直径 10～50 mm 屑粒状结构，坚实；见黑色球状铁锰结核，无石灰反应。

黄泥埃系代表性单个土体剖面

黄泥埃系代表性单个土体物理性质

土层	深度/cm	砾石（>2 mm，体积分数）/%	细土颗粒组成（粒径：mm）/（g/kg）			质地	容重/（g/cm³）
			砂粒 2～0.05	粉粒 0.05～0.002	黏粒<0.002		
Ap	0～15	—	413	436	151	壤土	1.36
AB	15～32	—	404	454	142	壤土	1.65
Br1	32～52	—	433	434	133	壤土	1.45
Br2	52～102	—	457	402	142	壤土	1.55
BCr	102～135	—	556	242	202	砂质黏壤土	1.64

黄泥埃系代表性单个土体化学性质

深度/cm	pH (H₂O)	有机质/（g/kg）	全氮(N)/（g/kg）	全磷(P₂O₅)/（g/kg）	全钾(K₂O)/（g/kg）	全铁(Fe₂O₃)/（g/kg）	阳离子交换量/（cmol/kg）	游离氧化铁/（g/kg）	有效磷(P)/（mg/kg）	速效钾(K)/（mg/kg）
0～15	6.2	14.4	0.75	1.08	31.9	33.9	11.2	9.6	48.16	89
15～32	5.6	8.4	0.51	0.50	30.2	31.4	10.1	10.8	8.89	46
32～52	5.8	5.7	0.39	0.68	30.5	39.9	13.2	12.6	6.06	56
52～102	5.3	8.2	0.44	0.59	29.0	33.6	4.7	9.7	5.73	39
102～135	5.5	3.0	0.20	1.34	34.9	31.6	5.1	9.4	14.87	43

8.8.5 小宋庄系（Xiaosongzhuang Series）

土　族：壤质云母型非酸性温性-普通淡色潮湿雏形土
拟定者：王培燕，潘剑君，黄　标

分布与环境条件　主要分布于连云港市赣榆区的低洼平原区，其高程约 5～20 m，如海头、宋庄、龙河、赣马、朱堵、土城、城头、门河、沙河、殷庄、墩尚、罗阳、城南、班庄、大岭、官河等乡镇。属于沂沭丘陵平原区的海湾平原。气候上属暖温带半湿润季风气候区，年均气温 13.1℃，无霜期 213.9 d，年均日照 2646.2 h，年均降雨量 952.6 mm。土壤起源于河流冲积物上，土层深厚。多年前以水稻-小

小宋庄系典型景观

麦轮作一年两熟为主，由于靠近镇区，近几年已改种蔬菜。

土系特征与变幅　诊断层包括雏形层、淡薄表层；诊断特性包括潮湿土壤水分状况、氧化还原特征、温性土壤温度；诊断现象包括肥熟现象。该土系土壤在早期人为水耕作用下，剖面发育有 5%～40%铁锰斑纹，5%～15%小的球形黑色铁锰结核，5%～40%黏粒胶膜。但近年来已改种蔬菜，由于深耕和大量有机肥施用等精耕细作，犁底层已遭到破坏，其中表层全磷积累明显，达 2 g/kg，速效磷异常高达 139 mg/kg 以上，但积累深度仅为 21 cm。该土系主要分布于城市和集镇周边或设施农业发展较发达的地区。53 cm 以下为埋藏层，以上土壤质地为壤土，以下为粉砂壤土，土体呈酸性，pH 为 6.32～6.40。

对比土系　安丰系、洋溪系，不同土纲，均为菜地，但有肥熟表层和磷质淀积层，为肥熟旱耕人为土。

利用性能综述　土壤耕作层肥熟化程度一般；土壤结构适中，供肥保肥性好，养分含量较好，生产性能较佳。但土壤表层磷素积累强烈，会影响环境质量，在利用过程中必须加以注意。

参比土种　黑土。

代表性单个土体　采自连云港市赣榆区门河镇小宋庄（编号 32-225，野外编号 32072109），34°49′45.084″N，118°56′32.064″E。海拔 10 m，为村庄边缘的平坦地块。当前作物为蔬菜。50 cm 土层年均温度 15℃。野外调查时间 2011 年 9 月。

　　Ap：0～14 cm，浊黄橙色（10YR 6/3，干），浊黄棕色（10YR 4/3，湿）；壤土，发育强的直径 2～10 mm 粒状或次棱块状结构，疏松；2%～5%黑色球形的小铁锰结核，无石灰反应，清晰波状过渡。

　　AB：14～31 cm，浊黄橙色（10YR 7/3，干），浊黄棕色（10YR 5/3，湿）；壤土，发育中等的直径 5～20 mm 块状结构，坚实；5%～15%很小的铁锰斑纹，2%～5%黑色球形小铁锰结核，无石灰反应，

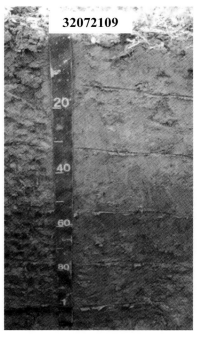

32072109

小宋庄系代表性单个土体剖面

平滑清晰过渡。

Br1：31～53 cm，灰黄棕色（10YR 6/2，干），灰黄棕色（10YR 4/2，湿）；壤土，发育中等的直径 20～50 mm 团块状结构，坚实；15%～40%直径<2 mm 的铁锰斑纹，5%～15%黑色球形小铁锰结核，无石灰反应，平滑清晰过渡。

Br2：53～78 cm，浊黄棕色（10YR 4/3，干），暗棕色（10YR 3/3，湿）；粉砂壤土，发育中等的直径 20～50 mm 块状结构，坚实；15%～40%直径<2 mm 铁锰斑纹，5%～15%黑色球形小铁锰结核，无石灰反应，平滑清晰过渡。

Br3：78～100 cm，浊黄棕色（10YR 4/3，干），暗棕色（10YR 3/3，湿）；粉砂壤土，发育中等的直径 20～50 mm 块状结构，坚实；15%～40%直径<2 mm 铁锰斑纹，5%～15%小的球形黑色铁锰结核，无石灰反应，平滑清晰过渡。

Br4：100～113 cm，棕灰色（10YR 5/1，干），棕灰色（10YR 4/1，湿）；粉砂壤土，发育中等的直径 20～50 mm 块状结构，坚实；见铁锰斑纹和铁锰结核，无石灰反应。

小宋庄系代表性单个土体物理性质

土层	深度/cm	砾石（>2 mm，体积分数）/%	细土颗粒组成（粒径：mm）/（g/kg）			质地	容重/（g/cm³）
			砂粒 2～0.05	粉粒 0.05～0.002	黏粒 <0.002		
Ap	0～14	—	488	345	167	壤土	1.46
AB	14～31	—	505	381	115	壤土	1.49
Br1	31～53	—	476	425	99	壤土	1.47
Br2	53～78	—	263	580	158	粉砂壤土	1.47
Br3	78～100	—	318	518	164	粉砂壤土	1.50
Br4	100～113	—	355	428	217	粉砂壤土	1.62

小宋庄系代表性单个土体化学性质

深度/cm	pH（H₂O）	有机质/（g/kg）	全氮(N)/（g/kg）	全磷(P₂O₅)/（g/kg）	全钾(K₂O)/（g/kg）	全铁(Fe₂O₃)/（g/kg）	阳离子交换量/（cmol/kg）	游离氧化铁/（g/kg）	有效磷(P)/（mg/kg）	速效钾(K)/（mg/kg）
0～14	6.4	17.3	0.70	2.00	30.8	24.2	11.0	6.7	138.52	136
14～31	6.4	6.1	0.32	0.80	30.5	24.5	10.2	6.0	28.88	63
31～53	6.4	7.8	0.29	0.63	25.5	40.3	27.2	10.6	11.48	148
53～78	6.3	13.4	0.52	0.57	25.0	55.2	29.3	20.9	0.79	141
78～100	6.3	11.7	0.43	0.66	24.4	57.7	39.3	21.8	0.88	174
100～113	6.3	4.2	0.58	0.70	25.5	52.8	40.1	11.7	1.95	161

8.8.6 徐福祠系（Xufuci Series）

土 族：砂质硅质混合型非酸性温性-普通淡色潮湿雏形土
拟定者：雷学成，潘剑君

分布与环境条件 广泛分
布于连云港市赣榆区的各
个地区。属于沂沭丘陵平
原区河流低洼平原，基本
与河流平行成带状分布。
气候上属暖温带半湿润气
候区，年均气温 13.1℃，
无霜期 213.9 d，年均日照
2646.2 h，年 均 降 雨 量
952.6 mm。土壤起源于河
流冲积物母质，土层厚度
在 1 m 以上。海拔较高，
27 m。土地利用类型为旱

徐福祠系典型景观

地，种植作物有小麦、玉米、花生等。

土系特征与变幅 诊断层包括雏形层、淡薄表层；诊断特性包括潮湿土壤水分状况、
氧化还原特征、温性土壤温度。徐福祠系发育于河流两岸粗砂冲积母质，母质形成之
后，受人为耕作影响，耕作层和雏形层发育，但发育较弱，下部隐约可见沉积层理。
土体中见约 2%的少量斑纹。耕作层有机质和氮磷钾等养分积累明显，但 B 层肥力特性
极低。土壤剖面除耕层为砂质壤土外，其余均为砂质，无石灰反应。土体呈中性，pH 为
6.66～7.07。

对比土系 黄泥埃系，同一亚类不同土族，颗粒级别大小为壤质，矿物学类型为混合型。
朱良系，同一土族，剖面整体砂质壤土。

利用性能综述 质地砂，适耕期长，但由于质地很粗，土壤保水保肥性能差，漏水漏肥
比较严重。今后改良，应注意培肥土壤，增加有机投入，有条件可以客土改良，改善土
壤质地，增强其保水保肥性能。在施用化肥时，应坚持少量多次施用，提高利用率。

参比土种 黄沙土。

代表性单个土体 采自连云港市赣榆区金山镇徐福祠（编号 32-228，野外编号 32072112），
35°01′39.576″N，119°04′31.584″E，海拔 13 m。旱地，作物为玉米。50 cm 土层年均温度
15℃。野外调查时间 2010 年 5 月。

Ap: 0～18 cm，浊黄橙色（10YR 6/4，干），暗棕色（7.5YR 3/4，润）；砂质壤土，发育弱的直径2～20 mm粒状结构，松散；无石灰反应，清晰过渡。

Br1: 18～46 cm，黄棕色（10YR 5/6，干），淡棕色（7.5YR 4/6，润）；砂土，发育弱的直径2～20 mm块状结构，松散；2%左右斑纹，无石灰反应，清晰过渡。

Br2: 46～80 cm，黄棕色（10YR 5/6，干），棕色（7.5YR 4/4，润）；砂土，发育弱的直径2～20 mm块状结构，松散；2%左右斑纹，无石灰反应，清晰过渡。

Br3: 80～125 cm，黄棕色（10YR 5/6，干），棕色（7.5YR 4/4，润）；砂土，发育弱的直径2～20 m块状结构，松散；2%左右斑纹，无石灰反应。

徐福祠系代表性单个土体剖面

徐福祠系代表性单个土体物理性质

| 土层 | 深度/cm | 砾石（>2 mm，体积分数）/% | 细土颗粒组成（粒径：mm）/（g/kg） | | | 质地 | 容重/（g/cm³） |
			砂粒 2～0.05	粉粒 0.05～0.002	黏粒<0.002		
Ap	0～18	—	581	287	132	砂质壤土	1.48
Br1	18～46	—	906	21	72	砂土	1.38
Br2	46～80	—	875	34	91	砂土	1.64
Br3	80～125	—	901	28	71	砂土	1.68

徐福祠系代表性单个土体化学性质

深度/cm	pH（H₂O）	有机质/（g/kg）	全氮(N)/（g/kg）	全磷(P₂O₅)/（g/kg）	全钾(K₂O)/（g/kg）	全铁(Fe₂O₃)/（g/kg）	阳离子交换量/（cmol/kg）	游离氧化铁/（g/kg）	有效磷(P)/（mg/kg）	速效钾(K)/（mg/kg）
0～18	7.07	27.92	0.87	2.22	33.24	22.5	8.49	9.40	191.06	104
18～46	6.76	4.11	0.24	1.12	38.65	18.0	4.40	7.73	15.37	19
46～80	6.66	2.87	0.19	1.16	35.08	37.0	3.75	8.13	11.92	12
80～125	6.69	0.62	0.03	1.02	39.50	17.1	3.27	6.55	7.78	5

8.8.7 朱良系（Zhuliang Series）

土　族：砂质硅质混合型非酸性温性-普通淡色潮湿雏形土
拟定者：雷学成，潘剑君

分布与环境条件　在连云港市赣榆区，除柘汪、厉庄、罗阳、吴山、城东 5 个乡镇没有外，其他乡镇均有分布。属于沂沭丘陵平原区的河流低洼平原。所处地势略起伏，为丘陵低丘谷地。气候上属暖温带半湿润季风气候区，年均气温 13.1℃，无霜期 213.9 d，年均日照 2646.2 h，年均降雨量 952.6 mm。土壤起源于河流冲积物，土层厚度在 1 m 以上。海拔约 45 m。土地利用类型为旱地，种植作物有花生、玉米、小麦等，一年两熟。

朱良系典型景观

土系特征与变幅　诊断层包括雏形层、淡薄表层；诊断特性包括潮湿土壤水分状况、氧化还原特征、温性土壤温度。该土系是河流两岸的冲积粗砂。成土时间较短，受人为耕作影响，耕作层发育，B 层结构发育较弱。受地下水影响，土壤见明显氧化还原特征，存在锈纹锈斑。土壤耕作层有机质积累不明显，全磷、速效磷含量较低，尽管全钾储量水平较丰富，达 30 g/kg 以上，但有效钾含量较低，低于 100 g/kg。有效土层很深。土壤质地较砂，砂粒含量全剖面均在 500 g/kg 以上，为砂质壤土。土体呈酸性-中性，pH 为 5.93～6.53。

对比土系　徐福祠系，同一土族，剖面整体砂质。

利用性能综述　土壤较砂，虽耕性较好。但质地较粗，土壤保水保肥性能差，漏水漏肥严重。今后改良应注意培肥土壤，增加土壤有机物料投入，施肥时应少施多施，减少肥料损失，同时，注意补充磷钾素养分。

参比土种　黄沙土。

代表性单个土体　采自连云港市赣榆区黑林镇朱良庄（编号 32-217，野外编号 32072101），35°00′0.320″N，118°54′15.264″E，海拔 32 m，当前作物为玉米-花生套作。50 cm 土层年均温度 15℃。野外调查时间 2011 年 9 月。

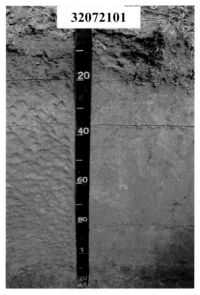

朱良系代表性单个土体剖面

Ap：0～20 cm，浊黄橙色（10YR 6/4，干），棕色（10YR 4/4，润）；砂质壤土，发育弱的直径 5～20 mm 粒状或次棱块状结构，松散，无石灰反应，清晰平滑过渡。

Br1：20～37 cm，浊黄橙色（10YR 7/4，干），棕色（10R 4/6，润）；砂质壤土，发育弱的直径 5～20 mm 块状结构，稍硬；见少量锈纹锈斑，无石灰反应，清晰平滑过渡。

Br2：37～81 cm，浊黄橙色（10YR 7/4，干），棕色（10YR 4/6，润）；砂质壤土，发育弱的直径 10～50 mm 块状结构，松散；土体内有<2%的 35 mm 左右角块状石英矿物碎屑，见少量锈纹锈斑，无石灰反应，渐变平滑过渡。

Br3：81～120 cm，浊黄橙色（10YR 7/4，干），黄棕色（10YR 5/6，润）；砂质壤土，发育弱的直径 20～100 mm 块状结构，松散；土体内偶见 35 mm 左右角块状矿物石英碎屑，见少量锈纹锈斑，无石灰反应。

朱良系代表性单个土体物理性质

| 土层 | 深度/cm | 砾石（>2 mm，体积分数）/% | 细土颗粒组成（粒径：mm）/（g/kg） | | | 质地 | 容重/（g/cm³） |
			砂粒 2～0.05	粉粒 0.05～0.002	黏粒<0.002		
Ap	0～20	—	606	259	136	砂质壤土	1.37
Br1	20～37	—	511	357	132	砂质壤土	1.53
Br2	37～81	—	631	240	130	砂质壤土	1.68
Br3	81～120	—	756	169	75	砂质壤土	1.63

朱良系代表性单个土体化学性质

深度/cm	pH（H₂O）	有机质/（g/kg）	全氮(N)/（g/kg）	全磷(P₂O₅)/（g/kg）	全钾(K₂O)/（g/kg）	全铁(Fe₂O₃)/（g/kg）	阳离子交换量/（cmol/kg）	游离氧化铁/（g/kg）	有效磷(P)/（mg/kg）	速效钾(K)/（mg/kg）
0～20	6.2	11.9	0.73	0.87	31.3	32.0	11.9	11.7	13.37	81
20～37	5.9	5.6	0.40	0.58	30.6	30.9	11.5	10.8	8.32	94
37～81	6.5	3.1	0.26	0.71	34.9	29.2	6.6	11.1	2.25	23
81～120	6.4	1.6	0.10	0.59	36.5	26.6	1.6	8.3	3.20	3

8.9 石质铁质干润雏形土

8.9.1 尹良系（Yinliang Series）

土　　族：粗骨砂质硅质混合型酸性温性-石质铁质干润雏形土
拟定者：雷学成，潘剑君

分布与环境条件　分布于连云港市赣榆区西部低山丘陵区山脚和低山岗地的顶部，在马站、九里、石桥、黑林、厉庄、金山、城头、夹山、吴山、徐山、塔山、欢墩等乡镇均有分布。属于沂沭丘陵平原区的高岗地。气候上属暖温带半湿润气候区，年均气温 13.1℃，无霜期 213.9 d，年均日照 2646.2 h，年均降雨量 952.6 mm。土壤起源于花岗岩残积物上，土层很浅。海拔较高。目前被改良利用，种植小麦、花生等，一年两熟。

尹良系典型景观

土系特征与变幅　诊断层有雏形层；诊断特性包括干润土壤水分状况、温性土壤温度、铁质特性、准石质接触面。该土系土壤主要分布在山脚和低山岗地的顶部，A 层被侵蚀，有一定发育的雏形层 B 层出露地表，其游离铁（Fe_2O_3）含量较高，大于 20 g/kg。有效土层较浅，土体中多含砾石，15 cm 以下便为半风化母岩。土壤有一定的有机质积累，尽管全磷、全钾储量较高，但有效态极低。土壤质地为壤质砂土，土体呈酸性，pH 为 4.23。

对比土系　双店系，不同土纲，分布地形部位相似，剖面构型相似，无明显 B 层发育，土壤游离铁含量较低，为新成土。

利用性能综述　主要分布在低山丘陵地区，海拔较高，水源不足，侵蚀强，有效土层浅，养分低，质地粗。今后改良应注意适当发展林地，植树种草，护坡保土，减少水土流失。耕地应多施有机肥，平整土地，建造梯田，保持水土，发展灌溉。

参比土种　岭砂土。

尹良系代表性单个土体剖面

代表性单个土体　采自连云港市赣榆区黑林镇尹良庄（编号 32-218，野外编号 32072102），35°00′0.756″N，118°55′11.712″E，海拔 55.8 m。旱地，当前种植花生、红薯等。50 cm 土层年均温度 15℃。野外调查时间 2011 年 9 月。

Bp：0~15 cm，浊橙色（7.5YR 7/4，干），棕色（7.5YR 4/4，润）；壤质砂土，发育弱的直径 2~10 mm 屑粒状结构，松散；1~20 根/cm² 根系，无石灰反应。

R：15~cm，半风化花岗岩母岩。

尹良系代表性单个土体物理性质

土层	深度/cm	砾石（>2 mm，体积分数）/%	细土颗粒组成（粒径：mm）/（g/kg）			质地	容重/（g/cm³）
			砂粒 2~0.05	粉粒 0.05~0.002	黏粒<0.002		
Bp	0~15	30	784	134	82	壤质砂土	—

尹良系代表性单个土体化学性质

深度/cm	pH（H₂O）	有机质/（g/kg）	全氮(N)/（g/kg）	全磷(P₂O₅)/（g/kg）	全钾(K₂O)/（g/kg）	全铁(Fe₂O₃)/（g/kg）	阳离子交换量/（cmol/kg）	游离氧化铁/（g/kg）	有效磷(P)/（mg/kg）	速效钾(K)/（mg/kg）
0~15	4.2	15.7	1.09	1.10	33.5	49.1	1.7	20.5	4.82	87

8.10 普通底锈干润雏形土

8.10.1 石湖林场系（Shihulinchang Series）

土　族：壤质混合型非酸性温性-普通底锈干润雏形土
拟定者：雷学成，潘剑君，黄　标

分布与环境条件　分布于连云港市东海县石湖镇。该地区属于沂沭丘陵平原区的丘陵缓岗地。气候上属暖温带湿润季风气候区，年均气温 13.7℃。无霜期 218 d，年均降雨量 912.3 mm。土壤起源于砂岩风化搬运物，下伏次生黄土性母质，土层深厚。该土系大部分被开垦或种植人工林，农业利用以小麦、花生、玉米为主，一年两熟。

石湖林场系典型景观

土系特征与变幅　诊断层包括淡薄表层、雏形层；诊断特性包括氧化还原特征、温性土壤温度、干润土壤水分状况。该土系土壤是在松散的坡积物上发育而成，发育时间较短，结构发育不强，仅见弱的棱块状，受地表水的下渗影响，有一定铁锰物质下移，40 cm 以下有 2%～5%铁锰锈纹锈斑。耕作层有机质含量较高，但其他养分偏低。土壤质地主要为壤土，下伏的黄土母质较黏，土体呈酸性-中性，pH 为 5.48～6.51。

对比土系　石湫系，不同亚纲，分布地形部位相似，但土壤湿度状况等不同，为湿润雏形土。

利用性能综述　分布于山丘坡地，质地松散，含砾石，存在一定水土流失。土壤贫瘠，养分储量偏低，产量偏低。利用上应以营林为主，也可种植牧草和绿肥，以防止水土流失为主。

参比土种　酥石土。

代表性单个土体　采自连云港市东海县石湖镇林场（编号 32-234，野外编号 32072205），34°30′55.584″N，118°39′37.548″E，海拔 41 m。当前作物为花生。50 cm 土层年均温度 15.1℃。野外调查时间 2010 年 7 月。

32072205

石湖林场系代表性单个土体剖面

Ap：0～20 cm，浊黄橙色（10YR 6/4，干），棕色（10YR 4/4，润）；壤土，发育强的直径2～10 mm团粒状结构，松散；有少量极小石英碎屑物，无石灰反应，平直渐变过渡。

Bw：20～40 cm，浊黄橙色（10YR 6/4，干），棕色（10YR 4/4，润）；砂质壤土，发育弱的小块次棱块状结构，松；<2% 极小岩石碎屑，无石灰反应，平直渐变过渡。

Br：40～60 cm，橙白色（10YR 8/1，干），浊黄橙色（10YR 6/3，润）；砂质壤土，发育弱的次棱块状结构，松；有5%～15%岩石碎屑，在碎屑表面或土体中见少量铁锰锈纹锈斑，无石灰反应，平直渐变过渡。

2Br：60～95 cm，浊黄橙色（10YR 6/4，干），浊黄棕色（10YR 5/4，润）；黏土，发育弱的次棱块状结构，稍紧；15%～40%岩石碎屑，5%～15%铁锰锈纹锈斑，无石灰反应。

石湖林场系代表性单个土体物理性质

| 土层 | 深度/cm | 砾石（>2 mm，体积分数）/% | 细土颗粒组成（粒径：mm）/（g/kg） | | | 质地 | 容重/（g/cm³） |
			砂粒 2～0.05	粉粒 0.05～0.002	黏粒<0.002		
Ap	0～20	—	487	344	170	壤土	1.22
Bw	20～40	<2	694	202	105	砂质壤土	1.54
Br	40～60	10	519	325	156	砂质壤土	1.63
2Br	60～95	25	322	258	420	黏土	1.49

石湖林场系代表性单个土体化学性质

深度/cm	pH(H₂O)	有机质/(g/kg)	全氮(N)/(g/kg)	全磷(P₂O₅)/(g/kg)	全钾(K₂O)/(g/kg)	全铁(Fe₂O₃)/(g/kg)	阳离子交换量/(cmol/kg)	游离氧化铁/(g/kg)	有效磷(P)/(mg/kg)	速效钾(K)/(mg/kg)
0～20	5.5	21.0	0.57	0.50	23.8	39.0	16.6	14.8	7.96	76
20～40	6.2	11.4	0.35	0.35	25.4	39.1	17.6	13.1	4.54	59
40～60	5.7	9.1	0.22	0.36	22.4	33.7	9.9	12.1	4.22	35
60～95	6.5	3.5	0.22	0.37	21.4	68.9	29.0	31.0	0.20	111

8.11 普通暗沃干润雏形土

8.11.1 大庙系（Damiao Series）

土　族：黏质伊利石混合型石灰性温性-普通暗沃干润雏形土
拟定者：雷学成，潘剑君，黄　标

分布与环境条件　分布于徐州市铜山区大庙、汉王、三堡、汴塘、茅村、柳泉、青山泉等乡镇山丘的中上部湖缓坡岗地。该地区属于黄泛平原区内的低山丘陵区，地势起伏。气候上属暖温带半湿润气候区，年均气温 14℃，无霜期 209 d，年均日照 2400 h，年均降雨量 869 mm。土壤起源于石灰岩残积物母质，海拔较高，约 56 m，植被类型为中草地和稀疏灌木。

大庙系典型景观

土系特征与变幅　诊断层包括雏形层、暗沃表层；诊断特性包括干润土壤水分状况、碳酸盐岩岩性特征、温性土壤温度、石质接触面。该土系土壤起源于石灰岩残积物母质上。未受人为耕作影响，在自然条件下发育而成。表土层和雏形层发育较弱。土体中有 5%～15%直径 20～75 mm 石灰岩石块，细土部分质地为粉砂质黏壤，通体强石灰反应。土体呈中性-碱性，pH 为 7.46～7.66。

对比土系　大泉系，同一亚类不同土族，土壤分布海拔较高，坡度较陡，土层更加浅薄，土族为为黏壤质碳酸盐型。

利用性能综述　土壤砾石含量较多，发育程度较弱，土层浅薄。开垦应防止水土流失。

参比土种　轻砾石土。

代表性单个土体　采自徐州市铜山区青山泉镇青龙山（编号 32-202，野外编号 32032302），34°25′36.78″N，117°21′36.78″E，丘陵山坡的下部，海拔 46 m。50 cm 土层年均温度 15.5℃。野外调查时间 2010 年 5 月。

32032302

Ah：0～22 cm，棕色（7.5YR 4/4，干），暗棕色（7.5YR 3/4，润）；粉砂质黏壤土，发育强的直径 2～10 mm 屑粒状结构，松散；20～50 根/cm² 直径 0.5～2 mm 须根系，结构体内有 20～50 个/cm² 直径 2～5 mm 根穴，有 5%～10%直径 20～75 mm 扁平状岩石和矿物碎屑，处于风化状态、硬度为 2，强石灰反应，清晰波状过渡。

Bw：22～55 cm，棕色（7.5YR 4/3，干），暗棕色（7.5YR 3/3，润）；粉砂质黏壤土，发育强的直径 10～50 mm 屑粒状结构，松；20～50 根/cm² 须直径 0.5～2 mm 须根系，结构体内有 20～50 个/cm² 直径 0.5～2 mm 根穴，有 10%～15%直径 20～75 mm 扁平状岩石和矿物碎屑，处于风化状态，硬度为 2，强石灰反应，清晰波状过渡。

C：55～80 cm，碳酸盐风化碎屑。

R：80～100 cm，石灰岩。

大庙系代表性单个土体剖面

大庙系代表性单个土体物理性质

土层	深度/cm	砾石（>2 mm，体积分数）/%	细土颗粒组成（粒径：mm）/（mg/kg）			质地	容重/（g/cm³）
			砂粒 2～0.05	粉粒 0.05～0.002	黏粒<0.002		
Ah	0～22	10	107	544	349	粉砂质黏壤土	1.57
Bw	22～55	15	123	482	395	粉砂质黏壤土	1.44

大庙系代表性单个土体化学性质

深度/cm	pH（H₂O）	有机质/（g/kg）	全氮(N)/（g/kg）	全磷(P₂O₅)/（g/kg）	全钾(K₂O)/（g/kg）	全铁(Fe₂O₃)/（g/kg）	阳离子交换量/（cmol/kg）	游离氧化铁/（g/kg）	碳酸钙相当物/（g/kg）	有效磷(P)/（mg/kg）	速效钾(K)/（mg/kg）
0～22	7.5	27.7	0.66	1.23	27.1	27.4	20.7	18.3	81.40	2.94	189
22～55	7.7	23.3	0.53	1.24	26.9	51.2	17.7	19.4	83.66	1.85	189

8.11.2　大泉系（Daquan Series）

土　族：黏壤质碳酸盐型温性-普通暗沃干润雏形土
拟定者：雷学成，潘剑君，黄　标

分布与环境条件　分布
于徐州市铜山区青山泉、
大泉、汴塘、江庄、柳泉、
利国、茅村、汉王、三堡、
张集、郭集、伊庄、羊场、
吴桥、吴邵等乡镇的山丘
顶部或上部的局部岩隙
间及凹陷处，一般上接裸
岩，下接大庙系土壤。该
地区属于黄淮海平原的
南缘，属黄泛冲积平原。
地势陡峭切割，为丘陵低
丘地，海拔 103 m，成土

大泉系典型景观

母质为残积物。气候上属暖温带半湿润气候区，年均气温 14℃，无霜期 209 d，年均日
照 2400 h，年均降雨量 869 mm。土层厚度在 1 m 以上。利用类型为其他林地，植被类
型为针阔叶林。

土系特征与变幅　诊断层包括雏形层、暗沃表层；诊断特性包括干润土壤水分状况、碳
酸盐岩岩性特征、温性土壤温度、准石质接触面。该土系土壤起源于石灰岩残积物母质。
未受人为耕作影响，在自然条件下发育而成。表土层和雏形层发育较弱。土体 0～10 cm
中有 2%～5%直径 5～20 mm 石灰岩石块；10～36 cm 有 40%～70%直径 20～250 mm 砾
石。通体强石灰反应。土体呈中性，pH 为 7.22～7.39。

对比土系　大庙系，同一亚类不同土族，土层厚度相对较薄，土壤分布海拔相对较矮，
坡度相对缓，为黏质伊犁石混合型石灰性。

利用性能综述　土壤自然肥力较高，宜做林地用。土壤中有很多砾石，又由于坡度较陡，
土壤侵蚀严重，应绿化造林，减少水土流失。

参比土种　重砾石土。

大泉系代表性单个土体剖面

代表性单个土体　采自徐州市铜山区青山泉镇青龙山（编号 32-201，野外编号 32032301），34°25′18.36″N，117°21′55.20″E，位置在丘陵中上部，海拔 55 m。植被为常绿针阔叶林地。50 cm 土层年均温度 15.5℃。野外调查时间 2010 年 5 月。

Ah：0～10 cm，浊棕色（7.5YR 5/3，干），暗棕色（7.5YR 3/3，润）；粉砂壤土，发育强的直径 2～20 mm 团粒状结构，松散；50～200 根/cm² 根系，有 2%～5%直径 5～20 mm 砾石存在，强石灰反应，渐变模糊过渡。

Bw：10～20 cm，棕色（10YR 4/3，干），暗棕色（7.5YR 2/3，润）；粉砂质黏壤土，发育中等的直径 2～10 mm 团粒状结构，松散；20～50 根/cm² 根系，40%～80%直径 20～250 mm 砾石，较强石灰反应。

C：20～36 cm，石灰岩风化碎屑。

大泉系代表性单个土体物理性质

土层	深度/cm	砾石（>2 mm，体积分数）/%	细土颗粒组成（粒径：mm）/（g/kg）			质地	容重/（g/cm³）
			砂粒 2～0.05	粉粒 0.05～0.002	黏粒<0.002		
Ah	0～10	5	195	570	235	粉砂壤土	—
Bw	10～20	70	185	529	286	粉砂质黏壤土	—

大泉系代表性单个土体化学性质

深度/cm	pH (H₂O)	有机质/（g/kg）	全氮(N)/（g/kg）	全磷(P₂O₅)/（g/kg）	全钾(K₂O)/（g/kg）	全铁(Fe₂O₃)/（g/kg）	阳离子交换量/（cmol/kg）	游离氧化铁/（g/kg）	有效磷(P)/（mg/kg）	速效钾(K)/（mg/kg）
0～10	7.2	70.0	3.06	1.86	27.0	46.4	28.3	18.5	9.78	225
10～20	7.4	55.4	1.11	2.09	29.8	50.4	31.5	19.5	5.68	178

8.12 普通简育干润雏形土

8.12.1 季庄系（Jizhuang Series）

土　族：砂质硅质混合型非酸性温性–普通简育干润雏形土
拟定者：雷学成，潘剑君

分布与环境条件　分布于徐州新沂市的北沟、王庄、和马陵山三个乡镇。在土壤区划上，属于鲁南丘陵南缘，淮北平原北部地区。地貌上属于丘岗上坡，坡度较高，多在 30° 左右。成土母质为紫色砂岩。气候上属暖温带半湿润季风气候区，年均气温 13.7℃，无霜期 201d，年均降雨量 904.4 mm，但年际变化较大。土壤起源于紫色砂岩，土层厚度在 1 m 以上。海拔较高，约 46 m。原生植被全部遭到破坏，现

季庄系典型景观

有人工林，树种为松树，但部分被开垦，少数被开垦为旱地，种植花生、小麦等，一年两熟。多造成水土流失，土壤贫瘠，农作物产量低。

土系特征与变幅　诊断层包括淡薄表层、雏形层；诊断特性包括干润土壤水分状况、温性土壤温度、准石质接触面。该土系土壤是发育在紫色砂岩风化物上幼年土壤。土层厚度仅有 40 cm，土壤质地很砂，之下即为母岩半风化物。土体呈中性，pH 为 6.40～6.91。

对比土系　钟吾系，同一土族，分布位置邻近，地形部位不同，分布位置较低，为河流的高阶地，土层深度较厚，大于 125 cm。

利用性能综述　保水保肥能力差，极贫瘠，开垦宜造成水土流失，不适宜耕种，已应退耕还林，种植马尾松或经济树种等。

参比土种　薄层紫砂土。

季庄系代表性单个土体剖面

代表性单个土体　采自新沂市王庄镇季庄村（编号 32-210，野外编号 32038104），34°13′11.22″N，118°20′30.66″E，海拔 45 m。50 cm 土层年均温度 15.2℃。野外调查时间 2010 年 6 月。

Ap：0～12 cm，浊红棕色（5YR 5/4，干），暗红棕色（5YR 3/4，润）；壤质砂土，发育弱的直径 2～20 mm 粒状结构，松散；无石灰反应，波状渐变过渡。

Bw：12～25 cm，浊红棕色（5YR 5/3，干），极暗红棕色（5YR 2/4，润）；壤质砂土，发育弱的直径 2～20 mm 粒状结构，松散；无石灰反应，波状渐变过渡。

C：25～40 cm，紫色砂岩风化碎屑。

R：40～100 cm，紫色砂岩。

季庄系代表性单个土体物理性质

土层	深度/cm	砾石（>2 mm，体积分数）/%	细土颗粒组成（粒径：mm）/（g/kg）			质地	容重/（g/cm³）
			砂粒 2～0.05	粉粒 0.05～0.002	黏粒<0.002		
Ap	0～12	5	726	220	54	壤质砂土	—
Bw	12～25	10	785	159	56	壤质砂土	—

季庄系代表性单个土体化学性质

深度/cm	pH (H₂O)	有机质/（g/kg）	全氮(N)/（g/kg）	全磷(P₂O₅)/（g/kg）	全钾(K₂O)/（g/kg）	全铁(Fe₂O₃)/（g/kg）	阳离子交换量/（cmol/kg）	游离氧化铁/（g/kg）	有效磷(P)/（mg/kg）	速效钾(K)/（mg/kg）
0～12	6.4	12.5	0.81	1.03	20.7	44.2	8.0	11.5	4.56	20
12～25	6.9	4.7	0.39	1.84	19.9	48.8	6.7	8.4	5.31	7

8.12.2　钟吾系〔Zhongwu Series〕

土　　族：砂质硅质混合型非酸性温性-普通简育干润雏形土
拟定者：雷学成，潘剑君

分布与环境条件　分布于徐州新沂市的北沟、王庄、和马陵山等三个乡镇。属于沂沭丘陵平原区的山前高阶低，地势较平坦，成土母质为紫色砂岩、紫红色砂砾岩的风化残积物。气候上属暖温带半湿润季风气候区，年均气温 13.7℃，无霜期 201 d，年均降雨量 904.4 mm，土层厚度在 1 m 以上。海拔较高，约 46 m。多种植农作物，以旱作小麦、玉米为主，一般一年两熟。

钟吾系典型景观

土系特征与变幅　诊断层包括淡薄表层、雏形层；诊断特性包括干润土壤水分状况、温性土壤温度。该土系土壤发育于紫色砂岩和紫红色砂砾岩风化物上，土壤发育处于相对幼年阶段，全剖面保持母岩基本色调。受人为耕作影响，耕作层和雏形层发育。土壤质地很砂，为砂质壤土和砂土，土体深厚，通体无石灰反应。土体呈中性，pH 为 6.50～6.96。
对比土系　季庄系，同一土族，分布位置邻近，地形部位不同，地理位置更高，土层浅薄。
利用性能综述　土壤质地偏砂，养分贫瘠。今后改良，施肥上应注意施黏性有机肥，有条件可以客土改良，改善土壤质地，增强其保水保肥性能，培肥土壤提高其肥力水平。在施用化肥时，应坚持少量多次施用，提高利用率。
参比土种　紫砂土。

代表性单个土体　采自新沂市王庄镇钟吾村（编号 32-216，野外编号 32038110），34°10′43.716″N，118°21′6.156″E，海拔 24 m，当前作物为小麦。50 cm 土层年均温度 15.2℃。野外调查时间 2010 年 06 月。

Ap：0～16 cm，浊红棕色（5YR 5/4，干），暗红棕色（5YR 3/4，润）；砂质壤土，松散；发育强的直径 2～10 mm 小粒状结构，平滑渐变过渡。

Bw1：16～41 cm，浊棕色（5YR 5/4，干），暗红棕色（5YR 4/4，润）；砂质壤土，疏松；发育强的直径 20～50 mm 块状结构，1～20 根/cm² 根系，无石灰反应，平滑清晰过渡。

Bw2：41～90 cm，浊棕色（7.5YR 5/4，干），暗红棕色（5YR 4/4，润）；砂质壤土，坚实；发育中等的直径 5～20 mm 粒状结构，1～20 根/cm² 根系，波状渐变过渡。

Bw3：90～140 cm，浊棕色（7.5YR 5/4，干），暗红棕色（10YR 4/4，润）；砂土，坚实；发育中等的直径 5～20 mm 粒状结构。

钟吾系代表性单个土体剖面

钟吾系代表性单个土体物理性质

| 土层 | 深度/cm | 砾石（>2 mm，体积分数）/% | 细土颗粒组成（粒径：mm）/（g/kg） | | | 质地 | 容重/（g/cm³） |
			砂粒 2～0.05	粉粒 0.05～0.002	黏粒<0.002		
Ap	0～16	—	600	331	69	砂质壤土	1.38
Bw1	16～41	—	714	202	84	砂质壤土	1.57
Bw2	41～90	—	829	105	66	砂质壤土	1.53
Bw3	90～140	—	918	39	44	砂土	1.41

钟吾系代表性单个土体化学性质

深度/cm	pH（H₂O）	有机质/（g/kg）	全氮(N)/（g/kg）	全磷(P₂O₅)/（g/kg）	全钾(K₂O)/（g/kg）	全铁(Fe₂O₃)/（g/kg）	阳离子交换量/（cmol/kg）	游离氧化铁/（g/kg）	有效磷(P)/（mg/kg）	速效钾(K)/（mg/kg）
0～16	6.7	12.6	0.84	0.72	20.3	34.7	8.6	6.1	23.87	16
16～41	7.0	5.5	0.45	0.56	17.3	29.0	7.4	5.8	15.30	9
41～90	6.7	3.2	0.28	0.57	17.0	26.1	5.3	4.8	18.65	7
90～140	6.5	3.4	0.39	0.70	23.4	29.5	3.3	4.3	21.23	4

8.13 普通铁质湿润雏形土

8.13.1 幕府山系（Mufushan Series）

土 族：黏质伊利石型石灰性热性-普通铁质湿润雏形土
拟定者：王 虹，黄 标

分布与环境条件 分布于南京市、镇江市一带丘陵地区的灰质页岩残坡积物母质上。属于宁镇扬丘陵区的高岗地。区域地势有一定起伏，海拔可从 5～20 m 至 200～400 m。气候上属北亚热带湿润季风气候区，年均气温 15℃，无霜期 230～240 d，年均总辐射量 115.6kcal/cm²，年均降雨量 1102 mm。土壤起源于石灰质页岩半风化形成的残积物。土层相对较厚。该土系上自然植被已不多见，以

幕府山系典型景观

次生的针叶林或针阔叶混交林为主。

土系特征与变幅 诊断层包括淡薄表层、雏形层；诊断特性包括湿润土壤水分状况、铁质特性、热性土壤温度、准石质接触面、石灰性。该土系土壤在母质形成之后，主要受地表水下渗影响，土壤物质发生轻微淋溶淀积，但淋溶作用较弱，难见黏粒胶膜和铁锰锈斑。土壤 B 层有一定的结构发育，但剖面各土层中游离铁特别高，为 30～34 g/kg，铁的游离度达 50%以上。剖面下部土层与半风化的母岩呈逐渐过渡关系。土层质地壤夹黏。土体呈中性，pH 为 6.61～7.44。

对比土系 石湫系，不同土类，分布位置邻近，地形部位不同，为中坡岗地，砂岩母岩或残坡积物母质，土层浅薄，氧化还原特征不明显，为简育湿润雏形土。

利用性能综述 土壤有效土层薄，养分含量低，不适合种植农作物。在有效土层稍厚的地方可以结合具体情况种植水果等经济作物。但要注意保水保肥，防止养分的大量流失。

参比土种 厚层黄砂土。

幕府山系代表性单个土体剖面

代表性单个土体　采自南京市栖霞区幕府山（编号 32-060，野外编号 B60），32°08′17.34″N，118°48′5.652″E。海拔 60 m，植被为次生阔叶林。50 cm 土层年均温度 17.08℃。野外调查时间 2010 年 3 月。

Ah：0～21 cm，浊棕色（7.5YR 5/4，干），棕色（7.5YR 4/4，润）；粉砂质黏壤土，发育中等的直径 2～10 mm 屑粒状结构，疏松；50～200 根/cm² 草根和乔木根，2%～5%半风化石块，弱石灰反应，平直逐渐过渡。

Bw1：21～49 cm，淡黄橙色（10YR 8/3，干），浊黄橙色（10YR 6/4，润）；粉砂质黏壤土，发育中等的直径 5～20 mm 次棱块状结构，稍坚实；2%～5%半风化石块，强石灰反应，波状逐渐过渡。

Bw2：49～64 cm，浊黄橙色（10YR 8/4，干），黄棕色（10YR 5/6，润）；粉砂质黏土，发育弱的直径 10～50 mm 次棱块状结构，稍坚实；5%～15%半风化石块，极强石灰反应，波状逐渐过渡。

BC：64～120 cm，黄橙色（10Y8/6，干），亮黄棕色（10YR 6/8，润）；粉砂质黏壤土，原始沉积层理发育，稍坚实；15%半风化石块，极强烈石灰反应。

幕府山系代表性单个土体物理性质

土层	深度/cm	砾石（>2 mm，体积分数）/%	细土颗粒组成（粒径：mm）/（g/kg）			质地	容重/（g/cm³）
			砂粒 2～0.05	粉粒 0.05～0.002	黏粒<0.002		
Ah	0～21	5	60	609	330	粉砂质黏壤土	—
Bw1	21～49	5	2	650	348	粉砂质黏壤土	—
Bw2	49～64	15	6	592	401	粉砂质黏土	—
BC	64～120	15	18	622	360	粉砂质黏壤土	—

幕府山系代表性单个土体化学性质

深度/cm	pH（H₂O）	有机质/（g/kg）	全氮(N)/（g/kg）	全磷(P₂O₅)/（g/kg）	全钾(K₂O)/（g/kg）	全铁(Fe₂O₃)/（g/kg）	阳离子交换量/（cmol/kg）	游离氧化铁/（g/kg）	有效磷(P)/（mg/kg）	速效钾(K)/（mg/kg）
0～21	7.4	20.4	1.34	1.16	31.2	56.6	20.3	29.8	2.57	140
21～49	6.6	8.4	0.78	1.22	31.2	64.0	14.1	33.9	1.35	126
49～64	6.8	8.6	0.84	1.13	31.9	66.1	14.1	33.7	1.18	128
64～120	7.2	4.6	0.63	1.28	33.2	66.1	11.6	32.6	1.20	112

8.13.2 东善桥系 (Dongshanqiao Series)

土　族.: 黏壤质硅质混合型非酸性热性-普通铁质湿润雏形土

拟定者: 王　虹, 黄　标

分布与环境条件　分布于南京市、镇江市一带丘陵地区的砂岩残坡积物母质上。属于宁镇扬丘陵区的高岗地。区域地势有一定起伏, 海拔可从 5~20 m 至 200~400 m。气候上属北亚热带湿润季风气候区, 年均气温 15℃, 无霜期 230~240 d, 年均降雨量 1102 mm。土壤起源于砂岩残坡积物母岩上, 土层浅薄。以次生的阔叶林为主。

土系特征与变幅　诊断层包括淡薄表层、雏形层; 诊断特性包括湿润土壤水分状况、热性土壤温度、氧化还原特征、铁质特性、石质接触面。该土系土壤受地表水下渗影

东善桥系典型景观

响, 土壤铁质发生移动, 但黏粒移动轻微, 土壤 B 层有一定的结构发育, 可见铁斑纹。土层厚度较薄, 小于 1 m, 剖面下部土层与半风化的母岩呈逐渐过渡关系。土层质地粉砂黏壤土-粉砂壤土。土体呈中性, pH 为 6.56~6.85。

对比土系　高资系, 同一土族, 质地偏壤, 以粉砂壤土为主, 有效土层相对较厚。

利用性能综述　地势稍高, 灌溉困难, 有一定侵蚀, 养分含量低, 不适合种植农作物。在有效土层稍厚的地方可以结合具体情况种植茶树。但要注意保水保肥, 防止养分的大量流失。

参比土种　黄砂土。

代表性单个土体　采自南京市江宁区东善桥镇尚南村 (编号 32-068, 野外编号 B68), 31°51′30.240″N, 118°44′29.22″E。海拔 61 m, 母质为砂岩半风化形成的残积物。植被为低矮的灌木林。50 cm 土层年均温度 17.08℃。野外调查时间 2010 年 4 月。

东善桥系代表性单个土体剖面

Ah：0～9 cm，浊黄橙色（10YR 6/3，干），浊黄棕色（10YR 4/3，润）；粉砂质黏壤土，发育中等的直径 2～10 mm 粒状结构，松；≥200 根/cm² 灌木和禾本科根，无石灰反应，波状逐渐过渡。

Bw1：9～21 cm，浊橙色（7.5YR 6/4，干），棕色（7.5YR 4/4，润）；粉砂质黏壤土，发育中等的直径 5～20 mm 次棱块状结构，松；≥200 根/cm² 灌木和禾本科根，结构面见 5%左右的铁斑纹，无石灰反应，波状逐渐过渡。

Bw2：21～38 cm，浊黄橙色（7.5YR 6/6，干），棕色（7.5YR 4/6，润）；粉砂壤土，发育中等的直径 5～50 mm 次棱块状结构，稍紧；5%左右的铁斑纹，无石灰反应，波状明显过渡。

R：38～60 cm，半风化砂岩。

东善桥系代表性单个土体物理性质

土层	深度/cm	砾石（>2 mm，体积分数）/%	细土颗粒组成（粒径：mm）/（g/kg）			质地	容重/（g/cm³）
			砂粒 2～0.05	粉粒 0.05～0.002	黏粒<0.002		
Ah	0～9	—	91	613	296	粉砂质黏壤土	—
Bw1	9～21	—	140	581	280	粉砂质黏壤土	—
Bw2	21～38	—	142	588	269	粉砂壤土	—
R	38～60	—	—	—	—	—	—

东善桥系代表性单个土体化学性质

深度/cm	pH(H₂O)	有机质/(g/kg)	全氮(N)/(g/kg)	全磷(P₂O₅)/(g/kg)	全钾(K₂O)/(g/kg)	全铁(Fe₂O₃)/(g/kg)	阳离子交换量/(cmol/kg)	游离氧化铁/(g/kg)	有效磷(P)/(mg/kg)	速效钾(K)/(mg/kg)
0～9	6.6	30.8	1.66	0.86	23.0	63.6	21.1	24.2	4.78	136
9～21	6.9	10.7	0.66	0.66	26.2	66.5	21.4	24.0	1.41	154
21～38	6.7	13.3	0.80	0.62	23.8	76.7	19.8	29.2	1.60	143
38～60	6.9	2.0	0.12	2.89	21.3	81.6	12.8	—	3.65	74

8.14 普通酸性湿润雏形土

8.14.1 石湫系（Shiqiu Series）

土　族：黏壤质硅质混合型热性-普通酸性湿润雏形土
拟定者：王　虹，黄　标

分布与环境条件　分布于南京市一带丘陵地区的砂岩母质上。属于宁镇扬丘陵区的丘岗地。区域地势有一定起伏，土系位于坡中位置。气候上属北亚热带湿润季风气候区，年均气温 15℃，无霜期 230～240 d，年均降雨量 1102 mm。土壤起源于砂岩母岩或残坡积物母质，土层浅薄。该土系植被以次生针叶林或针阔叶混交林为主。

石湫系典型景观

土系特征与变幅　诊断层包括淡薄表层、雏形层；诊断特性包括热性土壤温度、准石质接触面、湿润土壤水分状况。该土系土壤在母质形成之后，主要受地表水下渗影响，土壤物质发生轻微淋溶淀积，但淋溶作用较弱，难见黏粒胶膜、仅在剖面下部风化岩石碎屑表面见铁锰胶膜。土壤 B 层有一定的结构发育，土层厚度较薄，小于 1 m，剖面下部土层与半风化的母岩呈逐渐过渡关系，土体中含半风化砂岩碎屑，自上而下含量逐渐增加。土壤质地通体粉砂质黏壤。土体呈酸性，pH 为 5.00～5.47。

对比土系　幕府山系，不同土类，分布位置邻近，地形部位不同，为丘陵区的高岗地，石灰质页岩半风化形成的残积物母质，土层稍厚，有氧化还原特征，为铁质湿润雏形土。石湖林场系，不同亚纲，分布地形部位相似，但土壤湿度状况等不同，为干润雏形土。

利用性能综述　表下层质地适中，但有效土层较薄，养分含量较低，供肥保肥性能差。且灌溉困难，不适宜稻麦等农作物的种植。在适宜地区种植针阔树种。

参比土种　粗骨黄砂土。

代表性单个土体　采自南京市溧水区石湫镇横山村（编号 32-075，野外编号 B75），31°38′9.168″N，118°51′25.992″E。海拔 43 m，植被为杉木林。50 cm 土层年均温度 17.08℃。野外调查时间 2010 年 4 月。

Ah1: 0~12 cm, 浊橙色 (7.5YR 6/4, 干), 棕色 (7.5YR 4/3, 湿); 粉砂质黏壤土, 发育中等的直径 2~10 mm 粒状结构, 松; ≥200 根/cm² 乔木根、宿根, 无石灰反应, 平直逐渐过渡。

Ah2: 12~30 cm, 浊橙色 (7.5YR 7/4, 干), 浊棕色 (7.5YR 5/4, 湿); 粉砂质黏壤土, 发育中等的直径 10~50 mm 次棱块状结构, 稍紧; ≥200 根/cm² 乔木根、宿根, 无石灰反应, 平直逐渐过渡。

Bw: 30~65 cm, 淡黄橙色 (7.5YR 8/3, 干), 亮棕色 (7.5YR 5/8, 湿); 粉砂质黏壤土, 发育中等的直径 10~50 mm 次棱块结构, 稍紧; 无石灰反应, 平直逐渐过渡。

BC: 65~80 cm, 淡黄橙色 (7.5YR 8/4, 干), 橙色 (7.5YR 6/6, 湿); 粉砂质黏壤土, 稍紧; 岩石碎屑表面见铁锰胶膜, 无石灰反应。

石湫系代表性单个土体剖面

石湫系代表性单个土体物理性质

土层	深度/cm	砾石 (>2 mm, 体积分数) /%	细土颗粒组成 (粒径: mm) / (g/kg)			质地	容重 / (g/cm³)
			砂粒 2~0.05	粉粒 0.05~0.002	黏粒<0.002		
Ah1	0~12	10	156	571	273	粉砂质黏壤土	—
Ah2	12~30	15	131	568	301	粉砂质黏壤土	—
Bw	30~65	15	184	523	293	粉砂质黏壤土	—
BC	65~80	20	199	486	316	粉砂质黏壤土	—

石湫系代表性单个土体化学性质

深度 /cm	pH (H₂O)	有机质 / (g/kg)	全氮(N) / (g/kg)	全磷(P₂O₅) / (g/kg)	全钾(K₂O) / (g/kg)	全铁(Fe₂O₃) / (g/kg)	阳离子交换量 / (cmol/kg)	游离氧化铁 / (g/kg)	有效磷(P) / (mg/kg)	速效钾(K) / (mg/kg)
0~12	5.0	32.4	1.55	1.10	28.0	56.9	11.7	—	5.13	256
12~30	5.0	19.8	1.06	0.90	25.3	56.7	9.4	—	1.85	108
30~65	5.0	4.8	0.36	0.70	22.1	66.6	8.0	—	0.98	76
65~80	5.5	3.4	0.37	0.53	32.0	62.2	10.5	—	1.14	92

8.15　普通简育湿润雏形土

8.15.1　高资系（Gaozi Series）

土　　族：黏壤质硅质混合型非酸性热性-普通简育湿润雏形土

拟定者：黄　标，王　虹

分布与环境条件　分布于南京市、镇江市一带丘陵地区的坡中部位。属于宁镇扬丘陵区的高岗地。区域地势有一定起伏，海拔可从 5～20 m 至 200～400 m。气候上属北亚热带湿润季风气候区，年均气温 15℃，无霜期 230～240 d，年均降雨量 1102 mm。土壤起源于砂岩母岩或残坡积物上，土层浅薄。植被以次生针叶林或针阔叶混交林为主。

高资系典型景观

土系特征与变幅　诊断层包括暗脊表层、雏形层；诊断特性包括湿润土壤水分状况、热性土壤温度、准石质接触面。该土系土壤在母质形成之后，主要受地表水下渗影响，土壤物质发生轻微淋溶淀积，但淋溶作用较弱。土壤 B 层有一定的结构发育，土层厚度较薄，小于 1 m，剖面下部土层与半风化的母岩呈逐渐过渡关系。质地通体位粉砂壤土，粉砂含量较高。土体呈中性，pH 为 6.56～7.28。

对比土系　东善桥系，同一土族，质地偏黏，土体中氧化还原特征明显。

利用性能综述　土壤有效土层薄，养分含量低，不适合种植农作物。在有效土层稍厚的地方可以结合具体情况种植茶树。但要注意保水保肥，防止养分的大量流失。

参比土种　香灰土。

代表性单个土体　采自镇江市丹徒区高资镇（编号 32-059，野外编号 B59），32°08′59.352″N，119°18′23.148″E。海拔 77 m，母质为砂页岩半风化形成的坡积物。植被为马尾松及一些阔叶树种组成的针阔叶混交林。50 cm 土层年均温度 17.08℃。野外调查时间 2010 年 4 月。

Ah1: 0～6 cm, 棕灰色（10YR 6/1, 干）, 黑棕色（10YR 3/2, 润）; 粉砂壤土, 发育中等的直径 2～10 mm 团粒状结构, 松; ＜2% 半风化的很小石块, 50～200 根/cm² 乔木根, 无石灰反应, 平直明显过渡。

Ah2: 6～22 cm, 浊黄橙色（10YR 7/3, 干）, 棕色（10YR 4/4, 润）; 粉砂壤土, 发育中等的直径 5～20 mm 次棱角状结构, 松; 2%～5% 半风化小石块, 无石灰反应, 波状逐渐过渡。

Bw: 22～65 cm, 淡黄橙色（10YR 8/3, 干）, 浊黄棕色（10YR 5/4, 润）; 粉砂壤土, 发育中等的直径 10～50 mm 次棱角状结构, 稍紧; 5%～15% 半风化石块, 无石灰反应, 平直明显过渡。

C: 65～100 cm, 半风化砂岩碎屑。

高资系代表性单个土体剖面

高资系代表性单个土体物理性质

土层	深度/cm	砾石（>2 mm, 体积分数）/%	细土颗粒组成（粒径: mm）/（g/kg）			质地	容重/（g/cm³）
			砂粒 2～0.05	粉粒 0.05～0.002	黏粒<0.002		
Ah1	0～6	5	125	678	197	粉砂壤土	—
Ah2	6～22	5	129	661	210	粉砂壤土	—
Bw	22～65	20	116	668	216	粉砂壤土	—

高资系代表性单个土体化学性质

深度/cm	pH (H₂O)	有机质/(g/kg)	全氮(N)/(g/kg)	全磷(P₂O₅)/(g/kg)	全钾(K₂O)/(g/kg)	全铁(Fe₂O₃)/(g/kg)	阳离子交换量/(cmol/kg)	游离氧化铁/(g/kg)	有效磷(P)/(mg/kg)	速效钾(K)/(mg/kg)
0～6	6.9	80.0	3.18	0.86	23.1	59.2	21.9	16.9	11.79	198
6～22	6.6	20.7	1.09	0.55	23.8	47.8	10.2	15.8	2.56	98
22～65	5.7	11.2	0.64	0.47	24.9	49.5	8.0	14.2	1.60	56

第9章 新 成 土

9.1 石质干润正常新成土

9.1.1 双店系（Shuangdian Series）

土　族：粗骨砂质硅质型酸性温性-石质干润正常新成土
拟定者：王培燕，潘剑君，黄　标

分布与环境条件　分布于连云港市东海县西部地区：李埝、石布、双店、安峰等乡镇的丘陵岗地的中上部。属于沂沭丘陵平原区低丘岗地，地势波状起伏，大多数在海拔 30～100 m 的岭顶或岭坡上。气候上属暖温带半湿润季风气候区，年均气温 13.7℃。无霜期 218 d，年均降雨量 912.3 mm。土壤起源于片麻岩残积母质，土层浅薄。自然植被为针阔叶混交

双店系典型景观

林，现有部分被开垦，农业利用类型为旱地，种植花生、大豆、红薯，一年一熟。

土系特征与变幅　诊断层包括淡薄表层；诊断特性包括干润土壤水分状况、温性土壤温度、石质接触面。该土系土壤为土体构型 A-C 型的幼龄土壤。有效土层很浅。土壤在母质形成之后，人为利用年限较短，侵蚀作用强。仅耕作表层发育，发育程度很弱，含有大量粗砂。17 cm 以下为半风化的母岩层。土体呈酸性，pH 为 4.82。

对比土系　尹良系，不同土纲，分布地形部位相似，剖面构型相似，有一定 B 层发育，游离铁含量较高，为雏形土。宋郢系，不同土类，土壤湿度为干润，为干润新成土。

利用性能综述　土壤养分缺乏，水分不足，侵蚀强、土层浅、肥力低、生产能力差，是一种低产土壤。今后改良，应注意解决水源，修筑梯田，轮种绿肥，增施有机肥，提倡农林牧结合，提高林牧业比重，实行综合治理。

参比土种　岭砂土。

32072202

代表性单个土体　采自连云港市东海县双店乡（编号 32-231，野外编号 32072202），34°37′5.124″N，118°34′25.644″E，海拔 71 m，当前种植作物为花生。50 cm 土层年均温度 15.1℃。野外调查时间 2010 年 7 月。

Ap：0～17 cm，浊黄橙色（7.5YR 7/3，干），淡棕色（7.5YR 4/4，润）；砂质壤土，发育中等的直径 2～10 mm 粒状结构，松散；无石灰反应，清晰平滑过渡。

AC：17～25 cm，半风化片麻岩残积物。

R：25～35 cm，片麻岩。

双店系代表性单个土体剖面

双店系代表性单个土体物理性质

土层	深度/cm	砾石（>2 mm，体积分数）/%	细土颗粒组成（粒径：mm）/（g/kg）			质地	容重/（g/cm³）
			砂粒 2～0.05	粉粒 0.05～0.002	黏粒<0.002		
Ap	0～17	30	693	117	190	砂质壤土	—

双店系代表性单个土体化学性质

深度/cm	pH（H₂O）	有机质/（g/kg）	全氮(N)/（g/kg）	全磷(P₂O₅)/（g/kg）	全钾(K₂O)/（g/kg）	全铁(Fe₂O₃)/（g/kg）	阳离子交换量/（cmol/kg）	游离氧化铁/（g/kg）	有效磷(P)/（mg/kg）	速效钾(K)/（mg/kg）
0～17	4.8	17.3	0.37	0.52	37.0	36.9	6.7	14.4	7.73	139

9.2 石质湿润正常新成土

9.2.1 宋郢系（Songying Series）

土　　族：粗骨砂质混合型非酸性热性-石质湿润正常新成土
拟定者：王培燕，黄　标

分布与环境条件　主要分布于淮安市盱眙县。属于宁镇扬丘陵区，土系分布于低山坡地中上部，海拔 164～169 m，成土母质为玄武岩。属北亚热带湿润季风气候区，年均气温 14.0～15.0℃。年均降雨量 900～1100 mm。土地利用类型为荒地，植被类型为次生林、灌木。

宋郢系典型景观

土系特征与变幅　诊断层为淡薄表层；诊断特性包括热性土壤温度状况、湿润土壤水分状况。土层浅薄，土体厚度约 30 cm，过渡至多孔状半风化玄武岩，下部为新鲜玄武岩。细土质地为粉砂壤土，中性，pH 为 6.56～6.75。

对比土系　双店系，不同土类，土壤湿度为湿润，为湿润新成土。

利用性能综述　主要分布在低山坡地中上部，有效土层浅，水土流失严重，碎砾石含量较高，耕种粗放。利用上宜以营林为主，并种牧草，护坡保土，减少水土流失。耕地宜种植花生、瓜类、甘薯等，但产量较低，应多施有机肥，平整土地，建造梯田，保持水土，发展灌溉。

参比土种　酥石土。

代表性单个土体　采自淮安市盱眙县河桥镇宋郢村（编号 32-311，野外编号 JB47），32°53′47.88″N，118°23′28.98″E。海拔 89 m，坡上平缓地带。植被类型为次生林、灌木。50 cm 深度土温 16.3℃。野外调查时间 2010 年 5 月。

Ah：0～20 cm，浊红棕（5YR 4/3，干），暗红棕（2.5YR 3/2，润）；粉砂壤土，发育中等的直径 2～10 mm 碎块、小块结构，50～200 根/cm² 直径 2～5 mm 细根，较疏松，平滑过渡。

AC：20～50 cm，浊红棕（5YR 4/3，干），暗红棕（2.5YR 3/2，润）；粉砂壤土，玄武岩半风化物。

R：　50 cm～，玄武岩。

宋郢系代表性单个土体剖面

宋郢系代表性单个土体物理性质

土层	深度/cm	砾石（>2 mm，体积分数）/%	细土颗粒组成（粒径：mm）/（g/kg）			质地	容重/（g/cm³）
			砂粒 2～0.05	粉粒 0.05～0.002	黏粒<0.002		
Ah	0～20	5	145	644	211	粉砂壤土	—
AC	20～50	75	164	668	168	粉砂壤土	—

宋郢系代表性单个土体化学性质

深度/cm	pH（H₂O）	有机质/（g/kg）	全氮(N)/（g/kg）	全磷(P₂O₅)/（g/kg）	全钾(K₂O)/（g/kg）	全铁(Fe₂O₃)/（g/kg）	阳离子交换量/（cmol/kg）	游离氧化铁/（g/kg）	有效磷(P)/（mg/kg）	速效钾(K)/（mg/kg）
0～20	6.6	22.3	1.10	2.58	15.3	—	28.2	46.3	2.90	58
20～50	6.8	13.6	0.72	4.28	16.4	—	29.9	45.8	8.45	61

第 10 章 评价与应用

土系划分的实用与否，在于对土壤生产性能的指导意义。为了评价土系划分的适用性，以江苏省如皋市为例，首先，在收集第二次土壤普查资料和已有的研究成果基础上，根据中国土壤系统分类研究的成果，对该地区的土壤进行土系划分，确定划分土系的依据与方法，明确各土系分布状况；然后，通过大量野外采样和实验室土壤性质分析，详细统计各土系的生产性能和生态环境特征；最后，采用各种统计方法评价该地区土系划分的适用性和可靠性，探讨其对土壤生产性能提高和生态环境保护的指导意义。

10.1 如皋市自然条件与成土特点

如皋市地处 $32°00'N \sim 32°30'N$，$120°20'E \sim 120°50'E$，总面积 1593 km^2，其中耕地面积 8.25×10^4 hm^2，属于北亚热带湿润季风性气候区。年均温度 14.6℃，年均降雨量 1060 mm。全年降水主要集中在 6 月下旬到 9 月上旬，具有日照充足、气候温和、雨量充沛、光热水高峰基本同季的气候特征。

该市位于长江三角洲冲积平原上，地势平坦，由北向南、由西向东稍有倾斜。土壤成土母质由江淮古冲积物（Ⅰ）、浅湖相沉积物（Ⅱ）和长江新冲积物（Ⅲ）三部分组成（图 10-1）。江淮古冲积物分布于中部和北部地区。由于成土时间较长，冲积物中已无明显沉积层理，有明显的石灰淋溶淀积现象。地表冲积物质的质地，自西向东，自南向北，由粗到细。在地势较高的地方常有一层壤质层，其出现的深度不同。在质地较砂、地势较高的地方，由于地下水位相对较低，水分不易饱和，相对水分状况较差。分布于东西两侧的浅湖相沉积物是江淮古冲积物在地势较低的地方搬运再沉积形成的。因此，其质地较江淮古冲积物要黏。长江新冲积物分布于沿江圩田和沙洲，富含石灰，淋溶不明显。质地有粗有细，表土以下冲积层理残留明显。

全市大部分地区，在过去 20 多年主要以农业生产为主导产业，工业并不发达，作物种类较多，以小麦、水稻、玉米和油菜为主，大片农田以水旱轮作的生产方式为主，近年来随着种植结构的调整，苗木、桑蚕、蔬菜、瓜果种植面积明显增加。

10.2 土壤观察、采样、分析、数据处理

在收集第二次土壤普查资料的基础上，本书先后在研究区域内，野外观察剖面 35 个，对剖面进行了详细的形态学描述。同时，采集了代表不同土壤类型和农业生产管理方式的区域性表层土壤样品 168 个。采集的土壤样品在室温下风干、研磨，根据分析的要求，分别过 10 目、60 目和 100 目尼龙筛。土壤样品的分析包括：①土壤基本化学性质，pH、有机质（OM）、全氮、全磷、全钾、有效磷（碳酸氢钠提取态）、有效钾（醋

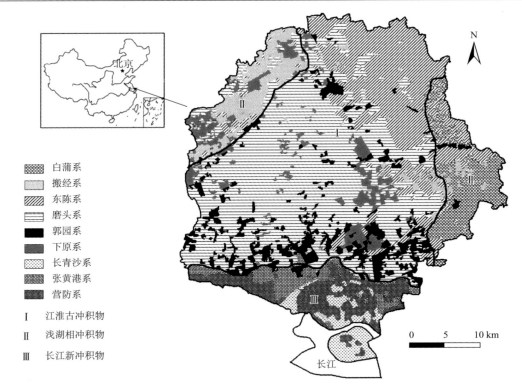

图 10-1　江苏省如皋市母质和土系分布图

酸铵提取态）；②土壤有效态微量元素，有效铜、铁、锰、锌、镍、钴（DTPA 提取态，等离子光谱法测定），有效硼（热水提取态，比色法测定）、氟（热水提取态，电极法测定）、硒（热水提取态，原子荧光法测定）、有效钼（草酸-草酸铵提取态，比色法测定）；③土壤全量微量元素，铅、锌、铜、钴、镍、锰、铬、钒（X 射线荧光光谱法测定）。分析过程中通过样品重复、空白样和标准样品进行质量控制。

聚类分析方法被用于根据土壤性质聚类土壤样品。方差分析方法被用于统计不同土壤母质间、不同土系间各种性质的差异显著性。所有方法均运用统计软件 SPSS16.0 进行运算；由于第二次土壤普查资料中土壤颗粒组成采用中国制，本节研究在收集该资料的基础上，利用 Matlab 软件将其转换为美国制。

10.3　土壤诊断性状和土壤高级分类

10.3.1　土壤诊断性状

经过野外剖面观察，结合《如皋县土壤志》中的相关资料，根据中国土壤系统分类的诊断层、诊断特性和诊断现象的判断标准，如皋市土壤具有以下诊断性状。

1）诊断层

（1）水耕表层：由于长期淹水耕作、水旱轮作发育而成，有明显的耕作层和犁底层。

（2）水耕氧化还原层：出现在水耕表层以下，厚度大于 20 cm，普遍出现锈纹锈斑和铁锰结核。以上两个诊断层均出现在全市的主要耕地土壤中（图 10-1）。

2）诊断特性

（1）氧化还原特征：由于潮湿水分状况、滞水水分状况的影响，大多数年份某时期土壤受季节性水分饱和，发生氧化还原交替作用而形成的特征。

（2）人为滞水土壤水分状况：在水耕条件下由于缓透水犁底层的存在，耕作层被灌溉水饱和的土壤水分状况。大多数年份土温＞5℃时至少有 3 个月时间被灌溉水饱和，并呈还原状态。耕作层和犁底层中的还原性铁锰可通过犁底层淋溶至非水分饱和心土层中氧化淀积。在地势低平地区，水稻生长季节地下水位抬高的土壤中人为滞水可能与地下水相连。

（3）潮湿土壤水分状况：大多数年份土温＞5℃（生物学零度）时的某一时期，全部或某些土层被地下水或毛管水饱和并呈还原状态的土壤水分状况。

（4）热性土壤温度状况：50 cm 深度年均土温≥16℃，但<22℃。

（5）石灰性：土表至 50 cm 范围内所有亚层中 $CaCO_3$ 相当物均≥10 g/kg，用 1∶3 HCl 处理有泡沫反应。

10.3.2　土壤高级分类

根据野外采样调查，按中国土壤系统分类中的高级类别检索，并结合如皋市长期人为活动中土壤利用对土壤的影响，全市土壤共划分出 1 个土纲、1 个亚纲、2 个土类、2 个亚类，即人为土土纲、水耕人为土亚纲、铁聚水耕人为土和简育水耕人为土土类、普通铁聚水耕人为土和普通简育水耕人为土亚类。此类土壤具有水耕表层和水耕氧化还原层，氧化还原层呈块状结构，结构内有褐色的锈纹锈斑、铁锰斑点和铁锰结核。

10.4　土壤基层分类

10.4.1　土族的划分

在明确亚类分类单元的基础上，土族级单元的划分是按地区性成土因素或土壤利用管理所引起的土壤重要理化性质分异来进行，将有利于后续土系的系统划分。根据已有的研究成果，土族单元主要是根据土族控制层段内土壤颗粒大小级别、矿物学、石灰性和酸碱反应及土壤温度级别来划分，这些级别标准均已明确规定，并已日益普及推广应用。

如皋市所有土壤的控制层段内细土部分黏粒含量均小于 200 g/kg，砂粒含量均小于 550 g/kg，所以，颗粒大小级别均属于壤质。成土母质主要由冲积物和浅湖相沉积物组成，<2 mm 土壤颗粒矿物类型为云母混合型，<0.002 mm 土壤颗粒矿物类型为水云母型。由于土壤成土时间较短，土壤发育不强，因此，土壤普遍继承母质的特性，具有石灰性，但受人为耕作影响，土壤表层，尤其是耕作层有机质积累明显，导致碳酸盐淋失，显示无石灰反应。研究区地处北亚热带，年均气温为 16.3~16.4℃，具有热性土壤温度状况。这样，如皋市土壤在普通简育水耕人为土亚类级别基础上划分两个土族单元，即

壤质云母混合型非酸性热性-普通简育水耕人为土和壤质云母混合型石灰性热性-普通简育水耕人为土,普通铁聚水耕人为土亚类划分出一个土族单元,即壤质云母混合型石灰性热性-普通铁聚水耕人为土。

10.4.2　土系的划分

1)土系划分的原则和依据

土系划分的对象是土壤实体,应以土壤属性为依据,划分的指标应相对明确、相对独立存在与稳定,这样才能适用于大比例尺土壤调查制图,服务于生产实践,而且适于土壤的信息管理。因此,基于这样的原则,仔细分析如皋市的成土因素可发现,如皋市成土母质分布明确(图10-1),质地差异和沉积构造特征明显。同一成土母质内,土壤质地存在差异,且江淮古冲积物中,近地表范围内出现一层特殊的壤质层。最终确定选取沉积构造、土壤颜色、土壤质地、特征土层作为土系划分的依据,此外这些依据都相对稳定,与土壤利用关系也较为密切。这些依据随土壤类别不同而有所差异,但同一土族内划分土系的依据应当一致,仅表现在量度指标上的差异。

2)控制层段和划分指标

由于研究区母质深厚,考虑影响土壤农业利用的最大深度,将控制层段确定在地表向下深至110 cm。对水耕人为土而言则确定在诊断表下层的下部边界。同时,确定在土族相同的情况下,土系划分以土壤质地的不同、明度和彩度的高低、控制层段内沉积层理的发育与否和土体内特征土层的出现作为划分土系的标准。

10.4.3　主要土系

根据上述土系划分的原则和依据以及土体控制层段内特征土层的发育程度,全市土壤划分出9个土系(表10-1)。并将各土系与原土种志的典型剖面特征按上述步骤,确定各自所属的土系,将原土种分布图重新制图,获得如皋土系分布图(图10-1)。

表 10-1　如皋市土壤土族、土系的划分

土系	土族	特征土层、划分指标	成土母质
白蒲系	壤质云母混合型非酸性热性普通简育水耕人为土	有机质、质地	浅湖相沉积物
搬经系	壤质云母混合型非酸性热性普通简育水耕人为土	有机质、质地	
东陈系	壤质云母混合型非酸性热性普通简育水耕人为土	有机质、颜色、质地	
磨头系	壤质云母混合型石灰性热性普通铁聚水耕人为土	有机质、颜色、石灰性	江淮古冲积物
郭园系	壤质云母混合型非酸性热性普通简育水耕人为土	有机质、颜色、石灰性	
下原系	壤质云母混合型石灰性热性普通铁聚水耕人为土	壤质层、颜色、石灰性	
长青沙系	壤质云母混合型石灰性热性普通铁聚水耕人为土	石灰性、颜色、沉积层理	
张黄港系	壤质云母混合型石灰性热性普通铁聚水耕人为土	石灰性、颜色、沉积层理	长江新冲积物
营防系	壤质云母混合型石灰性热性普通铁聚水耕人为土	石灰性、颜色、沉积层理	

首先,是发育于浅湖相沉积物上的白蒲系和搬经系。

白蒲系：分布于如皋市东部至东南部地区，由浅湖相沉积物发育而成，质地相对较细，成土时间较长，受长期水耕耕作熟化，定向培肥耕作等因素影响，土壤的表层已无石灰性，土壤表层颜色偏暗，有机质含量较高。该剖面下部 40～50 cm 深处有一黏化层存在。在 50 cm 以下为粉砂质的古江淮冲积物母质。

搬经系：分布于如皋市西北部地区，由浅湖相沉积物发育而成，由于长期水耕耕作熟化，耕作层已无石灰性，但与白蒲系的区别在于表层土壤有机质含量稍低。整个剖面自表层向下，质地越来越黏，底部出现暗色黏化层。

其次，是发育于江淮古冲积物上的东陈系、磨头系、郭园系和下原系。

东陈系：东陈系发育于如皋市的东北和东部地区的江淮冲积物上，与上述两个土系属于同一土族。但质地相对于上述两个土系偏砂，又明显比相同母质上的其他土系要偏黏，东陈系有机质含量相对较低，导致颜色偏淡，明度明显高于上述两个土系土壤。

磨头系：质地较粗是其显著特点。面积比较大，分布于如皋市的中部和中西部地区。同时该土系的某层段游离铁含量发生聚集，高于耕作层游离铁含量的 1.5 倍，归属铁聚水耕人为土土类，与本地区其他土系相区别。

郭园系：该土系零星分布于中部偏南地区，呈东西向的带状零星分布。土系土壤质地通体较砂，不易保持水分，以区别于其他三个土系。但由于 20 世纪 80 年代以来，通过土地平整以及水耕耕作熟化，其表层土壤已逐渐形成水耕表层，石灰性也逐渐消失。

下原系：与磨头系两者划分的依据是特征土层出现与否。下原系土壤剖面中，表层以下，出现了一层厚度不等、质地较细的壤质层。该壤质层在土壤剖面中出现的深度不同，但形态特征一致，没有明显的区别，加之该土系分布面积不大，仅在中部磨头系土壤中零星分布，所以本次土系划分并没有把不同深度壤质层的土壤分开，而是归为一类作为同一个土系。

最后，是发育于长江新冲积物上的长青沙系、张黄港系和营防系。三者呈镶嵌状分布。这些土系主要分布在如皋市的南部地区，土系色调明显偏红，为 5YR～7.5YR，下部沉积原始层理发育明显，区别于古江淮冲积物及湖积物母质上土系 10YR 的色调，有较砂的土壤质地。

长青沙系：相对而言本土系比张黄港系和营防系更偏红，为 5YR，土壤黏粒含量比其他两个土系稍高。

张黄港系：质地较粗，土壤剖面 50 cm 范围内成土母质的沉积层理清晰可辨，土壤中石灰基本没有移动。主要分布在如皋市的南部偏西一带，分布较局限。

营防系：与张黄港系划分的依据是两者在质地上有差异，营防系质地要比张黄港系偏黏些。主要成片分布在如皋市南部沿长江的圩田和沙洲地区。

10.5　土系划分的可靠性验证

土系划分的依据很多，在具体划分时，不同的地区，不同的土壤类型所选取的指标也不完全相同。那么，根据以上原则和依据确定的土壤剖面形态学指标划分的土系是否合理，有必要进行检验。检验的标准应该是以划分的土系是否具有相同的生产性能和生

中国土系志 · 江苏卷

态环境特征，即是否具有类似的土壤基本理化和微量元素性质。由于研究区的三种母质性质和分布特征非常明显，因此，本书在对区域样点根据土壤基本理化和微量元素性质聚类时，分别按各样点所属母质和土系进行了聚类。

对发育在江淮古冲积物上的土系而言（由于样品数较多，图形篇幅很大，故未列出），大部分磨头系和东陈系样点分别聚在了一起，郭园系和下原系并没有发现有明显聚集，这可能与郭园系土壤近年来的平整、耕作熟化，其性质已接近质地较砂的磨头系土壤有关。而下原系的划分是以土体中壤质层的出现为标准，该壤质层出现在表下层，因此对表层土壤的性质影响较小。

发育于浅湖相沉积物上的土系能明显分出两类（图 10-2），即在聚类距离为 10 处，土壤样点反映的白蒲系和搬经系明显聚集在一起。发育于长江新冲积物上的土系亦被明显的聚集在一起（图 10-2），在聚类距离为 20 处，营防系和长青沙系聚为一类，张黄港系聚为一类。而在聚类距离为 10 处，营防系和长青沙系又分别聚集在一起。以上的聚类结果验证了分布在书文划分的土系上的样点具有类似土壤性质，同时也验证了土系划分确定的特征土层、划分指标可靠性较高。

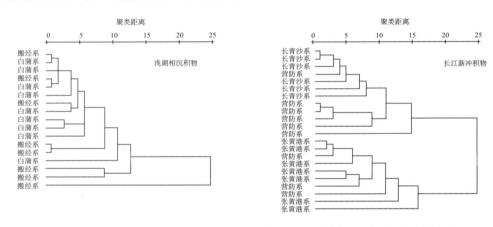

图 10-2　发育于浅湖相沉积物和长江新冲积物上土壤样点的聚类分析树状图

土系与外界景观条件紧密联系，与农业生产实践相结合，各土系间因其物理、化学和微量元素性质的差异，导致其生产性能和生态环境特征具有多样性。了解土系的生产性能与生态环境特征对指导农业生产与管理具有重要意义。

10.5.1　土系的生产性能特征

土壤物理性质是决定土壤耕作性能和土壤水分状况的重要指标。由于研究区母质物理性质特征明显，所以，对不同母质上样点进行方差分析，可以看出母质对土壤砂粒和黏粒含量有明显影响。如黏粒的平均含量，长江新冲积物>浅湖相沉积物>江淮古冲积物，但仔细分析各土系表明，即使同一成土母质，颗粒组成还是有差异的，同样发育在江淮古冲积物上的磨头、郭园、下原三个土系砂粒含量较高，要高于东陈系。发育在长江新冲积物上的张黄港系要明显高于营防系和长青沙，而黏粒含量正好大致相反（表 10-2）。

无论怎样，土壤物理性质基本由土壤母质决定，除长青沙系以外，整体偏砂，土壤耕作性能较好，但保水性能相对较弱。

表 10-2 如皋市各土系土壤主要理化性状

土系	颗粒组成/%			pH (H₂O)	有机质	全氮	全磷	全钾	速效磷	速效钾
					/（g/kg）				/（mg/kg）	
白蒲系（15）	56.21	30.11	13.68	8.00 b	20.0 a	0.64 ab	0.84 a	16.2 cd	14.2 a	100 a
搬经系（15）	62.78	25.69	11.54	8.22 ab	16.9 bc	0.52 abc	0.85 a	16.6 bc	20.5 a	69 bcd
东陈系（45）	60.38	27.32	12.30	8.26 ab	16.4 bc	0.45 abc	0.84 a	16.0 cd	19.3 a	72 bc
磨头系（62）	70.87	20.48	8.65	8.31 a	14.0 c	0.46 abc	0.80 a	15.2 e	9.0 a	47 d
郭园系（19）	68.20	22.72	9.08	8.33 a	14.7 c	0.43 abc	0.92 a	15.1 e	18.3 a	50 cd
下原系（15）	68.00	22.69	9.31	8.03 b	15.8 bc	0.31 c	0.80 a	15.7 de	12.2 a	69 bcd
长青沙系（9）	4.44	74.19	21.37	8.34 a	20.3 a	0.64 ab	0.87 a	18.7 a	10.2 a	82 ab
张黄港系（13）	56.91	30.65	12.45	8.40 a	16.9 bc	0.37 bc	0.88 a	15.8 de	10.1 a	46 d
营防系（10）	33.96	49.74	16.30	8.41 a	17.8 ab	0.74 a	0.85 a	17.1 b	8.9 a	59 cd

注：颗粒组成粒级制采用美国制，其中 2～0.02 mm 为砂粒，0.02～0.002 mm 为粉粒，<0.002 mm 为黏粒；土系名称后括号内数字表示样点个数。同一列内小写字母相同的表示土系间未达到 $p=0.05$ 水平上的显著性差异

从土壤的化学性质看，土壤呈碱性，有机质、全氮和磷素水平处于中等水平，而钾素水平偏低（表 10-2）。土壤 pH 在三种母质间存在一定差异，长江新冲积物>江淮古冲积物>浅湖相沉积物（$p<0.05$），但是，长江新冲积物和浅湖相沉积物母质上不同土系间土壤 pH 差异不大（$p>0.05$），而江淮古冲积物母质上不同土系间土壤 pH 有一定差异（$p<0.05$），下原系土壤 pH（8.03）最小。土壤有机质含量依然受母质影响，长江新冲积物和浅湖相沉积物发育的土壤明显高于江淮古冲积物（$p<0.05$），其中，长青沙系（20.3 g/kg）、营防系（17.8 g/kg）和白蒲系（20.0 g/kg）土壤有机质含量较高，高于它们相同母质上的其他土系，发育在江淮古冲积物上的各土系，仅下原系稍高（15.8 g/kg）。与土壤有机质不同，三种母质间土壤全氮含量差异不显著（$p>0.05$），但是，土系间有一定差异（$p<0.05$），营防系土壤全氮含量（0.74 g/kg）最高，下原系土壤全氮含量（0.31 g/kg）最低。

不同母质间、不同土系间的土壤全磷和速效磷的平均含量都没有显著差异（$p>0.05$）。与土壤磷素状况不同，土壤钾素既受土壤母质影响，在相同母质的土系间也存在显著差异。全钾平均含量为长江新冲积物>浅湖相沉积物>江淮古冲积物（$p<0.05$）。发育在长江新冲积物母质上的长青沙系全钾量明显高于营防系再高于张黄港系（$p<0.05$），而发育在江淮冲积物上的郭园系和磨头系全钾含量明显低于其他土系（$p<0.05$）（表 10-2）。土壤速效钾含量的变化与全钾不完全相同，整体来说，浅湖相沉积物发育的土壤，土壤速效钾含量明显高于江淮古冲积物和长江新冲积物，但后两者差异不显著。在浅湖相母质上发育的白蒲系土壤速效钾含量（100 mg/kg）明显高于搬经系，发育在江淮古冲积物上的磨头系土壤速效钾（47 mg/kg）明显要低于其他几个土系。土系间的这些变化特征

可能与土壤的利用有关，尽管白蒲系钾的储量低于长江新冲积物发育的土壤或接近相同母质发育的搬经系，但长期的水旱轮作的熟化明显提高了土壤的供钾能力，导致土壤速效钾含量明显提高。

　　土壤中有效态的微量元素是作物生产所需养分的主要来源，也是土壤生产性能的重要指标。根据土壤微量养分供应能力和作物对微肥的效应，参照省内外常用的分级标准，如皋市与作物生长有关的微量元素相对较为丰富，土系之间变化受土壤母质影响较为明显（表 10-3）。

表 10-3　如皋市各土系土壤有效态微量元素性质

土系	有效铜	有效铁	有效锰	有效锌	有效镍	有效钼	有效硼	水溶态氟	水溶态硒
	/（mg/kg）								/（μg/kg）
白蒲系	2.70 d	28.9 bc	13.9 ab	0.97 a	0.16 a	0.18 ab	1.04 a	4.75 a	2.56 a
搬经系	2.65 d	34.3 a	13.6 bc	0.98 a	0.14 b	0.17 ab	0.99 b	4.67 b	2.36 bc
东陈系	2.39 e	33.1 a	13.3 bcd	0.94 a	0.13 c	0.19 a	1.03 a	4.66 a	2.48 ab
磨头系	2.35 e	34.3 a	12.7 d	0.87 b	0.12 d	0.16 b	0.93 c	4.44 b	2.22 cd
郭园系	2.20 e	31.9 ab	13.0 cd	0.81 c	0.12 d	0.18 ab	0.89 de	4.42 b	2.09 d
下原系	2.20 e	33.1 a	12.6 d	0.87 b	0.12 de	0.17 ab	0.92 cd	4.38 b	2.13 d
长青沙系	4.75 a	28.1 c	14.4 a	0.82 b	0.11 e	0.20 a	0.82 f	4.72 a	2.10 d
张黄港系	3.36 c	32.0 ab	13.7 b	0.80 c	0.11 e	0.18 ab	0.92 cd	4.86 a	2.04 d
营防系	4.03 b	29.4 bc	14.4 a	0.81 bc	0.11 e	0.21 a	0.89 e	4.85 a	2.16 d

　　注：同一列内小写字母相同的表示土系间未达到 $p=0.05$ 水平上的显著性差异

　　土壤有效铜的平均含量为 2.6 mg/kg，绝大部分土壤的有效铜含量大于 2 mg/kg 的最高养分含量，处于较高的养分水平，母质对有效铜含量的影响表现为长江新冲积物>浅湖相沉积物>江淮古冲积物，长江新冲积物母质上发育的几个土系间差异显著，显然与母质的质地相关，即母质越黏，有效铜含量越高。土壤有效铁的平均含量为 33 mg/kg，平均含量远远超过了高养分等级（10 mg/kg），与有效铜不同，母质对有效铁的影响不甚明显，似乎发育在江淮古冲积物母质上的土系有效铁含量少些。土壤有效锰的平均含量为 13.2 mg/kg，平均处于中等水平（7～15 mg/kg），母质对土壤有效锰的影响与有效铜十分相似，表现为长江新冲积物>浅湖相沉积物>江淮古冲积物，且结构较粗的张黄港系土壤有效锰含量低于其他两个发育在同一个母质上的土系。土壤有效锌的平均含量 0.88 mg/kg，处于中等偏低的养分水平，有 13%左右的样点在较低的养分水平上（0.25～0.5 mg/kg），母质对土壤有效锌的影响不是特别明显，在白蒲系、搬经系和东陈系土壤上含量较高，考虑到土壤有效锌对土壤 pH 变化的敏感性，土系间的这种变化应与土壤 pH 变化有关（表 10-2）。土壤有效镍的变化与土壤有效锌几乎完全一致。

　　土壤有效钼的平均含量 0.18 mg/kg，对豆科植物属于中等养分水平（0.15～0.20 mg/kg），但有约 25%的土壤样点处于低养分水平（<0.15 mg/kg），部分样点甚至低于很低养分水平。母质对土壤有效钼的影响似乎不明显，各土系之间仅见发育在同一个土壤母质上的

东陈系明显高于磨头系土壤（表 10-3）。土壤有效硼的平均含量 0.87 mg/kg，绝大部分土壤属于中上水平，仅见 5%的土壤样点小于一般农作物的临界值（0.5 mg/kg）。母质对土壤有效硼的影响也表现出明显的规律，即浅湖相沉积物>江淮古冲积物>长江新冲积物，这一规律与土壤有效锌较为类似，主要受母质的酸碱性影响。

　　综上所述，如皋市土壤中有效态的微量元素铜、铁都达到很高的养分等级，锰、硼则处于中上养分水平，而锌、钼处于中下养分水平，仍有一定面积的土壤存在缺乏养分风险。土壤中这些微量元素含量的变化主要受土壤母质的黏粒含量和酸碱度的影响，导致各土系间土壤微量影响元素产生差异。

10.5.2　土系生态环境特征

　　土壤中微量元素氟和硒等元素的有效性含量是反映区域环境质量的重要参数，它们过量或缺乏，都可以通过食物链影响人类健康。如皋市土壤水溶性氟的平均含量为 4.58 mg/kg，变幅为 1.24～9.28 mg/kg，其含量要明显高于类似地区土壤水溶性氟的含量，但对研究区地下水氟含量的测定结果表明，其含量（0.3 mg/kg）远低于我国地氟病发生区的地下水氟含量水平（>1 mg/kg）。究其原因，可能是本书的土壤水溶性氟的测定是采用热水溶液提取，故含量偏高，所以研究区并无地方性氟中毒的危险，但在含量特别高的区域应给予重视。土壤水溶性氟含量在各土系间的变化在一定程度上也受土壤母质影响，主要表现为长江新冲积物和浅湖相沉积物土壤水溶性氟含量要大于江淮古冲积物母质上发育的土壤（表 10-3）。土壤水溶性硒的平均含量为 2.27 μg/kg（表 10-3），变幅为痕量–7.57 μg/kg，变异较大，在土系之间的变化受母质的酸碱性影响较大，土壤 pH 与土壤水溶态硒达到显著的负相关，主要表现为浅湖相沉积物发育土壤水溶性硒含量高于江淮古冲积物，再高于长江新冲积物。

　　土壤中一些重金属如铅、锌、铜、铬等元素的全量，一直以来被作为关键指标进行土壤环境状况的评价。表 10-4 列出了研究区各土系中重金属元素含量，从表中的结果看，如皋市土壤中全铅、全锌、全铜、全钴、全镍、全锰、全铬、全矾的平均含量分别为 20 mg/kg、60 mg/kg、24 mg/kg、11.8 mg/kg、28 mg/kg、523 mg/kg、61 mg/kg、84 mg/kg。且各元素变异系数都在 20%以下，对照国家土壤环境质量标准中铅、锌、铜、铬自然环境土壤的背景值（GB 15618—1995），如皋市土壤重金属元素都没有超过背景值，考虑到其他元素与这些元素之间紧密的地球化学关系，出现异常的可能性也不大，所以，研究区土壤环境不存在重金属元素的生态环境风险。各个土系间土壤重金属全量变化呈现出一致的规律性，三种母质间差异显著，长江新冲积物>浅湖相沉积物>江淮古冲积物（$p<0.05$）。相同母质不同土系间，在长江新冲积物上发育的各土系间平均值差异显著，而浅湖相沉积物和江淮古冲积物上的各土系间的平均值无显著差异。

　　综上可知，如皋市土壤整体生态环境状况较优，且目前人为的活动并未造成土壤生态环境状况发生明显变化，土壤微量元素及重金属含量状况，依然保持着原始的生态环境状况，存在生态环境污染的风险很小，在经济发展较快的当代实属不易，尽管这样，保护土壤生态环境还是应给予高度的重视，在土壤利用方面，要注意保护，做到可持续发展，将这种难得的净土状况保持下去。

表 10-4　　如皋市各土系土壤的全量微量元素性质

土系	全铅	全锌	全铜	全钴	全镍	全锰	全铬	全矾
	/（mg/kg）							
白蒲系	20 cd	59 c	22 d	11.6 c	27 c	444 de	61 c	80 c
搬经系	19 cde	59 c	22 cd	11.6 c	28 c	498 cd	60 c	81 c
东陈系	18 de	52 d	18 e	9.8 d	23 d	400 ef	56 d	72 d
磨头系	16 e	48 d	17 e	9.4 d	23 d	401 ef	55 d	69 d
郭园系	17 e	49 d	18 e	9.5 d	22 d	409 ef	55 d	70 d
下原系	18 de	51 d	18 e	9.9 d	24 d	352 f	56 d	72 d
长青沙系	29 a	85 a	42 a	17.9 a	41 a	934 a	76 a	121 a
张黄港系	21 c	61 c	25 c	11.7 c	28 c	571 c	61 c	86 c
营防系	24 b	72 b	33 b	15.0 b	34 b	713 b	67 b	102 b

注：同一列内小写字母相同的表示土系间未达到 $p=0.05$ 水平上的显著性差异。

10.6　结　　论

　　根据土系划分的原则和依据，选取土壤母质、质地、有机质含量、土壤 pH、特征土层的种类及排列组合作为分类指标，如皋市土壤可分出 9 个土系。根据对覆盖整个如皋市大量土壤表层样点各种土壤性质进行的聚类分析，验证了土系划分原则和依据的可靠性。表明了平原地区土壤母质、质地、土壤化学性质和特征土层等指标在土系分类中的重要作用。

　　整体而言，如皋市土壤偏碱性、质地偏砂，土壤有机质、全氮、全磷、有效磷均属中等养分水平，微量元素中铜、铁有效性很高，锰、硼则处于中上养分水平，而锌、钼处于中下水平，仍有一定面积的土壤存在缺乏风险。与生态环境相关的土壤微量元素也较为适中，重金属元素未见超过土壤自然背景值的情况，因此，不存在明显的影响人体健康和生态环境的风险。各土系土壤在生产性能和生态环境特征上存在明显变异，变异产生的原因，对土壤肥力和养分性质而言，主要是受母质及人为利用熟化过程影响，而微量元素则主要受母质的质地和酸碱度影响，正因为这些因素的影响，使得研究区各土系具有独特的生产性能和生态环境特征。

　　该市第二次土壤普查过程中划分出的 24 个基层土种单元，似乎过于细化了。根据土体构型中某些特征层次厚度大小划分出的土种，其表层土壤在物理化学性质、生产性能和生态环境特征等方面并没有显著的差异。可见，本书的土系划分既可以在土壤分类系统中找到其分类位置，又在农业生产与区域生态环境建设的应用中更具有实用性。

参 考 文 献

程伯容. 1947. 江苏淮安高邮一带之土壤. 土壤季刊, 6(4): 118-123.

程广禄. 1947. 南京下蜀黄土发育土壤之物理性状. 土壤季刊, 6(2): 53-59.

杜国华, 张甘霖, 龚子同. 2001. 论特征土层与土系划分. 土壤, 33(1): 1-6.

赣榆县土壤普查办公室. 1985. 江苏省赣榆县土壤志.

龚子同, 陈志诚. 1999. 中国土壤系统分类——理论·方法·实践. 北京: 科学出版社.

龚子同, 张甘霖. 2007. 土壤发生与系统分类. 北京: 科学出版社.

《江苏省地方志》编纂委员会. 1999. 江苏省志·地质矿产志. 南京: 江苏科学技术出版社.

《江苏省地图集》编纂委员会. 2004. 江苏省地图集. 北京: 中国地图出版社.

江苏省土壤普查办公室, 1995. 江苏土壤. 北京: 中国农业出版社.

江苏省土壤普查办公室. 1996. 江苏土种志. 南京: 江苏科学技术出版社.

江苏省土壤普查鉴定委员会. 1965. 江苏省土壤志. 南京: 江苏科学技术出版社.

《江苏省志·土壤志》编纂委员会. 2001. 江苏省志·土壤志. 南京: 江苏古籍出版社.

江苏省植物研究所. 1997. 江苏植物志. 南京: 江苏人民出版社.

李庆逵, 何金海, 王遵亲. 苏北台北射阳滨海灌云四县盐土调查报告. 土壤专报, 26: 1-4.

刘昉勋, 黄致远. 1987. 江苏省植被区划. 植物生态学与地植物学学报, 11(3): 226-233.

雷学成, 潘剑君, 黄礼辉, 等. 2012. 土系划分方法研究——以江苏省新沂样区为例. 土壤, 44(2): 319-325.

潘剑君. 土壤调查与制图. 3版. 2010. 北京: 中国农业出版社.

如皋县土壤普查办公室. 1985. 江苏省如皋县土壤志.

沭阳县土壤普查办公室. 1985. 江苏省沭阳县土壤志.

梭颇, 候光炯. 1934. 江苏东部盐渍三角洲区土壤约测. 土壤专报, 7: 1-44.

王虹, 黄标, 孙维侠, 等. 2012. 江苏省如皋市土系及其生产性能和生态环境特征. 土壤学报, 49(5): 862-874.

席承藩, 程伯容, 曾昭顺. 1947. 黄泛区的土壤与复耕. 土壤季刊, 6(2): 29-38.

新沂县土壤普查办公室. 1985. 江苏省新沂县土壤志.

熊毅. 1936. 中国盐渍土之初步研究. 土壤专报, 15: 39-43.

徐学思. 1977. 江苏省岩石地层. 北京: 地质出版社.

张凤荣, 黄勤. 2001. 土系分异特性的选取原则以及土系划分方法. 土壤, 33(1): 18-21.

张甘霖, 龚子同. 2012. 土壤调查实验室分析方法. 北京: 科学出版社.

张甘霖, 王秋兵, 张凤荣, 等. 2013. 中国土壤系统分类土族和土系划分标准. 土壤学报, 50(4): 826-834.

中国科学院南京土壤研究所, 中国科学院西安大学精密机械研究所. 1989. 中国土壤标准色卡. 南京: 南京出版社.

中国科学院南京土壤研究所土壤分类课题组, 中国土壤系统分类课题研究协作组. 1995. 中国土壤系统分类(修订方案). 北京: 中国农业科技出版社.

中国科学院南京土壤研究所土壤分类课题组. 1985. 中国土壤系统分类初拟. 土壤, 17(6): 290-318.

中国科学院南京土壤研究所土壤分类课题组. 1987. 中国土壤系统分类(二稿). 土壤学进展特刊, 69-104.

中国科学院南京土壤研究所土壤系统分类课题组, 中国土壤系统分类课题研究协作组. 2001. 中国土壤系统分类检索. 3 版. 合肥: 中国科技大学出版社.

中央地质调查所土壤室, 1947. 全国主要土系说明.

US Department of Agriculture, Soil Conservation Service. 1975. Soil Conservation Service. Soil taxonomy: a basic system of soil classification for making and interpreting soil surveys.

附录　江苏省土系与土种参比表（按土系拼音顺序）

土系	土种	土系	土种	土系	土种	土系	土种
爱园系	沙土	郭园系	厚层高砂土	磨头系	薄层高砂土	望直港系	蒜瓣土
安丰系	缠脚土	韩山系	小粉土	幕府山系	厚层黄砂土	洗东系	黄白岗土
安国系	砂土	韩庄系	黏心两合土	潘庄系	黏黄土	下原系	壤心高砂土
白蒲系	腰黑灰夹缠土	赫湖系	岗黑土	浦港系	黏性脱盐土	夏村系	白板土
搬经系	缠脚土	横山系	岗黄土	前黄系	白土心	仙坛系	棕红土
北泥系	黄岗土	后港系	黄乌土	前时系	高砂土	小宋庄系	黑土
滨湖系	黄松土	后花系	黄乌土	前巷系	底黑淤土	小屋系	黏底砂土
栟茶系	砂性潮盐土	后庄系	岗黑土	青林系	砂土	小新庄系	下位砂姜岗黑土
卜弋系	黄泥白土	胡家	黑泥勤泥土	青龙系	山黄土	小园系	底黑棕黄土
草庙系	壤性轻盐土	湖汶系	棕红土	青罗系	黏质轻盐土	谢荡系	淤土
长茂系	底黑淤土	花桥系	乌黄泥土	青阳系	黄泥土	新曹系	砂性轻盐土
长青沙系	薄层黄黏土	华冲系	淤土	庆洋系	灰黏黄土	兴隆系	潮灰土
陈集系	黏心二合土	洋北系	黏心两合土	邱庄系	砂底於土	杏市系	白土底
陈洋系	黄沙土	欢墩系	棕白土	三仓系	浅位灰泥沙土	徐福祠系	黄沙土
城头系	底黑黄土	黄集系	灰黏黄土	三龙系	壤性轻盐土	徐圩系	砂底两合土
程墩系	铁质黄泥土	黄甲系	湖黑土	山左口系	黄土	徐庄系	黏心两合土
川东系	壤性轻盐土	黄泥埃系	黄沙土	射阳港系	壤性轻盐土	许洪系	岗地淤土
崔周系	淤土	纪大庄系	淤土	莘庄系	乌栅土	小刘场系	岗黑土
大李系	底黑淤土	季桥系	砂底两合土	生祠系	黄夹砂土	燕子矶系	岗黄土
大娄系	青砂板土	季庄系	薄层紫砂土	盛泽系	青泥土	杨集系	淤土
大庙系	轻砾石土	建南系	红砂土	施汤系	乌土	杨舍系	砂心黄泥土
大泉系	重砾石土	金庭系	红棕壤	十里营系	岗白土	杨墅系	高砂土
大魏系	腰黑黄土	荆心系	黄泥土	石湖系	酥石土	洋溪系	乌黄泥土
丁岗系	死黄土	晶桥系	栗色土	石桥系	黄马肝土	姚宋系	岗白土
丁姚系	黏心两合土	苴镇系	砂性潮盐土	石湫系	粗骨黄砂土	尹良系	岭砂土
东坝头系	壤性重盐土	开明系	浅层两合土	首羡系	黏底砂土	营防系	厚层黄泥土
东陈系	薄层沙心缠脚土	开拓系	勤泥土	沭西系	砂心两合土	友爱系	黏性脱盐土
东墩系	青泥土	李埝系	棕白土	双店系	岭砂土	于圩系	腰黑淤土
东善桥系	黄砂土	里仁系	飞砂土	双塘系	黄泥土	张黄港系	薄层黄夹砂土
斗龙系	壤性轻盐土	梁洼系	黏黄土	双庄系	姜底湖黑土	张刘系	砂底两合土
豆滩系	腰黑棕黄土	梁徐系	泡砂土	宋山系	山黄土	赵码系	两合土
蹲门北系	壤性脱盐土	临海系	壤性轻盐土	宋郢系	酥石土	赵湾系	漏砂土
蹲门系	壤性脱盐土	六合平山系	死黄土	汤泉系	河淤土	柘汪系	壤质重盐土
范楼系	飞砂土	龙泉系	潮岗土	唐集系	淤土	振丰系	砂底两合土
冯王系	沙底两合土	马屯系	漏砂土	塘东系	砂土	震泽系	白土心
凤云系	姜底岗黑土	毛嘴系	灰马肝土	塘桥系	乌底黄泥土	郑梁系	棕白土
甘泉系	灰马肝土	茆圩系	湖黑土	陶庄系	勤泥土	钟吾系	紫砂土
高东系	黏底两合土	茅山系	黏棕土	同里系	黄泥土	周郢系	黄刚土
高资系	香灰土	妙桥系	白土心	潼阳系	姜底岗黑土	朱良系	黄沙土
沟浜系	黄沙土	庙东系	岭砂土	万匹系	棕砂潮土		
官墩系	底黑淤土	通商系	壤性轻盐土	王港系	砂性重盐土		
官庄系	黏心两合土	民新系	乌底黄泥土	王兴系	漏砂土		

(P-3194.01)

ISBN 978-7-03-051335-9

定价：198.00 元